高等学校"十三五"规划教材

深圳大学教材出版资助项目

塑料助剂与配方设计

左建东　罗超云　王文广　主编

U0222707

化学工业出版社

·北京·

本书按照塑料助剂常用的分类方法，详细地介绍了塑料助剂的基本性质、应用规律及在配方中的使用情况。按照助剂作用机理、助剂种类、配方解析的编写格式，介绍了每一种助剂的相关配方。内容包括增塑剂、润滑剂、热稳定剂、光稳定剂、抗氧剂、增韧剂、阻燃剂、交联剂、发泡剂等塑料助剂，以及电磁性能配方技术、光学性能配方技术。

　　本书可作为高等院校高分子专业本科及高职高专教材，还可作为高分子行业工程技术人员培训教材及专业参考书。

图书在版编目(CIP)数据

　　塑料助剂与配方设计/左建东，罗超云，王文广主编.
—北京：化学工业出版社，2018.12 (2025.1重印)
　　高等学校"十三五"规划教材
　　ISBN 978-7-122-33435-0

　　Ⅰ.①塑… Ⅱ.①左… ②罗… ③王… Ⅲ.①塑料
助剂-配方-设计-高等学校-教材 Ⅳ.①TQ320.424

　　中国版本图书馆 CIP 数据核字（2018）第 275706 号

责任编辑：于 卉 林 媛　　　　　　　　文字编辑：陈 雨
责任校对：宋 夏　　　　　　　　　　　　装帧设计：关 飞

出版发行：化学工业出版社（北京市东城区青年湖南街 13 号　邮政编码 100011）
印　　刷：三河市航远印刷有限公司
装　　订：三河市宇新装订厂
787mm×1092mm　1/16　印张 18　字数 436 千字　2025 年 1 月北京第 1 版第 8 次印刷

购书咨询：010-64518888　　　售后服务：010-64518899
网　　址：http://www.cip.com.cn

定　　价：48.00 元　　　　　　　　　　　　　　　　　　版权所有　违者必究

《塑料助剂与配方设计》编写人员

主　　编：左建东（深圳大学材料学院）

　　　　　罗超云（深圳职业技术学院）

　　　　　王文广（深圳市高分子行业协会）

参　　编：杨霄云（金发科技股份有限公司）

　　　　　卢　翔（金发科技股份有限公司）

　　　　　尹国杰（金发科技股份有限公司）

　　　　　付　轶（广东银禧科技股份有限公司）

◀ 前 言 ▶

随着高分子产业的蓬勃发展,单一品种和功能的塑料制品很难满足人们生产和生活的需求,塑料制品正向着功能化、复合化、多元化方向发展。塑料助剂顺应产品的需求推陈出新,塑料配方也日益更新,对于初学者来说更加难以捉摸。

顺应时代人才的需求,大专业的培养模式要求初涉高分子专业的学生综合掌握和了解塑料改性的基础知识,因此"塑料助剂与配方设计"课程在塑料专业技术中占有举足轻重的地位。但现有的塑料专业技术书籍或教材,一部分集中在塑料助剂的介绍上,却没有提供塑料助剂在塑料产品配方中的使用规律及应用实例;另一部分提供大量的塑料设计配方,使初学者陷入塑料配方的浩瀚海洋而难以掌握配方设计的规律。因此,市面上缺少以培养高分子材料加工专业应用技术人才为目标,综合塑料助剂和配方设计两方面知识内容的高等学校本科专业教材。

本教材按照塑料助剂常用的分类方法,基于塑料常用的助剂知识点,较为详细地介绍塑料助剂的基本性质、应用规律及在配方中的使用情况。教材结合助剂的基本性质及使用时的基本规律,为初学者了解常用塑料助剂的品种及具体应用实践提供了基本的参考。附录列出了各种助剂的缩略语,以方便读者查询。

本书力求内容全面翔实,覆盖面广,但基于塑料助剂种类繁多,不能面面俱到,只能提供常用的塑料助剂品种。另外,本书主要针对高校初学高分子专业的学生,基于保密原则,书中提供的制品配方仅为基础配方,具体应用时不一定适合所有类别制品。

本书由深圳大学材料学院左建东、深圳职业技术学院罗超云及深圳市高分子行业协会秘书长王文广主编。在编写过程中,金发科技股份有限公司的杨霄云、卢翔、尹国杰及广东银禧科技股份有限公司的付轶均参与了本书涉及的制品配方设计,在此表示感谢!

由于编者水平有限,书中难免有不当之处,敬请读者批评指正。

编者
2018 年 7 月

目 录

第一章 概述 1

第一节 塑料配方及其设计目的 1
    一、塑料配方基本概念 1
    二、塑料配方设计目的 1
第二节 塑料助剂的种类 3
    一、稳定化助剂 4
    二、改善力学性能的助剂 4
    三、提高加工性能的助剂 5
    四、特殊功能化的助剂 5
    五、改变色光的助剂 6
    六、阻燃与抑烟助剂 6
第三节 塑料配方设计原理 7
    一、塑料配方设计中助剂的选用原则 7
    二、塑料配方中助剂之间的相互作用 9
第四节 塑料配方的计量方法 10
第五节 塑料配方设计方法 12
    一、单因素变量配方设计方法 12
    二、多因素变量配方设计方法 13

第二章 热稳定剂及其在塑料配方中的应用 18

第一节 PVC 的降解过程及热稳定剂的机理 18
    一、PVC 的降解过程 18
    二、热稳定剂的稳定机理 19
第二节 各类热稳定剂的性能、特点及应用 19
    一、铅盐类热稳定剂 20
    二、有机锡类热稳定剂 21
    三、金属皂类稳定剂 25
    四、稀土类热稳定剂 27
    五、有机锑类热稳定剂 28
    六、辅助热稳定剂 29

第三节　热稳定剂的复合体系及其配方设计应用 …………………………… 30

一、复合热稳定体系及配方应用 ……………………………………… 30

二、热稳定剂的选用原则及在制品中的应用 ……………………… 33

三、热稳定剂的发展趋势 …………………………………………… 34

思考题 ……………………………………………………………… 35

第三章　增塑剂及其在塑料配方中的应用　36

第一节　增塑剂的作用机理及分类 ……………………………………… 36

一、增塑剂的作用机理 ……………………………………………… 36

二、增塑剂的分类 …………………………………………………… 37

第二节　增塑剂的结构与主要性能 ……………………………………… 37

一、增塑剂的结构 …………………………………………………… 37

二、增塑剂的主要性能 ……………………………………………… 38

第三节　常用增塑剂品种与应用 ………………………………………… 40

一、邻苯二甲酸酯类 ………………………………………………… 40

二、磷酸酯类增塑剂 ………………………………………………… 42

三、脂肪族二元酸酯类增塑剂 ……………………………………… 43

四、环氧类增塑剂 …………………………………………………… 43

五、烷基磺酸苯酯增塑剂 …………………………………………… 44

六、聚酯类增塑剂 …………………………………………………… 44

七、苯多酸酯增塑剂 ………………………………………………… 44

八、柠檬酸酯增塑剂 ………………………………………………… 45

九、含氯增塑剂 ……………………………………………………… 45

第四节　增塑剂的选用 …………………………………………………… 46

一、增塑剂选择要求 ………………………………………………… 46

二、选用增塑剂需考虑的其他因素 ………………………………… 46

三、增塑剂的选用原则 ……………………………………………… 48

思考题 ……………………………………………………………… 51

第四章　润滑剂及其在塑料配方中的应用　52

第一节　润滑剂概述及作用机理 ………………………………………… 52

一、润滑剂概述 ……………………………………………………… 52

二、润滑剂的作用机理 ……………………………………………… 53

第二节　润滑剂的分类及品种 …………………………………………… 55

一、脂肪酸酰胺 ……………………………………………………… 55

二、脂肪酸酯 ………………………………………………………… 57

三、脂肪酸 …………………………………………………………… 59

四、脂肪酸金属皂 …………………………………………………… 59

五、脂肪醇 …………………………………………………………… 60

六、烃类 ……………………………………………………………… 60

　　七、有机硅氧烷 ･･･ 61

　　八、聚四氟乙烯 ･･･ 62

　　九、复合润滑剂 ･･･ 62

　第三节　润滑剂性能的评价和测试 ･･････････････････････････････････ 62

　　一、开炼机试验 ･･･ 63

　　二、挤出试验 ･･･ 63

　　三、挤塑仪试验 ･･･ 63

　第四节　润滑剂的应用 ･･ 64

　　一、润滑剂在聚合物中的应用 ･････････････････････････････････････ 64

　　二、润滑剂的选用原则 ･･･ 66

　　三、润滑剂与其他助剂的关系 ･････････････････････････････････････ 67

　　四、润滑剂的加入量 ･･･ 67

　思考题 ･･･ 67

第五章　塑料耐环境性能的助剂及其在塑料配方中的应用 ━━ 68

　第一节　概述 ･･･ 68

　　一、塑料老化 ･･･ 68

　　二、塑料老化的影响因素 ･･･ 68

　　三、稳定化助剂 ･･･ 69

　第二节　抗氧剂 ･･ 70

　　一、抗氧剂的作用机理 ･･･ 70

　　二、塑料常用抗氧剂 ･･･ 70

　　三、抗氧剂的配合效应 ･･･ 73

　　四、抗氧剂的应用原则 ･･･ 74

　　五、抗氧剂应用配方举例 ･･･ 75

　　六、抗氧剂的发展趋势 ･･･ 76

　第三节　光稳定剂 ･･･ 77

　　一、概述 ･･･ 77

　　二、光稳定剂的分类及其作用机理 ･･･････････････････････････････ 77

　　三、光稳定剂的应用 ･･･ 83

　　四、传统光稳定剂的应用性能特点 ･･･････････････････････････････ 83

　第四节　塑料防老化配方设计原则 ･･････････････････････････････････ 84

　　一、聚合物结构与防老剂种类 ･････････････････････････････････････ 84

　　二、防老化助剂的协同作用 ･･･ 85

　　三、防老剂间的对抗作用 ･･･ 85

　　四、加工条件与防老剂种类 ･･･ 85

　　五、使用环境与防老剂种类 ･･･ 85

　　六、着色剂对防老化性的影响 ･････････････････････････････････････ 86

　　七、防老剂的安全性 ･･･ 86

第五节　塑料抗老化配方设计实例 ·································· 87
一、PE 抗老化配方设计实例 ·································· 87
二、PP 抗老化配方设计实例 ·································· 88
三、PVC 抗老化配方实例 ····································· 88
四、PS 抗老化配方实例 ······································· 89
五、PMMA 抗老化配方实例 ··································· 89
六、ABS 抗老化配方实例 ····································· 89
七、PA 抗老化配方实例 ······································· 90
八、PC 抗老化配方实例 ······································· 90
九、线型聚酯防老化配方实例 ·································· 90
十、聚甲醛防老化配方实例 ···································· 91
第六节　塑料老化性能评价方法 ······························· 91
一、塑料加工热稳定性评价方法 ······························· 91
二、老化性能评价方法 ··· 91
思考题 ··· 92

第六章　塑料填充改性　93

第一节　塑料填充改性基本概念 ······························· 93
第二节　塑料填料的性能特征 ································· 94
一、化学组成 ··· 94
二、填料的粒径 ··· 94
三、填料颗粒的形状 ··· 94
四、比表面积 ··· 95
五、吸油值 ··· 95
六、硬度 ··· 96
七、光学特性 ··· 96
八、热、电、磁性能 ··· 96
第三节　填充剂的种类 ····································· 97
一、无机填料 ··· 97
二、有机填料 ·· 101
三、金属粉末填料 ·· 102
第四节　填充塑料配方设计 ································· 102
一、填料的特殊性能 ·· 102
二、填料对加工性能的影响 ·································· 103
三、填充塑料制品的配方设计原则 ···························· 104
第五节　各类树脂的填充改性实例 ··························· 105
一、PP 填充配方实例 ······································· 105
二、PE 填充配方实例 ······································· 106
三、PVC 填充配方实例 ······································ 107
四、ABS 填充配方实例 ······································ 109

　　五、工程塑料填充配方实例 ‥‥‥‥‥‥‥‥‥‥‥‥‥‥‥‥‥‥‥‥‥‥‥ 109

　　六、热固性塑料填充配方实例 ‥‥‥‥‥‥‥‥‥‥‥‥‥‥‥‥‥‥‥‥‥ 110

　　七、有机填料配方实例 ‥‥‥‥‥‥‥‥‥‥‥‥‥‥‥‥‥‥‥‥‥‥‥‥ 111

　思考题 ‥‥‥‥‥‥‥‥‥‥‥‥‥‥‥‥‥‥‥‥‥‥‥‥‥‥‥‥‥‥‥‥‥ 114

第七章　塑料增强材料 ━━━━━━ 115

　第一节　塑料增强改性的基本概念 ‥‥‥‥‥‥‥‥‥‥‥‥‥‥‥‥‥‥‥‥ 115

　　一、增强改性塑料 ‥‥‥‥‥‥‥‥‥‥‥‥‥‥‥‥‥‥‥‥‥‥‥‥‥‥ 115

　　二、增强材料的作用机理 ‥‥‥‥‥‥‥‥‥‥‥‥‥‥‥‥‥‥‥‥‥‥ 115

　　三、增强改性塑料的特点 ‥‥‥‥‥‥‥‥‥‥‥‥‥‥‥‥‥‥‥‥‥‥ 116

　　四、塑料增强的缺点 ‥‥‥‥‥‥‥‥‥‥‥‥‥‥‥‥‥‥‥‥‥‥‥‥ 117

　第二节　增强纤维填料的分类与应用 ‥‥‥‥‥‥‥‥‥‥‥‥‥‥‥‥‥‥ 117

　　一、无机纤维 ‥‥‥‥‥‥‥‥‥‥‥‥‥‥‥‥‥‥‥‥‥‥‥‥‥‥‥ 118

　　二、有机增强纤维 ‥‥‥‥‥‥‥‥‥‥‥‥‥‥‥‥‥‥‥‥‥‥‥‥‥ 122

　　三、金属纤维 ‥‥‥‥‥‥‥‥‥‥‥‥‥‥‥‥‥‥‥‥‥‥‥‥‥‥‥ 123

　　四、增强纤维的表面处理方法 ‥‥‥‥‥‥‥‥‥‥‥‥‥‥‥‥‥‥‥‥ 124

　　五、纤维增强基本配方设计 ‥‥‥‥‥‥‥‥‥‥‥‥‥‥‥‥‥‥‥‥‥ 126

　　六、增强纤维的协同作用 ‥‥‥‥‥‥‥‥‥‥‥‥‥‥‥‥‥‥‥‥‥‥ 127

　第三节　塑料增强配方设计实例 ‥‥‥‥‥‥‥‥‥‥‥‥‥‥‥‥‥‥‥‥ 128

　　一、玻璃纤维塑料增强配方 ‥‥‥‥‥‥‥‥‥‥‥‥‥‥‥‥‥‥‥‥‥ 128

　　二、碳纤维塑料增强配方 ‥‥‥‥‥‥‥‥‥‥‥‥‥‥‥‥‥‥‥‥‥‥ 130

　　三、热固性塑料增强配方 ‥‥‥‥‥‥‥‥‥‥‥‥‥‥‥‥‥‥‥‥‥‥ 130

　　四、其他塑料增强配方 ‥‥‥‥‥‥‥‥‥‥‥‥‥‥‥‥‥‥‥‥‥‥‥ 132

　　五、晶须塑料增强配方 ‥‥‥‥‥‥‥‥‥‥‥‥‥‥‥‥‥‥‥‥‥‥‥ 132

　　六、长纤维增强热塑性塑料 ‥‥‥‥‥‥‥‥‥‥‥‥‥‥‥‥‥‥‥‥‥ 133

　思考题 ‥‥‥‥‥‥‥‥‥‥‥‥‥‥‥‥‥‥‥‥‥‥‥‥‥‥‥‥‥‥‥‥‥ 136

第八章　增韧剂及其在塑料配方中的应用 ━━━━━━ 137

　第一节　弹性体增韧机理及增韧剂种类 ‥‥‥‥‥‥‥‥‥‥‥‥‥‥‥‥‥ 137

　　一、塑料的韧性 ‥‥‥‥‥‥‥‥‥‥‥‥‥‥‥‥‥‥‥‥‥‥‥‥‥‥ 137

　　二、弹性体增韧机理 ‥‥‥‥‥‥‥‥‥‥‥‥‥‥‥‥‥‥‥‥‥‥‥‥ 138

　　三、塑料弹性增韧材料分类 ‥‥‥‥‥‥‥‥‥‥‥‥‥‥‥‥‥‥‥‥‥ 139

　第二节　弹性体增韧剂的品种 ‥‥‥‥‥‥‥‥‥‥‥‥‥‥‥‥‥‥‥‥‥ 139

　　一、ACR ‥‥‥‥‥‥‥‥‥‥‥‥‥‥‥‥‥‥‥‥‥‥‥‥‥‥‥‥‥ 139

　　二、CPE ‥‥‥‥‥‥‥‥‥‥‥‥‥‥‥‥‥‥‥‥‥‥‥‥‥‥‥‥‥ 140

　　三、EPDM ‥‥‥‥‥‥‥‥‥‥‥‥‥‥‥‥‥‥‥‥‥‥‥‥‥‥‥‥ 141

　　四、POE ‥‥‥‥‥‥‥‥‥‥‥‥‥‥‥‥‥‥‥‥‥‥‥‥‥‥‥‥‥ 141

　　五、MBS ‥‥‥‥‥‥‥‥‥‥‥‥‥‥‥‥‥‥‥‥‥‥‥‥‥‥‥‥‥ 142

　　六、SBS ‥‥‥‥‥‥‥‥‥‥‥‥‥‥‥‥‥‥‥‥‥‥‥‥‥‥‥‥‥ 143

七、EVA ·· 144

八、NBR ·· 145

九、ABS ·· 145

十、马来酸酐接枝弹性体 ···································· 146

第三节 塑料弹性体增韧配方设计 ···························· 147

第四节 塑料刚性材料增韧配方设计 ························ 148

一、刚性增韧的机理 ·· 149

二、无机刚性粒子增韧配方设计 ························ 151

三、有机刚性粒子增韧配方设计 ························ 152

第五节 各类塑料增韧配方设计举例 ························ 153

一、PP 增韧配方设计 ·· 153

二、PVC 增韧配方设计 ····································· 156

三、POM 增韧改性配方设计 ····························· 157

四、PS 增韧配方设计 ·· 159

五、PA 增韧配方设计 ·· 160

六、其他树脂增韧配方设计 ································ 161

思考题 ··· 164

第九章 界面改善剂及其在塑料配方中的应用   165

第一节 偶联剂 ·· 165

一、偶联剂的作用机理 ······································ 165

二、偶联剂的分类 ··· 167

三、偶联剂的选用原则 ······································ 172

四、偶联剂的应用 ··· 172

第二节 相容剂 ·· 177

一、塑料共混物相容性原则及检测方法 ·············· 177

二、相容剂的分类 ··· 180

三、相容剂应用配方实例 ··································· 181

四、相容剂的制备 ··· 187

第三节 其他表面处理技术 ······································ 190

一、表面活性剂处理 ·· 190

二、表面聚合物处理 ·· 191

三、表面单体处理 ··· 191

四、表面酸碱处理 ··· 191

五、表面等离子体处理 ······································ 191

六、复合偶联处理 ··· 191

思考题 ··· 192

第十章 塑料阻燃剂及其在塑料配方中的应用   193

第一节 塑料阻燃的重要性及评价方法 ···························· 193

一、塑料阻燃的重要性 ……………………………………………… 193
二、塑料阻燃性的评价方法 ………………………………………… 193

第二节　塑料燃烧过程与阻燃消烟机理 …………………………… 196
一、塑料的燃烧过程 ………………………………………………… 196
二、塑料阻燃剂的阻燃效应 ………………………………………… 197
三、塑料阻燃剂的阻燃机理 ………………………………………… 198
四、塑料的消烟机理 ………………………………………………… 199

第三节　塑料阻燃剂的分类及品种 ………………………………… 200
一、阻燃剂的分类方法 ……………………………………………… 200
二、卤系阻燃剂 ……………………………………………………… 200
三、无卤阻燃剂 ……………………………………………………… 203
四、复合阻燃剂 ……………………………………………………… 210

第四节　阻燃配方设计原则 ………………………………………… 213
一、阻燃剂选用的原则 ……………………………………………… 213
二、主辅阻燃剂的选择 ……………………………………………… 213
三、阻燃剂的协同作用 ……………………………………………… 214
四、阻燃剂的加合作用 ……………………………………………… 214
五、阻燃剂的对抗作用 ……………………………………………… 215
六、塑料消烟配方设计 ……………………………………………… 215

第五节　各种塑料阻燃配方设计 …………………………………… 215
一、PE 阻燃配方设计 ……………………………………………… 215
二、PP 阻燃配方设计 ……………………………………………… 216
三、PS、AS 及 HIPS 阻燃、消烟配方设计 …………………… 218
四、ABS 阻燃、消烟配方设计 …………………………………… 219
五、PVC 阻燃、消烟配方设计 …………………………………… 220
六、PA 阻燃配方设计 ……………………………………………… 220
七、PC 阻燃配方设计 ……………………………………………… 221
八、POM 阻燃配方设计 …………………………………………… 222
九、PET、PBT 阻燃配方设计 …………………………………… 223
十、PMMA 阻燃配方设计 ………………………………………… 223
十一、PU 阻燃配方设计 …………………………………………… 224
十二、环氧树脂阻燃配方设计 …………………………………… 224

思考题 …………………………………………………………………… 225

第十一章　塑料交联、接枝改性配方设计 —— 227

第一节　塑料交联配方设计 ………………………………………… 227
一、塑料交联原理及作用 …………………………………………… 227
二、塑料交联配方设计方法 ………………………………………… 228
三、塑料交联配方组成及实例 ……………………………………… 230
四、各类塑料交联配方设计实例 …………………………………… 235

第二节　塑料接枝配方设计 ⋯⋯⋯⋯⋯⋯⋯⋯⋯⋯⋯⋯⋯⋯⋯⋯ 239
　　一、塑料接枝配方基本组成 ⋯⋯⋯⋯⋯⋯⋯⋯⋯⋯⋯ 240
　　二、塑料接枝方法 ⋯⋯⋯⋯⋯⋯⋯⋯⋯⋯⋯⋯⋯⋯⋯⋯⋯ 241
　　三、各类塑料接枝配方设计实例 ⋯⋯⋯⋯⋯⋯⋯⋯ 242
思考题 ⋯⋯⋯⋯⋯⋯⋯⋯⋯⋯⋯⋯⋯⋯⋯⋯⋯⋯⋯⋯⋯⋯⋯⋯⋯⋯ 245

第十二章　塑料电性能配方设计 246

第一节　塑料用抗静电剂概述 ⋯⋯⋯⋯⋯⋯⋯⋯⋯⋯⋯⋯⋯ 246
　　一、静电的产生及危害 ⋯⋯⋯⋯⋯⋯⋯⋯⋯⋯⋯⋯⋯⋯ 246
　　二、高分子材料抗静电的方法 ⋯⋯⋯⋯⋯⋯⋯⋯⋯ 247
　　三、抗静电剂的作用机理 ⋯⋯⋯⋯⋯⋯⋯⋯⋯⋯⋯⋯ 248
　　四、塑料用抗静电剂的特点 ⋯⋯⋯⋯⋯⋯⋯⋯⋯⋯ 249
　　五、影响塑料内用型抗静电剂效果的因素 ⋯⋯ 249
　　六、塑料用抗静电剂的发展趋势 ⋯⋯⋯⋯⋯⋯⋯ 251
第二节　塑料用抗静电剂的种类及配方设计 ⋯⋯⋯⋯ 251
　　一、塑料用抗静电剂的种类 ⋯⋯⋯⋯⋯⋯⋯⋯⋯⋯ 251
　　二、塑料抗静电配方设计原则 ⋯⋯⋯⋯⋯⋯⋯⋯⋯ 255
　　三、塑料抗静电配方举例 ⋯⋯⋯⋯⋯⋯⋯⋯⋯⋯⋯⋯ 256
第三节　塑料导电添加剂及配方设计 ⋯⋯⋯⋯⋯⋯⋯⋯⋯ 257
　　一、导电添加剂的种类 ⋯⋯⋯⋯⋯⋯⋯⋯⋯⋯⋯⋯⋯ 257
　　二、导电添加剂的选用原则 ⋯⋯⋯⋯⋯⋯⋯⋯⋯⋯ 262
　　三、基体材料的选用原则 ⋯⋯⋯⋯⋯⋯⋯⋯⋯⋯⋯⋯ 263
　　四、其他助剂的选用原则 ⋯⋯⋯⋯⋯⋯⋯⋯⋯⋯⋯⋯ 263
　　五、塑料导电配方设计实例 ⋯⋯⋯⋯⋯⋯⋯⋯⋯⋯ 263
思考题 ⋯⋯⋯⋯⋯⋯⋯⋯⋯⋯⋯⋯⋯⋯⋯⋯⋯⋯⋯⋯⋯⋯⋯⋯⋯⋯ 265

附录　缩略语 266

参考文献 271

第一章
概　述

第一节　塑料配方及其设计目的

一、塑料配方基本概念

凡通过物理的、化学的或者物理与化学相结合的方法，促使塑料材料的性能得以改善，或发生变化，或赋予树脂材料新功能，都可称为塑料改性。通过塑料改性，可使通用塑料的某些性能达到工程塑料的指标；工程塑料可实现高性能化、多功能化和实用化。

塑料改性多数是通过配方设计来实现的。塑料配方是以塑料基体树脂为主要成分，通过助剂的选择、搭配以及用量调节以实现产品性能的协调。塑料配方必须兼顾应用对象的种类、加工方式、制品特征及组分配合等多种因素。

随着现代科学技术的日益进步，人们对塑料材料及其制品提出越来越多的要求。例如：有些工程构件，工业配件，电子电气工业、汽车制造工业等的部件，要求塑料材料既耐高温又易于加工成型；既要有良好的韧性，又要有一定的硬度；既要有良好的刚性，又要有卓越的抗冲击强度；既要达到阻燃效果，又要具备绝缘性能；既要综合性能优良，又要价格具有市场竞争力等。单一的树脂很难同时满足多样化、高品质的要求，而塑料配方设计技术则能实现这一目标，从而满足不同领域、不同层次、不同性能的需求，生产制造轻质、高强度、耐高温、耐辐射、易加工成型的新型改性塑料材料，更大程度地扩大了塑料的应用领域，满足人们在某些领域以塑代钢的需求，同时赋予塑料材料更多的应用价值和内涵。

塑料改性的实现方式，有的是在聚合时完成的，而更多的是在塑料制品加工过程中进行。通常在聚合物中加入有机或无机物质，或将不同种类的聚合物与助剂进行物理共混，或用化学方法实现聚合物的扩链、嵌段、接枝、交联等，或引入新的官能团形成功能性高分子，使其或具有更好的成型加工性能，或改变聚合物的结构，在电、热、光、磁、增强、阻燃、增韧、耐热、抗寒、耐候、降解、绝缘、发泡、杀菌等方面具有独特的功能。

二、塑料配方设计目的

在塑料工业的迅猛发展下，随着人们对塑料材料的性价比以及塑料材料的功能性的要求越来越高，塑料助剂及其配方技术得以蓬勃发展。配方设计涉及树脂原料、助剂、材料加工和产品设计等所有层面，对塑料工业持续快速发展战略具有重要的促进意义。基于塑料改性技术的配方设计有如下目的。

1. 克服基体树脂自身缺点

塑料材料具有质轻、比强度高、电绝缘性能佳、成型加工容易及耐腐蚀好等优点，但每种塑料材料自身多少都会有一些缺陷。塑料配方设计是为了克服和弥补塑料材料的不足之处，是提高其综合性能，赋予塑料材料新功能的最简单、直接、有效的方法。

例如，硬质 PVC 树脂中，添加 10%～20% 的 NBR 或 EVA，都可以大幅度提高硬质 PVC 的抗冲击强度，同时又不像加入增塑剂那样明显降低热变形温度，从而获得性能优异的 PVC 改性材料。一般 CPE 树脂的含氯量为 30%～40%，属于非结晶或微晶橡胶类物质；而 PVC 与 CPE 共混，具有良好的塑化效果和增韧效果。玻璃纤维增强增韧尼龙可以显著提高尼龙的耐热性、力学性能和尺寸稳定性，广泛用于汽车及电子产品。

2. 降低制品成本，提高经济效益

当今塑料企业以市场为导向的经营方针，在保证质量的前提下，必须认真考虑客户的成本要求，在解决客户提出的各种技术、规格和质量要求的基础上，通过合理的价格为企业谋取合理利润空间。

塑料配方设计在保证性能的前提下，可降低树脂及制品成本，是提高企业经济效益的有效途径。就产品 PVC 管材而言，添加 20%～30% 滑石粉或碳酸钙进行填充改性，并配合适量其他助剂，产品质量既达到国家标准又降低了成本，一举两得。

塑料原料的价格有高有低，价格昂贵的工程塑料可以与价格较低的通用树脂共混，在不影响使用要求的同时降低产品成本。例如：聚碳酸酯（PC）与少量的 ABS 共混改性，既保持了聚碳酸酯的基本性能，又改善了 PC 的加工性能，同时还降低了共混体系的成本；以价格较低的 25%PP 与价格较高的 PA 共混改性，既保持了 PA 与 PP 的优点，又克服了 PA 与 PP 两者固有的缺点，同时还降低了产品的成本。LDPE 不仅能降低工程塑料 PET 的成本，而且可作为增韧剂提高 PET 的韧性。其他如硬度、耐磨、高刚、韧性、光泽等性能，均可用共混低成本助剂的改性方法得以改善。

3. 塑料的功能化和高性能化

塑料通过改性，既提高了原有的综合性能，使材料高性能化，如改善力学性能、耐热性能等，还能赋予材料新的功能。改性塑料正向产品高性能化、专用化、多功能化、系列化方向发展。通过共聚、共混、接枝、嵌段、填充、阻燃、导电、纤维增强、互穿网络、纳米复合、表面改性等各种改性手段，改进和提高塑料材料各方面的性能与功能，从而促进塑料材料工业的发展。

如在普通树脂中混入阻燃树脂，如 PPO、PPS、PVC、CPE 等，可提高阻燃性；在一般阻隔树脂中混入高阻隔树脂，如 PAN、PA、EVOH、PVDC 等，可提高材料阻隔性能；PA/PP 共混物吸水性低、稳定性好、抗冲击性能较高，可以改善 PA 的特性和降低 PA 产品的成本；以 PMMA 与 PE 两种折射率相差较悬殊的树脂共混，可获得彩虹效果，市场上的彩虹膜就根据这一原理制备而成；在一般树脂中混入高吸水性或导电聚合物，可改善其抗静电性能；在聚甲醛中混入少量的聚四氟乙烯、液体润滑油，可制成高润滑 POM，摩擦性能有较大改善；采用拉伸强度相差悬殊、互溶性较差的两种树脂共混后发泡，可制成多孔、多

层材料，其纹路酷似木纹。

聚苯乙烯（PS）、ABS类塑料制品易燃烧，且燃烧时产生大量的浓烟，危害人们健康。因此，电子电气工业用的、接近高温部位的PS、ABS产品既要阻燃又要消烟。在配方中加入阻燃、消烟剂可实现此目的。塑料的体积电阻率都很大，一般在 $10^{10} \sim 10^{20} \Omega \cdot cm$ 的范围内，因此塑料制品在使用过程中易产生静电，往往带来很多负面影响，如静电蓄积及电磁波干扰等。在塑料改性配方中加入抗静电剂可解决制品的静电现象。

4. 增加塑料品种，综合各组分性能

两种或多种聚合物各组分的性能取长补短，消除各单一聚合物组分性能上的弱点。择其优去其劣，获得综合性能更为理想的新材料，或能适应不同应用环境需求的产品。如不同密度PF按不同比例共混，可以获得不同的产品，其软硬度适中达到比较理想的性能要求；当PVC与PE共混时，可提高制品的阻燃性能；PVC具有强度高、耐酸碱腐蚀、难燃等特点，且硬度可根据需要进行调节，不同软、硬制品均可生产。

PVC的缺点是热稳定性差、受热易分解，与ABS共混，可以综合两者的优点，取长补短，制品具有抗冲击强度高、热稳定性能好、加工性能优良和一定阻燃性等优点；PP的特性是质轻、耐温，缺点是低温冲击性差，与EPDM、IIR、PB、EVA、POE、SBS其中的一种或几种共混，可改进PP的耐低温冲击性能。

5. 改善材料加工性能

在各类树脂中，有的树脂熔体流动速率（又称熔融指数）非常低，导致成型加工难度大，需用流动性较好的树脂或助剂改善其加工性能。例如：难熔难溶的聚酰亚胺与少量的熔融流动性良好的聚苯硫醚共混，可明显改善其加工性能，使之易注射成型，同时又不明显影响聚酰亚胺的高温和高强度的特性。又如，LDPE与LLDPE共混、PS与PPO共混、ABS与PC共混等，都可改善高黏度树脂的加工性能和流变特性。

还有一些热不稳定的塑料，如果不进行配方设计，基本很难加工，如PVC、聚乳酸等。最典型的是PVC，大都需要加入热稳定剂、增塑剂，才能顺利加工成型，通过一定的配方设计，才能制备成各种软硬各异的产品，适应不同的应用领域。

第二节　塑料助剂的种类

塑料助剂是塑料工业中为使聚合物配料能顺利成型加工及获得所需应用性能而添加到塑料基体树脂中的化学品，又称为"塑料添加剂"。塑料助剂能弥补塑料材料本身的不足，提高加工性能和改善某些应用性能，赋予塑料各种新的宝贵性能。

塑料助剂在聚合物中的添加方式包括：①在聚合物聚合过程中或在聚合物后处理过程中加入；②在树脂成型加工前配料时掺混；③在塑料制品表面进行涂敷、浸渍等处理。

塑料助剂有的仅改变聚合物的物理性能，聚合物的结构不会发生变化，如增塑剂、填充剂、润滑剂、高分子抗冲击剂、着色剂、增强纤维、阻燃剂等；而有的则能使聚合物结构发生或多或少的变化，如交联剂、固化剂（专用于热固性树脂）、偶联剂等。

塑料助剂很大程度上弥补了高聚物材料本身的不足，并赋予其产品各种宝贵的性能。塑

料助剂的种类和品种繁多，而且新助剂不断涌现，很难全面一一概括。一般按助剂的功能进行分类，包括稳定化助剂、改善力学性能助剂、提高加工性能助剂、柔软化与轻质化助剂、改变表面性能助剂、改变色光助剂、阻燃抑烟助剂及其他。各大类中又包含若干小类。

一、稳定化助剂

该类助剂能使塑料对热、光、氧、霉菌等的作用产生稳定作用。它们可以阻止或延缓聚合物在储存、加工及使用过程中的老化（或劣化），或提高聚合物在成型加工中的热稳定性。

（1）抗氧剂　大多数聚合物都能与氧反应，尤其是在热加工和受日光照射时，氧化反应速率更快，致使制品的使用寿命缩短。按其作用机理，抗氧剂具有抑制自由基连锁反应和分解氢过氧化物两种作用。自由基抑制剂称为主抗氧剂，它包含胺类和酚类两大系列；氢过氧化物分解剂又称为辅助抗氧剂，主要包括硫代酯和亚磷酸酯两类，它通常与主抗氧剂并用。

（2）光稳定剂　紫外线辐射作用是高聚物户外老化极重要的原因，光稳定剂即紫外线防护剂能延缓光氧化作用，延长其户外使用寿命。按其作用机理又分为光屏蔽剂（如炭黑、钛白粉、氧化锌等）、紫外线吸收剂（如二苯甲酮、水杨酸酯、苯并三唑、三嗪、取代丙烯腈等）、光猝灭剂（主要是能猝熄光激发态高分子的有机镍络合物）。

（3）热稳定剂　主要用于聚氯乙烯、氯乙烯共聚物、聚偏二氯乙烯以及其他含氯树脂和含卤素助剂。结构缺陷导致 PVC 等含氯树脂在加工受热过程中很容易发生降解脱 HCl，产生严重危害。因此，热稳定剂对 PVC 产品具有十分重要的意义。它包括碱性铅盐类、金属皂类、有机锡类等主稳定剂和环氧化合物、亚磷酸酯、多元醇等辅助热稳定剂。

（4）防霉剂　一些塑料制品易受霉菌等微生物的侵蚀而发霉，导致表面质量下降，发生微生物降解和老化。如冰箱密封条和内层添加抗菌剂能有效阻止细菌滋生。

（5）金属钝化剂　某些具有变价的过渡金属离子如钴离子、铜离子、铁离子，尤其是电线电缆中的铜离子能加速高聚物的氧化反应。金属钝化剂能减缓金属离子的催化氧化作用而使聚合物稳定，又称为钝化剂或抑制剂，实际上是一些能与金属离子螯合的有机螯合物。

此外，还有具有特殊功用的塑料稳定化助剂，包括抗臭氧剂、防辐射剂。

二、改善力学性能的助剂

该类助剂可使塑料制品的力学性能如冲击强度、拉伸强度、模量、耐蠕变性能等得到改善。

（1）交联剂和助交联剂　凡能使高分子发生交联反应的物质都称为交联剂，为提高交联效率而使用的助剂称为助交联剂。交联使高分子链之间形成网状结构，从而增强材料的力学性能。有机过氧化物是使用最广的交联剂。

（2）固化剂　主要用于液态热固性树脂的固化，实质上也是交联剂。环氧树脂的常用固化剂有胺类、酸酐、低分子聚酰胺等；其他热固性树脂如酚醛树脂、不饱和聚酯、醇酸树脂、脲醛树脂也都有相应的固化剂。橡胶的交联过程则称为硫化，其交联剂为硫黄及硫化物。

（3）抗冲击剂（增韧剂）　许多塑料（如聚苯乙烯、聚丙烯）冲击强度较低，不能满足实际使用要求。橡胶类物质如 ABS、MBS、CPE、EVA 等能改善其冲击性能。凡能提高塑料冲击强度的助剂均为增韧剂。

（4）增强剂　是指通过纤维类材料或其他增强材料使塑料的拉伸强度和挠曲强度比原塑

料显著提高的助剂。广义地说，增强改性属于填充改性的范畴。增强与填充的区别是，增强材料能大大提高塑料的拉伸强度和挠曲强度，而填充材料则可能提高不明显，甚至降低材料的这些性能。

增强剂主要为具有一定长径比的纤维类材料，如玻璃纤维、碳纤维、有机高分子纤维、晶须等，除此之外，片状材料也同样可以起到增强的作用，如云母、氧化铝、硼化铝和碳化硅等六角形片晶；玻璃、金属和陶瓷也可人工做成薄片状填料使用，同样具有增强效果。

（5）相容剂与偶联剂 相容剂主要是一些接枝或嵌段聚合物以及通过化学改性的树脂。它借助于分子间的键合力，促使不相容的两种聚合物结合成一体，进而得到稳定共混物。相容剂分子中具有分别能与两种聚合物进行物理或化学结合的基团，改善界面结合情况，使两种聚合物之间的粘接力增大，促进了共混、填充以及增强聚合物中分散相和连续相的均匀性。为了增强某些聚合物与玻璃纤维、无机填料等的结合牢度，提高其力学性能，还可以使用偶联剂。偶联剂分子中含有化学性质不同的两个基团，用以改善无机物与有机物之间的界面作用，常用于填充塑料以及纤维增强塑料。主要品种有硅烷偶联剂、钛酸酯偶联剂、铝酸酯偶联剂等。

三、提高加工性能的助剂

这类助剂能改善塑料在成型加工中的流动性，防止聚合物与聚合物之间、聚合物与加工机械表面之间的黏附，利于制品从模具中脱出，从而使生产顺利进行。

（1）润滑剂 主要用于热塑性树脂特别是 PVC 的加工，以改善树脂成型时的流动性。润滑剂依其润滑作用类型分为外润滑剂（如石蜡烃类、低分子聚乙烯）和内润滑剂（如酰胺类、酯蜡、脂肪醇、脂肪酸酯等）。

（2）脱模剂 主要用于注塑制品，有利于塑料制品从模具中取出。一般喷涂于模具表面。

（3）软化剂（增塑剂） 主要用于促进 PVC 树脂的塑化加工。主要是指增塑剂等改善聚合物塑化性能的助剂。除了增塑剂之外，一些其他功能的助剂也可能同时具有改善加工性能的特点，如增韧剂 ACR、热稳定剂硬脂酸盐等。

（4）防粘闭剂 为了防止塑料薄膜或片材层间粘连，使其易于揭开，可以加入防粘闭剂（亦称"开口剂"）。此类助剂一般为石蜡状物或极细粉末，由于它与树脂的不相容性而在制品表面，从而防止层间的粘连。它与润滑剂的区别是不需要减小制品表面的摩擦系数。一般外润滑剂有一定的防粘闭作用。

四、特殊功能化的助剂

这类助剂赋予塑料制品特殊的功能，如表面带电性、防雾性、手感以及其他一些特殊性能。

（1）抗静电剂 能降低塑料表面的静电聚集、避免因静电造成的种种弊害，也有利于塑料的加工操作过程。有时抗静电剂是一种表面活性剂，应用最广的是非离子型抗静电剂，其次为阳离子型抗静电剂。

（2）防雾（滴）剂 主要用于农业薄膜和食品包装袋等。当膜内温度降到环境露点以下时，水汽会在其内面形成浓密的雾滴而影响阳光的透射率，对农作物生长不利，对包装物外观有不良影响。防雾剂不仅可以增加作物的产量，而且可以提高包装商品的价值。它也是表面活性剂的一类，主要是多元醇脂肪酸酯类。

（3）表面改性剂　表面改性剂主要用于人造革和合成皮革的表面处理，并可改善其表面层的韧性、手感及耐污染性。它的主要成分是树脂，包括均聚物和共聚物，如氯乙烯-乙酸乙烯酯共聚物（VC/VAC）、丙烯酸树脂、聚酯、聚氨酯等。

（4）填充剂　主要采用无机粉末或有机粉末填充至塑料材料中，能够降低塑料材料的成本。有些填料还能赋予塑料一些新的优异性能，如导电性、耐热性、导热性、绝热性、阻燃性等。这些赋予塑料新性能的填料又可分别称为导电剂、耐热剂、阻燃剂等。

（5）增塑剂　主要用于PVC中，主要作用是使制品柔化，提高其耐低温性同时易于加工。通常增塑剂为高沸点液体有机化合物，少数为低熔点固体和橡胶型聚合物。增塑剂绝大多数为邻苯二甲酸酯类，其他有磷酸酯类、二元酸脂肪酸类、氯代烃等。

（6）发泡剂　主要用于泡沫塑料的制造，包括物理发泡剂和化学发泡剂两大类，其中以化学发泡剂尤其是有机发泡剂的应用最广。其在塑料成型的同时受热分解放出如 N_2、CO_2 等气体，以降低塑料密度。某些化学物质能促进或抑制发泡剂的分解，改变发泡剂的分解温度，分别称其为发泡促进剂和发泡抑制剂。

除此之外还有一些用于特殊目的的助剂，包括成核剂、驱避剂、分散剂、增香剂以及制造降解塑料而新出现的光降解剂和生物降解剂等。

五、改变色光的助剂

这一类助剂使塑料着色或赋予塑料特殊的色光，或消光，使塑料制品美观，便于识别，同时也提高商品的价值。

（1）着色剂　包含染料和颜料，后者在塑料着色中应用最多，颜料包括无机颜料和有机颜料。无机颜料通常是一些天然矿物和合成的金属盐类及氧化物类，由于其粒径较大，分散性差，虽遮盖力大，耐热性高，但着色力低，不够鲜艳。而有机颜料颜色鲜艳丰富，分散性好，着色力强，虽遮盖力、耐热性不如无机颜料，但在塑料着色剂中仍占主导地位。

（2）荧光增白剂　是一些能发射蓝色荧光的物质，可以使发黄、白度差的制品增白，从而提高制品的白度。

（3）消光剂　某些制品表面能强烈反光，有时这是不需要的，为了消除反光，就要使其表面粗糙化，这时可添加消光剂。消光剂通常是一些具有一定粒径的无机物，如沉降硫酸钡、含水石膏粉、滑石粉、钛白粉等。

（4）珠光剂　是具有珍珠光泽的特殊颜料，有的具有多面晶体的结构，是制造珠光有机玻璃及其他珠光制品的重要助剂，主要包括碱式碳酸铅、氧氯化铋、云母钛（白）等。

此外，闪光剂、荧光剂、夜光剂可用于某些塑料。

六、阻燃与抑烟助剂

（1）阻燃剂　合成树脂大都具有可燃性，但在电子电气、交通工具、建筑材料等应用领域，要求塑料能达到自熄和难燃的程度。目前应用的阻燃剂主要是一些含卤素阻燃剂、磷系阻燃剂、硅系阻燃剂、膨胀阻燃剂、无机金属氢氧化物以及三氧化二锑和硼酸锌等协效剂。

（2）抑烟剂　塑料燃烧过程中放出的大量烟尘危害极大，可以加入烟雾抑制剂（即抑烟剂），它能通过使炭粒焦化而大大减少烟雾。主要是一些无机金属氧化物，如氧化钼、氧化铁等。

目前，塑料助剂的发展正向高效、长效、无毒、大分子量化、多功能化、复配型、微细化、微胶囊化和低成本化方向发展，那些有毒、低效、有污染、价格昂贵的品种将逐渐被市场淘汰。

第三节　塑料配方设计原理

一、塑料配方设计中助剂的选用原则

配方设计的关键为选材、搭配、用量、混合四大要素，表面看起来很简单，但包含了很多内在联系。要想设计出一个高性能、易加工、低价格的配方也并非易事，需要考虑的因素很多。在具体设计配方时，要面对的可选用助剂种类很多，甚至可能令人眼花缭乱。如何能选到最合适的助剂呢？一般可遵循如下原则：

1. 满足性能要求

在既定的配方体系和加工工艺中，所加入的助剂能充分发挥其预计功效，并达到规定指标。规定指标一般为产品的国家标准，也有客户提出的性能要求。但不要超过性能要求太多，过高的性能导致成本上升，或者带来其他问题。如客户要求导电PP的体积电阻率达到$10^2 \Omega \cdot cm$以下，加入的助剂通常为高导电炭黑、金属纤维或粉末，其他材料难以完成上述指标。

2. 保留原有性能

不劣化或最小限度地影响树脂原有的基本力学性能，最好能提高原树脂的某些性能。但任何事物都具有两面性，在改善某一性能时，可能降低其他性能。因此设计配方时，一定要全面考虑，尽量兼顾客户要求的所有性能和指标。例如：染料在很少量时仍会降低制品的电绝缘性能；少量酞菁颜料会影响聚烯烃的注射制品的结晶性而使其尺寸不稳定易发生挠曲等；使用液体助剂会使材料的热变形温度下降；高填充配方虽然可以降低成本，但填料对复合材料的力学性能和加工性能影响很大，冲击强度也会下降；较多量的阻燃剂也使材料的力学强度大幅度下降。如果制品对复合材料的力学性能有具体要求，在配方中要做具体补偿，如加入弹性体材料弥补冲击性能，加入润滑剂改善加工性能等。

3. 避免对抗效应

不劣化或最小限度地影响其他助剂功效的发挥，最好与其他助剂有协同作用。在一个具体配方中，为达到不同的目的可能加入很多种类的助剂，这些助剂之间的相互关系很复杂。有的助剂之间有协同作用，而有的助剂之间有对抗作用。产生协同效应或者对抗效应的一般原因为：助剂与助剂之间或者助剂与树脂之间发生了物理或化学作用。如含硫类助剂和含铅类助剂之间会发生硫污染，两者一定不要同时加入。因此在PVC加工配方中，硬脂酸铅润滑剂和硫醇类有机锡不能一起加入。又如在含有大量吸油性填料的填充配方中，油性助剂的加入量要增大，以弥补被吸收的部分。助剂的酸碱性与树脂的酸碱性要协调。两种助剂反应有些能形成协同效应，有些则会形成对抗效应。

4. 具有合适的加工性能

保证适当的可加工性能，保证制品成型时对原材料、其他助剂、加工设备和使用环境无不良影响。某些树脂的加工条件比较苛刻，一些耐热性不太高的助剂会由于高的加工温度或注射时喷嘴处高剪切产生的局部高温而挥发、分解。因此要求所用的助剂有较高的耐热性和低挥发性。另外，助剂的加入对树脂的原加工性能影响要小；各助剂之间不发生化学反应。还有，所加入的助剂对设备的磨损和腐蚀应尽可能小，加工时不放出有毒气体，不损害加工人员的健康。

5. 与树脂相容性好

大多助剂必须长期稳定地存留在制品中，通常必须要求所选择的助剂或树脂与基体树脂有良好的相容性，保证在使用寿命内其效果持久发挥，耐抽提、耐迁移、耐析出，才能长期发挥其应有的效能。各种助剂与特定的树脂之间都有一定的相容性范围，超出这个范围助剂会很快地析出。固体助剂的析出俗称"喷霜"；液体助剂的析出称为"渗出"，俗称"出汗"。助剂析出后不仅失去了作用且影响制品的外观和使用。因此，必须设法提高或改善其相容性，如采用相容剂或偶联剂进行表面活化处理等。助剂与树脂相容性的好坏，主要取决于结构的相似性，例如极性强的增塑剂在极性PVC树脂中就有很好的相容性；在抗氧剂分子中引进较长的烷基，可以改善它与聚烯烃的相容性。但有时则需要助剂具有一定的析出性，以利于它在塑料表面所起的作用，如抗静电剂、润滑剂、防雾剂等。

6. 制品用途对助剂的制约

助剂的应用常受到制品最终用途的制约，这应予以充分的注意，不同的制品对助剂的颜色、气味、耐污染性、耐久性、电气性、耐热性、耐寒性、耐候性及卫生性等有不同的要求。这里特别要强调的是助剂的耐久性包括其耐挥发性、耐迁移性和耐油、水等介质的抽出性。另外，助剂的毒性问题已经引起人们广泛的重视，尤其对食品和药物、饮用水管、医疗卫生器材、玩具等直接与人体健康有关的制品，必须选用恰当的助剂品种，或按标准限制其最大使用量。如PVC管材，下水管可用铅盐类稳定剂，而上水管则尽可能不用或少用铅盐类稳定剂，以防止铅中毒。

7. 不影响制品的颜色

一定要注意助剂本身的颜色及变色性，有些助剂本身颜色很深，这会影响制品的颜色，难以加工浅色制品。如炭黑为黑色，只能加工深色制品；其他如石墨、红磷、二硫化钼、金属粉末及工业矿渣等本身都带有颜色，选用时要注意。

8. 价格低、来源广

配方最终生产出来的产品需要进入市场，有的配方由于成本太高而不能投入生产，降低产品的市场竞争力，因此必须注意配方中每种助剂的市场价格和行情。在不影响或对主要性能影响不大的情况下应尽量降低成本，以保证制品的经济合理性。如在PVC稳定配方中，允许选用铅盐类稳定剂就不要选有机锡类稳定剂；在阻燃配方中，可以选硼酸锌则不选三氧化二锑或氧化钼。

此外，设计配方时应选择自己熟悉的原料，对于助剂供应商，也尽量选择有规模化产品的大公司，以保证助剂质量的长期稳定性。每种原料需要有1~2家供应商或替代品。配方中原料的种类应尽量减少。配方中原料种类过多在采购、仓储、配料和加工等方面带来麻烦，容易带来误差而导致成本上升。

二、塑料配方中助剂之间的相互作用

大多数塑料配方中都不是含有一种添加剂，而是含有两种或两种以上添加剂。这些不同的添加剂之间往往会产生一定的相互作用，从而影响整个配方的性能发挥。

配方中各种添加剂之间的相互作用有时有利于配方，而有时无助于配方，归纳起来，配方中各组分的相互关系有三类，即协同作用、对抗作用和加合作用。

1. 协同作用

协同作用是指塑料配方中两种或两种以上的添加剂一起加入时的效果高于其单独加入的平均值。

不同添加剂之间产生协同作用的原因主要是它们之间产生了物理或化学作用。协同作用包括分子间协同和分子内协同两类。

分子内协同作用又称为自协同作用，它是一种助剂内含有多种官能团，不同官能团之间有协同作用。如分子中含卤素的磷化物即为分子内有协同作用的阻燃剂，可单独使用。受阻胺类稳定剂是最有效的紫外光稳定剂，同时又是极好的光稳定剂，同时具有两种功效。

分子间协同又可分为同类种助剂间协同和不同种类助剂间协同两种。具体协同的例子有：抗氧剂与光稳定剂、抗氧剂与热稳定剂、热稳定剂与润滑剂、铅类热稳定剂与发泡剂等。

低分子量助剂与相对高分子量助剂之间的协同作用。低分子量助剂扩散容易，效果迅速；而高分子量助剂扩散缓慢，效果持久。两者结合起来，效果既迅速又持久。

主、副助剂并用有协同作用，如主、副阻燃剂和主、副抗氧剂等。

如链终止型抗氧剂的抗氧机理是向过氧自由基释放氢原子，使其形成氢过氧化物。当两种抗氧效果不同的主、辅抗氧剂并用时，主抗氧剂与过氧自由基反应，使其活性终止时，产生一个抗氧剂自由基，此时辅助抗氧剂向此抗氧剂自由基提供氢原子，使主抗氧剂再生，重新发挥主抗氧剂的抗氧作用。

在抗老化的配方中，具体协同作用举例如下：

①两种羟基邻位取代基位阻不同的酚类抗氧剂并用有协同效果；②两种结构和活性不同的胺类抗氧剂并用有协同效果；③抗氧化性不同的胺类和酚类抗氧剂复合使用有协同效果；④全受阻酚类和亚磷酸酯类抗氧剂有协同作用；⑤半受阻酚类与硫酯类抗氧剂有协同作用，主要用于户内制品中；⑥受阻酚类抗氧剂和受阻胺类光稳定剂有协同作用；⑦受阻胺类光稳定剂与磷类抗氧剂有协同作用；⑧受阻胺类光稳定剂与紫外线吸收剂有协同作用。

在阻燃配方中，协同作用的例子也很多。

① 在卤素/锑系复合阻燃体系中，卤系阻燃剂可与 Sb_2O_3 发生反应而生成 SbX_3，SbX_3 可以隔离氧气从而达到增大阻燃效果的目的。

② 在卤素/磷系复合阻燃体系中，两类阻燃剂也可以发生反应而生成 PX_3、PX_5、POX_3 等高密度气体，这些气体可以起到隔离氧化的作用。另外，两类阻燃剂还可分别在气相、液相中相互促进，从而提高阻燃效果。

2. 对抗作用

对抗作用是指塑料配方中两种或两种以上的添加剂一起加入时的效果低于其单独加入的平均值。

产生对抗作用的原理同协同作用一样，也是不同添加剂之间产生物理或化学作用的结果，不同的是其作用的结果不但没有促进各自作用的发挥，反而削弱了其应有的效果。

在防老化塑料配方中，对抗作用的例子很多，主要有如下几类：

① HALS 类光稳定剂不与硫醚类辅抗氧剂并用，因为硫醚类产生的酸性成分抑制了 HALS 的光稳定作用。

② 芳胺类和受阻酚类抗氧剂一般不与炭黑类紫外光屏蔽剂并用，因为炭黑对胺类或酚类的直接氧化有催化作用抑制抗氧化效果的发挥。

③ 常用的抗氧剂与某些含硫化物，特别是多硫化物之间，存在对抗作用。其原因也是多硫化物有助氧化作用。

④ HALS 不能与酸性助剂共用，酸性助剂会与碱性的 HALS 发生盐化反应，导致 HALS 失效；在酸性助剂存在时，一般只能选用紫外线吸收剂。

在阻燃塑料配方中，也有对抗作用的例子，主要有：卤系阻燃剂与有机硅类阻燃剂并用，会降低阻燃效果；红磷阻燃剂与有机硅类阻燃剂并用，也存在对抗作用。

3. 加合作用

加合作用是指塑料配方中两种或两种以上不同添加剂一起加入的效果等于其单独加入效果的作用，一般又称叠加作用和搭配作用。

加合作用是最常见的，在增塑剂、稳定剂、润滑剂、抗氧剂、光稳定剂、阻燃剂及抗静电剂中都有表现。如不同类型防老化剂并用后，可以提供不同类型的防护作用。如抗氧剂可防止热氧化降解，光稳定剂可防止光降解，防霉剂可防止生物降解等。在热稳定剂中，也常常将三碱式硫酸铅/二碱式硫酸铅并用，Ca/Zn、Cd/Zn 及 Ba/Zn 等并用。润滑剂也常用内润滑剂和外润滑剂并用，从而发挥内部和表层的双润滑效果。在阻燃配方中，常将气相型阻燃剂与固相型阻燃剂并用、阻燃剂与消烟剂并用等。

此外，不同类型增塑剂、抗氧剂、光稳定剂、抗静电剂并用都是加合作用。

第四节　塑料配方的计量方法

配方的计量方法是指表征一个配方中各组分加入量的一种方法。

如何能准确地将各组分的加入量表示出来，关系到一个配方的成败。一个精确、清晰的计量方法，便于企业操作者合理方便地计量、混料，避免错误理解配方助剂的比例和用量。

配方的计量方法主要有质量份数法、质量分数法及质量比例法等，其中前两种最常用，后面的比较少用，并且一般不单独使用，经常与前两种结合使用。

无论采取哪种方法，各组分的计量单位通常以质量来表示，即千克、克、质量分数及质量比，只有少数情况下才以体积、物质的量等计量，以体积表示的计量方式适合于一些组分是液体的配方，如聚氨酯发泡塑料和乳液法 PVC 人造革等配方。

1. 质量份数表示法

该方法是塑料配方最常用的计量方法之一。它以配方中主体成分树脂的加入量为基准（100 质量份），配方中其他组分以树脂的含量为参照物，用其占树脂质量的百分数来表示。

如在 PVC 配方中，PVC 的加入量为 100kg，DOP 的加入量为 40kg，那么 PVC 为 100 份、DOP 为 40 份。

塑料配方的质量份数表示法由于计量方便，特别适合助剂种类较多的配方，如橡胶和 PVC 配方，几乎全部使用此类表示法。

PVC	100	BaSt	1.5
DOP	40	PbSt	0.5
三碱式硫酸铅	3	HSt	1
二碱式硫酸铅	2		

注：St 为硬脂酸根。

2. 质量分数表示法

塑料配方的质量分数表示法也比较常用，也称质量含量法，利于进行原料消耗量和生产成本的核算，特别适用于一些助剂种类不是特别多的配方。它将整个配方各组分的总质量定为 100 份，其中各组分以总质量为对照物，用其占总质量的百分数表示加入量。如整个配方的总质量为 100kg，其中 DOP 为 10kg，则其所占质量分数为 10%。仍以上面的 PVC 配方为例，换算成质量分数表示法如下：

PVC（100/148）	67.6%	BaSt（1.5/148）	1%
DOP（40/148）	27%	PbSt（0.5/148）	0.3%
三碱式硫酸铅（3/148）	2%	HSt（1/148）	0.7%
二碱式硫酸铅（2/148）	1.4%		

注：148 为配方的总质量。

3. 直接质量表示法

此种配方计量表示法经常使用，它将配方中各组分直接用其所含质量表示。但因看不出各组分之间的比例关系，一般不单独使用，而是与质量份数法或质量含量法配合使用，主要为方便企业配料人员直接称量配料。

废 PS 颗粒	50kg	滑石粉	5kg
水泥	200kg	硬脂酸	10g

4. 质量、体积混合表示法

此种配方计量表示法不常用，只用于含少量液体的配方。一般将含量大的固体组分用质量表示，含量小的液体组分用体积表示，主要方便配料。如 PP 天蓝色配方如下：

PP	100kg	酞菁绿	5g
群青	15g	DOP	100mL

5. 质量比例表示法

此种配方计量表示法也不常用。它以一种添加组分的加入量为参照物，将另一种与之相关的添加组分的加入量与之相比，以两者的比例表示。

质量比例表示法不单独使用，需要与其他计量法配合使用。此法主要用于两种添加剂之间有协同作用，特别强调两者之间添加比例时。举例如下：

PVC	100	HSt	1
DOP	40	BaSt/PbSt（3/1）	2
Sb_2O_3/ZnO（2/1）	4	三盐/二盐（3/2）	5

侧加料挤出机主加料口和侧加料口之间的加料量通常用比例表示法。如 LDPE 接枝电

缆料中，DCP 从侧加料口加入，它和 LDPE 的计量需用比例表示法。

在实际工业生产中，还需要对上述各配方用量进行转化，以便于称量配料。如生产某个配方 50kg 塑料，则需进行换算，得到相应的生产配方，相应示例如表 1-1 所示。

表 1-1　塑料配方计量方法换算关系

物料	质量份数法	换算关系	质量分数法	换算关系	生产配方/kg
PVC	100	100/148	67.57%	67.57%×50	33.785
DOP	40	40/148	27.03%	27.03%×50	13.515
三碱式硫酸铅	3	3/148	2.02%	2.02%×50	1.010
二碱式硫酸铅	2	2/148	1.35%	1.35%×50	0.675
CaSt	1.5	1.5/148	1.01%	1.01%×50	0.505
ZnSt	0.5	0.5/148	0.34%	0.34%×50	0.170
HSt	1	1/148	0.68%	0.68%×50	0.340

第五节　塑料配方设计方法

本节介绍的配方设计方法是指确定配方中各种助剂加入量的方法。一个配方中往往有很多助剂品种，不同品种之间如何搭配？如果盲目地进行试验，要进行很多次数，而采用先进的设计方法，可以大大地减少试验次数，节省工作量。应用计算机技术进行配方设计，更准确、方便、快捷。

一、单因素变量配方设计方法

单因素变量配方是指在试验中只关注一个变量因素对制品性能的影响，而将其他影响因素作为不变量。即只改变一种助剂的加入量，以期得到这种变量的最佳值，然后以此最佳值为该变量的固定值，再考察其他变量，依此类推。

此设计方法一般常用消去法来确定。一般假定 $f(x)$ 是塑料制品的物理性能指标，它是变量区间中单峰函数，即 $f(x)$ 在变量的区间 (a, b) 中只有一个极值点，这个点就是所寻求的物理性能最佳点。在寻找最优试验点时，常利用函数在某一局部区域的性质或一些已知的数值来确定下一个试验点。这样一步步搜索、逼近，不断消去部分搜索区间，逐步缩小最优点的存在范围，最后达到最优点。常用的搜索方法有以下几种：

1. 爬山法（逐步提高法）

适合于工厂小幅度调整配方，生产损失小。其方法是：先找一个起点 A，这个起点一般为原来的生产配方，也可以是一个估计的配方。起点位置确定后，在试验范围内，向原料增加和减少方向各选一点，所选点与起点的距离称为步长，步长的选择先大后小。试验过程中需反复试验确定原料用量的增减和步长的大小，直至变量的最佳值出现。

爬山法的关键是确定起点的位置和试验范围，选择起点的位置很重要。起点选得好时，则试验次数可减少；选择步长大小也很重要，一般是开始时步长大一些，待快接近最佳点时改为小的步长。爬山法适合对配方进行微调，比较稳妥，对生产影响较小，其缺点是对经验依赖性大，试验次数较多。

2. 黄金分割法（0.618 法）

该法是根据数学上黄金分割定律演变来的。该法只需确定试验范围，而不需确定起点位置和步长。其具体做法是：先在配方试验范围（A，B）的 0.618 处做第一次试验，再在其对称点（试验范围的 0.382 处）做第二次试验，比较两点试验的结果（指制品的物理机械性能），进行取舍，缩小试验范围。在新确定的试验范围内继续试验，再比较取舍，逐步缩小试验范围，达到最终目的。

该法的每一步试验都要根据上次配方试验结果而决定取舍，所以每次试验的原材料及工艺条件都要严格控制，不得有差异，否则无法决定取舍方向。该法试验次数少，但欠稳妥。

3. 平分法（对分法）

此法应用较少，因为采用平分法的前提条件是：在试验范围内，目标函数是单调的，即该塑料制品应有一定的物理性能指标，以此标准作为对比条件。同时，还应预先知道该变量对制品的物理性能影响的规律，这样才能知道其试验结果表明该原材料的添加量是多或少。

该法与黄金分割法相似，只是在试验范围内，每个试验点都取在范围的中点上，根据试验结果，去掉试验范围的某一半，然后再在保留范围的中点做第二次试验，再根据第二次试验结果，将范围缩小一半，这样逼近最佳点的速度很快，而且取点也极为方便。

4. 分批试验法

分批试验法可分为均分分批试验法和比例分割分批试验法两种。

均分分批试验法是把每批试验配方均匀地同时安排在试验范围内，将其试验结果进行对比，留下较好结果的范围。留下的范围中，再均匀分成数份，再做一批试验，这样不断做下去，就能找到最佳的配方范围。最后在窄小的范围内，等分点结果较好，又相当接近，即可中止试验。这种方法的优点是试验总时间短、快，但总的试验次数较多。

比例分割分批试验法与均分分批试验法相似，只是试验点不是均匀划分，而是按一定比例划分。该法由于试验结果、试验误差等原因，不易鉴别，所以一般工厂常用均分分批试验法，但当原材料添加量变化较小，而制品的物理性能却有显著变化时，用该法较好。

二、多因素变量配方设计方法

多因素变量配方是指一个配方中有两个或两个以上助剂的加入量影响制品性能的配方。随机确定其加入量，工作量十分繁重，采用科学设计方法，可以准确、快速地得到一个合理的配方。目前常用的多因素变量设计法主要有正交设计法和中心复合试验法，本书重点介绍正交设计法。

正交设计法是一种应用数理统计原理进行科学地安排与分析多因素变量的一种试验方法。

正交设计法最大的优点在于可大幅度减少试验次数，尤其是试验中变量（因素）越多，减少程度越明显，它可以在众多试验次数中，优选出具有代表性的试验，通过尽可能少的试验，找出最佳配方或工艺条件。有时最佳配方可能并不在优选的试验中，但可以通过试验结果处理，推算出最佳配方。

常规的试验方法为单因素轮换法，即先改变其中一个变量（因素），把其他变量（因素）固定，以求得此变量的最佳值；然后改变另一个变量（因素），固定其他变量（因素），如此逐步轮换，从而找出最佳配方或工艺条件。用这种方法对一个三个变量（因素）的配方，每个变量（因素）三个试验数值（水平）的试验次数为 $3\times3\times3=27$；而用正交设计法，只需 6 次即可。

1. 正交设计法正交表的组成

正交设计的核心是一个正交设计表，简称正交表。一个典型的正交表可由 $L_M(b^K)$ 表达。

其中 L——正交表的符号；

K——试验中变量的数目，习惯上称其为因素或因子，本书中统称为因素，K 值的确定由不同试验而变；

b——每个因素所取的试验值数目，一般称为水平或位级，本书中统称为水平，水平值由经验确定，也可在确定前先做一些探索性小型试验，一般要求各水平值之间要有合理的差距；

M——试验次数，一般由经验确定，但大致规律如下（仅供参考）：对于二水平试验，$M=K+1$；对于三水平以上试验，$M=b(K-1)$，此规律并不全部适用，有时也有例外，如正交表 $L_{27}(3^{13})$，具体可参照标准正交表。

指标：正交表的最后一项为试验目的，即指标，它为衡量试验结果好坏的参数，如产品合格率、硬度、耐热温度、冲击强度、氧指数及体积电阻率等。

下面举实例说明一个正交表的组成。如改善 PVC 加工流动性的一个试验，加工流动性好坏可用表观黏度表示。表观黏度即为指标，影响加工流动性的参数有三个，即温度（T）、剪切速率（γ）和增塑剂加入量（RPH），此三个参数即为因素，每个因素取三个不同试验值，即为三水平，如 T 取 150℃、160℃、170℃，γ 取 $5\times10^2\,\mathrm{s}^{-1}$、$1\times10^3\,\mathrm{s}^{-1}$、$5\times10^3\,\mathrm{s}^{-1}$，RPH 取 20 份、30 份、40 份。

常用的典型正交表如下：

二水平：$L_4(2^3)$、$L_8(2^7)$、$L_{12}(2^{11})$ 等；

三水平：$L_6(3^3)$、$L_9(3^4)$、$L_{18}(3^7)$ 等；

四水平：$L_{16}(4^5)$ 等。

具体正交表排布参见表 1-2～表 1-6。

表 1-2　二水平 $L_4(2^3)$ 正交表

试验号	列号			试验号	列号		
	1	2	3		1	2	3
1	1	1	1	3	2	1	2
2	1	2	2	4	2	2	1

表 1-3　二水平 $L_8(2^7)$ 正交表

试验号	列号							试验号	列号						
	1	2	3	4	5	6	7		1	2	3	4	5	6	7
1	1	1	1	1	1	1	1	5	2	1	2	1	2	1	2
2	1	1	1	2	2	2	2	6	2	1	2	2	1	2	1
3	1	2	2	1	1	2	2	7	2	2	1	1	2	2	1
4	1	2	2	2	2	1	1	8	2	2	1	2	1	1	2

表 1-4 二水平 $L_{12}(2^{11})$ 正交表

试验号	列号											试验号	列号										
	1	2	3	4	5	6	7	8	9	10	11		1	2	3	4	5	6	7	8	9	10	11
1	1	1	1	1	1	1	1	1	1	1	1	7	2	1	2	2	1	1	2	2	1	2	1
2	1	1	1	1	1	2	2	2	2	2	2	8	2	1	2	1	2	2	1	1	1	1	2
3	1	1	2	2	2	1	1	1	2	2	2	9	2	1	1	2	2	2	1	2	2	1	1
4	1	2	1	2	2	1	2	2	1	1	2	10	2	2	2	1	1	1	1	2	2	1	2
5	1	2	2	1	2	2	1	2	1	2	1	11	2	2	1	2	1	2	1	1	1	2	2
6	1	2	2	2	1	2	2	1	2	1	1	12	2	2	1	1	2	1	2	1	2	2	1

表 1-5 三水平 $L_9(3^4)$ 正交表

试验号	列号				试验号	列号				试验号	列号			
	1	2	3	4		1	2	3	4		1	2	3	4
1	1	1	1	1	4	2	1	2	3	7	3	1	3	2
2	1	2	2	2	5	2	2	3	1	8	3	2	1	3
3	1	3	3	3	6	2	3	1	2	9	3	3	2	1

表 1-6 四水平 $L_{16}(4^5)$ 正交表

试验号	列号					试验号	列号				
	1	2	3	4	5		1	2	3	4	5
1	1	1	1	1	1	9	3	1	3	4	2
2	1	2	2	2	2	10	3	2	4	3	1
3	1	3	3	3	3	11	3	3	1	2	4
4	1	4	4	4	4	12	3	4	2	1	3
5	2	1	2	3	4	13	4	1	4	2	3
6	2	2	1	4	3	14	4	2	3	1	4
7	2	3	4	1	2	15	4	3	2	4	1
8	2	4	3	2	1	16	4	4	1	3	2

2. 正交试验结果分析法

前面提过，一个最佳的配方可能在所做的试验中，也可能不在其中，这就需要对试验结果进行分析处理从而找出最佳配方。

试验结果分析可以解决如下三方面的问题：①对指标的影响，哪个因素主要，哪个因素次要，分清主次关系；②各个因素以哪个水平为最好；③各个因素用什么样的水平组合起来，指标值最好。

目前常用的分析方法有两种，即直观分析法和方差分析法。本书主要介绍直观分析法。

① 直观分析法。计算每个水平试验取得指标的平均值，进行比较，找出每个因素的最佳水平；几个因素的最佳水平组合起来，即为最佳配方或工艺条件。另外，计算每个因素不同水平所取得不同指标值差，何种因素不同水平之间指标差大，即为对指标最有影响的因素。

具体方法参见下面的［例 1-1］及［例 1-2］。直观分析法直观、简便，但不能区分因素与水平的作用差异。

② 方差分析法。这是一种精确的计算方法，结果精确，但手段繁杂。其方法为通过偏

差的平方和及自由度等一系列计算，将因素和水平的变化引起试验结果间的差异与误差的波动区分开来，这样来分析正交试验的结果，对下一步试验或投入生产的可靠性很大。

3. 正交设计法举例

[**例 1-1**] 热固性塑料压制成型配方及工艺条件的确定。

（1）设计正交表

① 指标。硬度合格率。

② 因素。模板温度、交联时间及交联剂用量三因素，$K=3$。

③ 水平。每个因素取二水平，$b=2$，见表 1-7。

表 1-7 因素和水平表

因素	模板温度/℃	交联时间/s	交联剂用量/份
一水平	180	60	0.5
二水平	200	80	1.0

试验次数 $M=K+1=3+1=4$ 次。

正交表选 $L_4(2^3)$，具体排布如表 1-1 所示。

（2）按正交表做试验，并将结果填入 $L_4(2^3)$ 正交表中，如表 1-8 所示。

表 1-8 三因素二水平 $L_4(2^3)$ 正交表

试验号	1(A) 模板温度/℃	2(B) 交联时间/s	3(C) 交联剂用量/份	硬度合格率 (Y_a)/%
1	1(180)	1(60)	1(0.5)	90
2	1(180)	2(80)	2(1.0)	85
3	2(200)	1(60)	2(1.0)	45
4	2(200)	2(80)	1(0.5)	70
I_j	175	135	160	
II_j	115	155	130	
$\overline{I}_j$	87.5	67.5	80	$a=1,2,3,4$
$\overline{II}_j$	57.5	77.5	65	$j=1,2,3$
R（极差）	30	10	15	

（3）试验结果分析：采用直观分析法。

① 计算每一个因素不同水平两次试验的平均值，结果如下：

$$\overline{A}_1=\frac{1}{2}(y_1+y_2)=\frac{1}{2}\times(90+85)=87.5$$

$$\overline{A}_2=\frac{1}{2}(y_3+y_4)=\frac{1}{2}\times(45+70)=57.5$$

$$\overline{B}_1=\frac{1}{2}(y_1+y_3)=\frac{1}{2}\times(90+45)=67.5$$

$$\overline{B}_2=\frac{1}{2}(y_2+y_4)=\frac{1}{2}\times(85+70)=77.5$$

$$\overline{C}_1=\frac{1}{2}(y_1+y_4)=\frac{1}{2}\times(90+70)=80$$

$$\overline{C}_2=\frac{1}{2}(y_2+y_3)=\frac{1}{2}\times(85+45)=65$$

将上述计算结果列于表1-8中。表中 I_j 代表正交表中第 j 列一水平指标之和；$\overline{I}_j$ 代表 I_j 的平均值；II_j 代表正交表中第 j 列二水平指标之和；$\overline{II}_j$ 代表 II_j 的平均值。由于因素 A 排在第一列，所以 $\overline{I}_1 = \overline{A}_1$，$\overline{II}_1 = \overline{A}_2$，同理 $\overline{I}_3 = \overline{C}_1$，$\overline{II}_3 = \overline{C}_2$。

比较 $\overline{A}_1$ 与 $\overline{A}_2$、$\overline{B}_1$ 与 $\overline{B}_2$、$\overline{C}_1$ 与 $\overline{C}_2$，可以找出优化条件为 $\overline{A}_1$、$\overline{B}_2$、$\overline{C}_1$。此试验不在我们设计的正交试验中，而是通过综合比较推算出来的。

② 还有一个比较三个因素哪一个对指标影响大的问题，可以通过计算极差（R_j）找出，极差值 $R_j = |\overline{I}_j - \overline{II}_j|$（绝对值），如 $R_1 = |\overline{A}_1 - \overline{A}_2| = |87.5 - 57.3| = 30$，将计算结果列于表1-8中，可以看出 R_1 最大，说明模板温度对硬度合格率影响最大。

◀◀◀ 第二章 ▶▶▶
热稳定剂及其在塑料配方中的应用

第一节　PVC 的降解过程及热稳定剂的机理

一、PVC 的降解过程

工业合成的 PVC 树脂的分子结构中存在一些不稳定结构，如分子支链（叔碳原子上的氯原子或氢原子）、引发剂残端、双键和头-头结构。此外，存在的含氧结构可能来自过氧化物引发剂，或是在聚合物后处理过程中因热氧化产生的。这些变异结构及杂质严重地影响了 PVC 的热稳定性，更严重的是，PVC 降解产生的双键能使其相邻碳原子上的氯原子即烯丙基氯原子活化，引起后续 HCl 分子的脱除，从而加速降解反应的发生。

目前 PVC 降解机理以自由基机理为主，在空气中的热（光）降解主要发生脱 HCl、氧化及断链、交联、环化等反应。

设 R· 为引发反应的自由基，新产生的自由基使旁边氯原子不稳定，产生 Cl· 和 —C＝C—，由此产生了更加不稳定的烯丙基氯原子 Cl*，催化生成的 Cl· 和脱 HCl 会加速降解反应。如此反复，发生"拉链式"降解，结果使分子链中连续共轭双键的数目越来越多。见图 2-1。

PVC 在 100℃时开始分解，释放出 HCl；加热到 130℃时，分解比较显著；达到 150℃ 以上，分解相当严重。当分子链中连续共轭双键增到 7 个时就会吸收紫外辐射而开始显色，超过 10 个开始变黄。随着共轭链的加长，分子链对光的吸收向长波方向移动，颜色逐渐加深，即微红—黄—橙—红棕—褐—黑色。这种脱 HCl 降解过程受氧气、紫外线、金属化合物的作用加速，若分子中生成羰基（ $\diagdown$ C＝O），则 PVC 热、光、氧降解反应更迅速，颜色变化更快。

事实上，在 PVC 热降解反应中，除发生大量脱 HCl 外，还伴随着因热氧化降解反应而发生的断链、交联、生成含氧结构（羰基、羧基等）以及由共轭链芳构化而产生出来的芳烃。据称，PVC 在空气中的热降解产物有时可达数十种，除大量 HCl 外，还有 H_2O、CO_2、H_2、C_6H_6 等。

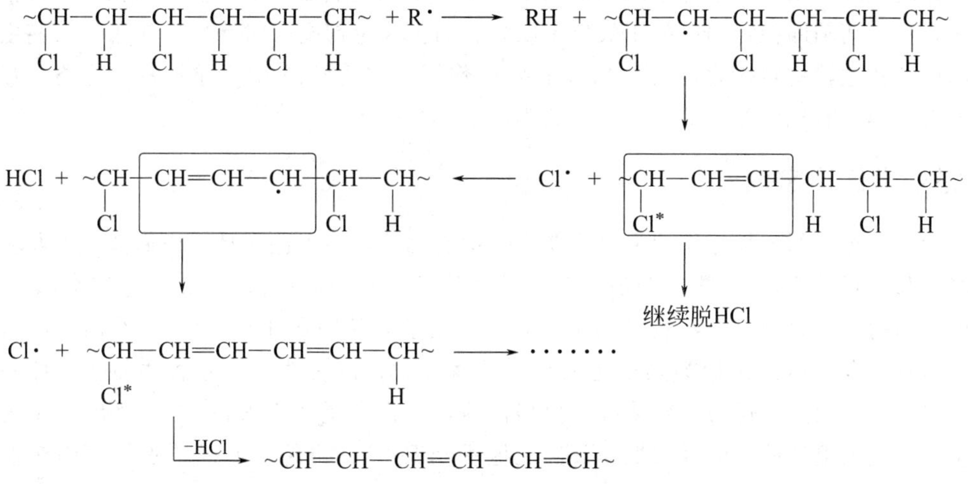

$$\sim CH-CH-CH-CH-CH-CH \sim \; + \; R\cdot \longrightarrow RH \; + \; \sim CH-CH-CH-CH-CH-CH \sim$$

（下接）

$$HCl \; + \; \sim CH-CH=CH-CH-CH-CH \sim \longleftarrow Cl\cdot \; + \; CH-CH=CH-CH-CH-CH \sim$$

继续脱HCl

$$Cl\cdot \; + \; \sim CH-CH=CH-CH-CH-CH \sim \longrightarrow \cdots\cdots$$

$$\xrightarrow{-HCl} \sim CH=CH-CH=CH-CH=CH \sim$$

Cl*——烯丙基氯原子

图 2-1　PVC 自由基降解过程

二、热稳定剂的稳定机理

凡能改善聚合物热稳定性的助剂均称为热稳定剂。由于 PVC 的热稳定问题非常突出，通常所说的热稳定剂大多数用于阻止 PVC 及氯乙烯共聚物在成型加工和使用过程中的降解。

一般来说，PVC 热稳定剂通过以下几个方面实现热稳定目的。

① 中和 HCl。捕捉分解产生的 HCl，防止 HCl 催化降解反应。铅盐类、金属皂类、有机锡类及亚磷酸酯类和环氧类热稳定剂大都通过此机理发挥热稳定作用。

② 取代不稳定氯原子，将其置换为稳定的基团。金属皂类、有机锡类及亚磷酸酯类热稳定剂按此机理发挥热稳定作用。

③ 与自由基反应，中止自由基的传递。有机锡类及亚磷酸酯类热稳定剂按此机理发挥热稳定作用。

④ 与不饱和部位反应，抑制共轭链的增长。此类稳定剂包括有机锡类和环氧类热稳定剂。

⑤ 分解氢过氧化物 ROOH，减少自由基的产生。有机锡类及亚磷酸酯类热稳定剂按此机理发挥热稳定作用。

⑥ 钝化杂质，如引发剂残留物、金属污染物或树脂杂质等。如亚磷酸酯类具有稳定杂质的作用。

同一种热稳定剂有时同时兼具几种不同的热稳定作用。

第二节　各类热稳定剂的性能、特点及应用

热稳定剂按稳定机理大致可分为预防型和补救型两类，前者主要中和 HCl、取代不稳定氯原子、钝化杂质、防止自动氧化反应发生，后者主要与不饱和部分反应和破坏碳正离子盐

等。按作用效果可以分为主稳定剂和辅助稳定剂。主稳定剂是指单独使用时就有优良稳定效果的化合物，而辅助稳定剂单独用效果不明显，与主稳定剂配合时有增效作用。某些主稳定剂之间或某些主辅稳定剂之间复配后会起协同作用。按化学成分又可分为铅盐类、有机锡类、金属皂类、有机锑类、稀土类、环氧类、多元醇类等。

一、铅盐类热稳定剂

铅盐类热稳定剂的稳定作用突出，能有效抑制制品早期着色，且价格低廉，因此应用广泛，其在我国目前 PVC 的热稳定剂中仍占较大比例，其用量可占 PVC 热稳定剂的 40% 以上。碱式铅盐主要是通过捕获脱除的 HCl，生成的氯化铅对脱 HCl 无促进作用，从而抑制HCl 的自动催化。虽然铅盐类热稳定剂存在着毒性大、抗污性差、分散性和润滑性差、影响制品透明性等缺点，但稳定效果好、价格低廉，故仍大量用于廉价 PVC 挤出和压延制品中。由于优良的电性能和低吸水性，其广泛地用作 PVC 的电绝缘制品、唱片和泡沫塑料的稳定剂。

1. 铅盐类热稳定剂品种

三碱式硫酸铅简称三盐，白色粉末，密度 7.10g/cm^3，味甜有毒，易吸湿，无可燃性和腐蚀性，不溶于水，潮湿时受光照后会变色分解，常用作电绝缘产品的稳定剂。由于无润滑性，应用时需加入润滑性较好的其他助剂。

二碱式亚磷酸铅，简称二盐，细微针状结晶粉末，密度 6.1g/cm^3，味甜有毒，200℃左右变成灰黑色，450℃左右变成黄色，不溶于水和有机溶剂，溶于盐酸，有抗氧剂作用，是一种优良的耐气候性稳定剂。对氯化氢的吸收性能稍低于三盐，耐候性较好，常与三盐并用，但缺乏润滑性，需与润滑剂并用。一般用量为 0.1%～2%，用量过大时易起泡。

其他的碱式铅盐类还有如下几种：

① 二碱式硬脂酸铅。白色粉末，具有良好的热稳定性及电绝缘性，但耐候性较差，硫化物污染性较严重，初期着色性较大，与镉皂配合可改善。有优良的润滑性，常用于挤出硬质和软质产品及注塑制品中。

② 二碱式邻苯二甲酸铅。白色粉末，耐热耐候性好，且有吸收紫外线的作用，是 90℃和 105℃ 电缆料的标准稳定剂。润滑性差，与 DOP 类增塑剂并用时加工性能好。相容性好，常用于高温电缆料、泡沫和压延制品中。在不同制品中的推荐用量：电缆料 7 份，其他挤塑和压延产品 5 份，泡沫塑料 3～7 份。

③ 三碱式顺丁烯二酸铅。白色粉末，同时具有光稳定作用。可得到半透明制品，润滑性很差，和含氯增塑剂并用时稳定效果好。

④ 碱式亚硫酸铅。白色粉末，热稳定很好，但加工性能差。

2. 铅盐类热稳定剂的应用及配方实例

由于优良的稳定性，铅盐稳定剂主要用于热稳定性要求较高的 PVC 硬制品中。三盐和二盐是最常用的铅盐类热稳定剂，二盐的热稳定性不及三盐，但耐候性好于三盐，二硬铅不如其他二盐、三盐常用，但具有润滑性。

三盐和二盐常按照质量比 3∶2 搭配使用，总使用量约为 5 份。如有其他热稳定剂配合使用，可适当减量。在不同的制品中热稳定剂添加量不同：电缆料 6～8 份，非电气用挤出产品 5 份，压延产品 4～5 份，硬质制品 5～8 份，唱片 3～4 份。

在实际应用中，多元复合热稳定体系越来越突显出其综合优势。如三盐与二碱式硬脂酸铅、硬脂酸铅、硬脂酸钙并用，可克服润滑性差的缺点；与二碱式亚磷酸铅并用，可克服耐候性差的缺点；与镉皂并用，可克服加工初期色相较差的缺点。

（1）PVC 普通管材配方

PVC（SG-4）	100	ACR-LS	3
三盐	4	二盐	0.8
PbSt	1.2	BaSt	0.8
$CaCO_3$	5	抗氧剂	0.3

（2）PVC 排水管配方

PVC（SG-3 或 SG-4）	100	CPE	5
三盐	3	二盐	1
DOP	5	环氧大豆油	2
金属皂	1.5	抗氧剂	0.3
ACR-LS	3	轻质 $CaCO_3$	10

（3）铅盐稳定体系 PVC 型材配方

PVC（SG-5）	100	三盐	1～1.2
PbSt	0.4～0.6	二盐	0.8～1
CdSt	0.4～0.6	抗氧剂	0.3
CPE	8	ACR-LS	3
TiO_2	1～1.5	$CaCO_3$	2～4

3. 铅盐稳定剂的现状及发展趋势

铅盐稳定剂是最早发展和应用的 PVC 热稳定剂，具有优良的长期热稳定性、耐候性、电绝缘性优良，在电线、电缆行业有着广泛的用途。铅盐稳定剂在所有稳定剂中价格最低，因此，尽管新型稳定剂不断被推出，铅盐稳定剂仍然占据稳定剂的主要份额。铅盐稳定剂的主要缺点是有毒，不能用于接触食品类、医疗卫生类和玩具制品，也不能用于透明制品。现在许多国家都已经禁止在饮用水管中使用铅盐稳定剂。

近年来出于环境保护和人类健康考虑，铅盐稳定剂的使用受到愈来愈多的限制，趋向于向颗粒化、复配化、无尘复合化、低铅化方向发展。无尘复合铅盐稳定剂是在保证稳定效果不变的前提下，将有协同效应的铅盐稳定剂、辅助稳定剂与内外润滑剂充分分散混合制成粒状或片状物料，不但能相对减弱铅盐粉尘的毒性，也能在一定程度上降低铅含量，缓和铅盐的毒性问题。但无尘复合低铅化只是其他无铅稳定剂发展起来之前的暂时措施，无铅化发展是热稳定剂发展的大势所趋。

二、有机锡类热稳定剂

工业上使用的有机锡稳定剂一般可以用 $X_n SnY_n$（$n=1～3$）表示。其中，X 基团可以是烷基，如甲基、丁基、辛基，也可以是酯基，如丙烯酸甲酯、丙烯酸丁酯等；Y 基团可以是脂肪酸根，也可以是硫醇根（硫醇酯根）等。有机锡的稳定作用主要是通过消除 HCl、置换活泼氯原子、双键加成作用及抗氧化作用来实现的。尤其是含硫有机锡，由于它具有多重功能，因而它具有极高的热稳定性和抑制 PVC 初期变色的能力。

1. 性能特点

有机锡具有优良的耐热性、耐候性、透明性，无（低）毒性等，可单独使用，也可与金属皂类等稳定剂并用。有机锡常用在无毒 PVC 制品中，如食品、药品等卫生要求高的包装制品、硬质、半硬质透明片材、板材、软质 PVC 膜、食品级瓶子、上水管等制品。有机锡（含硫）的热稳定性非常优异，初期着色很少并能维持很长时间，是目前唯一的一种初期、中期、长期热稳定性令人满意的品种，接近人们要求的高效无毒的理想稳定剂。

目前，北美地区以有机锡稳定剂为主，而欧洲各国则以钙锌复合稳定剂为主，且对塑料制品中的含锡量严加限制（允许含量为 0.002mg/kg）。但由于有机锡是高效稳定剂，是透明、无（低）毒的液体，在聚氯乙烯管材中的添加量只需 0.25%～1.0%，因而欧洲的稳定剂份额中有 20% 是有机锡稳定剂。我国有机锡热稳定剂由于生产成本较高，目前主要应用于硬质透明产品及部分 PVC-U 给水管中，所占的比例为 8% 左右，呈逐年递增趋势。

有机锡类热稳定剂虽然价格在各类热稳定剂中最高，但用量少，有较高性价比，目前主要用于高透明及浅色、艳色的硬质及软质 PVC 制品。

2. 主要品种

有机锡稳定剂是各种羧酸锡和硫醇锡的衍生物，主要产品是二丁基锡和二辛基锡的有机化合物，其中二辛基锡化合物被更多的国家作为无毒稳定剂使用。主要品种有如下几种：

① 马来酸二丁基锡。白色非晶形粉末，熔点和挥发性随聚合度而异，熔点约在 100～140℃ 之间。具有优良的耐热性和透明性，长期耐热性特别好，无硫化污染性。但本品有毒，有催泪性，与环氧化合物并用可降低催泪性。因无润滑作用故常与二月桂酸二丁基锡并用，用量为 0.5%～2%。有挥发性，加工时会起泡；与树脂相容性差，易喷霜，在软质配方中用量需在 0.5 份以下；与二月桂酸二丁基锡并用可进一步提高透明性和热稳定性。主要用于要求高软化点和高冲击强度的硬质透明制品。

② 二月桂酸二丁基锡。常温下为淡黄色透明液体，低温时为白色结晶体，锡含量为 17%～19%，溶于所有工业用增塑剂和溶剂，有毒。它是有机锡中最老的品种，有优良的润滑性、透明性、相容性和耐候性、耐硫污，但热稳定性不及马来酸二丁基锡，初期着色性大，易发黄变色。主要用作软质或半软质 PVC 透明制品的主稳定剂，在硬质透明制品中用作润滑剂，能改善马来酸有机锡或硫酸系有机锡的流动性。与金属皂类并用效果良好，与环氧物质协同复合用于珠光透明鞋。

③ 双（马来酸单丁酯）二丁基锡。淡黄色透明液体，无毒（允许用量为 3 份以下）。本品有良好的耐候性、透明性、防止着色性和热稳定性，不发生硫污，常用于 PVC 透明硬质制品，用量为 2.0～4.0 份。

④ 双（巯基乙酸异辛酯）二正辛基锡（京锡 8831）。淡黄色液体，不溶于水，易溶于酯、醚、醇、脂肪烃和芳烃、氯化烃类以及主要类型的增塑剂。它是硫醇锡中的主要品种，是最普遍使用的无毒有机锡稳定剂之一，用于硬质透明 PVC（2～3 份）和软质透明 PVC（1 份），常用于食品包装膜，价格较贵。因含酯基，与树脂相容性好，有一定的增塑作用，耐抽出性和化学稳定性好，制品表面光泽度好。其缺点是耐候性差、有臭味、有硫污染、无润滑作用。

⑤ 二月桂酸二正辛基锡。黄色液体，性质与二月桂酸二丁基锡相似。但本品无毒，润滑性良好，主要用于硬质透明 PVC 食品包装材料，与含硫的辛基锡或马来酸辛基锡并用，具有优良的热稳定性和加工性，用量为 1.5 份以下。

⑥ 马来酸二正辛基锡。白色粉末，熔点为 87～105℃，不溶于水，溶于苯、乙醇、丙酮。本品无毒，具有优异的长期耐热性，气味小，无硫化污染，主要用作硫醇锡的副稳定

剂，用量常为 0.3%～0.5%。

⑦ 硫醇甲基锡。具有极好的高温色度稳定性和长期动态稳定性，是硬质 PVC 首选的热稳定剂，在挤出机中和压延机中，加工温度可达 200～230℃，具有卓越的透明性，可制得结晶般的制品，不会出现白化现象。与 PVC 相容性好，很容易分散，在制品中不会析出，使 PVC 加工时有较好的流动性，很少发生结垢现象，提高生产效率，降低生产成本，扩大利润。属于无毒的绿色环保型热稳定剂，已被德国联邦卫生局（BGA）、美国食品和药物管理局（FDA）、英国塑料联合会（BPF）和日本协会的卫生标准（JHPA）等认可。在美国、日本、欧洲等国家及地区硫醇甲基锡被准许在食品和医药包装用 PVC 制品中及上水管中使用。但它的润滑性差、气味较大、成本昂贵。

⑧ 十二硫醇二丁基锡和硫代甘醇酸异辛酯二丁基锡。其初期色相、长期耐热性和透明性都非常好，但耐候性差，易受金属污染，加工有臭味，润滑性差。

3. 烷基、酯基对性能的影响

在有机锡类热稳定剂中，烷基对其性能影响很大，因此，具有不同烷基的有机锡，其性能亦有所不同。

① 硫醇甲基锡。与辛基锡和丁基锡相比，热稳定性要高出 15%～32%。由于其锡含量较高，稳定性好，在应用配方中的剂量低于辛基锡和丁基锡，从而制品中残留气味也较辛基锡和丁基锡低。甲基锡的蒸气压较辛基锡或丁基锡高出很多，因此易于挥发。所以，当甲基锡稳定剂用于挤出和压延时，需要专门的防护措施。

② 丁基锡。丁基锡有毒，尽量少用，价格较辛基锡低。经证明，某些特殊的单丁基锡衍生物能够起到游离基的清除剂的作用，这样可以减轻硫醇和硫代酸酯产生的难闻的气味，同时可以靠稳定剂的再生保护和维持稳定剂本身的特性。

③ 辛基锡。辛基锡为低毒，准许用于食品包装和饮用水管，价格相对较高。市售的辛基锡一般是多组分的混合物，有单体型的，也有聚合型的，有时还含有有机辅助热稳定剂。

④ 酯基锡。酯基锡是 20 世纪 70 年代后期推出的一类新型有机锡化合物。其紫外光稳定效果优于烷基锡类，热稳定性和辛基锡相当，抑制初期变色性能略优于辛基锡类，挥发性低，加工挥发性低于辛基锡。该类产品已经获得 FDA 批准，可作食品级无毒稳定剂使用。

4. 有机锡脂肪酸盐及硫醇锡性能的区别

① 有机锡脂肪酸盐。具有优良的加工性和润滑性，但热稳定性和透明性较差，单独使用时初期着色性差，容易引起积垢现象。因此，在硬质透明制品中常与硫醇盐类有机锡热稳定剂配合使用，起润滑作用（0.3～1.0 份）。在软质和半硬质透明制品中，可作主稳定剂使用（1.0～1.5 份），通常与金属皂类并用。

② 硫醇盐。大多用于硬质制品中，透明性、无色性、稳定性非常好。当硫醇单烷基锡和二烷基锡盐并用时，可得到无色配方。另外，硫醇有机锡能够改善由于使用抗静电剂所造成的耐热性降低的缺点，喷霜和渗透现象也少。硫醇有机锡用于瓶料，可使配合料的蓝色调降至最低。硫醇有机锡与铅、镉或其他可形成有色硫化物的金属接触会发生交叉污染。硫醇有机锡有一种特殊的臭味，这在 PVC 的加工中能明显地感觉到，但在制成的产品中感觉不到。

5. 有机锡热稳定剂的复配技术

通过提高配合技术产生协同效应来达到提高有机锡热稳定剂的稳定效果、降低毒性、减少臭味、阻止迁出和降低成本的目的，比改进有机锡的分子结构更为简便、快捷。

① 有机锡热稳定剂与有机辅助稳定剂的配合。有机锡热稳定剂在稳定过程中生成的二烷基锡二氯化物是弱的路易斯酸，不会引起 PVC 的突然降解，不需要辅助稳定剂来优先吸收氯原子。因而，亚磷酸酯、环氧化合物和多元醇不能改变有机锡的稳定效果，但配合适当的抗氧剂有助于提高羧酸有机锡和烷氧基有机锡的热稳定性能。抗氧剂对于硫醇有机锡的热稳定性能不产生影响。

② 有机锡热稳定剂间的复配。不同有机锡热稳定剂共用，可以起到协同效应，充分发挥各组分的优点，达到最佳效果。如二烷基锡与单烷基锡共用，具有协同效应。一般认为，单烷基锡的作用是阻止热稳定性差且毒性大的三烷基锡的产生。同时，单烷基锡的初期稳定性较好，二烷基锡的长期热稳定性较好，二者具有很好的协同效果。

Y 基不同的两种或两种以上的有机锡化合物共用，除了可以提高热稳定效果外，还可以克服硫醇有机锡润滑性差等缺点，在国外比较通行。

③ 有机锡与其他金属皂盐类复合。有机锡稳定剂与其他金属盐共用可以起协同作用，提高稳定效果、减少锡含量、降低成本，因而受到越来越多的重视。

6. 有机锡热稳定剂的应用

① 月桂酸有机锡类气味小，有润滑性和良好的光稳定性，但热稳定性较差，一般仅能在加工温度为 160℃ 以下时使用，如增塑糊产品。

② 巯基有机锡类具有优异的初期和长期热稳定性、透明性及相容性，低挥发性和无析出现象。辛基和甲基型巯基锡可用于食品包装材料。系列中，以甲基巯基有机锡热稳定性最好，丁基及辛基巯基有机锡次之。有硫醇的特殊气味，不宜用于敏感性食品包装及容器，如矿泉水瓶。

③ 羧酸锡盐类有良好的光热稳定性，可用于无气味的 PVC 制品，能促进凝胶化，主要应用于硬膜及户外制品。

④ 巯基酯基锡类有润滑性、无毒、安全，原料价廉易得。在 160～180℃ 加工性质与巯基锡相近，可制得高透明 PVC 制品。但在 180～210℃ 加工各项性能稍差于巯基有机锡。由于含锡量低，多掺入巯基有机锡以降低成本，较少单独使用。

7. 有机锡配方实例

（1）PVC 上水管配方

PVC（卫生级）	100	Ca/Zn	2～5
京锡 8831	1～2	京锡 4432	0.8～1
CaCO$_3$	8	润滑剂	1～1.5
抗氧剂	0.3		

（2）有机锡稳定体系 PVC 型材配方

PVC（SG-5）	100	有机锡	1.5～3
ACR	5～8	润滑剂	1～1.5
TiO$_2$	4	CaCO$_3$	5
抗氧剂	0.3		

（3）PVC 无毒透明片配方

PVC	100	京锡 8831	3
环氧大豆油	3～5	MBS	3～10
石蜡	0.2～0.4	抗氧剂	0.3

（4）PVC 透明片配方

PVC（SG-5）	100	DOP	7
环氧酯类	3	有机锡（C-102）	2.5
MBS	3～10	抗氧剂	0.3

（5）PVC 医用膜配方

PVC（卫生级）	100	DOP	45
环氧大豆油	5	京锡 8831	1
CaSt	1	抗氧剂	0.3

三、金属皂类稳定剂

金属皂是高级脂肪酸金属盐的总称，金属皂类热稳定剂是指钡、镉、锌、钙、铅、镁、铝等高级脂肪酸的盐类，常用的为前四种，即钡、镉、锌、钙，而用作金属皂中的脂肪酸，以硬脂酸为主，此外也有羟基硬脂酸、月桂酸、苯甲酸等。

金属皂作为 PVC 热稳定剂，一方面可以捕获脱落下来的氯化氢，另一方面能置换 PVC 中存在的烯丙基氯原子，生成比较稳定的酯，从而消除了聚合材料中脱氯化氢的引发源。这类热稳定剂都具有润滑性，一般都协同作用。

在金属皂类稳定剂中，除锌离子外，都会发生硫化污染，Cd、Pb、Ba 均有毒，Sn 属低毒，Mg、Ca、Zn 则属于无毒稳定剂范畴。有毒金属皂类稳定剂基本已停用。

1. 钙皂类稳定剂

初期着色性、长期耐热性好，耐硫化污染性好，无毒，润滑性好，耐候性和透明性差。

硬脂酸钙：白色粉末，由硬脂酸钠与氯化钙进行复分解反应而得，相对密度 1.08，氧化钙含量 6.5%～7.0%，脂肪酸含量 93%～94%，熔点 148～155℃，无毒，相容性、流动性良好，具有良好的润滑作用，常与碱性铅盐和铅皂并用，可提高凝胶化速度，用量多时易析出，耐候性、透明性差，受热时间长会变色，用于接触食品包装制品。与镉皂和环氧化合物配合，可增加透明性；与 0.1 份左右的碳酸钠或碳酸氢钠并用，可使 PVC 制品由微红变为白色。

2. 钡皂类稳定剂

热稳定性好，光稳定性差，常与镉、锌皂类及环氧增塑剂、有机亚磷酸酯类配合使用，有毒，用于半透明制品。

硬脂酸钡：白色粉末，由硬脂酸钠与氯化钡反应而得，相对密度 1.145，氧化钡含量 19.5%～20.5%，脂肪酸含量 79.5%～80%，熔点 ≥225℃，透明性、光稳定性、热稳定好，且有良好润滑性，但"析出"和"喷霜"现象严重。常与镉皂、锌皂并用，一般用量 0.1%～2.0%。

月桂酸钡：白色粉末，滑爽性较差，"析出"和"喷霜"少，与 Cd 皂类并用效果好。

蓖麻油酸钡：浅黄色粉末，热稳定性稍差，但耐候性极好，与 Cd 皂类并用效果好。

3. 镉皂类稳定剂

透明稳定剂，有毒，光稳定性比热稳定性好。

硬脂酸镉：白色细粉末或粒状，由硬脂酸钠与硫酸镉或氯化镉反应而得，相对密度 1.28，氧化镉含量 16.0%～16.3%，脂肪酸含量 78.5%～79.5%，熔点 103～110℃，有良好的热稳定性、润滑性、透明性、光稳定性、耐水性和电绝缘性，不耐硫化污染，与钡皂或其他稳定剂并用，有毒，不能用于接触食物制品。一般用量0.1%～1.0%。

月桂酸镉：白色粉末，性能与硬脂酸镉相似，润滑性稍差。

蓖麻油酸镉：白色粉末，耐候性最好，与硬脂酸镉相似。

安息香酸镉：白色粉末，滑爽性差，在镉皂中透明性最好。

4. 锌皂类稳定剂

初期不着色，透明性好，长期耐热性差，用量过多时，易使树脂降解，产生黑斑。

硬脂酸锌：白色粉末，相对密度1.095，氧化锌含量10%～11%。抗硫化污染性好，但稳定性比较差，单独使用一经加热会变色，添加量越多，变色越快、越深。可与钙皂、铅皂、钡皂、镉皂等其他热稳定剂并用，润滑性好，与Ca系稳定剂并用，制成的钙锌复合配方是公认的无毒复合稳定剂，广泛用于PVC无毒制品。还可作为润滑剂和脱模剂应用于聚苯乙烯、酚醛树脂、氨基树脂等多种塑料。一般用量0.1%～1.0%。

锌盐因具有较强的抑制PVC的变色能力，初期制品色相好，后期生成的$ZnCl_2$具有极强的催化脱HCl作用，因而其长期耐烧性很差，在后期PVC剧烈变色，尤其锌皂容易急剧发黑，称为锌烧现象。添加后期稳定性较好的硬脂酸钙来弥补锌盐后期稳定性的不足。

5. 硬脂酸镁

白色粉末，相对密度1.07，氧化镁含量6.0%～7.5%，熔点144～148℃，无毒，药典要求硬脂酸和棕榈酸的总和至少为90%，硬脂酸含量常在40%～80%之间。研究发现，硬脂酸镁与甘油锌复合的稳定效果好于传统的硬脂酸镁/硬脂酸锌体系。

6. 硬脂酸铅

白色细微粉末或粒状，氧化铅含量27%～28%，熔点105～112℃，具有良好的热稳定、润滑性和分散性，效果比硬脂酸钙好，与Cd皂、Ba皂并用有良好的协同效应。也可作为润滑剂用于PVC、PS及ABS等树脂。其缺点是易被硫化物污染，用量多时易发生喷霜，影响外观和制品间的粘接。有毒，不能用于制造透明和接触食品产品。一般用量0.1%～1.0%。

7. 其他

金属皂类稳定剂品种繁多，还有硬脂酸锂、环烷酸钡、月桂酸锌、软脂酸锌、双硬脂酸铝、硬脂酸锡、2-乙基己基镉等。

金属皂类热稳定体系常用配方举例如下：

（1）PVC无毒软管配方

PVC（卫生级）	100	DOP	45
CaSt/ZnSt	2.5/1	环氧大豆油	5

（2）金属皂类稳定体系PVC型材配方

PVC（SG-5）	100	CPE	10
ZnSt/CaSt	3.5～5	亚磷酸酯	0.5
环氧大豆油	1.2	TiO_2	4
润滑剂	0.5～1	$CaCO_3$	4
抗氧剂	0.3		

（3）PVC大棚膜配方

PVC	100	DOP	37
DOA	10	环氧酯类	3
CaSt	1	ZnSt	0.5

注：不用 DBP 及 DIBP，因其对农作物有害。

（4）PVC 书皮膜配方

PVC	100	DOP	35
环氧大豆油	3	CaSt/ZnSt	2.5
$CaCO_3$	15	复合抗氧剂	0.3

四、稀土类热稳定剂

1. 概况

稀土元素是镧系元素系稀土类元素群的总称，包含钪、钇及镧系中的镧、铈、镨、钕、钷、钐、铕、钆、铽、镝、钬、铒、铥、镱、镥，共 17 个元素。作为 PVC 热稳定剂的稀土元素只用镧和铈两种，因为这两种二价离子为无色，价格也是主要因素。而与之相邻的镨离子为绿色，钕离子为紫红色，均不适宜作 PVC 的热稳定剂。

稀土类热稳定剂是我国独具特色的无毒（低毒）稳定剂，由于国外缺乏稀土资源，我国率先对稀土进行开发研究。稀土热稳定剂具有独特的偶联性，能促进树脂的塑化，有优异的抗冲击性和热稳定性、良好的耐候性、储存稳定性等诸多优点，特别是无毒环保，成为少数满足环保要求的热稳定剂。

稀土热稳定剂按分子组成可分为稀土无机盐、稀土有机弱酸盐、稀土羧酸酯盐三类。稀土无机盐包括稀土硫酸盐、稀土亚磷酸盐、稀土氯化物等，其最大特点是添加量少，因此受到人们的青睐。稀土稳定剂中，以硬脂酸稀土及硬脂酸稀土复合稳定剂研究最为成熟并已取得规模化生产和应用。但稀土热稳定剂还存在着长期热稳定性效果不足、易析出等缺陷，在大规模推广应用上还需要进一步提高相关合成技术，以满足代替铅盐稳定剂的需求。因此在稀土热稳定剂的配方设计和使用上，一般均需要通过与其他热稳定剂复合后，才有较好的稳定效果。

2. 稀土稳定剂的作用

由于稀土元素的化学活泼性，能与多种有机弱酸生成有机弱酸盐。有机弱酸稀土与PVC 配合可延长 PVC 着色时间。同时，能够提高 PVC 制品的耐碱腐蚀能力及耐湿热老化能力，具有提高塑化速度，改善材料强度、韧性和光稳定性的功能。有机酸稀土中水杨酸稀土要好于硬脂酸稀土。

硬脂酸镧是稀土类稳定剂中开发较早的一类稳定剂，兼具热稳定剂和加工助剂的作用，具有长期热稳定性。这主要和稀土元素的结构特性及硬脂酸与镧之间的结合形式有关。

稀土羧酸酯盐是透明制品中广泛使用的稀土稳定剂。实验表明，羧酸酯稀土抗 HCl 能力优于有机锡。因此，稀土羧酸酯盐替代部分有机锡，可以降低配方价格，达到理想的性价比。

3. 稀土复合稳定体系

纯稀土化合物具有优良的长期稳定性，但初期着色性差，不能单独作为主稳定剂使用，要作为完全无铅化产品以满足 PVC 制品的实际加工需要，还须配合其他优良助剂才能使用，如有机磷酸酯、β-二酮化合物、多元醇等。稀土热稳定剂加入量一般为 4～6 份，在软质 PVC 中可全部取代有机锡，在硬质 PVC 中只能部分代替有机锡（用量为有机锡的 1/2～1/3）。

4. 稀土热稳定剂配方设计原则

① 稀土热稳定剂能提高塑化速率，改善物料流动性和均匀性，故配方中适当减少加工助剂的用量，一般用 1.0～1.5 份。

② 稀土复合稳定剂具有独特的偶联功能和增容性，能与无机或有机的配位体形成离子配位，使树脂紧紧包裹 $CaCO_3$，并均匀分布，故配方中填料 $CaCO_3$ 的用量可适当增加。一般活化钙可用 10～15 份，非活化钙可用 8～12 份。

③ 稀土具有吸收紫外线，放出可见光的特性，能减少紫外线对 PVC 分子的破坏，改善制品的户外老化性能，或可在同等性能条件下减少防老化剂的用量，降低成本。

④ 稀土复合热稳定剂对色粉具有独特的增韧功能及自身为青光谱系，在制品调色时应注意适当减少色粉用量，且对青白色制品调色有利。

5. 稀土热稳定剂应用配方实例

（1）PVC（SG-5）　100　　　　　硬脂酸镧　　　　　0.7～1.0
　　硬脂酸锌　　0.8～1.0　　　　季戊四醇　　　　　0.8～1.0
　　β-二酮　　　0.3～0.6

相关性能：静态及动态热稳定时间分别为 100min 及 35min。

（2）PVC　　　　　　100　　　　　DOP　　　　　　　50
　　BaSt/ZnSt　　1/1.5　　　　二苯甲酰甲烷　　　0.1
　　$NdCl_3$（有颜色）0.1　　　　磷酸三苯酯　　　　0.5
　　双季戊四醇　　0.5　　　　　复合抗氧剂　　　　0.3

相关性能：此配方通常情况下热稳定时间为 140min，二苯甲酰甲烷常用作钙锌的共稳定剂。

（3）PVC　　　　　　100　　　　　月桂酸镧　　　　　3
　　硬脂酸钙　　　1　　　　　　季戊四醇　　　　　1

相关性能：此配方 PVC 的静态和动态热稳定时间达到 90min 和 50min。

五、有机锑类热稳定剂

1. 概况

锑在周期表中位于第 VA 族，与锡属于同类化合物。有机锑类热稳定剂具有优秀的初期色相和色相保持性，尤其是在低用量时，热稳定性优于有机锡类，特别适于双螺杆挤出机中 PVC 配方使用。用量大时热稳定性不如有机锡，缺点为耐光性差，使用时应配伍光稳定剂。其具体作用机理为：吸收 HCl、取代不稳定的氯原子、与双键加成及抗氧化作用。

主要包括硫醇锑盐类、巯基乙酸酯硫醇锑类、巯基羧酸酯锑类及羧酸酯锑类等。目前研制和使用的锑稳定剂主要是以三（硫代甘醇酸异辛酯）锑和五（硫代甘醇酸异辛酯）锑为主要成分的复合锑稳定剂。五硫醇锑为透明液体，可用作透明片、薄膜、透明粒料的热稳定剂。有机锑类热稳定剂与环氧化物、亚磷酸酯、硬脂酸钙等有良好的协同作用，如 0.5 份有机锑与 1 份硬脂酸钙并用后，其热稳定效果提高一倍。

有机锑稳定剂一般用量为 0.5～2.0 份，用于双螺杆挤出时为 0.5～1.0 份，用于单螺杆挤出时为 1.2～1.5 份，硬透明片材中用量较大，为 1.5～2.0 份。

2. 有机锑热稳定剂的应用特点

① 有机锑稳定剂、碱土金属的羧酸盐和碱金属的碳酸盐三元体系在 PVC 动态加工过程中具有很好的协同作用。

② 在储存稳定性改进方面，邻苯二酚或其衍生物同有机锑并用不但在注塑中有很好的协同作用，而且具有优良的抑制初期着色性能和长期热稳定性。同时，加入邻苯二酚或其衍生物还能使液态的有机锑化合物储存稳定；加入酸性有机化合物，如巯基羧酸酯、硫醇、巯基羧酸、一元羧酸或这些化合物的混合物能使液体的有机锑化合物储存稳定；在加入邻苯二酚或其衍生物和碱金属羧酸盐的基础上，再加入巯基羧酸酯得到储存稳定、热稳定性能优良的有机锑组合物。含有乙氧基的有机磷酸酯加入有机锑化合物后，其储存稳定性能和热稳定性也能明显提高。

3. 国内外有机锑稳定剂产品的应用

在美国，有机锑类热稳定剂主要用于硬质 PVC 上水管及管件，其次是硬质 PVC 透明片、中空容器、塑料异型材以及软制品。德国将其用于塑料异型材和盛装洗涤剂、化妆品、果汁的容器。日本从 20 世纪 90 年代初严格限制塑料制品中的铅含量（上水管丙酮浸出量小于或等于 0.008 mg/mL），促使有机锑的用量大幅度提高。硫醇锑的性价比优于硫醇锡，其应用也越来越广泛。

我国对有机锑热稳定剂的研究起步较晚，目前生产厂家不多，以山东地区居多。部分 PVC 制品生产厂家已开始使用有机锑，产品涉及管材、管件、热收缩薄膜、硬质和软质透明片、板材、中空容器、透明鞋料等方面，目前尚未得到大规模的应用。

有机锑稳定剂的开发异常活跃，不断有新品种出现。如美国 Insterstab Chemicals 公司生产的 Insterstab A121 液体硫醇锑、Argus 化学品公司的 Mark 215 锑基化合物、A&T Chemicals 公司的 Thermolitie170 液体锑系热稳定剂等都表现出良好的性能，在 PVC 饮用水管中广泛使用。中南工业大学的 AST 系列产品也有新品推出：AST-218 用于硬质透明 PVC 粒料和食品包装等，AST-130 可用于玩具膜、医用软 PVC 管材，AST-121 主要用于硬质管材等。

20 世纪 80 年代后，有机锑的发展速度加快了，主要原因是双螺杆和多螺杆挤出机的出现大大降低了稳定剂的使用量，而锑系稳定剂在低用量时效果与有机锡相当甚至优于某些有机锡；其次是市场锡价的急剧提升，有机锡价格上涨，使锑系热稳定剂更具有价格优势；另外 1978 年国际卫生基金会（NSF）批准有机锑可用于硬质 PVC 上水管，促使有机锑热稳定剂得以迅速发展。

六、辅助热稳定剂

这类热稳定剂常需要与其他主热稳定剂协同使用，并可促进主稳定剂的效果发挥，主要品种如下：

1. 环氧化合物

环氧大豆油、环氧亚麻籽油、环氧妥尔油、环氧硬脂酸丁酯、环氧硬脂酸辛酯等环氧类化合物是聚氯乙烯常用的环氧类辅助热稳定剂，其中环氧大豆油最常用。它们与上述主稳定剂配合使用有较高的协同作用，具有光稳定性和无毒的优点，适用于软质 PVC 制品，特别是要暴露于阳光下的软质 PVC 制品，通常不用于硬质 PVC 制品。用量为 1～5 份。

2. 亚磷酸酯

亚磷酸二苯一癸酯、亚磷酸一苯二癸酯也是聚氯乙烯的副热稳定剂，特别在含钡/镉和钙/锌稳定剂体系中使用可改善制品的透明性，但它们会水解，因此不能在须与水接触的聚氯乙烯制品中用作副稳定剂。主要用于 PVC 软质透明制品，用量为 0.1～1 份。

3. 多元醇类

主要有季戊四醇、木糖醇及甘露醇等，与钙锌复合稳定剂有协同作用。

4. β-二酮

β-二酮化合物的互变异构体能与金属离子形成络合物，置换 PVC 分子中不稳定的烯丙基氯原子，抑制脱 HCl，成为稳定结构，是非常有效的辅助稳定剂，具有防止 PVC 着色的功能。β-二酮协同钙锌稳定剂可明显改善 PVC 制品的初期、中期着色性。目前，β-二酮已成为无毒、低毒配方中不可缺少的辅助稳定剂，并得到广泛应用。

5. 其他类

如二苯基硫脲、2-苯基吲哚、β-酰基丁烯酸酯类、三羟甲基丙烷、硫代月桂酸酐等。镁铝复合盐如滑块石、水滑石等，与有机锡复配用于硬质 PVC 制品，效果优于钡/锌/环氧大豆油复合体系。

第三节 热稳定剂的复合体系及其配方设计应用

一、复合热稳定体系及配方应用

在实际产品生产中，单一的热稳定剂很难达到理想的性价比，因此市场上的热稳定剂大多以复合热稳定剂为主。复合热稳定剂具有高效、低加入量、低成本、无粉尘污染、一次投料、容易计量等优点，主要是以金属皂为基础，与其他稳定剂及助剂组成的协同体系，分为液体复合物和固体复合物。此外，还有以有机锡或铅盐为基础，与其他稳定剂及助剂组成的协同体系的复合物（液体）。复合稳定剂的组成一般不公开，但基本构成是稳定剂主体（如金属皂、有机溶剂、增塑剂、液态非金属稳定剂等）和功能助剂（辅助稳定剂、透明剂、光稳定剂、润滑剂等）。

1. 钙锌复合热稳定体系

目前复合热稳定剂中，最值得注意的品种是钙锌复合热稳定剂。主要由钙的羧酸盐、锌的羧酸盐、润滑剂（内润滑、外润滑）、有机辅助稳定剂（如环氧大豆油、亚磷酸酯和 β-二酮）等组分组成。

钙皂稳定剂以硬脂酸钙（吸收 HCl 的作用）为代表，属于长效热稳定剂。与锌盐、有机锡具有很好的协同效应，且价格低廉，一般与锌皂并用。钙锌复合稳定剂能够发生如下反应，避免锌烧现象的发生。

$$ZnCl_2 + CaSt_2 \longrightarrow ZnSt_2 + CaCl_2$$

这类热稳定剂的性能很大程度上取决于所用的有机辅助热稳定剂的种类及添加比例。与之类似的还有钡皂和镉皂复合，但它们有毒，用量受到限制。

使用钙锌热稳定剂需注意以下事项：①配方的绿色环保性，需要注意重金属（铅、镉、锡、钡）的含量是否能够满足产品，符合国家标准的要求；②钙锌稳定剂内润滑作用强，所以添加的外润滑剂要多；③钙锌稳定剂的热稳定性比铅盐弱，加工窗口窄一些，控制要求更高；④润滑剂添加量较多，容易导致析出增加。

钙锌稳定剂与其他辅助稳定剂协同时，效果更好。如 β-二酮与钙锌稳定剂并用时，能产生显著的协同效应，改善 PVC 塑料制品的初期、中期着色性。亚磷酸酯同金属皂并用后，能络合金属氯化物，改善制品的耐热性和耐候性，保持透明性。多元醇与 β-二酮、环氧化合物、水滑石配合用于软质 PVC 中，具有极好的协同作用。环氧化合物与钙锌稳定剂也具有良好的协同效应。

总的来说，其添加比例通常在 2～5 份，不同加工方式的添加比例会不同。如用双螺杆挤出机挤出时，PVC 树脂受热过程较短，钙锌稳定剂用量比单螺杆挤出机的用量要少，软制品上用量较少，而用于硬质 PVC 注塑件时，用量为 4%～6%。钙锌稳定剂自身有润滑作用，因此在制定配方时要相对减少润滑剂的用量。为防止粉尘污染，选用时建议选用粉尘不大的颗粒状原料。

（1）饮料用无毒性 PVC 软管配方

PVC	100	环氧大豆油	5
硬脂酸钙	1	硬脂酸锌	1.5
丁基邻苯二甲酰基甘醇酸丁酯（BPBG）	40		

（2）PVC 扭结膜配方

PVC	100	MBS	8
CaSt	3	ZnSt	2
HSt	0.5	石蜡	0.5
滑爽剂	0.5		

（3）PVC 压延法人造革配方

PVC	100	DOP	45
DBP	20	CaSt/ZnSt	2.5
CaCO$_3$	10～20		

（4）PVC 透明凉鞋配方

PVC	100	DOP	30
DBP	30	环氧大豆油	3
有机锡	1.8	CaSt/ZnSt	2

（5）食品用 PVC 瓶盖发泡垫配方

PVC	100	DOP	48～54
环氧大豆油	3～4	CaSt＋ZnSt	0.9～1.5
AC	1.3	HSt	0.6～0.9

2. 有机锡复合热稳定体系

① 有机锡稳定剂之间的配合。不同品种有机锡稳定剂共用，可以起到协同作用。二烷基锡与单烷基锡共用具有协同效果，一般认为单烷基锡的作用为阻止生成热稳定性

差的三烷基锡，两者共用比例为 1∶1。

二烷基锡含硫化合物与三烷基锡含硫化合物混合使用也具有协同效果。Y 基不同的两类二烷基有机锡化合物共用，如月桂酸类二烷基锡与马来酸类二烷基锡、硫醇类二烷基锡或有机锡氧化物等并用能产生较好的效果。

二辛基锡、二苄基锡和单烷基锡的衍生物对人体危害极小，在美国、法国、意大利、英国和德国已获准用于食品和药品的包装材料。

透明 PVC 管材配方

PVC	100	马来酸单丁酯二丁基锡	2
月桂酸二丁基锡	0.5	MBS	6
硬脂酸丁酯	1	硬脂酸	0.5

② 有机锡热稳定剂与有机辅助热稳定剂配合。只有复合受阻酚和含硫抗氧剂两类有机辅助热稳定剂与羧酸有机锡、烷氧基有机锡并用时，可提高其热稳定性能。

PVC 热收缩膜配方

PVC	100	DOP	6
有机锡	1.2	MBS	5~10
ACR-LS	1.5~4	亚磷酸酯	0~0.5
硬脂酸丁酯	0.2~0.5	硬脂酸	0.2~0.3
OPE 蜡	0.1~0.15	酞菁蓝	适量

③ 有机锡热稳定剂与金属盐类热稳定剂配合。有机锡类与金属皂类并用，除起到协同作用外，还可减少锡用量、降低成本，同时提高润滑性。

PVC 吹塑瓶配方

PVC（卫生级）	100	有机锡	1
ZnSt	1	CaSt	2
MBS	10~15	ACR	1~2
HSt	0.3		

有机锡类与稀土类或锑类热稳定剂并用，具有优良的热稳定性和透明性。

④ 有机锡与环氧大豆油并用，延长热稳定时间。

PVC 医用膜加工配方

PVC（卫生级）	100	DOP	45
环氧大豆油	5	京锡 8831	1
CaSt	0.5	HSt	0.3

3. 稀土类复合热稳定体系

稀土类稳定剂常与钙锌皂类复合，研究用苹果酸镧、苹果酸铈、苹果酸钕分别与硬脂酸钙、硬脂酸锌、季戊四醇复配用于硬质 PVC 制品，最优配方如下：

PVC	100	硬脂酸锌	0.8
硬脂酸钙	0.3	苹果酸镧（或苹果酸铈或苹果酸钕）	0.8
季戊四醇	3.2		

复合热稳定剂的静态和动态稳定时间都约为 60min，改性的 PVC 力学性能与铅盐体系改性 PVC 相当，且加工性能优于铅盐体系。

稀土热稳定剂有时也与其他辅助类热稳定剂复合，有研究表明，100 份 PVC 中加入 2.3 份十四烷二酸镧、1.8 份季戊四醇、0.9 份 β-二酮协同效果最佳，可使 PVC 试样的静态和动态热稳定时间达到 70min 和 30min 以上，并能较好地抑制初期着色，其加工性能和力学性能与铅盐体系相当。

二、热稳定剂的选用原则及在制品中的应用

1. 硬质 PVC 配方中热稳定剂的选用

在硬质 PVC 配方中，热稳定剂是必不可少的，且要求热稳定剂的用量大、稳定效果好。

不透明硬制品和卫生环保要求不高的制品，常选用三碱式硫酸铅及二碱式亚磷酸铅，如 PVC 电线电缆、异型材等。两者往往协同加入，比例为三碱式硫酸铅/二碱式亚磷酸铅为 2/1~1/1，总用量为 3~5 份。美国以有机锡为主，金属皂类和铅盐类辅之。一些半硬质 PVC 制品，如人造革、地板革等，面层可选金属皂类，底层选铅盐类。

透明或半透明硬制品，常用钙锌皂类、有机锡类、稀土类和有机锑类，其中金属皂类用量为 3~5 份、有机锡类用量为 1~3 份。

2. 软质 PVC 配方中热稳定剂的选用

软质 PVC 制品中含有较多的增塑剂，因此热稳定剂的用量可适当减少。有时在增塑剂用量较大时也可不加入，如糊塑料。

不透明制品，选用铅盐（1~2 份）和金属皂类（1~2 份），协同加入。半透明制品，选用几种金属皂类（并用），总用量为 2~3 份。透明制品，选用有机锡类（0.5~1 份）与金属皂类（1~2 份），协同加入；也可用稀土类和有机锑类代替有机锡类。

3. 无毒 PVC 配方中热稳定剂的选用

应遵循如下原则：①铅盐类热稳定剂不宜选用；②主选钙锌金属皂类热稳定剂；③有机锡类应选用无毒品种；④辅热稳定剂中环氧类无毒，可以选用。

（1）硬质无毒挤压材料配方

PVC	85	丙烯酸酯共聚物	10~13
含硫二辛基锡	1~1.5	环氧大豆油	0.5
抗氧剂 TNPP	0.5	褐煤蜡酯（或皂化褐煤蜡）	0.2~0.3
聚乙烯蜡	0.1~0.15		

（2）硬质饮料用无毒管配方

PVC	100	BPBG	40
环氧大豆油	5	钙锌稳定剂	1.5~2

（3）无毒软质 PVC 管配方

PVC（悬浮 2 型或 3 型）	100	DNOP	45
环氧大豆油	5	二月桂酸二正辛基锡	2
Ca/Zn 复合稳定剂	1	ACR 或 CPE	2

4. 有机锡稳定剂的选用

① 食品包装材料。敏感性食品包装（如糖果扭结膜）应选用气味残留极少的稳定剂，如马来酸二正辛基锡。加工后一段时间内才二次成型（如吸塑）的制品，残留气味进一步减少。硫醇甲基锡及辛基锡是合适的添加剂。硫醇锡有更佳的性价比。

② 压延透明制品。透明片材及板材是有机锡类稳定剂使用最广的领域，丁基硫醇锡由于不适于食品包装材料，目前甲基锡占压延加工消费量的 70% 以上。随着技术进步，新一

代复合硫醇锡更适于压延加工。国外某企业的辛基锡与丁基锡的复合产品已通过德国外贸协会（BGA）的安全认证，可用于食品包装材料加工。由于丁基锡已实施"直接法"一步合成工艺，成本远比旧工艺低。复合有机锡在各项功能上优于单一硫醇锡，有更佳的性价比及远景发展优势。

③ 硬制品挤出加工。除上水管使用硫醇锡类、钙锌或稀土类稳定剂以外，其他管材均沿用铅盐稳定剂，成本高是主要原因之一。铅盐由于毒性及无法生产浅色、艳丽色彩制品等，使国产型材档次不高。含硫逆酯锡是锡稳定剂的新品种，有低剂量、低成本的应用优势，与钙锌及稀土类稳定剂一样具有良好的发展前景。

5. PVC配方中主热稳定剂的协同作用

几种主稳定剂之间也有协同作用，并用时可提高稳定效果。可以搭配的主热稳定剂有如下几种：

① 三碱式硫酸铅和二碱式亚磷酸铅协同作用，两者加入比例为 2/1～1/1。

② 不同金属皂类热稳定剂之间有协同作用，一般规律为热稳定性高的品种与热稳定性低的品种协同效果好。金属皂类的热稳定大小顺序为 Cd、Zn > Pb > Ba、Ca，因此常用复合品种为 Ca/Zn、Cd/Ba、Ba/Pb、Ba/Zn 及 Ba/Cd/Zn 等；但是，由于 Cd、Pb、Ba 均具有毒性，实际产品很少采用，常用复合金属皂稳定剂为 Ca/Zn。

③ 钙锌金属皂类与有机锡类热稳定剂有协同作用，在透明配方中两者往往协同加入。

④ 稀土类和有机锡类热稳定剂有协同作用。

⑤ 稀土类和 Ca/Zn 热稳定剂有协同作用，市面上稀土复合热稳定剂一般都是稀土和钙锌复合稳定体系。

6. PVC配方中主、辅热稳定剂的协同作用

① 金属皂类与环氧类、多元醇类、β-二酮类化合物等具有协同作用，目前市售的钙锌稳定剂实际上大多为它们的复配物。

② 有机锡与环氧类有较好的协同效应。

③ 有机锑类热稳定剂可与亚磷酸酯、环氧化物及硬脂酸钙等并用。

7. PVC配方中热稳定剂与其他助剂的并用

除金属皂类热稳定剂外，大部分热稳定剂本身无润滑作用，如铅盐、有机锡类及有机锑类等。因此，在选用无润滑作用的热稳定剂时，需另外加入润滑剂；而对本身有润滑作用的热稳定剂，可不加或少加润滑剂。

8. PVC配方中热稳定剂的对抗作用

含硫有机锡类和有机锑类热稳定剂不可与含铅、镉类热稳定剂并用，否则会发生硫污染。

三、热稳定剂的发展趋势

1. 镉、铅稳定剂的淘汰是历史的必然

PVC用稳定剂的无毒化是必然趋势，镉、铅稳定剂最终将逐渐被淘汰。镉的毒性非常大，应退出市场。由于铅是重金属，而且对人体有害，考虑到卫生和环保，自 2000 年起，挪威、芬兰、瑞典、丹麦和英国等欧洲国家相继采取了禁用铅盐稳定剂的行动。

2. 有机锡是发展重点

① 环状有机锡热稳定剂的含锡量高，稳定效果好，而且与其他稳定剂复配使用时效果更好，是新发展起来的一类热稳定剂。

② 提高有机锡热稳定剂的分子量。形成聚合型有机锡热稳定剂，可以避免小分子热稳定剂的挥发，改善稳定性能。

③ 改善硫醇有机锡的加工性能、气味和进一步降低其成本，是硫醇有机锡稳定剂得以广泛使用的保证。

3. 高效钙锌复合热稳定剂具有广阔的发展空间

如吡咯烷酮羧酸锌、呱嗪二酮双乙基羧酸锌以及 α-氨基酸衍生物的锌盐等的分子中存在着能与氯化锌起螯合作用的配位基，因此能够抑制氯化锌对 PVC 老化的促进作用，故具有良好的热稳定功能。

国外已在大口径管材、绝缘领域使用钙锌复合稳定剂，但国内对复合钙锌热稳定剂的重视还不够。今后要从选用高效辅助稳定剂和研究出性价比高的复配用单体新品种着手。

4. 大力研发有机辅助稳定剂

为了抑制氯化锌的不良影响，加入螯合剂是一种极为有效的方法。金属的羧酸盐作为非铅稳定剂，由于它们的热稳定性不足，需要和其他辅助稳定剂并用。季戊四醇、三梨糖醇等多元醇与羧酸盐类并用，可作为 PVC 稳定化助剂。但多元醇易溶于水，易升华，在加工中会沉积在设备上影响连续加工。如用改性多元醇，可克服上述缺点。

====== 思考题 ======

1. 热稳定剂的稳定机理有哪些？
2. 为什么不能单独使用锌皂？
3. 哪些热稳定剂可用于透明 PVC 产品？
4. 什么是热稳定剂并用时的硫污染？
5. 列举几种可用于环保无毒产品的热稳定剂。
6. PVC 的热稳定性测试方法有哪几种？

◄◄◄ 第三章 ►►►
增塑剂及其在塑料配方中的应用

凡能增加聚合物的塑性，改善加工性能，赋予制品柔软性的物质都称为增塑剂。增塑剂可提高树脂的可塑性，使制品柔软、耐低温性能好。其主要应用于 PVC 软制品，占总消费量的 80％，特别是 PVC 人造革约占其用量的 50％。当加入量小于 5％时，塑料制品为硬质；当加入量在 15％～25％时，塑料制品为半硬质；当加入量大于 25％时，塑料制品为软质；增塑剂在 10 份以下时对机械强度影响较小，加入量为 5％～15％时可能会出现反增塑现象，影响产品质量，在配制时应尽量防止。

第一节　增塑剂的作用机理及分类

一、增塑剂的作用机理

增塑剂的主要作用是减弱分子间的次价键，增加树脂的移动性，降低树脂分子链的结晶性，增加树脂的可塑性。按其作用机理大致可分为以下两种：

1. 非极性增塑剂

其主要作用是：插入高分子链之间，增大高分子链间的距离，从而削弱它们之间的范德华力，因此用量越多，隔离作用越大，高聚物黏度降低。

2. 极性增塑剂

其主要作用是：增塑剂的极性基团与高聚物分子的极性基团相互作用，代替了高聚物极性分子间作用，从而削弱了高聚物间的范德华力，增塑剂的效能与增塑剂的物质的量成正比。

增塑剂分子插入聚合物分子之间，削弱了大分子间的作用力从而达到增塑目的。有以下三种作用方式：

① 隔离作用。非极性增塑剂加入非极性聚合物中时，非极性增塑剂通过聚合物-增塑剂间的"溶剂化"作用，增大分子间距离，削弱分子链之间的作用力。

② 相互作用。极性增塑剂加入极性聚合物中增塑时，增塑剂分子的极性基团与聚合物分子的极性基团"相互作用"，从而破坏了原聚合物分子间的极性连接，减少了连接点，削

弱了分子间的作用力，使分子链运动变得容易。

③ 遮蔽作用。非极性增塑剂加到极性聚合物中增塑时，非极性的增塑剂分子遮蔽了聚合物的极性基团，使相邻聚合物分子的极性基团不发生或少发生"作用"，从而削弱了聚合物分子间的作用力，达到增塑目的。

事实上，在一种增塑剂的增塑过程中，可能同时存在着几种作用。例如，DOP 增塑 PVC，在温度升高时，DOP 分子插入 PVC 分子链间，一方面 DOP 的极性酯基与 PVC 的极性基团"相互作用"，彼此能很好地互溶，不相排斥，从而使 PVC 大分子间作用力减弱，塑性增加；另一方面，DOP 的非极性烷基夹在 PVC 分子链间，把 PVC 的极性基团遮蔽起来，也减小了 PVC 分子链间的作用力。这样，在成型加工时，分子链的移动就比较容易。

二、增塑剂的分类

由于增塑剂的种类繁多，性能和用途各异，因此分类方法也有多种。常用的分类方法有如下三种：

1. 按化学结构分类

这是最常用的分类方法。一般可分为邻苯二甲酸酯类、脂肪族二元酸酯类、磷酸酯类、偏苯三酸酯类、烷基苯磺酸酯类、环氧酯类、含氯化合物等。

2. 按与被增塑物的相容性分类

分为主增塑剂、辅助增塑剂和增量剂三类。一般把与树脂相容性较高（增塑剂与树脂的质量比达 1:1 时仍能相容）的增塑剂称为主增塑剂，可单独使用，如邻苯二甲酸酯类、磷酸酯类等；辅助增塑剂与被增塑物的相容性一般，较少单独使用，需与适当的主增塑剂配合作用，单独大量使用时会在加工制品表面渗出和喷霜，如脂肪族二元酸酯类、多元醇酯类、环氧大豆油等；增量剂与被增塑物的相容性较差，但与主、辅增塑剂有一定的相容性，配合使用以达到降低成本和改善某些性能的目的，如含氯化合物等。

3. 按使用性能分类

可分为耐寒性增塑剂、耐热性增塑剂、阻燃性增塑剂、防霉性增塑剂、耐候性增塑剂、无毒性增塑剂和通用型增塑剂七大类。

第二节　增塑剂的结构与主要性能

一、增塑剂的结构

1. 结构特征

对于各类增塑剂而言，分子大都具有极性和非极性两部分。极性部分由极性基团构成，非极性部分为具有一定长度和体积的烷基。极性基团常为酯基、氯原子和环氧基等。不同极性基团的化合物具有不同的特点，如邻苯二甲酸酯类的相容性、增塑效果好，性能也较全面，常作为主增塑剂使用；磷酸酯和氯化物具有阻燃性；环氧化合物、双季戊四醇酯的耐热性能好；脂肪族二元酸酯的耐寒性优良；烷基磺酸苯酯的耐候性好；柠檬酸酯及乙酰柠檬酸酯类具有抗菌性等。

2. 极性与非极性部分对其性能的影响

增塑剂与树脂的相容性与增塑剂本身的极性及其二者的结构相似性有关。通常，极性相近、结构相似的增塑剂与被增塑树脂的相容性好。PVC 属于极性聚合物，其增塑剂多是酯基结构的极性化合物，如邻苯二甲酸酯类增塑剂通常用作主增塑剂，而环氧化合物、脂肪族二元酸酯、聚酯等与 PVC 相容性差，多为辅助增塑剂。

相容性好的增塑剂的耐寒性都较差，特别是当增塑剂含有环状结构时耐寒性显著降低，以直链亚甲基为主体的脂肪族酯类有着良好的耐寒性，烷基越长，耐寒性越好，但烷基过长、支链增多，耐寒性也会相应变差。

极性较弱的耐寒性增塑剂会使塑化物的体积电阻降低很多。相反，极性较强的增塑剂（如磷酸酯）具有较好的电性能。这是因为极性较弱的增塑剂允许聚合物链上的偶极有更大的自由度，电导率增加，电绝缘性下降。磷酸酯类和氯化脂肪酸酯类等增塑剂含有磷和氯，具有良好的阻燃性。

3. 分子量与性能的关系

增塑剂的分子量主要影响耐久性、增塑效率和相容性等方面。

增塑剂的耐久性与分子量有着密切的关系。要得到良好的耐久性，增塑剂分子量应在 350 以上，而分子量在 1000 以上的聚酯类和苯多酸酯类（如偏苯三酸酯）增塑剂都有十分优良的耐久性，它们多用于电线电缆、汽车内装饰制品等一些增塑的制品中。

低分子量的增塑剂对 PVC 的增塑效率较高。实验结果表明，对于邻苯二甲酸酯类增塑剂来说，烷基碳原子数在 4 左右的增塑效率最高。随着碳原子数的增多，增塑效率明显降低。

作为主增塑剂使用的烷基碳原子数为 4～10 的邻苯二甲酸酯，与 PVC 的相容性良好。但随着烷基碳原子数的进一步增多，相容性急剧下降。因而目前工业上使用的邻苯二甲酸酯类增塑剂的烷基碳原子数都不超过 13 个。

二、增塑剂的主要性能

理想的增塑剂应满足下列要求：①与树脂具有良好的相容性；②增塑效率高；③耐寒性好；④耐久性好；⑤具有优良的绝缘性；⑥环保卫生；⑦具有阻燃性；⑧价廉易得。

对于一种实际的增塑剂而言，不可能完全满足上述各种要求，因此必须熟悉增塑剂的各项性能与结构的关系，以便恰当地选用增塑剂。

1. 相容性

相容性指两种或两种以上的物质相混合时，不产生相斥分离的能力。作为增塑剂，首先要与树脂具有一定的相容性，这是最基本的性能要求。

增塑剂与 PVC 的相容性可用简单的"极性相似相容"原则衡量，PVC 与增塑剂的溶解度参数相近，相容性好。PVC 的 δ 值约为 19.4 $(MJ/m^3)^{1/2}$。一些常用增塑剂的 δ 值可查阅相关资料或手册。

增塑剂的相容性大小与其结构有关，含有芳香族基团、酯基、环氧基和酮氧基等基团的增塑剂与树脂的相容性好，增塑剂分子中的烷基链越长与 PVC 的相容性越差。另外，环氧化合物、脂肪族二元羧酸酯和聚酯等增塑剂与 PVC 的相容性不好。

常用增塑剂与 PVC 相容能力大小顺序为：DBS ＞ DBP ＞ DOP ＞ DIOP ＞ DNP ＞ ED3 ＞ DOA ＞ DOS ＞ 氯化石蜡。

2. 增塑效率

由于增塑剂中极性部分和非极性部分的结构不同，因而对等量树脂的增塑效果就不同。使树脂达到某一柔软程度时，各种增塑剂的用量比称为增塑效率。增塑效率只是一个相对值，达到同样柔软性加入的增塑剂用量越少，增塑效率越高。通过增塑效率可以估算出用一种增塑剂替代另一种增塑剂时的用量。

从化学结构上看，低分子量的增塑剂比高分子量的增塑剂对 PVC 的增塑效率高。增塑剂分子极性增加、烷基化程度提高和芳环结构增多，都会使增塑效率下降。具有支链烷基增塑剂的增塑效率比相应的具有直链烷基增塑剂的增塑效率差。增塑剂分子内极性的增加、支链烷基和环状结构的增加都可能造成其塑化效率降低。

DOP 用途广泛，具有较好的综合性能，因此增塑效率以 DOP 为基准。表 3-1 中的数据采用模量法测得，列出了一些常用增塑剂对 PVC 的等效用量和相对效率比值。

表 3-1 常用增塑剂的增塑效率比较

增塑剂名称	缩写代号	等效用量(100 份 PVC)	相对效率比值
癸二酸二丁酯	DBS	49.5	0.78
邻苯二甲酸二丁酯	DBP	54.0	0.85
环氧脂肪酸丁酯	EBST	58.0	0.91
癸二酸二辛酯	DOS	5.5	0.93
己二酸二辛酯	DOA	59.9	0.94
邻苯二甲酸二辛酯	DOP	63.5	1.00
邻苯二甲酸二异辛酯	DIOP	65.5	1.03
石油磺酸苯酯	M-50	73～76	1.15～1.20
环氧大豆油	ESO	78	1.23
磷酸三甲苯酯	TCP	79.3	1.25
氯化石蜡(含 53%氯)	CP-53	89	1.40

必须指出的是，用不同方法测出的相对效率比值并不相同，但上述的顺序基本不变；另外，比较增塑剂的效率，只有在增塑剂与聚合物相容的范围内才有意义。

3. 耐寒性

耐寒性指增塑剂在低温下发挥增塑作用的能力。增塑剂的增塑能力随温度的降低而下降，不同增塑剂的下降幅度不同，下降幅度小的增塑剂耐寒性好。增塑剂的耐寒性与其结构有关，以亚甲基（—CH$_2$—）为主体的脂肪族二元酸酯类增塑剂的耐寒性最好，是最常用的一类耐寒增塑剂。而含有环状或支化结构的增塑剂低温时在树脂中运动困难，耐寒性不好。

常用增塑剂的耐寒性优劣顺序为：DOS＞DOZ＞DOA＞ED3＞DBP＞DOP＞DIOP＞DNP＞M-50＞TCP。

4. 耐久性

耐久性指增塑剂在树脂中存在并发挥增塑作用的时间长短，时间越长说明其耐久性越好。耐久性包括耐迁移性、耐抽出性和耐挥发性三个方面。

① 耐迁移性。增塑剂的迁移性与其相容性大小有关，相容性越好则耐迁移性越好；另外，分子量大、含有支链或环状结构增塑剂的耐迁移性较好。增塑剂的耐迁移性直接影响制品的外观质量。

② 耐抽出性。耐抽出性指增塑剂扩散到与之接触的液体介质中的倾向，介质主要为水、溶剂、洗涤剂及润滑剂等。就耐油、耐溶剂性而言，非极性烷基所占比例较大的增塑剂耐抽出性差，含苯基、酯基及支化程度高的增塑剂耐抽出性好；就耐水性而言，正好与上述相反，聚酯类增塑剂是耐水性优良的品种。

③ 耐挥发性。耐挥发性指增塑剂受热时从制品表面向空气中扩散的倾向。增塑剂的耐挥发性与分子量大小有关，分子量越大，耐挥发性越好；还与增塑剂的结构有关，含直链烷基结构的增塑剂较含支链烷基结构的增塑剂的耐挥发性好，含有环状等大体积基团结构增塑剂的耐挥发性好。一般情况下，聚酯类、环氧类、DIDP、TCP 及季戊四醇等增塑剂的耐挥发性好。

5. 绝缘性

增塑剂的绝缘性不如 PVC 树脂好，加入 PVC 中会导致其绝缘性下降。极性较弱的耐寒增塑剂（如癸二酸酯类），使塑化物的体积电阻降低很多；相反，极性较强的增塑剂（磷酸酯类）有较好的性能。这是因为极性较弱的增塑剂允许聚合物链上的偶极有更大的自由度，从而电导率增加，电绝缘性降低。因此对于 PVC 绝缘制品要注意增塑剂绝缘性对其的影响。

常用增塑剂的绝缘性大小顺序为：TCP > DNP > DOP > M-50 > ED3 > DOS > DBP > DOA。

6. 卫生性

卫生性指塑料制品和人接触（包括直接接触和间接接触）过程中符合卫生要求的程度，特殊情况下对牲畜和植物也有卫生要求。对于 PVC 来说，只要其中不含氯乙烯或含量极小，可认为无毒。然而，塑料制品中所添加的各种助剂，许多品种都具有不同程度的毒性。了解增塑剂的毒性大小，对用于食品、药品包装等材料具有非常重要的意义。

7. 阻燃性

应用于建筑、交通、电气等方面还要求增塑剂具有阻燃性等。磷酸酯类和氯化石蜡类增塑剂均属于阻燃类，其阻燃效果顺序为 TCP > TPP > TOP > DPOP。

8. 其他性能

除上述性能外，增塑剂的稳定性和成型加工性能等对增塑 PVC 的性能也有较大影响。如增塑剂在高温下发生热分解，会严重影响制品的质量，在成型加工中应当注意。

第三节　常用增塑剂品种与应用

一、邻苯二甲酸酯类

邻苯二甲酸酯（PAE）类增塑剂分子结构式如下：

$$\begin{array}{c} O \\ \parallel \\ C-O-R^1 \\ \\ C-O-R^2 \\ \parallel \\ O \end{array}$$

R^1、R^2 是 $C_1 \sim C_{13}$ 的烷基、环烷基和苯基等，R^1、R^2 可以相同，也可以不同。

这类增塑剂是目前应用最广泛的一类主增塑剂，它具有色浅、低毒、多品种、电性能好、挥发性小、耐低温等特点，成本较低，其生产量约占增塑剂总量的80%左右，常用作主增塑剂。

① 邻苯二甲酸二辛酯（DOP）。它是广泛使用的增塑剂，全称为邻苯二甲酸二（2-乙基）己酯，它与许多聚合物有良好的相容性，与PVC树脂可以很好地而且很快地混合，且混合能力好，增速效率高，又兼有较低的挥发性，较好的低温柔韧性、抽出性，毒性也很低，加上其电性能、耐热性、耐紫外线性都比较好，可单独使用，也可作为主体与其他增塑剂配合使用。由于其具备这些优点，因此目前均以它为通用增塑剂的标准，任何其他增塑剂都是以它为基准进行比较，只有比DOP更便宜或具有更独特的理化性能，才能在经济和使用上占优势。国内DOP用量占增塑剂总量的45%左右。

近年来发现DOP等一些增塑剂的分子结构类似荷尔蒙，被称为"环境荷尔蒙"，长期食用可能引起生殖系统异常，甚至造成畸胎、癌症的危险。柠檬酸酯、苯二甲酸直链醇酯、己二酸直链醇酯、聚酯都属于低毒增塑剂，可取代DOP用于医用制品和接触食品的制品。

② 邻苯二甲酸二丁酯（DBP）。烷基结构全为直链，是目前国内产量最大的增塑剂之一，与PVC的相容性非常好，即使在低温下制品也有较好的柔软性，价格较低，但挥发性大，被水抽出性较大，耐久性较差。

③ 邻苯二甲酸二异辛酯（DIOP）。性能略低于DOP，可作为低价代用品，是PVC糊最有用的增塑剂，有臭味。

常见邻苯二甲酸酯类增塑剂的性能及特点如表3-2所示。

表 3-2 常见邻苯二甲酸酯类增塑剂的性能及特点

增塑剂	代号	凝固点/℃	沸点/℃	折射率	特点	主要用途
邻苯二甲酸二丁酯	DBP	35	340	1.4921(20℃)	与树脂相容性非常好，加工性好，增塑效率高，廉价，但挥发性、热损耗及水抽出性均大	人造革、鞋类用品
邻苯二甲酸二异丁酯	DIBP	−50	327	1.4926(20℃)	相容性好，廉价，对植物有害，挥发性和水抽出性比DBP大	鞋类日用品
邻苯二甲酸二庚酯	DHP	−46	325	1.49(25℃)	加工性好，廉价，挥发性较大	日用品、人造革
邻苯二甲酸-2-己基己酯（邻苯二甲酸二辛酯）	DOP	−55	387	1.485(25℃)	相容性好，挥发性及水抽出性低，电绝缘性优良，毒性低微，综合性能优良，单独使用时耐寒性差	应用广泛，用于日用品及工业用品
邻苯二甲酸二正辛酯	DNOP	−25	340	1.485(25℃)	耐寒性好，挥发性小，抗稳定性及增塑黏度稳定性好	农用薄膜、线缆及糊制品
邻苯二甲酸二异辛酯	DIOP	−45	284	1.486(25℃)	绝缘性和耐油性好，毒性小，但耐寒性和耐热性差	线缆和人造革

增塑剂	代号	凝固点/℃	沸点/℃	折射率	特点	主要用途
邻苯二甲酸二仲辛酯	DCP	—	—	1.480(25℃)	耐候性稍优于DOP,热稳定性差,耐油及汽油抽出性比DOP差	—
邻苯二甲酸二环己酯	DCHP	−58	212~218	1.482(35℃)	耐久性和耐油性好,但耐寒性和柔软性差	包装材料
邻苯二甲酸二壬酯	DNP	—	279~287	1.484~1.486(20℃)	绝缘性好,低挥发迁移性,耐水性好,但耐寒性差,增速效率低	线缆、板材
邻苯二甲酸二异癸酯	DDP	−37	356~420	1.483(25℃)	绝缘性和耐久性好,水抽出性及挥发性小,但耐寒性差,增速效率低	线缆、人造革
邻苯二甲酸丁苄酯	BBP	−40	370	1.536(25℃)	耐油性及加工性好,但耐寒性差	地板、涂料
丁基邻苯二甲酰基羟乙酸丁酯(邻苯二甲酸丁酯)	BPBG	−35	220	1.49(25℃)	无毒,相容性好,光、热稳定性和耐油性好,但水抽出性及挥发性较大,价高	食品包装、医药器械包装
邻苯二甲酸十二酯	BLP	—	—	—	耐寒性好	

二、磷酸酯类增塑剂

磷酸酯类增塑剂的通式为：

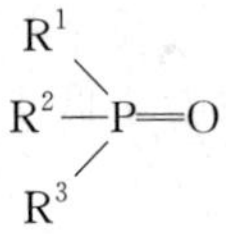

$$R^2-\overset{\displaystyle R^1}{\underset{\displaystyle R^3}{P}}=O$$

R^1、R^2、R^3是烷基、卤代烷基或芳基，可以相同，也可以不同。磷酸酯与高分子基体的相容性一般都较好，阻燃性、电绝缘性和耐菌性比较好，是一种具有多功能的主增塑剂，但价格较贵，多数毒性较强。

典型代表有如下几种：

① 磷酸三甲苯酯（TCP）。与PVC相容性极好，可提高原来相容性不好物质的相容性。它有很好的阻燃性、耐磨性、耐污染性、耐霉菌性和耐辐射性、耐久性，但是主要的缺点是有毒。

② 磷酸三辛酯（TOP）。其相容性好，具有低温柔软性、阻燃性、耐菌性等特点，广泛用于塑料、纤维类加工中，属于微毒产品。但通常迁移性、挥发性大，加工性能不及磷酸三苯酯，可作辅助增塑剂与邻苯二甲酸酯类并用。

③ 磷酸三苯酯（TPP）。白色结晶粉末，带芳香味，相对密度为1.2，分子量为326，溶于苯、丙酮、二氯乙烷、二甲苯等有机溶剂；相容性和阻燃性良好，挥发性低，耐寒性差；用于PVC的电线电缆、天然橡胶、合成橡胶阻燃增塑制品。

④ 磷酸二苯异辛酯（DPOP）。无色透明液体，相对密度为1.08，分子量为362，沸点为375℃，相容性、阻燃性、耐低温性及耐抽出性均好，无毒，常与DOP并用于阻燃增塑剂，不宜和硬脂酸钡镉稳定体系并用。

三、脂肪族二元酸酯类增塑剂

脂肪族二元酸酯类增塑剂的结构通式为：

$$R^1O-\overset{O}{\overset{\|}{C}}-(CH_2)_n-\overset{O}{\overset{\|}{C}}-OR^2$$

n 一般为 $2\sim11$，R^1、R^2 是 $C_4\sim C_{11}$ 的烷基，R^1、R^2 可以相同，也可以不同。在这类增塑剂中常用长链二元酸与短链二元醇，或短链二元酸与长链一元醇进行酯化，使总碳原子数在 $18\sim26$ 之间，以保证增塑剂与树脂间有良好的相容性和低温挥发性。

主要特点：优良的耐寒性、无毒、挥发性小，但与 PVC 的相容性较差，只能作为辅助增塑剂。

① 癸二酸二辛酯（DOS）。优良的低温增塑剂，耐寒性极好，挥发性很低，还能在较高温度下安全成型，但易迁移，易抽出，价格也比较高。

② 己二酸二辛酯（DOA）。为聚氯乙烯、聚乙烯共聚物、聚苯乙烯、硝酸纤维素、乙基纤维素和合成橡胶的典型耐寒增塑剂，增塑效率高，受热变色小，可赋予制品良好的低温柔软性和耐光性。可用作聚氯乙烯的优良耐寒增塑剂，赋予制品优良的低温柔软性，并在挤出成型时显示优良的润滑性，制品手感良好。

③ 壬二酸二辛酯（DOZ）。与聚氯乙烯、氯乙烯-乙酸乙酯共聚物、聚苯乙烯、聚乙酸乙烯酯、乙酸丁酸纤维素、硝酸纤维素、乙基纤维素等有良好的相容性。其黏度低，沸点高，增塑效率高，水抽出性小，挥发性和迁移性小，且具有优良的耐热性、耐光性、电绝缘性和稳定性，耐寒性比己二酸二辛酯（DOA）好。本品还可单独或与其他增塑剂配合用作丁腈橡胶、丁苯橡胶、氯丁橡胶等合成橡胶的增塑剂。

四、环氧类增塑剂

环氧类增塑剂作为 PVC 增塑剂，同时又能改善制品对光和热的稳定性，当与金属皂并用时，能长期发挥热稳定性和光稳定性的协同效果。其中环氧大豆油最为重要。

1. 环氧大豆油（ESO）

大豆油为脂肪酸甘油酯的混合物。环氧大豆油是一种黄色油状液体，无毒，溶于大多数有机溶剂和烃类。环氧大豆油与聚酯类增塑剂并用，可以避免后者向外迁移。

环氧大豆油在常温下为浅黄色黏稠油状液体，在水中的溶解度 $<0.01\%$（$25℃$），水在该品中的溶解度为 0.55%（$25℃$），溶于烃类、酮类、酯类、高级醇等有机溶剂，微溶于乙醇。环氧大豆油与 PVC 树脂相容性好、挥发性低、迁移性小。具有优良的热稳定性和光稳定性，耐水性和耐油性亦佳，可赋予制品良好的机械强度、耐候性及电性能，且无毒性，可用于食品包装材料。一般 ESO 环氧值越高，耐热性越好，碘值越低和 PVC 的相容性越好，越不容易析出。用量一般为 $3\%\sim5\%$。

2. 环氧脂肪酸丁酯

因脂肪酸成分不一，环氧脂肪酸丁酯有环氧硬脂酸丁酯、环氧糠油酸丁酯、环氧大豆油酸丁酯、环氧棉籽油酸丁酯、环氧菜油酸丁酯、环氧妥尔油酸丁酯、环氧苍耳油酸丁酯、环氧猪油酸丁酯等品种。

3. 环氧脂肪酸辛酯 （ED3）

因脂肪酸不同，而有不同结构的品种，如环氧硬脂酸辛酯、环氧大豆油酸辛酯、环氧妥尔油酸辛酯等。

五、烷基磺酸苯酯增塑剂

烷基磺酸苯酯（石油酯，代号 M-50、T-50）的结构通式为：

$$R-\overset{\overset{\displaystyle O}{\|}}{\underset{\underset{\displaystyle O}{\|}}{S}}-O-\bigodot$$

该类增塑剂为 PVC 及氯乙烯共聚物的增塑剂，电性能和力学性能好，挥发性和毒性低，耐候性好，耐寒性较差，相容性一般，可用作主增塑剂，并部分替代邻苯二甲酸酯，能赋予制品优良的耐候性、物理力学性能和电绝缘性，受强光照射有轻微变黄的倾向，耐寒性不及 DOP，主要用于 PVC 薄膜、人造革、电缆料、鞋底等。

六、聚酯类增塑剂

聚酯型增塑剂是聚合型增塑剂的一个主要类型，由二元酸与二元醇缩聚得到，分子量一般在 800~8000 之间。

聚酯增塑剂的通式为：

$$H-\left[O-R^1-O-\overset{\overset{\displaystyle O}{\|}}{C}-R^2-\overset{\overset{\displaystyle O}{\|}}{C}\right]_n-OH$$

式中，R^1、R^2 分别代表原料中二元醇和二元酸的烃基。这一结构是端基不封闭的聚酯，但为了获得分子量稳定的聚酯，大都采用了一元醇或是一元酸来封闭羟基。

特点：分子量较大，耐抽出，迁移性也较小，而且它们一般都是无毒或极低毒的化合物。

聚酯增塑剂一般塑化效率都很低、黏度大、加工性和低温性都不好，但挥发性低、迁移性小、耐油和耐肥皂水抽出，因此是很好的耐久性增塑剂，通常需要与邻苯二甲酸酯类主增塑剂并用。聚酯类多用于汽车、电线电缆、电冰箱等长期使用的制品中。

主要品种有己二酸、癸二酸等脂肪族二元酸与一缩二乙二醇、丙二醇、丁二醇等二元醇缩聚而成的低分子量聚酯，如聚癸二酸丙二醇酯。

七、苯多酸酯增塑剂

苯多酸酯主要包括偏苯三酸酯和均苯四酸酯。苯多酸酯的挥发性低，耐抽出性与耐迁移性好，具有类似于聚酯型增塑剂的优点，相容性、加工性、低温性能等又类似于邻苯二甲酸酯类，所以它集中了单体型增塑剂和聚酯型增塑剂两者的优点，常用于耐高温 PVC 电线电缆中。它的两个代表品种偏苯三酸三辛酯（TOTM）与均苯四甲酸四（2-乙基己基）酯（TOPM）的结构式如下：

偏苯三酸三辛酯(TOTM)   均苯四甲酸四(2-乙基己基)酯(TOPM)

八、柠檬酸酯增塑剂

柠檬酸酯增塑剂的结构通式为：

$$HO-\underset{\underset{CH_2COOR}{|}}{\overset{\overset{CH_2COOR}{|}}{C}}-COOR$$

此类增塑剂的两个主要品种柠檬酸三丁酯（TBC）、乙酰柠檬酸三丁酯（ATBC）已获得美国 FDA 批准作为安全、无毒增塑剂，可用于食品包装、医疗器械、儿童玩具以及个人卫生用品等方面，是一种较经济的增塑剂。

TBC 因具有相容性好、增塑效率高、无毒、不易挥发、耐候性强等特点而成为替代邻苯二甲酸酯类首选的绿色环保产品。在寒冷地区使用时仍保持好的挠曲性，又耐光、耐水、耐热，熔封时热稳定性好且不变色，安全经久耐用，适用于食品、医药物品包装、血浆袋及一次性注射输液管等。TBC 还有抗菌作用，不滋生细菌，同时具有阻燃性。对 PVC、PP、纤维素树脂都可增塑，其相容性好；TBC 与其他无毒增塑剂共用可提高制品硬度，尤其对软的纤维醚更为适用。ATBC 比 TBC 的毒性更小，ATBC 作为主增塑剂，溶解性强，耐油和耐光性好，并有很好的抗霉性。它与大多数纤维素、聚氯乙烯、聚乙酸乙烯酯等有良好的相容性，主要用作纤维素树脂和乙烯基树脂的增塑剂。

九、含氯增塑剂

① 氯化石蜡。含氯量 30%～70%，作为增塑剂有含氯 42% 和 52% 两种类型，与 PVC 类似结构的增量型增塑剂，挥发性低、阻燃及电绝缘性优良，但光泽度和拉伸强度、耐寒性、耐候性及相容性较差，加入 0.2 份酚类稳定剂可提高热稳定性。作为 PVC 的辅助增塑剂，取代一部分主增塑剂，含氯 70% 的氯化石蜡可作为阻燃剂。氯化石蜡多用于电缆料、地板料、软管、人造革等，并可作为丁苯橡胶、丁腈橡胶、氯丁橡胶和聚氨酯橡胶的阻燃增塑剂。

② 氯化联苯。由联苯氯化而制得，有特殊臭味。有含氯量为 18% 的单氯代联苯，也有含氯量 71% 的十氯代联苯，这些衍生物在室温下多为黏度不等的液体，而八氯代联苯和十氯代联苯为白色结晶固体。氯化联苯主要用于醇酸树脂油性漆和硝酸纤维素瓷漆，增塑效率高，并赋予漆膜良好的柔韧性、耐水性和黏合性；用于 PVC 增塑可提高制品的力学性能、耐水性、阻燃性和电绝缘性，通常多与 DBP 协调使用。

含氯增塑剂不环保，多用于阻燃要求较高的电线电缆料或其他环保卫生要求不高的制品中，其他 PVC 制品应尽量少用。

第四节　增塑剂的选用

一、增塑剂选择要求

要得到综合性良好且成本合理的软聚氯乙烯产品就要满足以下增塑剂的选择要求：

① 与 PVC 树脂有良好的相容性，有利于获得结构与质量稳定的 PVC 产品。预测 PVC 增塑剂相容性最常用的方法有两种，一种是对照溶解度参数，另一种是参考介电常数，凡是溶解度参数为 8.7～10.7 的增塑剂应能与 PVC 树脂有较好的相容性能。增塑剂介电常数（ε）与 PVC 树脂的兼容关系是：如果 ε 值在 4.95～7.95 范围内则有中等程度的渗出，如果 ε 值在 4.0～4.5 或 8.0～8.25 范围内则大量渗出。

② 对 PVC 树脂有高的塑化效率。能以最少的增塑剂获得最合理的塑化加工条件和最佳的柔软制品。

③ 在 PVC 制品中有良好的耐久性和存留性。包括低的挥发性、对有机溶剂和水等的抽出性、对性质相似固体的低迁移性等；较高的热稳定性能赋予 PVC 掺混物良好的加工性。

④ 良好的耐候性和对环境作用的稳定性。包括热稳定性、耐霉菌性和对辐射的化学稳定性。

⑤ 能满足确定用途所需的特效性。如电绝缘性、阻燃性、耐燃性和耐寒性等。

⑥ 无味、无臭、无色、无毒和无污染，容易获得，价格低廉。

二、选用增塑剂需考虑的其他因素

选择 PVC 增塑剂除了以上要求外还要考虑增塑剂的卫生性。卫生性指的是塑料制品或塑料助剂和人接触（包括直接接触和间接接触）过程中符合卫生要求程度。特别是对用于食品药品的储存、包装及家具、玩具等方面，要求无毒或低毒。

到目前为止，DOP 因其综合性能好价格适中等因素而占据着 PVC 增塑剂主位。添加比例越大，制品越柔软，PVC 软化点下降越多，流动性能越好，但添加过多会导致增塑剂渗出。DOP 与 PVC 树脂相容性好，耐寒性也优良，塑化效率高，不同增塑之间有相容性和互补性，因此提高增塑剂复配技术会取得更好效果。

作为主增塑剂的邻苯二甲酸二辛酯（DOP）被美国癌症研究所（NCD）怀疑有致癌作用后，其使用范围受到限制，在欧盟、美国、日本和韩国被禁止使用。人们在寻找和研究比 DOP 更安全、性能更好的代用品。

① 柠檬酸酯增塑剂。柠檬酸酯的两个主要品种柠檬酸三丁酯（TBC）、乙酰柠檬酸三丁酯（ATBC）已获得美国 FDA 批准作为安全、无毒增塑剂，我国也建议在包装材料中使用。

TBC 因具有相容性好、增塑效率高、无毒、不易挥发、耐候性强等特点而广受关注，成为首选替代邻苯二甲酸酯类的绿色环保产品。它在寒冷地区使用仍能保持好的挠曲性，又耐光、耐水、耐热，熔封时热稳定性好且不变色，安全经久耐用，适用于食品、医药物品包装、血浆袋及一次性注射输液管等。TBC 对 PVC、PP、纤维素树脂均可增塑，其相容性好；TBC 与其他无毒增塑剂共用可提高制品硬度，尤其对软的纤维醚更为适用；TBC 具有无毒及抗菌作用，不滋生细菌，还有阻燃性，因此它在乙烯基树脂中用量甚大；TBC 在玩具塑料中用量也非常大。

ATBC 为无毒、无味主增塑剂，ATBC 比 TBC 的毒性更小。ATBC 作为主增塑剂具有溶解性强，耐油性、耐光性好，并有很好的抗霉性，主要用作纤维素树脂和乙烯基树脂的增塑剂。经其增塑的塑料制品加工性能优良，热合性好，二次加工方便，特别适合作为儿童玩具主增塑剂使用。在医用制品方面，ATBC 无毒，水抽出率低，对人体没有潜在危害，经其增塑的医用制品耐高温、低温性能好。

② 偏苯三酸类增塑剂。偏苯三酸类增塑剂系列产品包括偏苯三酸三辛酯、偏苯三酸三（810）酯、偏苯三酸三甘油酯等。增塑剂偏苯三酸三辛酯（TOTM），通常用偏苯三酸酐（偏酐）和辛醇（2-乙基己醇）制得。

TOTM 具有良好的耐热性、低挥发性、耐寒性、电绝缘性、耐油性及可加工性，热稳定性较聚酯增塑剂优，唯耐油性不及聚酯增塑剂。

③ 均苯四酸四辛酯。均苯四酸四辛酯（TOPM）一般是一元酯、二元酯、三元酯和四元酯的混合物，在医用塑料制品中使用，取得了良好的效果。当前在医用塑料制品中使用得最多的还是均苯四酸四辛酯（TOPM）。

TOPM 用作医用塑料制品的增塑剂具有比 TOTM 及 DOP 小得多的毒性，可改进增塑效能和增加制品的使用寿命，它是迄今毒性最低的增塑剂。

④ 二甘醇二苯甲酸酯。二甘醇二苯甲酸酯简称 DEDB，具有相容性好、耐寒性好、抗静电性、抗污染性能显著、热稳定性突出、挥发性低、耐光变色性好等特点，而且毒性低，LD_{50} 为 5.44g/kg。国外有关食品、化妆品、医药等管理部门认为 DEDB 是一种可以用于接触食品包装材料的安全性较大的助剂。使用性能与 DOP 相当，可作为聚氯乙烯、聚乙酸乙烯酯等许多树脂的增塑剂。

DEDB 分子链中含有苯环结构，使它的分子量增加分子极性增大，与 PVC、聚乙酸乙烯等相容性好，增塑效率高，耐污染和耐持久性好，其耐油性、耐溶剂抽出性好，经测试拉伸强度为 20MPa，断裂伸长率为 25%。

⑤ 二丙二醇二苯甲酸酯。二丙二醇二苯甲酸酯（DPGDB）也叫一缩二丙二醇二苯甲酸酯。本品为无毒增塑剂，美国食品和药物管理局批准可用于食品行业。DPGDB 的主要优点为用量少、塑化温度低、工艺性能好、制品尺寸稳定，且成本低廉。除用于 PVC 地板铺面材料等大量 PVC 制品外，在热固性塑料、橡胶制品、涂料、黏合剂、填料方面都有广泛的用途，市场需求迫切。

DPGDB 挥发性较低，作为 PVC 主增塑剂时显示出突出的力学性能、优良的抗煤油抽出性、较好的塑化温度和良好的加工性能，还是具有优良性能的耐污染增塑剂，特别适合用于地板料和床料。DPGDB 与高聚物掺混，不会在制品表面渗出形成滴液或液膜，也不会形成晶状表面硬壳。它也是聚乙酸乙烯酯等的理想增塑剂，同时可以作为浇注型聚氨酯橡胶、聚氨酯涂料的增塑剂。

⑥ 对苯二甲酸二辛酯。对苯二甲酸二辛酯［即对苯二甲酸二（2-乙基己）酯，缩写为 DOTP］除塑化性能略低于 DOP 外，其他物理机械性能均优于 DOP，因此比 DOP 有更广泛的用途。

与 DOP 相比，DOTP 的电气绝缘性能更佳，体积电阻率是 DOP 的十几倍，受热后电性能稳定，在相同条件下挥发残留量仅为 DOP 的一半，同时增塑 PVC 树脂的低温柔性、耐低温性都比较好，特别适合制备耐高温聚氯乙烯电缆料。国外在 70℃级电缆料中已普遍使用 DOTP，而 DOP 只能达到 65℃级电缆料的要求，不能满足国际电工委员会（IEC）规定的 70℃级电缆标准。为了与国际接轨，我国电缆行业全面推行 IEC 277—1979 标准，因而必将促进 DOTP 等耐高温增塑剂的生产和应用。

⑦ 癸二酸二正己酯。癸二酸二正己酯（DHS）由于具有挥发性低、无色、无毒、黏度低等特点，可作为许多合成橡胶的低温增塑剂及硝基纤维素、乙烯基树脂和丁苯橡胶的耐寒辅助增塑剂，用于农用薄膜、电线、薄板、人造革、户外用水管以及冷冻食品、医药包装的生产。

⑧ 环氧大豆油。环氧大豆油（ESO）是无毒、无味的聚氯乙烯增塑剂兼稳定剂，对光、热有良好的稳定作用，且相容性好，挥发性低，迁移性小。它既能吸收聚氯乙烯树脂在分解时放出的氯化氢，又能与聚氯乙烯树脂相容，几乎可以用于所有的聚氯乙烯制品，包括无毒和透明制品。在要求耐候性高的农用薄膜中加入环氧大豆油可明显延长薄膜的使用寿命。使用环氧大豆油不仅使塑料制品的成本降低，而且塑料制品的各项物理性能有不同程度的提高，如耐加工性、耐热老化性、耐折性等。

三、增塑剂的选用原则

1. 主、辅增塑剂协同选用

主增塑剂和辅增塑剂，保持各自的优势，产生协同作用，其中主增塑剂是必不可少的。主增塑剂为一些与 PVC 树脂相容性好、增塑效率高、大量加入也不析出的一类增塑剂，常用的主增塑剂为苯二甲酸酯类和磷酸酯类。在一些特殊领域，TOTM 和 EPS 等也可作为增塑剂使用。在一个具体的 PVC 配方中，往往几种主增塑剂并用，优势互补；主增塑剂可以单独使用，但最好与辅增塑剂协同加入，这样搭配增塑效果会更好。

辅增塑剂一般不单独使用，需与主增塑剂协同加入，才可达到增塑的目的。辅增塑剂除具有增塑作用外，往往具有自己特有的特点，如耐寒性、耐热性、阻燃性及低成本等。辅增塑剂的主要品种有脂肪族二元酸酯类、环氧类、聚酯类、石油苯磺酸酯及柠檬酸酯等。

（1）PVC 刮涂法人造革配方

	面层（发泡）	底层（发泡）
PVC（SG-3）（主料）	100（乳液）	100
DOP（增塑剂）	35	10
DBP（增塑剂）	25	30
M-50（增塑剂）	10	40
Ca/Zn（稳定剂）	2～3	—
有机锡（稳定剂）	—	1
CaCO₃（填料）	10	20～40

（2）PVC 搪塑玩具娃娃配方

PVC（乳液）	70	PVC（SG-3）	30
DOTP	55	环氧大豆油	5
Ca/Zn	3	硫醇锡	0.5
碳酸钙	5～20	抗氧剂	0.3

（3）PVC 回转成型耐寒制品配方

PVC（乳液）	90	PVC（SG-3）	10
DOP	90	DOA	20
环氧化酯	5	Ca/Zn	3
润滑剂	0.5	复合抗氧剂	0.3

2. 按制品的软、硬程度选用

PVC 制品的软、硬程度不同，所需增塑剂的用量也不同。常用范围如下：硬制品增塑剂的用量为 0～5 份；半硬制品增塑剂的用量为 5～25 份；软制品增塑剂的用量为 25～60 份；糊制品增塑剂的用量为 60～100 份。

（1）PVC 插头配方

PVC	100	ACR-LS	4
DOTP	5	环氧大豆油	3
有机锡	1	CaSt	1.5
碳酸钙	10	ZnSt	1
润滑剂	0.2～0.5	抗氧剂	0.3

（2）PVC 农用无滴大棚膜配方

PVC	100	DOP	34
有机锡	1	环氧硬脂酸丁酯	3
ZnSt	1	CaSt	2
水杨酸苯酯	0.3	硬脂酸甘油单酯	4
抗氧剂	0.3		

（3）PVC 医用膜配方

PVC（卫生级）	100	DOP	45
环氧大豆油	5	京锡 8831	1
CaSt	0.5	HSt	0.3
抗氧剂	0.3		

（4）PVC 普通软管配方

PVC	100	DOP	30
DBP	20	二盐	2
PbSt	1.2	CdSt	0.6
BaSt	0.4	润滑剂	0.5
抗氧剂	0.3		

3. 按制品的性能要求选用

（1）耐寒类 PVC 制品　作为耐寒性增塑剂使用的主要有脂肪酸二元酸酯、直链醇的邻苯二甲酸酯、二元醇的脂肪酸酯以及环氧脂肪酸单酯等。常选用脂肪族二元酸酯类增塑剂与主增塑剂搭配，其中以 DOS 的耐寒性最好。N,N-二取代脂肪酸酰胺、环烷二羧酸酯以及氯甲氧基脂肪酸酯等也是低温性能优良的耐寒增塑剂。

由于一般耐寒增塑剂与 PVC 的相容性都不十分好，实际上只能作为改善耐寒性的辅助增塑剂使用，其用量通常为主增塑剂的 5%～20%，如 DOS 一般以不超过 8 份为宜。

研究指出，以改善薄膜耐寒性及低温伸长为目的时，使耐寒增塑剂与六甲基磷酸三胺并用为佳。因为六甲基磷酰三胺虽本身不是耐寒增塑剂，但它可以有效地降低各种增塑剂的凝固点，达到强化薄膜耐寒效果的目的。

① PVC 耐寒农用薄膜配方

PVC	100	DOP	35
DOS	8	PDOP	5
CPE	15	抗氧剂双酚 A	0.2
硬脂酸钡	1.5	环氧化四氢邻苯二甲酸酯	5
硬脂酸钙	1	硬脂酸	0.2
碳酸钙	5	抗氧剂	0.3

② 耐寒 PVC 电线电缆配方

PVC	100	DIOP	18
DOS	30	石油磺酸苯酯	18
炭黑	0.5	硬脂酸钡	1
硬脂酸铅	0.5	碳酸钙	5
抗氧剂 1010	0.3		

③ 耐寒 PVC 人造革地板配方

PVC	100	邻苯二甲酸二异辛酯 DIOP	50
DOS	30	三盐/二盐	4
碳酸钙	30	BaSt/ZnSt	1
抗氧剂 1010	0.3		

（2）无毒类 PVC 制品　对无毒要求不高时，可选 OPOP。近年来发现 DOP 及 DOA 有致癌嫌疑，建议尽可能改用 DHP、DNP 及 DIDP 代替；对无毒要求十分苛刻时，尽量选用环氧类和柠檬酸酯类增塑剂。

① PVC 无毒透明片配方

PVC	100	京锡 8831	3
环氧大豆油	3~5	MBS	3~10
润滑剂	0.2~0.4	抗氧剂	0.3

② PVC 无毒透明软管配方

PVC（卫生级）	100	柠檬酸酯类	5
CaSt	0.5	ZnSt	0.5
环氧大豆油	5	Hst	0.5
润滑剂	0.2	抗氧剂	0.3

（3）农用 PVC 制品　不选 DBP 和 DIBP，它们对农作物有毒害作用。

（4）耐高温 PVC 制品　选用耐高温增塑剂，如 TOTM 、TCP、DIDP、DNP、聚酯类及季戊四醇类等。其中以 TOTM 为最佳，耐热性可与聚合型增塑剂相媲美，但价格昂贵。季戊四醇类塑化作用较差，但价格便宜。TOTM 与季戊四醇酯混合使用，具有协同效应，可适当提高使用温度，降低成本。耐热温度大于 105℃ 的选用聚酯类增塑剂。它具有很好的耐久性，挥发性很低，耐水蚀性能好。高分子量的聚酯增塑剂比低分子量的要难加工，价格较贵。

① PVC 耐热（105℃）护层电缆料配方

PVC	100	TOTM	60
三盐	3	二盐	2
CaSt	0.6	ZnSt	0.4
碳酸钙	10	双酚 A	0.3

② 105℃ 电线电缆料基本配方

PVC	100	TOTM	15
305 酯	20	TCP	5
三盐	3	二盐	2
碳酸钙	10	抗氧剂 1010	0.3
其他	8		

（5）绝缘类 PVC 制品　应选用耐热和绝缘类增塑剂，耐热类如 TOTM、TCP 及 DPOP

等，绝缘类如 DIDP、DOTP 及 M-50 等。阻燃类 PVC 制品选用磷酸酯类增塑剂，可兼有阻燃效果。

① PVC 普通绝缘级电缆料配方

PVC	100	DOP	25
CaSt	3	DOS	15
ZnSt	2	CaCO$_3$	4
抗氧剂双酚 A	0.3	煅烧陶土	6

② PVC 普通护层级电缆料配方

PVC	100	DIDP	30
TCP	12	DOP	13
三盐	3	二盐	2
CaSt	1	CaCO$_3$	8
抗氧剂 1010	0.3		

（6）低成本 PVC 制品　选用石油酯类廉价增塑剂。

① 低成本环保 UL105 电缆料配方

PVC（SG-5）	100	TOTM	25
305 酯	15	TCP	5
三盐／二盐	5	三氧化二锑	3
煅烧陶土	10	活性碳酸钙	60
润滑剂	适量	抗氧剂 1010	0.3

② 低成本电缆料基础配方

PVC	100	DOP	38
环氧大豆油	3	碳酸钙	30
三盐	4	二盐	2
抗氧剂 1010	0.3		

③ 低成本 PVC 地板料配方

废聚氯乙烯	100	轻质碳酸钙	200～300
三盐	3	二盐	2
硬脂酸润滑剂	2	染料	适量
抗氧剂 1010	0.3		

思考题

1. 增塑剂的作用机理有哪些？
2. 列举几种可用于儿童玩具的环保增塑剂。
3. 什么是反增塑现象？
4. 增塑剂对塑料加工性能有什么影响？
5. 除了 PVC 之外，还有哪些高聚物需要使用增塑剂？
6. 如何表示增塑剂的增塑效率？不同增塑剂的用量如何换算？

第四章
润滑剂及其在塑料配方中的应用

第一节　润滑剂概述及作用机理

一、润滑剂概述

　　高分子材料在成型加工时，存在着熔融聚合物分子间的摩擦和聚合物熔体与加工设备表面间的摩擦，前者称为内摩擦，后者称为外摩擦。内摩擦使聚合物的熔融流动黏度增大，其流动性下降，严重时产生的热量导致材料过热、老化；外摩擦则使聚合物熔体与加工设备及其他接触面间产生黏附，随着温度的升高，摩擦系数显著增大。

　　为了减少这两类摩擦，改进塑料熔体的流动性，减少高分子材料在加工过程中对设备的黏附现象，保证制品表面光洁度而加入的物质称为润滑剂。

　　若材料本身具有自润滑作用，如聚乙烯、聚四氟乙烯等，加工时可不加润滑剂；而聚氯乙烯，特别是硬质聚氯乙烯、聚丙烯、聚苯乙烯、聚酰胺、ABS树脂等，则必须加入润滑剂才能很好地加工。

　　根据摩擦类型的不同，所需的润滑剂又分为内润滑剂和外润滑剂两种。

　　内润滑剂：在塑料加工前的配料中，加入与聚合物有一定相容性的润滑剂，并使其均匀地分散到材料中，能使树脂分子之间的摩擦力减小而起润滑作用。

　　外润滑有两种方法：一种是在高分子材料成型加工时，将润滑剂涂布在加工设备的表面上，让其在加工温度下熔化，并在金属表面形成"薄膜层"，将塑料熔体与加工设备隔离开，不致黏附在设备上，易于脱膜或离辊；另一种是将与聚合物相容性较小的物质在加工前配料时加入，使其分散到塑料中，在加工过程中从聚合物内部容易迁移到制品表面上，形成隔离层，起到润滑作用。

　　外润滑与内润滑是相对而言的，表4-1为常用润滑剂的内、外润滑作用比例，实际上，大多数润滑剂兼具两种作用，只是相对强弱不同。就一种润滑剂而言，其作用可能随着聚合物种类、加工设备和条件以及其他助剂的种类和用量的不同而发生变化，因此内外润滑剂并没有特别严格的划分，只是常用的分类方法。

表 4-1 常用润滑剂的内、外润滑作用比例

润滑剂品种	内润滑作用比例/%	外润滑作用比例/%
脂肪醇	100	0
脂肪酸酯	100	0
硬脂酸钙	100	0
亚乙基双硬脂酸酰胺	80	20
硬脂酸铅	50	50
褐煤酸酯	50	50
硬脂酸	20	80
轻度氧化聚乙烯蜡	20	80
未氧化聚乙烯蜡	20	80
石蜡	0	100

不管是内润滑剂还是外润滑剂,其作用机理均是:降低聚合物熔体的黏度,防止聚合物在加工过程中和加工机械的粘连,降低聚合物的加工温度,提高产品内在和外观质量,提高加工速率。因此,润滑剂是塑料加工中不可缺少的一类助剂。

一般情况下,润滑剂的分子结构中都含有长链的非极性基和极性基两部分,它们在不同聚合物中表现不同的相容性,从而显示不同的内外润滑作用。如聚乙烯蜡虽然是非极性的,但与非极性树脂的相容性好,主要起内润滑作用。

不同的应用环境对润滑剂有不同的要求,理想的润滑剂应满足如下要求:①润滑效能高且持久;②与树脂的相容性大小适中,内外润滑作用平衡,不喷霜、不易结垢;③表面张力小,黏度小;④不降低聚合物的力学性能及其他性能;⑤热稳定性和化学稳定性好,高温加工中不分解、不挥发、不与其他助剂发生反应;⑥不腐蚀设备,不污染制品,无毒。

市场上提供的润滑剂品种繁多,常用润滑剂见表 4-2。

表 4-2 常用润滑剂的种类

烃类	液体石蜡、天然石蜡、微晶石蜡、聚乙烯蜡(低分子量)、氯代烃、氟代烃
脂肪酸类	高级脂肪酸、羟基脂肪酸(醇酸)
脂肪酸酰胺类	脂肪酸酰胺、亚烷基双脂肪酸酰胺
酯类	脂肪酸低级醇酯和高级醇酯、脂肪酸多元醇酯、脂肪酸聚乙二醇酯
金属皂类	硬脂酸钙、硬脂酸镁、硬脂酸锌
复合润滑剂	石蜡烃类复合润滑剂

二、润滑剂的作用机理

关于润滑剂的作用机理比较被人们接受的是塑化机理、界面润滑机理和涂布隔离机理。

1. 内润滑——塑化机理

内润滑剂的结构及其在聚合物中的状态类似于增塑剂,所不同的是润滑剂分子中,一般碳链较长、极性较低。由于较长的碳链,内润滑剂与聚合物相容性较好,可以穿插在聚合物分子链之间,削弱分子间的吸引力,其作用机制如图 4-1 所示,以聚氯乙烯为例,润滑剂和

材料的相容性较增塑剂低很多，因而仅有少量的润滑剂分子能像增塑剂一样，穿插于聚氯乙烯分子链之间，略为削弱分子间的相互吸引力。

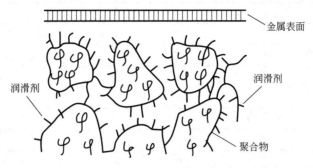

图 4-1 内润滑剂作用示意图

聚合物发生形变时，分子链间能够相互滑移和旋转，从而分子间的内摩擦减小，熔体黏度降低，流动性增加，易于塑化。但润滑剂不会过分降低聚合物的玻璃化温度 T_g 和强度等，这是与增塑剂作用的不同之处。

2. 外润滑——界面润滑机理

外润滑剂与聚合物相容性很小，润滑剂分子很容易从聚合物内部迁移至制品表面，并在界面处定向排列，在熔融聚合物和加工设备、模具间形成润滑界面，对聚合物熔体和加工设备起到隔离作用，使材料不黏附在设备上，减少两者之间的摩擦。图 4-2 为外润滑剂作用示意图。

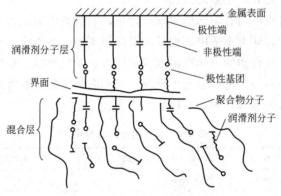

图 4-2 外润滑剂作用示意图

润滑界面膜的黏度大小会影响它在金属加工设备和聚合物上的附着力，适当大的黏度，可产生较大的附着力，形成的界面膜较好，隔离效果和润滑效率较高。

润滑界面膜的黏度和润滑效率，取决于润滑剂的熔点和加工温度。一般润滑剂的分子链愈长，两个摩擦面愈远离，润滑效果愈好，润滑效率愈高。

3. 外润滑——涂布隔离机理

对加工模具和被加工材料完全保持化学惰性的物质称为脱模剂。

将其涂布在加工设备的表面上，当聚合物成型时，脱模剂便在模具与聚合物间的表面上形成连续的薄层，达到完全隔离的目的，由此减少聚合物熔体与加工设备之间的摩擦，避免聚合物熔体对加工设备的黏附，易于脱模、离辊，提高加工效率和质量。脱模剂的作用机理如图 4-3 所示。

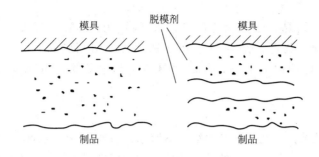

图 4-3 脱模剂的作用机理

一种好的脱模剂应满足如下要求：

① 表面张力小，易于在被隔离材料的表面均匀铺展；

② 热稳定性好，不会因温度升高而失去防粘性质；

③ 挥发性小，沸点高，不会在较高温度下因挥发而失去作用；

④ 黏度要尽可能高，涂布一次可用于多次脱模；同时在脱模后较多黏附在模具上而不是在制品上。

有机硅的表面张力小，一般二甲基硅油表面张力为 $0.20\sim0.21N/m$，沸点为 $150\sim250℃$，故它经常作为脱模剂使用，具有优良的脱模性能。

第二节　润滑剂的分类及品种

通常，润滑剂按其化学成分和结构，分为无机润滑剂和有机润滑剂。

无机润滑剂是由滑石粉、云母粉、陶土、白黏土等为主要组分配制而成的复合物，它们主要用作橡胶加工中胶片和半成品防粘用的隔离剂。

在实际生产中，广泛使用有机润滑剂，它们按化学结构可分为：脂肪酸、脂肪酸酯、脂肪酸酰胺、脂肪醇、金属皂、烃类化合物、醇类和有机硅氧烷等。

一、脂肪酸酰胺

用作润滑剂的脂肪酸酰胺主要是高级脂肪酸酰胺，大多同时具有外润滑和内润滑作用，其中硬脂酸酰胺、油酸酰胺的外润滑性质优良，多用作聚乙烯、聚丙烯、聚氯乙烯等的润滑剂和脱模剂，以及聚烯烃的爽滑剂和薄膜抗粘接剂等。亚乙基双硬脂酸酰胺和亚乙基双油酸酰胺主要起加工润滑剂作用。芥酸酰胺和油酸酰胺可以赋予 PE 和 PP 滑动性能。具有高熔点的取代酰胺能使工程热塑性塑料在加工期间具有滑动性，改善其加工性。脂肪酸酰胺具有特殊的界面润滑作用，外部润滑效果优良，特别是与其他润滑剂并用时有十分显著的协同效果，同时能改善着色剂、炭黑等的分散性。

酰胺化合物具有较好的外润滑作用，所以既是润滑剂，又是很好的抗粘接剂。此外，它还能提高塑料制品的抗静电性。酰胺类润滑剂的消耗量比酯类多，最常用的是油酸酰胺和双硬脂酸酰胺。

1. 油酸酰胺

油酸酰胺为白色结晶，熔点为 75～76℃，闪点为 210℃，着火点为 235℃，不溶于水，溶于乙醇和乙醚，无毒，作为 PE、PP、PS、ABS 等树脂的爽滑剂、抗粘接剂可改善加工性，是 PVC 良好的内润滑剂，同时还具有抗静电效果，可减少灰尘在制品表面的附着。

2. 硬脂酸酰胺

纯品为无色叶状结晶，熔点为 109℃，不溶于水，难溶于冷乙醇，溶于热乙醇、乙醚、氯仿，可用于透明产品，具有优良的外润滑效果和脱模性，无毒，与高级醇并用可改善润滑性和热稳定性，是 PVC、PS、UP 等树脂的加工润滑剂，还可作聚烯烃的爽滑剂。一般用量为 0.1%～2.0%。

爽滑剂主要用于聚乙烯（PE）或者聚丙烯（PP）的薄膜。常见的爽滑剂主要为脂肪酸酰胺，碳链的长度为 18～22 个碳。碳链可以是饱和的，也可以含有一个 C＝C 不饱和双键，如硬脂酸酰胺、油酸酰胺和芥酸酰胺。爽滑剂在高温下和聚烯烃有一定的相容性，但随着温度降低相容性大幅度下降，最终爽滑剂迁移至聚合物表面。为了减小摩擦（膜-膜之间的摩擦和薄膜-加工设备之间的摩擦）加入有机硅化合物、十八烷酰胺、油酸酰胺和芥酸酰胺等爽滑剂。爽滑剂与聚合物在常温时相容较差，会迁移到薄膜表面，这就是摩擦系数减小的原因。爽滑剂迁移到表面的速度主要受添加剂的链长度（反映与聚合物相容性）和聚合物的结晶度两个因素影响。爽滑剂中的烷基越大（例如更多的碳原子），和聚合物的相容性越好，迁移的速度就越慢。因此油酸酰胺的迁移速度比芥酸酰胺快。但芥酸酰胺比油酸酰胺的热稳定性好、抗氧化能力强，加工时生成的挥发物少。因此芥酸酰胺更适合进行高温条件下加工，加工产率高，生成的终端产品质量好。国内主要采用油酸酰胺和芥酸酰胺，成型温度较低的聚合物宜用油酸酰胺，而成型温度较高的聚合物则宜用芥酸酰胺。

3. 亚乙基双硬脂酸酰胺（EBS）

EBS 为淡黄色粉末，熔点为 140～145℃，常温下不溶于大多数溶剂，但溶于热的氯化烃类和芳香烃类溶剂，无毒，具有较好的内、外润滑作用，还具有抗静电性能，适用于 ABS、聚甲醛、聚酰胺、聚丙烯、聚苯乙烯、聚氯乙烯、加纤聚碳酸酯等。但在要求高透明性的情况下，不能使用 EBS。一般用量为 0.2%～2.0%。

TAF 是以亚乙基双硬脂酸酰胺（EBS）为基料，在催化剂的作用下与含有极性基团的反应性单体反应而形成的 BAB 型共聚物。TAF 既保持了 EBS 的润滑特性，又能与玻璃纤维、无机填料表面部分极性基团相结合。TAF 在玻璃纤维、无机填料与基体树脂之间形成了类似锚固结点，改善了玻璃纤维、无机填料与基体树脂的粘接状态，进而改善了玻璃纤维和无机填料在基体树脂中的分散性；同时，润滑剂 TAF 的润滑特性可改进复合材料的加工流动性，改善复合材料的表面粗糙度。TAF 由于具有优异的耐高温性能，越来越多地应用于耐高温工程塑料中，目前在尼龙、聚酯合金改性加工中已得到大量推广应用。TAF 用量通常在 0.5%～1%。

4. 亚乙基双油酸酰胺（EBO）

亚乙基双油酸酰胺为合成蜡，比 EBS 软，暗黑色，熔点为 114℃，以珠状料供应。它适于作 ABS、聚苯乙烯、聚氯乙烯、尼龙、乙酸纤维素、聚乙酸乙烯酯和酚醛树脂的内润滑剂和外润滑剂；特别适用于聚乙烯和聚丙烯薄膜。它与无机颜料或填料会产生较强的亲和力，使之附着于微粒表面，达到改性颜料或填料的目的，可用作颜料研磨剂和颜料分散剂，聚酰胺石蜡偶合剂可改善填充滑石的聚丙烯的相容性和热老化稳定性，可改变石蜡和树脂的相容性。本品作为脱模剂，可用于注模法中的热塑性树脂，允许用于食品容器、包装材料中。

（1）LDPE 耐穿刺牧草薄膜配方

LDPE	87%	油酸酰胺	0.3%
聚丁二烯	6%	抗氧剂	0.2%
液体石蜡	0.5%	其他助剂	1%
钛白粉（金红石型）	5%		

（2）尼龙加纤配方

PA6 或 PA66	67%	EBS	0.5%
玻璃纤维	30%	其他助剂	2%
TAF	0.5%		

（3）ABS 色母料配方

| ABS | 30%～50% | 色粉 | 35%～55% |
| 分散剂 TAS-2A | 6%～10% | 抗氧剂 | 0.3% |

二、脂肪酸酯

作为润滑剂的酯类主要是高级脂肪酸的一元醇酯和多元醇单酯，包括脂肪酸的低级醇酯、酯蜡等。酯基均具有极性，所以对 PVC 分子有很强的亲和力，和 PVC 的相容性良好，具有内润滑作用。

1. 硬脂酸丁酯（BS）

在脂肪酸的低级醇酯中，硬脂酸、软脂酸以及其他饱和脂肪酸的酯应用最广，其代表产品是硬脂酸丁酯。BS 为淡黄色液体，相对密度为 0.855～0.862，熔点为 17～22.5℃，溶于大多数有机溶剂，微溶于甘油、乙二醇和某些胺类，与乙基纤维素相容，与硝酸纤维素、乙酸丁酯纤维素、氯化橡胶等部分相容，无毒，作为树脂的内部润滑剂，具有防水性和较好的热稳定性，也可用于涂料。可作为 PVC 透明片挤出、注塑、压延的润滑剂、脱膜剂。在硬质 PVC 挤出加工中，初期润滑性好，但后期较差，若同硬脂酸并用效果更好。一般用量为 0.5%～1.0%。

2. 季戊四醇硬脂酸酯（PETS）

PETS 在高温下具有良好的热稳定性和低挥发性、良好的脱模和流动性能，特别适用于同时要求热稳定性和优异脱模性的工况。它在橡胶塑炼的过程中起塑解和润滑作用；对部分结晶的塑料有极好的成核作用，可用于透明产品；作为 PC、硬 PVC 和其他聚合物体系的外润滑剂时，典型用量为 0.1%～1%，低于大多数传统的润滑剂。

（1）硬质 PVC 注塑配方

PVC	100 份	三盐/二盐	5 份
ACR	2 份	CPE	4 份
PETS	1 份	抗氧剂 1010	0.3 份

（2）硬质 PVC 挤出配方

PVC	100 份	三盐	3.5 份
ACR	1.5 份	CPE	8 份
PETS	1 份	$CaCO_3$	25 份
TiO_2	1.5 份	PbSt	0.5 份
抗氧剂 1010	0.3 份		

（3）PC 加纤料配方

PC	80	短玻璃纤维	20
PETS	0.5	增韧剂 A	2~3
TAF	0.5	增韧剂 B	1~2
复合抗氧剂	0.3	其他	0.5

3. 酯蜡

酯蜡是指含有 C_{24} 以上的高级脂肪酸和含有 C_{26}~C_{32} 的高级脂肪醇的酯类。其主要成分是褐煤蜡、巴西棕榈蜡和石蜡等。这类润滑剂含有 1~2 个极性基，又含有两个非极性的长链烷基，所以具有内润滑和外润滑双重作用，是硬质 PVC 的高级润滑剂，由于它的耐温性高，又是许多复合润滑剂的主要原料。从褐煤蜡制得的酯蜡，有 E 蜡、EG 蜡和皂化蜡，如 O 蜡和 OP 蜡。褐煤经铬酸-硫酸氧化漂白，使树脂部分全部被破坏，得到 S 蜡和 L 蜡，它们的物化性质见表 4-3。

表 4-3 S 蜡、E 蜡和 O 蜡的物化性质

性能	S 蜡	L 蜡	E 蜡	EG 蜡	O 蜡	OP 蜡
颜色	淡黄色	暗黄色	淡黄色			
熔点/℃	80~83	80~83	79~81	72~75	102~106①	102~106①
酸值/(KOH mg/g)	142~157	127~139	14~21	18~26	10~15	10~15
酯值/(KOH mg/g)	10~30	22~37	140~156	135~153	103~120	103~120
皂化值/(KOH mg/g)	160~175	155~170	160~175	158~173	111~133	110~132
不皂化分/%	7~10	7~10	7~10	5~8	5~8	
碘值	0		0	0	0	0
相对密度(20℃)	1.01~1.02	0.99~1.00	1.01~1.02	1.01~1.02	1.03~1.04	1.03~1.04

① 为乌伯娄德（Ubbelohde）熔点，即熔点模糊，约为105℃。

E 蜡、OP 蜡之类，它们与 PVC 相容性良好，高温持续润滑性优良，是硬质 PVC 的优良润滑剂。用量一般为 0.1~0.3 份，如果用量超过 0.5 份则会影响制品的透明度。

褐煤蜡：一种含有蜡、树脂和地沥青的矿物蜡。它具有非常强的极性中心和很长的非极性碳链。其结构中在极性上与塑料相容的部分起内润滑作用，在极性上与塑料不相容的部分起外润滑和脱模的作用。同时它又能保持高度透明性，对胶化几乎没有影响。它具有低挥发性和环保性，在许多国家已获得食品法认可，主要应用在 PVC 加工中，它提供了优良的抗粘连和控制流动作用、很好的相容性。

PVC 管材配方

S-PVC（K 值为 67）	100 份	巯基乙酸丁基锡	0.6 份
石蜡	0.7 份	部分皂化的褐煤蜡	0.5 份
抗氧剂	0.3 份		

三、脂肪酸

脂肪酸类润滑剂包括饱和脂肪酸、不饱和脂肪酸和羟基脂肪酸等，最主要的还是高级饱和脂肪酸。应用最广泛的是碳原子数在 12 以上的硬脂酸。$C_{28} \sim C_{32}$ 的高级饱和脂肪酸可直接作为润滑剂使用，有良好的外润滑作用。但它们的主要作用还是进一步制取酯蜡和皂化蜡等更高级的润滑剂。

硬脂酸不仅是应用最广泛的润滑剂，而且也是生产脂肪酸衍生物类润滑剂的主要原料。作为润滑剂使用时，希望其碘值和酯值较低为好，这样不会影响塑料制品的耐候性和耐热性。硬脂酸外润滑性优越，还有防止压析的作用。一般用量为 0.2～0.3 份即可获得很好的润滑效果。硬脂酸挥发性较大，用量不宜过大，否则影响制品的透明性，也易喷霜析出；和硬脂酸丁酯等并用，可改善 PVC 的凝胶化速度。

在挤出加工中，硬脂酸、软脂酸、肉豆蔻酸、花生酸等都有中期到后期润滑效果，当初期润滑性或后期润滑性不足时，可分别与少量硬脂酸丁酯或酯蜡等并用，以改善加工性。

作为润滑剂使用的羟基脂肪酸有蓖麻油酸、羟基硬脂酸等，它们的挥发性比硬脂酸低，和 PVC 相容性好，具有内润滑作用，但热稳定性较差。

直链脂肪酸如硬脂酸 $[CH_3(CH_2)_{16}COOH]$ 和月桂酸 $[CH_3(CH_2)_{10}COOH]$ 常作为润滑剂使用，它们均为白色固体，无毒，主要由油脂水解而得；除作润滑剂外，还兼具软化剂和硫化活性剂等多种功能。其对金属导线有腐蚀作用，一般不用于电缆等塑料制品。

四、脂肪酸金属皂

金属皂既可作润滑剂使用，又可作辅助热稳定剂使用，它们包括脂肪酸钙、脂肪酸锌、脂肪酸铅、脂肪酸镉、脂肪酸钡等。

常用作润滑剂的脂肪酸金属皂主要是硬脂酸盐，包括硬脂酸钙、硬脂酸锌、硬脂酸铅和硬脂酸钠等。

硬脂酸钙是该类中最通用的一种，在透明性要求不高时，可广泛应用于硬质 PVC 的挤出、压延、注塑和吹塑等，其安全性已得到 FDA 的承认。尽管传统上硬脂酸钙归类为内润滑剂，但硬脂酸钙还起到辅助稳定剂、适度的外润滑剂、加工助剂或熔化促进剂等作用。

硬脂酸钙的用途极为广泛，它能促进制品产生高的内部剪切力，并且赋予其良好物性；具有反应性，在加工期间吸收可能形成的少量 HCl；具有外润滑剂的功能，关键取决于加工温度、适量的填料，以及特殊树脂使用的配方。

硬脂酸锌呈白色粉末状，兼具内润滑性和外润滑性，可保持透明聚氯乙烯制品的透明度和初始色泽。一般而言，锌含量越接近化学摩尔比、不饱和双键含量越低、纯度越高，分散效果越好，耐温越高。

硬脂酸钙与硬脂酸锌复合在聚乙烯、聚丙烯挤压和模塑加工中作润滑剂和脱模剂，还适用于不饱和树脂的预制整体模塑料和片状成型料。

硬脂酸钠用作高抗冲聚苯乙烯、聚丙烯和聚碳酸酯塑料的润滑剂，具有优良的耐热褪色性能，且软化点较高。

常用金属皂类润滑剂的加入量如下：PbSt, 0.2～1.0 份；LiSt, 0.6 份；CaSt, 0.2～1.5 份；ZnSt, 0.15 份；BaSt, 0.2～1.0 份。

五、脂肪醇

作为润滑剂使用的醇类，主要是含有十六个碳原子以上的饱和脂肪醇，如硬脂醇（C_{18}）和软脂醇（C_{16}）等，其润滑性随着碳链的增加而增加。

高级脂肪醇具有初期和中期润滑性，与其他润滑剂混合性良好，能改善其他润滑剂的分散性，故经常作为复合润滑剂的基本组成之一。

高级醇与聚氯乙烯相容性好，具有良好的内部润滑作用；与金属皂类、硫醇类及有机锡稳定剂并用效果良好。此外，由于高级醇类透明性好，故也作为聚苯乙烯及其他透明聚合物产品的润滑剂。

多元醇的热稳定性略次于高级醇，在硬质聚氯乙烯辊压加工时，如与其他外用润滑剂并用，也有一定的润滑效果。

PVC 卷帘窗（铅稳定）配方

PVC	100 份	三碱式亚磷酸铅	3 份
硬脂酸钙	0.5 份	二碱式硬脂酸铅	2 份
十八烷醇	0.5 份	抗氧剂	0.5 份

六、烃类

烃类润滑剂是一些分子量在 350 以上的脂肪烃，包括石蜡、天然石蜡、微晶石蜡、聚乙烯蜡、卤代烃及矿物油等。烃类润滑剂来源广泛、性能稳定、价格低廉、润滑性较好，具有内外润滑剂的特性。除了氧化聚乙烯蜡以外，其他烃类润滑剂均为非极性化合物，因此在非极性聚合物中为内润滑剂，和极性聚合物相容性较差，为外润滑剂。

1. 液体石蜡

液体石蜡也称为"白油"，其种类较多，凝固点不同的产品适用于不同用途。作为润滑剂使用的液体石蜡凝固点一般在 $-15\sim35℃$ 范围内，适于作 PVC、PS 等的内润滑剂，润滑效果较高，热稳定性好，无毒，适用于注射、挤出成型等。但它与其他聚合物的相容性差，故用量不宜过多，一般用量为 $0.3\%\sim0.5\%$，过量时会产生压析和发黏现象，反而使加工性能变差。将二烷基二硫代磷酸锌（ZDDP）等加入液体石蜡中，也可以作为聚四氟乙烯的外润滑剂。

2. 石蜡

石蜡的主要成分为直链烷烃，仅含少量支链，无毒，广泛用作各种塑料的润滑剂和脱模剂，外润滑作用强，能使制品表面具有光泽。

石蜡在硬质 PVC 挤出制品中使用最多，为了保证制品强度，推荐用量为 0.5 份/100 份物料。

石蜡的缺点是与聚氯乙烯的相容性差，热稳定性低，且易影响制品的透明度。

3. 天然石蜡

天然石蜡常温下为固体，熔点为 $57\sim63℃$，在塑化初期即可发挥润滑作用。其脱模性好，润滑效果好，但随着碳链的增加，和 PVC 相容性变差，热稳定性也较差，用量不超过 0.3 份，否则会出现润滑过剩影响树脂的透明性。天然石蜡多用作外部润滑剂，可作为多种塑料的润滑剂、脱模剂，一般用量为 $0.2\sim1phr$，用量不能过大，最好与内润滑剂并用。作为 PVC 的外润滑剂，相对于硬脂酸和聚乙烯蜡，对塑化时间和塑化转矩影响大。

4. 微晶石蜡

微晶石蜡主要由支链烃、环烷烃和一些直链烷烃组成，分子量大约为 $500\sim1000$，即为 $C_{35}\sim C_{70}$ 烷烃。其熔点比普通石蜡高，分为低熔点和高熔点两种，低熔点微晶石蜡黏度低，柔韧性好；高熔点微晶石蜡硬度较大，熔点高，分子量大。它可作为聚氯乙烯等塑料的外润滑剂，润滑效果和热稳定性优于一般石蜡，无毒，用量为 $1\sim2$phr。其缺点是凝胶速率慢，影响制品的透明性。

为了补偿初期和后期润滑性的不足，通常和硬脂酸丁酯、高级脂肪酸等并用。

5. 聚乙烯蜡

聚乙烯蜡又称为低分子量聚乙烯，分子量为 $1500\sim50000$，平均不超过 10000，或为部分氧化的低分子量聚乙烯。其特点是熔点较高，一般为 $100℃$ 以上，是很好的外部润滑剂，由于分子量较高，在高温加工条件下比石蜡有效。聚乙烯蜡热稳定性、化学稳定性和电性能都较好，熔融黏度和硬度接近石蜡。它在色母粒加工中作颜料分散剂。

聚乙烯蜡与 PVC 其他外润滑剂相比，聚乙烯蜡具有更好的内润滑效果。典型的产品是低密度的 PE 稍经氧化（酸值 $12\sim20$）的润滑剂，具有抗磨性、自修复性、可抛光性和耐用性，且无毒无腐蚀，化学性能稳定。凡分子量较低、酸值较高的氧化聚乙烯蜡，与 PVC 的相容性大，起到内润滑作用。氧化程度较浅，酸值较小的聚乙烯蜡主要起外润滑作用。

当应用于硬质 PVC 挤塑成型时，添加量为 0.3 份，注塑成型时添加量为 1 份，软质、半硬质加工时，添加量为 0.5 份。

6. 氯化石蜡

氯化石蜡由石蜡经氯化而制得。其含氯量有 42%、52% 和 70% 等多种，与 PVC 相容性好，还能起增塑、阻燃作用，但透明度差，用量在 0.3% 以下，与其他增塑剂并用效果较好。它具有低挥发性、阻燃、电绝缘性良好、价廉等优点，可作为聚氯乙烯低成本的辅助增塑剂，并具有阻燃性，广泛用于生产电缆料、地板料、软管、人造革、橡胶等制品。

按其含氯量不同主要有氯化石蜡-42、氯化石蜡-52、氯化石蜡-70 三种，氯化石蜡-42 可作为润滑油的抗凝剂及抗极压添加剂，可用作 PVC 制品的助增塑剂，用于 PVC 电缆料、地板、薄膜、塑料鞋、人造革以及橡胶制品；氯化石蜡-52 主要用于 PVC 制品，其相容性和耐热性比氯化石蜡-42 好；氯化石蜡-70 有较高的阻燃性，主要用作橡胶制品、钙塑发泡装饰板及聚烯烃等的阻燃剂。

短链氯化石蜡作为一种对生态环境构成威胁的持久性有机污染物，日益受到国际社会的关注。根据《斯德哥尔摩公约》，短链氯化石蜡将在全球范围内禁用或严格限用。因此在产品配方设计时，要充分考虑环保限制，尽量减少氯化石蜡的应用。

压延薄膜配方

S-PVC（K 值 70）	100 份	增塑剂	40 份
钡镉稳定剂	1.5 份	螯合剂（有机亚磷酸酯）	0.3 份
抗氧剂	0.3 份	聚乙烯蜡（分子量 3000）	0.2 份

七、有机硅氧烷

有机硅氧烷俗称"硅油"，是低分子量含硅聚合物，因其具有很低的表面张力、较高的沸点和对加工模具及材料的惰性，常作为脱模剂使用。

1. 聚二甲基硅氧烷

亦称为二甲基硅油或甲基硅油，为无色、无味的透明黏稠液体，不挥发，无毒，具有优良的耐高、低温性能，透光性能，电性能，防水、防潮性和化学稳定性，可在 $-50\sim200℃$ 范围内使用，广泛用作塑料等多种材料的脱模剂，特别适用于酚醛、不饱和聚酯等大规模产品的脱模。在食品工业中，常用作食品脱模剂、食品用防沫剂及水溶液消泡剂等。

2. 聚甲基苯基硅氧烷

亦称为甲基苯基硅油，为无色或微黄色透明黏稠液体，不挥发，是一种耐高、低温，黏度系数小的塑料脱模剂，具有优良的润滑性和电性能，表面张力小，耐化学腐蚀，能与矿物润滑油互溶。

八、聚四氟乙烯

聚四氟乙烯是已知固体材料中摩擦系数最低的材料，是一种适用于各种介质的通用型润滑性粉末，可快速涂抹形成干膜。聚四氟乙烯干粉润滑剂是一种低分子量（1万～10万）的树脂，又可称为聚四氟乙烯蜡。它可用作石墨、铂和其他无机润滑剂的代用品，适于作热塑性和热固性聚合物的脱模剂，承载能力优良，一般用量在 0.25% 左右。除了干粉外，聚四氟乙烯润滑脂是以具有高度化学稳定性和热安定性的氟硅合成油为基础油，聚四氟乙烯（PTFE）为稠化剂经特殊工艺调制而成的高温、长寿命氟素油脂，具有优良的抗磨润滑性和承载能力，极低的摩擦系数与蒸发损失，对金属材料具有良好的防腐蚀保护，与绝大多数塑胶和弹胶体相容，适用于要求极低摩擦系数的塑胶/塑胶、金属/塑胶及金属/橡胶接合面上的润滑和防护。

九、复合润滑剂

复合润滑剂由上述几类润滑剂相互搭配调制而成。其内润滑和外润滑作用比较平衡，且在挤出加工中初期、中期和后期润滑效果也比较平衡。

常用的复合润滑剂有以下几类：①石蜡烃类复合润滑剂；②金属皂和石蜡烃复合润滑剂；③脂肪酸酰胺与其他润滑剂复合物；④以褐煤蜡型润滑剂为主体的复合润滑剂；⑤稳定剂与润滑剂复合体系。

第三节 润滑剂性能的评价和测试

在塑料加工中，由于影响润滑作用的因素很多，如聚合物的种类、配方以及加工时的条件等，所以对润滑剂性能进行测试和进行正确的评价是较为困难的。即使在加工时润滑性能良好的润滑剂，如果它们对最终制品的性能有不良影响的话，它们仍不是优良的润滑剂。

目前对于润滑剂润滑性能的测定还没有统一规定的测试方法，由于采用的测试方法不同，同一润滑剂可能得到不同的试验结果。

另外，因为硬质PVC所耗用的润滑剂较多，所以人们在评价润滑剂性能时，往往以硬质 PVC 为中心，所得结果难免有些局限性。

一、开炼机试验

采用直径为 10～20cm 的双辊混炼机，试验时，选定辊温、辊距和转速。将适量的聚合物混合物倒入双辊机中辊塑，试验温度±1℃，直到物料牢固黏附在辊上。观察塑化物料对压辊的黏着程度、凝胶化程度、透明性、压析情况及表面平滑性等。最后将样片进行热老化试验，比较其耐热性。

此方法依赖于人的主观感觉和经验，效果好坏同操作者的熟练程度有密切关系。

二、挤出试验

挤出试验一般采用试验性挤出机进行，在试验中通过改变挤出机的转速，以测定螺杆的转矩、螺杆挤出端的压力和挤出量的变化，典型的挤出试验曲线如图 4-4 所示。

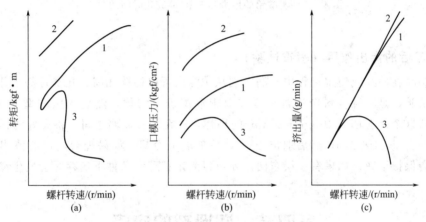

图 4-4　典型的挤出试验曲线　（1kgf·m＝9.8N·m）
1—润滑剂合适；2—润滑剂不足；3—润滑剂过量

从图 4-4 可看出，曲线 3 说明润滑过头，转矩上不去，挤出端压力降低，每分钟产品挤出量下降，对生产十分不利。

三、挤塑仪试验

1. 混炼型塑化仪试验

使用混炼型塑化仪试验时，其抗混炼力矩值随时间的变化而变化。硬脂酸铅用量和PVC 凝胶化时间的关系如图 4-5 所示。硬脂酸铅用量：1，0％；2，0.5％；3，1.0％；4，1.5％；5，2.0％。试验条件：规定温度 190℃，转速 30r/min。

由图 4-5 可以看出，随着润滑剂添加量的增加抗混炼力矩的最大值相应降低，当硬脂酸铅的添加量增加到 1.5％～2.0％时，由于润滑性过度塑化物不能包辊，到达屈服点的时间推后，塑化物凝胶化不完全。

2. 挤出型塑化仪试验

使用挤出型塑化仪进行试验时，在一定的螺杆转矩条件下，以单位时间所挤出的塑化物量的多寡来评价润滑剂润滑性的优劣。同时把单位转矩下单位时间的挤出量作为润滑剂的润

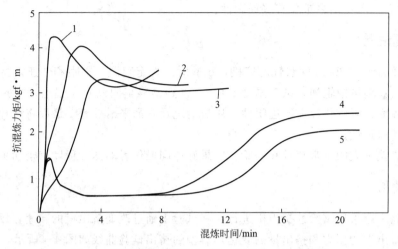

图 4-5　硬脂酸铅的用量和 PVC 凝胶化时间的关系

滑性值。

3. 加工后的渗出作用（喷霜试验）

塑料制品在储存或使用过程中，润滑剂从中渗出可以持续几周、几个月甚至几年。

喷霜试验，是将混合料像通常一样在双辊混炼机上均化，然后热压成型为 1mm 厚的片。接着从这个片上切下 40mm×20mm 的小片，放在两块玻璃之间，将夹好的样品置于烘箱中，在 90℃下加热 24h，然后取出 PVC，使玻璃板冷却。如果配合料没有渗出倾向，玻璃表面就会保持干净。如果有一层东西，就可以断定在正常条件下储存时会发生渗出。

第四节　润滑剂的应用

一、润滑剂在聚合物中的应用

1. 在 PVC 中的应用

常用的 PVC 润滑剂主要有：脂肪酸酰胺、硬脂酸钙、硬脂酸、石蜡、聚乙烯蜡、醇类、氧化聚乙烯蜡、硬脂酸甘油酯等。聚乙烯蜡适用于 PVC 等材料挤塑、压延加工，用量一般是 0.1～1 份，可提高加工效率，防止薄膜粘连，改善填料或颜料的分散性，但相容性和透明性不是很好。不规整结构低分子量聚丙烯可作为硬质 PVC、PE 的润滑剂，性能优良，能改善其他助剂的分散性，用量在 0.05～0.5phr。

润滑剂在 PVC 上的用量最大，其中又以硬质制品用量占多数，通常情况下，使用量为 1% 左右，在特殊情况下，用量高达 4%，而软质 PVC 制品一般润滑剂加入量为 0.5% 左右。因为有些增塑剂如液体甘油酯等本身就具有润滑剂的功能。

2. 在苯乙烯系聚合物中的应用

苯乙烯系聚合物主要有聚苯乙烯和 ABS，以注塑和挤出成型工艺为主，注塑工艺所需的润滑剂含量较高，挤出成型相对较低。

　　PS 类聚合物颗粒料中已包含了各种助剂，常用的内润滑剂有硬脂酸丁酯、石蜡油、液体聚丁烯；常用的外润滑剂主要为酰胺蜡、硬脂酸锌。对于有透明要求的 GPPS，添加少量的硬脂酸盐和邻苯二甲酸二辛酯就能达到润滑要求。PS 及其共聚物本身有一定润滑性，添加润滑剂量较少，一般为 0.1%～0.5%左右。

　　ABS 润滑剂的共同特征是它们与树脂间具有一定的相容性。ABS 是极性聚合物，极性较大的内润滑剂与 ABS 有较好的相容性，如亚乙基双硬脂酸酰胺、羟基硅油、聚醚硅油等；而熔融流动助剂、机油等极性较小，与 ABS 相容性较差，在体系中降低 ABS 与加工机械之间的摩擦，起外润滑作用。考虑到性价比，ABS 润滑剂通常采用硬脂酸锌和 EBS 复配，对于一些难以分散的颜料和高填充体系，可采用改性 EBS 如 TAS-2A，分子结构中的极性基团能与炭黑、无机颜料、填料和阻燃剂牢固结合，分散性和润湿能力强、熔点较低（65℃），特别适合色母、填充和阻燃改性 ABS 塑料。

3. 在聚烯烃中的应用

　　在聚烯烃塑料加工时，润滑剂的润滑作用与在 PVC 中截然相反，主要是作为聚烯烃树脂在成型加工过程中的平滑剂，防止粘辊，便于脱模，同时起到防水和分散色料的作用。常用的品种有：石蜡、硬脂酸盐类、有机硅类等。石蜡与 PE 蜡的分子结构与聚烯烃相似，极性均很弱，相容度较大，起内润滑作用。而酰胺类极性较大，与聚烯烃类相容度小，起外润滑作用。

　　聚烯烃类润滑剂一般采用硬脂酸（盐）与聚乙烯蜡（聚丙烯蜡）复配，硬脂酸和硬脂酸盐是该领域应用最为广泛的品种。PE 本身有较好的自润滑性，使用润滑剂较少。生产 PE 包装薄膜时，为了便于塑料袋开口，常添加油酸酰胺、芥酸酰胺、硬脂酸酰胺之类的润滑剂。PP 合金发展很快，在配方中必须添加润滑剂。一般使用石蜡、聚乙烯蜡等蜡类润滑剂与硬脂酸钙、硬脂酸酰胺与硬脂酸钙的复合体系来改变流动性。

　　PE 和 PP，如果使其热裂解将分子量降至 1000～2000，便成为一种优良的润滑剂。它们和塑料的相容性好，熔点又比较高。目前市场上供应的各种色母粒，其中都添加一定量的低分子量 PE 或氧化 PE、氧化 PP 作为载体。聚乙烯蜡对颜料的润滑机理是：颜料和润滑剂接触时，润滑剂吸附在颜料周围然后渐渐地渗透至颜料颗粒之间的孔隙中，削弱颜料颗粒之间的吸引力，降低破碎颜料团聚体所需的能量，使颜料容易分散细化。

4. 在工程塑料中的应用

　　一些工程塑料的流动性较低，在配方中必须添加润滑剂。与通用塑料相比，工程塑料用润滑剂的性能明显不同。工程塑料具有化学活性且对水解特别敏感性，导致它们对酸性和（或）碱性的助剂非常敏感，一般不宜用金属皂类润滑剂；较高的加工温度对助剂的稳定性要求高，必须选用高熔点的润滑剂；通常还要求添加剂具有极低的渗出或浸出性、透明性，因而不宜使用相容度小或分子量较小的润滑剂，如 PC 和 PMMA，要求润滑剂具有非常良好的相容性和界面行为，且不影响透明度，因此可供选择的润滑剂品种大大减少；工程塑料使用时环境温度一般较高，因此对其迁移性和长期稳定性有严格要求。工程塑料选择润滑剂时须考虑相容性、耐温要求、是否透明和酸碱敏感性。如聚酯可采用褐煤蜡、蜡酯、多元醇酯等，POM 可选择褐煤蜡、酰胺蜡和氧化 PE 蜡等，PC 可选择季戊四醇硬脂酸酯、氧化 PE 蜡、山梨糖醇偏酯等，PMMA 可采用硬脂酸多元醇酯。

　　用于纺丝的 PBT 和 PET 树脂，添加的润滑剂最好是聚合型的，如添加对苯双硬脂酸酰胺，在 PBT 或 PET 树脂聚合后期加入，以减少润滑剂在高温下被破坏。改进聚酰胺纺丝流动性，常添加癸二酸二辛酯等，其用量一般为 0.1％左右。PC 由于有较高的熔体黏度，加工时需要加入内润滑剂，以降低分子间摩擦力，否则容易出现抽粒不顺的现象，除此之外，在填充增强配方中往往需要加入外润滑剂。另外，PC 加工温度较高，对于润滑剂的耐热性有较高要求。用于 PC 的润滑剂有 PETS、硬脂酸十八烷酯、硬脂酸钙等，添加量为 0.1％～1.2％。用于聚甲醛塑料的润滑剂有酰胺蜡等，用量约为 0.5％。

对于玻璃纤维增强的工程塑料，防止玻璃纤维外露是获得表面光滑、外观优良制件的关键。可选择 TAF（改性 EBS）、高分子量有机硅润滑剂（如 E525）、酯类润滑剂（如 Loxiol G32）等来减少玻璃纤维外露，提高制品表面光滑度。Loxiol G32 是一种优秀的润滑剂和脱模剂，与纯外润滑剂相比，敏感性较低，在玻璃纤维增强的改性塑料中有非常好的应用，能有效提高塑料的加工流动性、改善高玻璃纤维的分散性、防止玻璃纤维外露，使制品具有更佳的表面柔滑性与表面粗糙度。

二、润滑剂的选用原则

1. 按 PVC 的加工方法选用

压延成型：目的为防止粘辊和降低熔体黏度。润滑剂以内、外润滑剂配合使用，以金属皂类为主，并配以硬脂酸。

挤出、注塑成型：目的为降低黏度、提高流动性、易于脱模。润滑剂以内润滑剂为主，以酯、蜡配合使用。

模压、层压成型：以外润滑剂为主，常用蜡类润滑剂。

糊制品的搪塑成型：润滑剂用量少，以内润滑剂为主，常用液体类。

2. 按 PVC 制品不同选用

① 软制品。因含有大量增塑剂，本身具有一定的润滑性，所以润滑剂用量小。

在透明膜配方中，选用金属皂类和液体复合稳定剂，配合硬脂酸为润滑剂。

在吹膜配方中，为防止粘连，可选用硬脂酸单甘油酯为润滑剂。

在电缆料配方中，如有填料加入，可选用高熔点蜡（0.3～0.5 份）为润滑剂。

② 硬制品。因增塑剂的加入量小，需加大润滑剂的用量。

对无毒透明制品如吹塑瓶、透明片等，常用 OP 蜡及 E 蜡等，加入量为 0.3～0.5 份；也可与 0.5 份硬脂酸正丁酯、0.5 份硬脂酸正丁酯或 0.5 份硬脂酸配合使用。

对不透明制品如板材、管材等，常将金属皂类、石蜡、硬脂酸并用，其中金属皂 1～2 份、石蜡和硬脂酸为 0.3～0.5 份。

3. 按 PVC 中共混树脂品种选用

在 PVC 中加入 ABS、CPE、ACR、MBS 等抗冲击改性剂的配方，由于共混树脂与润滑剂的相容性大，应增加其加入量。

为改善 PVC 制品的光泽，常加入氯乙烯-乙酸乙烯酯共聚物，也需要增加润滑剂的加入量。

例如，在 PVC 透明板材配方中，是否加入 MBS，配方中润滑剂的品种和加入量都不同。

物料	1#	2#
PVC（主料）	100	100
MBS（增韧剂）	—	10
有机锡（热稳定剂）	3.5	3.5
硬脂酸丁酯（内润滑剂）	0.5	0.7
高级脂肪酸（润滑剂）	0.2	0.3
硬脂酸（润滑剂）	0.2	0.3
脂肪酸酰胺（润滑剂）	—	0.5
OP 蜡（外润滑剂）	—	0.2

配方 2# 中因含有 MBS（MBS 分子量大，作为增韧剂），润滑剂的加入量增加了 1.1 份。

4. 润滑剂的并用

在一个具体 PVC 加工配方中，一般不单用一种润滑剂，而是内、外润滑剂兼用，并且内、外润滑剂也选用几个品种复合使用。在 PVC 异型材配方中，大多采用复配方式。常用润滑剂配合体系有：硬脂酸钙-石蜡（聚乙烯蜡）润滑体系、硬脂酸-石蜡（聚乙烯蜡）润滑体系、氧化聚乙烯蜡-酯类-硬脂酸钙、脂肪酸酰胺与其他润滑剂复合物、热稳定剂与润滑剂复合物等。

三、润滑剂与其他助剂的关系

（1）与稳定剂的关系　PVC 配方中加入的稳定剂大都具有一定的润滑性，不同热稳定剂的润滑性大小如下：金属皂类＞液体金属复合皂类＞稀土类＞有机锑类＞铅盐类＞月桂酸锡＞马来酸锡≈硫醇锡。

在 PVC 配方中加入润滑性好的热稳定剂，可适当减少润滑剂的用量。

（2）加工助剂的影响　加工助剂大都兼有外润滑功能，可适当减少润滑剂的用量。配方中含有大量非润滑填料时，应增加内外润滑剂的用量。

四、润滑剂的加入量

各种润滑剂大体上总用量在 0.5% 左右。用量太少，作用不明显；用量太多，则会出现螺杆打滑、挤出困难、喷霜起雾和起皮分层等问题。

根据加工方法的不同，润滑剂的加入量也会有所不同。一般来说，压延成型，内润滑剂加入量为 0.3~0.8 份，外润滑剂加入量为 0.2~0.8 份；注射、挤出成型，内润滑剂加入量为 0.5~1.0 份，外润滑剂加入量为 0.2~0.4 份。

思考题

1. 内外润滑与内外增塑有何差别？
2. 润滑剂如何与热稳定剂搭配？
3. 润滑剂在软、硬和有填料的情况下，用量顺序如何？
4. 润滑剂用量对塑料成型加工有什么影响？
5. 高温润滑剂有哪些？

第五章
塑料耐环境性能的助剂及其在塑料配方中的应用

第一节 概 述

一、塑料老化

塑料老化是指塑料暴露于自然或人工环境条件下其性能随时间延长而逐渐变差的现象。由于塑料材料品种繁多，储存和使用条件又不相同，因此它们的老化现象也有所差异。归纳起来主要有以下四个方面：

（1）外观变化　如变色、变暗、变硬、变脆、龟裂变形、变黏；出现斑点、皱纹、气泡、粉化、喷雾、喷霜、翘曲；分层脱落（如起皮、起鳞、起毛等）。

（2）物理化学性能变化　如密度、T_g、T_m、折射率、透光率、溶解度、熔体流动速率等发生变化。

（3）力学性能变化　如拉伸强度、伸长率、弯曲强度、冲击强度、疲劳寿命、硬度、耐磨性等性能通常均会变差，对结构材料及制品尤其需要重视。

（4）电性能变化　如体积电阻率、表面电阻率、介电常数、击穿电压等性能发生变化。这些性能对于电器和绝缘用的塑料制品尤其重要。

老化是高分子材料普遍存在的现象。由于塑料材料的化学组成、分子结构、配方、加工条件、使用环境等不同，老化的快慢和程度也不尽相同。

二、塑料老化的影响因素

影响塑料老化的因素有内因和外因两个方面，其中内因起决定性作用。内因主要指聚合物分子结构上的薄弱环节，外因是指外部环境条件，如温度、湿度、光线、氧气浓度、酸碱性等。由于聚合物结构上不同程度地存在着某些薄弱环节，而它们往往最先受到外在因素的作用而引起老化。

如聚合物中，PTFE 的化学稳定性和耐老化性能最优异。其原因是 PTFE 中的 C—F 键非常牢固，其他原子或基团很难取代氟原子；同时，相对较弱的 C—C 键也受到了 C—F 的屏蔽作用而难以受到外界因素的影响。

PE 与 PTFE 结构相似，但 PE 却易老化。除了 C—H 键比 C—F 键弱外，PE 分子链上还有较多支链，支链处的碳原子为叔碳原子，较活泼，易老化。另外，PE 分子链中还含有 C=C 及氧化结构，如羰基（C=O），因此易受外因作用而引起老化。PP 含有的叔碳原子更多，耐老化性能更差，PP 薄膜在烈日下暴晒数日后，力学性能急剧下降。

聚合物的化学结构对老化性能的影响主要包括如下几个方面：

（1）化学键能　化学键能越大，分子键断裂越难，抗老化性越强。常见化学键能的大小顺序为：C—F>O—H>C—H>Si—O>C—O=S—H>N—H>C—C>C—Cl>P—H>Si—H>Si—C>C—N>C—Br>C—S>O—O>N—N。

（2）分支结构　分支结构增加叔碳原子的含量，较活泼的叔碳原子更易老化。支化程度越高，叔碳原子越多，耐老化性越差。季碳原子的活性更高，耐老化性更差，如聚乙烯、聚丙烯和聚异丁烯的耐老化性依次递减。

（3）双键　不饱和键比饱和键具有更高的活性。聚合物中存在双键，其耐老化性不好，如 ABS。

（4）反应官能团　聚合物中存在反应官能团，如羧基、羟基，其耐老化性降低。

（5）空间位阻效应　活性氢原子周围空间位阻越大，抗老化性越好。如聚苯乙烯的耐老化性优于聚丙烯。

（6）杂质　聚合物中的杂质包括引发剂和催化剂残留物、剩余单体和重金属杂质（如铜、铁、钛、钴和锰等），会促进老化降解反应。尤其在电线电缆行业，为防止铜芯对电线电缆绝缘材料的影响，通常在聚合物中添加金属离子钝化剂（即抗铜剂）。

其他因素主要有以下三个方面：

（1）温度　聚合物的热氧降解是一个化学反应过程，温度有直接且显著的影响。例如，在 120～150℃温度范围内，温度每升高 10℃，聚丙烯的寿命相应缩短约 60%。

（2）紫外光　光氧老化是高分子材料老化的主要外界因素。如聚丙烯在户外的老化程度要远高于室内的老化程度。

（3）材料厚度　以聚丙烯为例，当厚度大于 1mm 时，厚度每增加 1mm，热老化寿命延长约 30%；当厚度小于 60μm 时，则热老化寿命与厚度无关。

不同聚合物的老化特点不同，如 PE、PP、PS、POM、ABS、PVC 的耐光氧化性和耐氧化老化性不好，PA66、PET、PAN、PVA、PC、PU 的耐水解性差，ABS 及橡胶类耐臭氧性差。因此在塑料抗老化配方设计时需选取合适的抗老化剂，降低塑料的老化性。

实际上，聚合物化学结构只是引起老化的前提，外因是引起塑料老化的重要条件，包括物理因素、化学因素和生物因素。物理因素包括光、热、电、高能辐射和机械应力等，其中光和热是最主要的因素。化学因素包括氧、臭氧、水、酸、碱、盐及腐蚀性气体（如 NH_3、HCl、SO_2）等，其中氧是主要因素。生物因素包括微生物（主要是霉菌）、昆虫、海洋生物等。

总而言之，聚合物老化性能的优劣主要取决于聚合物本身的化学结构，而在特定条件下，外界因素又会对聚合物的老化产生极其重要的影响。

三、稳定化助剂

如上所述，聚合物的老化是由内因和外因两方面共同作用的结果，防老化的途径相应有两个方面：一是通过改进聚合工艺，或对聚合物结构进行改性，以消除或尽量减少分子结构中的薄弱环节，甚至施加物理防护，隔绝外界因素对聚合物的作用；二是添加稳定化助剂。从塑料加工业的角度来看，添加稳定化助剂操作简便，效果显著，因此应用更加广泛。

稳定化助剂是一类加入聚合物中可延缓聚合物老化的化合物。一般有热稳定剂、抗氧剂、光稳定剂和防生物试剂（防霉剂、抗菌剂、防鼠剂等）。本章主要介绍抗氧剂、光稳定剂和微生物抑制剂。

第二节　抗氧剂

塑料的氧老化是指在有氧存在时，聚合物分子链发生的自动氧化反应。大多数聚合物与空气接触时的热降解实际上是热氧降解。例如，高压聚乙烯在空气中即使在室温下也会发生明显的降解，100℃时降解已非常严重，但在无氧条件下要加热至 290℃ 以上才发生降解。聚合物的热氧老化性能可以通过热失重实验进行评估。

事实上，聚合物在氧化过程中能产生一些自由基与过氧化物，如 R·、ROO· 与 ROOH，还能发生分解、交联等各种类型的反应，其中分解反应最为突出。聚合物热氧降解反应主要是由氢过氧化物受热产生自由基而引发的链式自由基反应。

一、抗氧剂的作用机理

根据热氧老化机理，如需提高塑料材料的抗氧化能力，就必须阻止自动氧化链式反应的进行，即防止自由基的产生或阻止自由基的传递，这就是塑料抗氧剂的基本作用机理。因此可将抗氧剂分为两大类。

(1) 链终止型抗氧剂　终止氧化过程中的自由基，也称为主抗氧剂。

主抗氧剂能够与自由基 R·、ROO· 反应，捕获活性自由基，使其转化为氢过氧化物 (ROOH)，中断活性链的增长，消除聚合物在高温、热、光条件下产生的自由基，达到保护聚合物的目的。主抗氧剂主要有如下三类：

① 氢的给予体。仲芳胺类和受阻酚类抗氧剂含有—OH、＝NH 基团，可向自由基提供氢原子，使活性自由基生成稳定自由基或氢过氧化物。

② 自由基捕获剂。苯醌类抗氧剂可与自由基反应，生成稳定的自由基。

③ 电子给予体。叔胺类抗氧剂可向活性自由基提供电子，使其成为低活性负离子，终止自动氧化反应。

主抗氧剂可单独使用，但与辅助抗氧剂一起使用效果更好。

(2) 辅助抗氧剂　能够阻止或延缓氧化老化过程中产生自由基，主要分解氢过氧化物和钝化金属离子。亚磷酸酯类和有机硫化物等辅助抗氧剂都属于氢过氧化物分解剂。

辅助抗氧剂不可单独使用，只能与主抗氧剂一起使用才有抗氧效果，常用主、辅抗氧剂的配比为 1:1～1:4。

按化学结构不同，抗氧剂可分为胺类、酚类、亚磷酸酯类、硫代酯类、螯合剂类五大类。胺类抗氧剂因为容易产生变色污染，主要用于橡胶制品，较少用于塑料。

二、塑料常用抗氧剂

在塑料工业中，抗氧剂有受阻酚类、胺类和辅助抗氧剂，其中以受阻酚类为主。

1. 酚类抗氧剂

酚类抗氧剂是发现最早、应用领域最广的抗氧剂类型之一。尽管酚类的抗氧能力不及胺类抗氧剂，但它们具有优异的不变色性和无污染性，且一般为低毒或无毒产品。

大多数酚类抗氧剂具有受阻酚的化学结构，它包括烷基单酚、烷基多酚和硫代双酚等类型。其关键结构式如下：

式中，R 为—CH$_3$、—CH$_2$—、—S—；X 为叔丁基（简写为 Bu-t）。

① 烷基单酚。由于分子量较小，分子中只含有一个受阻酚单元，因此耐挥发性和耐抽出性一般，抗老化能力弱，只能用于要求不高的制品中。

抗氧剂 264 是各项性能优良的通用型抗氧剂，不变色，无污染，可用于 PE、PVC、PP、PS、ABS 及聚酯塑料中，尤其适用于白色或浅色制品，用量一般小于 1%。但其分子量低，挥发性大，不适合用于加工或使用温度高的塑料中。可通过引入其他基团来增加分子量，如抗氧剂 1076。

抗氧剂 264　　　　　　　　抗氧剂 1076

② 烷基多酚。分子内有两个或两个以上受阻酚单元，分子量增加，耐挥发性较优，而且受阻酚在整个分子中所占的比例较大，抗氧效能优异，许多品种的抗氧效能甚至略高于某些胺类抗氧剂。例如抗氧剂 2246，其分子量大，挥发性小，无污染，可用于浅色或彩色制品，用量一般低于 1%。如将抗氧剂 2246 中的甲基换成乙基，即为抗氧剂 425，污染性更小。

2,2′-亚甲基双(4-甲基-6-叔丁基苯酚)(抗氧剂 2246)

抗氧剂 CA 为三元酚抗氧剂，熔点在 185℃ 以上。长期以来，它一直用作塑料抗氧剂在，PP、PE、PVC、ABS 的加工和制品中具有良好的稳定作用，用量一般在 0.2% ～ 0.5%。它与 DLTP 以 1:1 并用，可产生协同效应。

抗氧剂 330 是一种三元酚抗氧剂，高效，无污染，分子量高，挥发性低，加工稳定，无毒，可用于食品包装制品。该产品广泛用于 HDPE、PP、PS、POM 及合成橡胶制品中，用量一般为 0.1% ～ 0.5%。

抗氧剂 1010 是一种性能优良的四元酚抗氧剂，其分子量高，挥发性很低，而且不易迁移，耐萃取，热稳定性高，持效性长，不着色，无污染，无毒，是目前抗氧剂的优秀品种之一，与抗氧剂 DLTP、168 并用有协同效应。它广泛应用于聚烯烃树脂中，一般用量为 0.1% ～ 0.5%。其结构式如下：

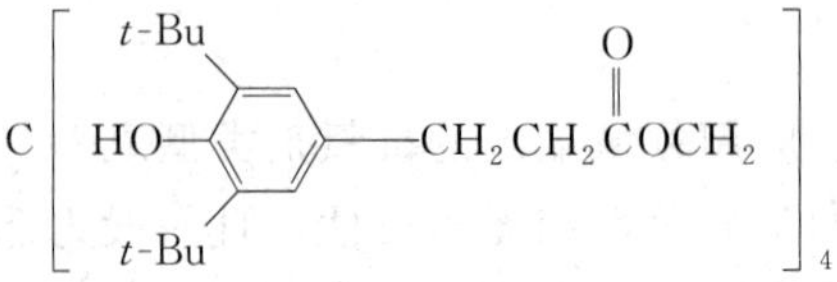

四[β-(3,5-二叔丁基-4-羟基苯基)丙酸酯]季戊四醇酯(抗氧剂 1010)

③ 硫代双酚。它具有不变色、无污染的优点，抗氧性能类似于烷基双酚。但它还具有分解过氧化物的功效，抗氧效率更高。该产品与紫外线吸收剂（如炭黑）有良好的协同效应，广泛地用于橡胶、乳胶及塑料工业中。典型产品有 4,4′-硫代双（6-叔丁基-3-甲基苯酚）（抗氧剂 300）和 2,2′-硫代双（6-叔丁基-4-甲基苯酚）（抗氧剂 2246-S）。

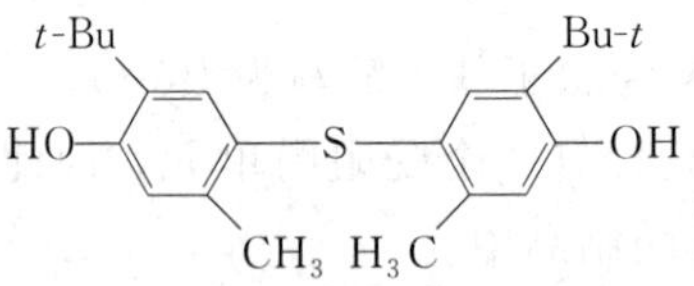

抗氧剂 300 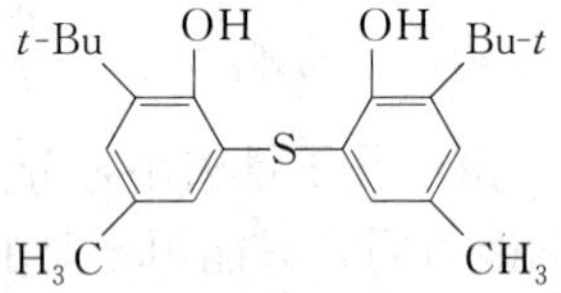   抗氧剂 2246-S

抗氧剂 300：熔点在 160℃以上，耐热性优良，不变色，污染性低，适用于聚烯烃、聚酯、聚苯乙烯、ABS 树脂和聚氯乙烯等，适用于白色、艳色或透明制品，特别是作为聚乙烯电缆电线材料的抗氧剂作用效果尤为突出，用量一般为 0.5%～1%。

抗氧剂 2246-S：纯品为白色粉末，可燃，对制品无污染、无毒、不着色，是酚类抗氧剂中较优良的品种之一。用于聚烯烃制品，用量为 1.5%～2%。

2. 胺类抗氧剂

胺类抗氧剂对氧、臭氧的防护作用很好，对热、光、铜害的防护作用也很突出。但它具有较强的变色性和污染性，在塑料中应用较少，主要用于橡胶制品，如电线、电缆、机械零件等黑色或深色制品。该类抗氧剂在橡胶工业中称为防老剂，常用的品种有防老剂 A、防老剂 D、防老剂 H 等。

3. 辅助抗氧剂

① 硫代酯。主要有两个品种，抗氧剂 DLTP 和 DSTP（硫代二丙酸双十八酯）。其结构式如下：

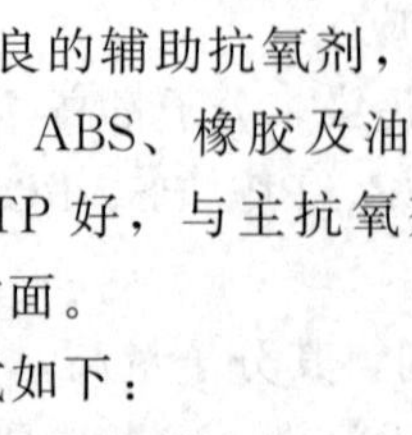

DLTP 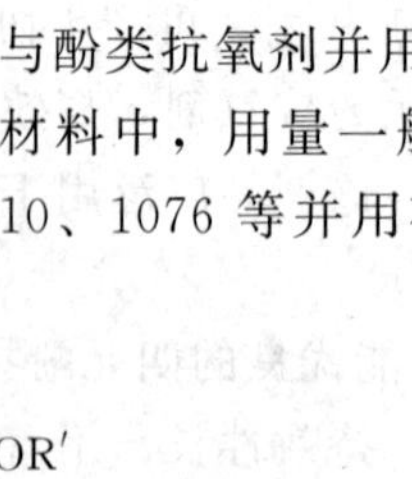   DSTP

上述两种硫代酯是优良的辅助抗氧剂，都可与酚类抗氧剂并用，产生协同效应。抗氧剂 DLTP 广泛用于 PP、PE、ABS、橡胶及油脂等材料中，用量一般有 0.1%～1%。抗氧剂 DSTP 的抗氧效果较 DLTP 好，与主抗氧剂 1010、1076 等并用有协同效应，可用于 PP、PE、合成橡胶与油脂等方面。

② 亚磷酸酯。其通式如下：

式中，R、R′、R″为相同或不同的烷基或芳基。

亚磷酸酯类辅助抗氧剂可与酚类主抗氧剂并用，具有良好的协同效应。该类抗氧剂在 PVC 中还是常用的辅助热稳定剂。

抗氧剂 TNPP［亚磷酸三（壬基苯基酯）］：微具酚味的清澈液体，无污染，不变色，是目前世界各国准许用于食品包装的唯一无毒的亚磷酸酯抗氧剂，常与酚类抗氧剂并用。在塑料工业中，可用于 HIPS、PVC、PUR 等材料中，用量一般为 0.1%～0.3%。

抗氧剂 168：外观为白色流动性粉末，挥发性小，有较高的耐热性和抗萃取性，是国内主要采用的辅助抗氧剂品种，通常与受阻酚类主抗氧剂并用，用量为 0.1%～0.15%。

③ 金属离子钝化剂。作用在于防止重金属离子对聚合物的氧化催化作用，又称为金属钝化剂、金属螯合剂，也曾称为铜抑制剂，主要防止 Cu、Fe、Ni、Co、Ti、Cr 等对高分子材料的催化作用。

最早使用的金属离子钝化剂是 N,N'-二苯基草酰胺及其衍生物，目前在工业上仍在大量使用，如 N-亚水杨基-N'-水杨酰肼。该产品为淡黄色粉末，熔点为 281～283℃，常用作聚烯烃的铜抑制剂，用量一般为 0.1%～1%。另一个常用品种是 N,N'-二乙酰基己二酰基二酰肼，白色粉末，熔点为 252～257℃，常与酚类抗氧剂或过氧化物分解剂（如 DLTP、亚磷酸酯）并用，用量一般为 0.3%～0.5%。

4. 天然抗氧剂

天然抗氧剂主要是指水果和蔬菜中所含的抗氧剂。维生素 E 是天然的酚类抗氧剂，主要成分为 α-生育酚（ATP），是唯一的绿色抗氧剂。维生素 E 不仅有较高的抗氧活性，而且可以消除或降低塑料包装材料内的异味，因此塑料包装业特别是食品和医药的生产厂商对此表现出极大的兴趣，可用于水瓶、牛奶瓶、酸奶酪杯等聚合物包装材料。瑞士蒂伯专用化学品公司已制成可用于 LDPE 和 HDPE 包装材料的两种固态维生素 E 制品——IRGA NOX E217 和 E218。维生素 E 不会浸透到被包装食品中，是全世界公认的可接触食品的安全助剂，能延长制品的货架期。

三、抗氧剂的配合效应

1. 协同效应

当两个链终止型抗氧剂如受阻酚类并用时，高活性的抗氧剂给出氢原子后，使自由基失去活性；而低活性的抗氧剂又可以为高活性的抗氧剂供给氢原子，使它再生，从而长期发挥效力，抗氧效果更好。不同空间阻碍的抗氧剂并用时，还能抑制自由基的传递作用。例如高活性受阻酚终止过氧自由基（ROO·）后，产生的芳氧自由基容易引发高分子产生氧化老化。而低活性的受阻酚能使芳氧自由基再生成高活性的受阻酚，因而避免了芳氧自由基和高分子作用而引起的链传递作用。

受阻酚与氢过氧化物分解剂并用时，一方面可使主抗氧剂再生，另一方面又可分解氢过氧化物，协同作用较强，是目前塑料抗氧剂中常采用的"黄金搭档"，例如抗氧剂 1010 与抗氧剂 168 的并用。同一分子中具有两种或两种以上不同稳定机理而表现出的协同反应，称为自协同效应。例如抗氧剂 300 和抗氧剂 2246-S，同时具有主辅抗氧剂的作用。

此外，主抗氧剂与紫外线吸收剂、金属离子钝化剂也可能产生协同效应。

复合稳定剂的主抗氧剂为酚类抗氧剂，如抗氧剂 1010、抗氧剂 1076、抗氧剂 264 等，副抗氧剂为亚磷酸酯、抗氧剂168，市场上的主流复合抗氧剂品种多为进口产品，如瑞士汽巴和美国 GE 公司的产品。表 5-1 是瑞士汽巴抗氧剂的成分配比，抗氧剂 PKB-215 比单一组分更有效地抑制聚合物的热降解和氧降解，具有较好的加工稳定性和长效稳定的综合效果。PKB-900 具有优秀的热加工稳定性，同时还有长效稳定性。

表 5-1 瑞士汽巴抗氧剂成分配比（质量比）

牌号	PKB-225	PKB-215	PKB-220	PKB-900	PKB-311	PKB-921	PKB-1171
1010	1	1	1	1			
1330					1	1	
1076						1	
1098							
3114							1
168	1	2	3	4	1	2	1

2. 对抗效应

两种助剂并用时，相互削弱各自的有益效果，就产生了对抗效应。例如胺类或阻酚类抗氧剂对聚乙烯塑料是有效的主抗氧剂，炭黑也是十分有效的防老剂，但当胺类或受阻酚类抗氧剂添加到含炭黑的聚乙烯中时，两者不仅没有协同作用，反而比原来各自的稳定效果更差，即产生了对抗效应。

这种对抗效应不仅与抗氧剂的种类有关，而且与树脂品种也有关。如在 ABS 塑料中并用炭黑与受阻酚时，不仅没有对抗作用，反而表现出较大的增效作用。

3. 强化氧化效应

当聚合物体系中抗氧剂浓度超过一定值后，抗氧剂直接与分子氧反应的机会增加了，抗氧剂分子易形成新的自由基而产生强化氧化效应。因此一般抗氧剂使用量有一临界浓度即最佳使用浓度范围，否则用量太多反而产生强化氧化效应，从而加速高分子的老化。

四、抗氧剂的应用原则

（1）抗氧剂的性质　变色及污染性是选择抗氧剂时首要考虑的问题。胺类抗氧剂容易氧化变色，具有较强的变色性和污染性，因此塑料制品一般不选择胺类抗氧剂。挥发是抗氧剂从塑料中损失的主要形式之一，分子量的提高有利于降低抗氧剂的挥发、抽出和迁移损失，但并非分子量越大越好，因氧化主要发生在制品表面，当表面抗氧剂消耗完之后，制品内部抗氧剂需要及时迁移到表面发挥效能，因此抗氧剂的分子量控制在 1500 以下较为合适。

（2）工艺环境因素　对于含有不饱和基团或带支链多的塑料品种，因其易被氧化，故应选用抗氧效能高的抗氧剂；加工温度高的塑料品种需耐高温的抗氧剂；使用温度高、力学强度要求高、光照强度大的塑料制品则应选用高效和兼具光稳定作用的品种；在聚合物合成过程中加入的抗氧剂，优先选用液体抗氧剂和易乳化的抗氧剂；在食品相关的制品中，应选择天然的或无毒抗氧剂。

（3）抗氧剂的配合　在实际生产中，受阻酚类主抗氧剂经常与分解氢过氧化物类辅助抗氧剂配合使用，尽量利用协同效应。

（4）抗氧剂的用量　大多数抗氧剂都有一个最适宜的浓度范围（一般为 0.5%～1%），超过此范围，则可能产生强氧化效应。

五、抗氧剂应用配方举例

1. PE 抗氧化配方设计

PE 的抗氧化性比 PP 要好，抗氧剂加入量为 0.2%～0.5%。主抗氧剂有抗氧剂 1010、抗氧剂 CA、抗氧剂 1076 和抗氧剂 264 等，辅助抗氧剂为亚磷酸酯类或者含硫化合物。

（1）LDPE 黑色制品配方

LDPE	100	防老剂 H	0.5
炭黑	1.5	光稳定剂 UV-327	0.3

（2）LDPE 蔬菜大棚膜配方

LDPE	100	抗氧剂 2246	0.2
UV-327	0.2	抗氧剂 CA	0.1
UV-9	0.2	抗氧剂 DLTP	0.2

（3）PE 电缆护套料配方

HDPE	60	EVA（VA 含量 14%～18%）	10
LDPE	30	抗氧剂 1010	0.3
填料	2.5	抗氧剂 DLTP	0.2
硬脂酸钙	0.1	防蚁剂	0.8

2. PP 抗氧化配方设计

PP 的稳定性较差，且其加工温度较高，因此抗热氧老化十分重要。酚类抗氧剂与亚磷酸酯或膦酸酯并用的办法在聚丙烯的加工稳定处理中是极为重要的。而对于加工稳定性要求不太高时，只需单独使用高分子量的酚类稳定剂即可。

聚丙烯的长效热稳定剂主要有中、高分子量的酚类化合物，并常与硫醚类化合物并用。

（1）PP 防老化薄膜配方

PP	100	抗氧剂 1010	0.2
光稳定剂 770	0.1	抗氧剂 DSTP	0.3
紫外线吸收剂 BAD	0.1	紫外线吸收剂 UV-327	0.15

（2）空调室外机用耐候 PP

共聚 PP	67%	POE（8401）	15%
滑石粉	15%	钛白粉	2%
UV-327	0.3%	受阻胺类光稳定剂	0.2%
抗氧剂 1010/168	0.3%		

相关性能：500h 光老化后冲击强度保持率为 100%。

3. ABS 抗氧化配方设计

ABS 含有双键，对氧化作用敏感，耐候性差，易受波长在 350nm 以下的紫外线影响。常推荐含金属的化合物与酚类、胺类或亚磷酸酯类抗氧剂并用的稳定体系。含金属的化合物可用第Ⅱ族金属（Zn、Ca、Mg、Cd 等）的脂族卤氧酸盐或硫化物（如 ZnS），还可用烷基硫醇加苯乙烯化苯酚和亚磷酸酯组成的并用体系、亚磷酸酯加含硫化合物组成的并用体系，以及亚磷酸的金属（锂、钠、钾、钙、镁）盐。耐热 ABS 制品，可添加季戊四醇衍生物加亚磷酸酯的并用体系。为使 ABS 的颜色稳定，可添加碱金属的磷酸盐。

在 ABS 中加入抗氧剂和紫外线吸收剂后，耐老化性能显著提高，当添加的抗氧剂和紫外线吸收剂种类不同时，ABS 耐老化性能提高程度不同。在抗氧剂 1010、抗氧剂 2246 和抗氧剂 1076 中，抗氧剂 1076 熔点（50～55℃）最低，且与 ABS 有良好的相容性，是 ABS 热氧老化配方中不可缺少的组分。室外产品在加入抗氧剂的同时需要注意搭配光稳定剂，紫外线吸收剂 UV-327 的效果比 UV-531 好，也可以搭配使用。

（1）ABS 室外产品配方

ABS	100	光屏蔽剂炭黑	3
抗氧剂 1076	0.4	紫外线吸收剂 UV-327	0.3
抗氧剂 168	0.3	紫外线吸收剂 UV-531	0.1

（2）ABS 热养老化配方

ABS	100	抗氧剂 DSTP	0.3
抗氧剂 1076	0.5	紫外线吸收剂 UV-327	0.3

4. 聚碳酸酯抗氧化配方设计

聚碳酸酯热氧化结果主要表现为泛黄，透明的聚碳酸酯产品稍有泛黄即能明显看出。因此，聚碳酸酯的抗色污稳定处理非常重要。由于 PC 的加工温度较高，对抗氧化剂的耐热性和挥发性要求较高。

亚磷酸酯和膦酸酯类抗氧剂可防止 PC 泛黄，如高温抗氧剂 618（双十八烷基季戊四醇二亚磷酸酯），用量一般为 0.05%～0.15%。但对于 PC 的长期热稳定化处理，有效的抗氧剂是受阻酚类化合物，如美国氰特公司的抗氧剂 1790、抗氧剂 3114，德国科莱恩公司的抗氧剂 PEP-Q，美国 DOVER 化学的抗氧剂 9228 等，配合使用可满足高温加工的需求。除了单纯的高温抗氧剂外，抗黄化聚碳酸酯还要复合紫外线稳定剂以增加其耐色变性能。

六、抗氧剂的发展趋势

国外抗氧剂的主要生产厂家有汽巴精化公司（Irgafos 1010、1098、565、168 和 Ultranox 626）、GE 塑料公司（Ultranox 815A、817A、626）、古德里奇公司（3125）、住友化学工业公司（Irgafos 168）等，汽巴精化公司是世界上最大的抗氧剂生产商，占全球市场 30% 份额。随着塑料产能和产量的不断增长，我国抗氧剂的生产和消费得以快速增加，主要以受阻酚类为主，值得注意的是含氮杂环多酚类高熔点抗氧剂呈现快速增长势头。随着各种新型功能性塑料的不断开发，抗氧剂朝着专用化、永久化、颗粒化、复合化、高温化和绿色化方向发展。

（1）专用化　专用化抗氧剂针对某种塑料品种特定的结构特点，抗氧化性更高、更全面。

（2）永久化　抗氧剂除了因挥发而消耗外，在制品使用的过程中还会发生迁移或被溶剂萃取出，未来抗氧剂发展的方向之一是永久型抗氧剂，即反应型抗氧剂，它能与单体一起聚合，成为聚合物的一部分，克服挥发、抽出、迁移等缺陷。

（3）颗粒化　另外，为了提高操作安全性，无尘化粒料抗氧剂成为新的发展趋势，粒料型抗氧剂改善了工人的工作环境，可以精确计量抗氧剂的用量，使抗氧剂在制品中分散更为均匀。

（4）复合化　复合抗氧剂具有综合效能好、方便使用、性价比高、针对性强等特点。目前商品化的复合抗氧剂主要是酚类和亚磷酸酯类的复合体系，还有更多应用范围广的复合产品亟待开发。

（5）高温化　传统的抗氧剂，由于热稳定性不够，或者在高温下抗氧化效率差等因素，不能满足特种工程塑料加工热稳定的需求（加工温度往往在 320℃ 以上）。随着工程塑料和特种工程塑料产量的不断发展，其对应的高温抗氧剂的需求越来越大。

（6）绿色化　随着果汁饮料和含水果及蔬菜的半成品食品的需求强劲以及食品行业中消费者对天然添加剂的偏爱，2016 年天然系抗氧剂的消费量达到了 12.6kt，在未来 5 年内将以 6.4％ 的速度增长，因此符合食品行业要求的绿色无毒抗氧剂将会迎来蓬勃发展。

第三节　光稳定剂

一、概述

研究表明，高分子在大气环境中的老化主要是高分子受紫外线辐射并有氧气参与的光氧化降解。电线、电缆、农用薄膜、建材、交通工具、广告设施等户外制品特别需要研究其抗光氧老化特性，以延长其户外的使用寿命。

高空大气层，特别是臭氧层，将太阳光中的高能部分（波长在 290nm 以下）几乎全部吸收，并且还过滤掉波长大于 3000nm 的红外线。这样，到达地球的太阳光波长为 290～3000nm。

依据量子力学，单个光子的能量与波长成反比，波长越短，能量越高。紫外线的强度虽只占太阳光的 5％，但其波长最短，单个光子能量最高（约 290～390kJ/mol）。由于有机化合物的键能通常在 290～400kJ/mol，与紫外线的能量接近，很容易被紫外线破坏，这是聚合物容易产生光老化的主要原因。高分子在老化过程中产生了自由基和氢过氧化物，大分子链发生了断裂或交联，最后制品丧失使用性能。

光稳定剂能有效地抑制紫外线对高分子的破坏，以减轻高分子劣化的程度而延长高分子的使用寿命，一般用量极少，仅为 0.05～0.5 份。

二、光稳定剂的分类及其作用机理

为了抑制光氧老化反应，延长塑料材料的使用寿命，添加光稳定剂是简便且有效的方法。光稳定剂的作用主要有以下几个方面：①紫外线的屏蔽和吸收；②氢过氧化物的非自由基分解；③猝灭激发态分子；④钝化重金属离子；⑤捕获自由基。

其中①～④为阻止光引发，⑤为切断链增长反应的措施。根据稳定机理，光稳定剂大致可分为以下四类。

1. 光屏蔽剂

为保护高聚物免受紫外线的降解破坏，首先应设法防止发色团对紫外线的吸收或是降低起吸收剂量。光屏蔽剂又称为遮光剂，是一类能够反射或吸收紫外线的物质。它在聚合物与光源之间设立一道屏障，使光在达到聚合物的表面时就被反射或吸收，阻碍紫外线深入聚合物内部，避免聚合物内部受到紫外线的危害，从而有效地抑制制品的老化。光屏蔽剂是光稳定化的第一道防线。

这类稳定剂主要有炭黑、二氧化钛（钛白粉）、氧化锌等无机填料和酞菁蓝、酞菁绿等有机颜料。其中,炭黑可吸收可见光和部分紫外线;而 TiO$_2$ 与 ZnO 为白色颜料,对光线有反射作用。TiO$_2$ 能反射或折射大部分可见光,并能完全吸收波长小于 410nm 的紫外线,适用于不透明的塑料制品。TiO$_2$ 宜用金红石型(R 型),锐钛型(A 型)的效果较差。在炭黑结构中的苯醌结构及多核芳烃结构,具有光屏蔽作用,因此炭黑的效力最大,如在 PP 中加入 2% 的炭黑,寿命可达 30 年以上。由于炭黑表面还含有苯酚基团,故又具有抗氧化性,在橡胶中由于使用了大量炭黑(作补强剂),所以其光稳定性能比较好,没有必要再加其他光稳定剂。氧化锌的用量为 5%~10%。但炭黑因颜色限制了其应用,只能用于黑色制品中,加入量为 2%~5%;钛白粉可用于白色制品中;氧化锌可用于白色和透明制品中,加入量为 5~10 份。

炭黑不宜与胺类抗氧剂并用,两者有对抗效应,与含硫类抗氧剂并用有协同效应,抗氧效果显著提高。氧化锌与硫代二丙酸二月桂酯、亚磷酸三(壬基苯酯)等抗氧剂有良好的协同效应,用量减少至 2%。

2. 紫外线吸收剂

紫外线吸收剂是目前应用最广的一类光稳定剂,它能强烈地、选择吸收高能量的紫外线,并将吸收的能量以热能或无害的低能辐射释放出来或消耗掉,从而防止聚合物的发色团吸收紫外线能量随之发生激发。紫外线吸收剂主要有二苯甲酮类、苯并三唑类和三嗪类。紫外线吸收剂为塑料的光稳定化设置了第二道防线。

紫外线吸收剂包括的化合物类型比较广泛,但都有一个相同的结构特征,即可以产生分子内氢键。当它们吸收紫外线光能以后,则氢键受到破坏,形成光互变异构体,而这些异构体又可以通过放热回到基态。其中的邻羟基苯基基团中的氢键对其光谱和光化学性能有决定性的影响。

紫外线吸收剂的光稳定效果不如 HALS 类。最常用的是二苯甲酮类和苯并三唑类,效果较好但价格较高。但在 PVC、PMMA 及 PC 等酸性树脂中,HALS 的效果差。

二苯甲酮类　　　　苯并三唑类　　　　三嗪类

① 苯并三唑类。苯并三唑类对紫外线的吸收性能优于二苯甲酮类,是产量最大、品种最多的一类紫外线吸收剂。其吸收范围较广,可吸收 280~400nm 的光,而对 400nm 以上的可见光几乎不吸收,因此制品不会带色,热稳定性优良,可用于 PE、PP、PS、PC、聚酯、ABS 等制品。

UV-P:2-(2-羟基-5-甲基苯基)苯并三唑,无色或浅黄色结晶粉末,无毒、不腐蚀、不易燃,储存稳定性好,能吸收波长为 270~380nm 的紫外线,几乎不吸收可见光,初期着色性小。主要用于 PVC、PS、UP、PC、PMMA、PE、ABS 等制品,特别适用于无色透明制品和浅色制品,在透明制品中的稳定性比着色用品中更好。用于薄制品一般添加量为 0.1%~0.5%,用于厚制品为 0.05%~0.2%。

UV-326：2-(2′-羟基-3′-叔丁基-5′-甲基苯基)-5-氯苯并三唑，淡黄色结晶粉末，能有效吸收波长为 270～380nm 的紫外线，稳定效果很好，对金属离子不敏感、挥发性小，有抗氧作用，初期易着色。主要用于一些感光材料，如彩色胶卷、胶片、相纸等，还用于聚烯烃、PVC、UP、PA、EP、ABS、PUR 等制品，一般在塑料中的推荐用量是 1%～3%。

UV-327：2-(2′-羟基-3′，5′-二叔丁基苯基)-5-氯苯并三唑，白色或淡黄色粉末，能强烈吸收波长为 270～300nm 的紫外线，化学稳定性好，挥发性小，毒性小，与聚烯烃相容性好，尤其适用于 PE、PP，也适用于 PVC、PMMA、POM、PUR、ABS、EP 等。与抗氧化剂并用有显著的协同效应，在塑料中的一般用量为 1%～3%，在接触食品的聚烯烃塑料中的最高用量为 0.5%。

UV-366：2-(2′-羟基-4′-苯甲酰氧基苯基)-5-氯-2H-苯并三唑，吸附性强，其对纤维吸附性尤其是对超细纤维强于三嗪类紫外线吸收剂，尤其对聚酯纤维具有优异的性能。它具有分子量大、不易挥发、耐抽出、易加工的特点。在塑料中的一般用量为 1%～3%。

② 二苯甲酮类。这类紫外线吸收剂因其分子中存在着酮/烯醇式的互变异构而具有耐紫外线特性，但因存在着光稳定性差、易被氧化变色的缺陷，长期防晒效果不好，导致其产量和品种次于苯并三唑类。其中，UV-9（2-羟基-4-甲氧基二苯甲酮）和 UV-531（2-羟基-4-辛氧基二苯甲酮）是该类中应用最为广泛的光稳定剂。UV-9 能有效吸收波长为 290～400nm 的紫外线，几乎不吸收可见光，故适用于浅色透明制品。该产品吸收率高、无毒、无致畸作用，是美国 FDA 批准的 I 类防晒剂，广泛应用于化妆品中。它对光、热稳定性良好，在 200℃ 时不分解，但升华损失较大。由于它与许多塑料具有兼容性，因此适用于油漆和各种塑料，对 SPVC、UPVC、PS、丙烯酸酯类树脂和浅色透明木材家具特别有效，用量为 0.1%～0.5%。

UV-531 能强烈吸收波长在 270～330nm 之间的紫外线，具有色浅、无毒、相容性好、迁移性小、易于加工等特点。它与大多数聚合物相容，特别是与聚烯烃有很好的相容性，挥发性低，几乎无色。它主要用于聚烯烃，也用于乙烯基类树脂、PS、纤维素塑料、聚酯、PA 等塑料，一般用量为 0.5%～1%，与少量 4,4′-硫代双（6-叔丁基对甲酚）并用有良好的协同效应。本品毒性小，在许多国家被许可用于接触食品的塑料中，一般最高允许用量为 0.5%。

这两种紫外线吸收剂的结构式如下：

2-羟基-4-甲氧基二苯甲酮(UV-9)　　　　　　2-羟基-4-辛氧基二苯甲酮(UV-531)

③ 三嗪类。三嗪类紫外线吸收剂稳定机理与前两类相似，吸收紫外线范围较宽（280～380nm），应用效果明显优于苯并三唑类，但吸收一部分可见光，易使制品泛黄。它具有非常低的挥发性，与其他助剂相容性好，随着邻羟基个数的增多，吸收紫外线的能力增强。羟苯基取代数目是三嗪类紫外线吸收剂致色的主要原因，含两个或两个以上羟苯基取代基的三嗪类化合物颜色较重。三嗪类紫外线吸收剂与受阻胺光稳定剂有很好的协同效应。

UV-1164：2-[4,6-双(2,4-二甲基苯基)-1,3,5-三嗪-2-基]-5-辛氧基酚，高分子量使其具有非常低的挥发性和制品的持久光稳定效果，与聚合物及其他添加剂相容性很好。它特别适用于工程塑料如尼龙、POM 等。一般用量为 0.1%～0.3%。

UV-1577：2-(4,6-二苯基-1,3,5-三嗪-2)-5-正己烷氧基苯酚，与聚合物及其他添加剂相容性很好。它特别适用于工程塑料、聚碳酸酯、叠层胶片等材料，一般用量为 0.1%～0.3%。

④ 水杨酸酯类。本身不吸收紫外线，但它长期在光的作用下，能发生 Photo-Fries 重排，生成有强烈吸收作用的 2-羟基二苯酮，能吸收波长为 280～310nm 的紫外线，且吸收率很高，尤其对甲氧基肉桂酸异辛酯是目前世界上化妆品行业最通用的 UVB 吸收剂，但易使制品带色。

UV-BAD：化学名称为 4,4'-亚异丙基双(苯酚水杨酸酯)，白色粉末，分子量为 468，熔点为 158～160℃，可吸收波长在 350nm 以下的紫外线，光稳定效果良好，同时对大气中氧的作用也有稳定效果。与各种树脂相容性好，价格低廉，一般用量为 0.25%～4%，用于聚氯乙烯和聚乙烯农膜时，用量为 0.3%～1%，能有效地吸收对植物有害的短波紫外线，透过对植物生长有利的长波紫外线，既能起光稳定作用，又不影响农作物的生长。与其他光稳定剂如三嗪-5、UV-531、GW-540 等协同效果更好。

UV-TBS：化学名称为水杨酸对叔丁基苯酯，白色粉末，微具气味，分子量为 270.3，熔点为 62～64℃，紫外线吸收波长范围较窄（290～330nm），光稳定效能较好，但在光照下有变黄的倾向。它适用于聚氯乙烯、聚乙烯、纤维素树脂、聚氨酯等，也可用于聚乙烯食品包装薄膜，用量为 0.2%～1.5%。

NL-1：化学名称为水杨酸苯酯，是最早的紫外线吸收剂，白色结晶粉末，微有芳香味，熔点为 41～43℃，吸收紫外线的最大波长范围为 290～330nm，吸收波段较窄。其优点是价格便宜，与树脂相容性好。本品光稳定效果欠佳，用量一般为 0.5%～2%，最高可达 4%。

OPS：化学名称为水杨酸对辛基苯酯，白色结晶粉末，分子量为 326.4，熔点为 72～74℃，吸收波长范围是 290～330nm，受紫外线照射后部分分子转化为 2,2'-二羟基-5-苯基二苯甲酮，对紫外线的吸收能力较强。它与聚烯烃树脂的相容性极好，适用于聚乙烯、聚丙烯、聚丁二烯和纤维素树脂等，具有优良的耐候性。其用量为 0.5%～2%，常与酚类抗氧剂 BHT、抗氧剂 2246、抗氧剂 1010 以及硫代二丙酸二月桂酯（DLTP）协同并用。

⑤ 苯甲酸酯类。主要介绍如下三种：

RMB：化学名称为间苯二酚单苯甲酸酯，白色结晶粉末，分子量为 214.2，熔点为 132～135℃，其对波长为 300～400nm 的紫外线吸收很少，但在光的作用下发生分子重排，生成 2,4-二羟基二苯甲酮，从而发挥光稳定作用。它主要用作纤维素树脂和聚氯乙烯的光稳定剂，一般用量为 1%～2%。

UV-120：化学名称为 3,5-二叔丁基-4-羟基苯甲酸-2,4-二叔丁基苯酯，白色或微黄色粉末，分子量为 438.6，熔点为 192～197℃，在紫外区的最大吸收峰位于 265nm 处，同时可用作抗氧剂。对制品的着色性极小，挥发性低，热稳定性高，耐洗涤抽出。适用于聚丙烯和高密度聚乙烯，特别是聚丙烯薄膜和纤维，也用于聚苯乙烯和聚甲醛等塑料。一般用量为 0.2%～0.5%，同时并用 0.05%～0.5% 的抗氧剂。本品与苯并三唑类紫外线吸收剂和镍螯合剂等有协同效应。

UV-2908：化学名称为 3,5-二叔丁基-4-羟基苯甲酸正十六酯，白色固体粉末，分子量为 455.0，熔点为 60℃，为优良的光稳定剂，着色性小，挥发性低，耐酸碱。它适用于聚烯烃塑料，一般用量为 0.25%～1%。它可单独使用，也可与二苯甲酮类光稳定剂或亚磷酸酯类抗氧剂协同并用。

3. 光猝灭剂

光猝灭剂又称减活剂，或称激发态能量猝灭剂。这类稳定剂主要转移聚合物分子因吸收紫外线后所产生的激发态能，使聚合物分子回到基态，从而防止聚合物产生自由基。它是光稳定化的第三道防线。

猝灭剂在高温下易变色，有刺激性气味，是一类新型的光稳定剂，用于高光稳定性的树脂中，主要用于薄壁制品，很少用于塑料厚制品，大多用于薄膜和纤维，常和紫外线吸收剂协同并用。

猝灭剂和紫外线吸收剂的不同点是：紫外线吸收剂通过分子内结构的变化来消散能量，而猝灭剂则通过分子间来消散能量。

光猝灭剂主要是金属络合物，如镍、钴、铁的有机络合物，常用有机镍类。代表品种有光稳定剂 AM-101，化学名称为 2,2′-硫代双(4-叔辛基酚氧基)镍，其结构式如下：

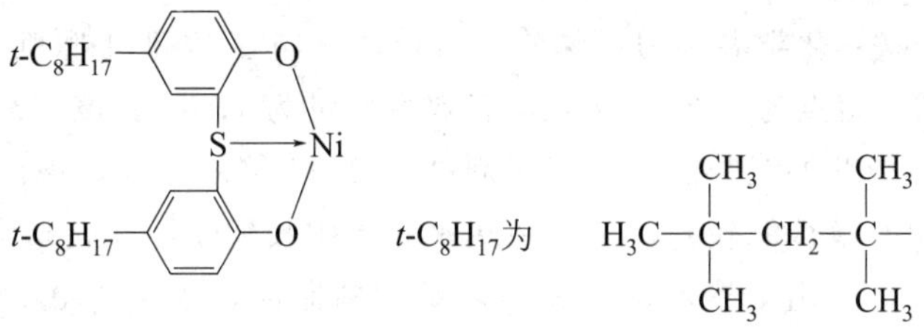

AM-101：绿色粉末，最大吸收波长为 290nm，对聚烯烃和纤维的光稳定化非常有效，在溶剂中的溶解度极小，与紫外线吸收剂并用有着良好的协同效应。但 AM-101 颜色深，能使制品着色，且有一定毒性。因分子中含有硫原子，高温加工有变黄的倾向，故不适用于透明制品，同时在高温下与硫代酯类辅助抗氧剂作用，使制品发灰黑色。它适用于聚乙烯、聚丙烯等聚烯烃塑料，尤其是薄膜和纤维制品，还能改善加工性能，在塑料中用量为 0.1%～0.5%。

光稳定剂 2002：化学名称为双(3,5-二叔丁基-4-羟基苄基膦酸单乙酯)镍，淡黄色或淡绿色粉末，分子量为 713.5，熔点为 180～200℃，用作光稳定剂和抗氧剂，光稳定和热氧化稳定效能高。它与聚合物相容性好，耐抽提，着色性小。本品对聚烯烃纤维和薄膜有优良的稳定作用，对聚丙烯纤维有助染作用。其用量为 0.1%～1.0%，常与酚类抗氧剂并用，与紫外线吸收剂、亚磷酸酯和硫代酯等辅助抗氧剂亦有协同效应。

UV-1084：化学名称为 2,2′-硫代双(对叔辛基苯酚)镍-正丁胺络合物，浅绿色粉末，分子量为 572.50，熔点为 208～211℃，最大吸收波长为 296nm，是聚丙烯和聚乙烯的优良光稳定剂，同时有抗氧剂的功能，与二氧化钛并用能提高效能。本品不耐高温加工，常用于着色组分中，对聚合物的染料有螯合作用，可改善染色性。

4. 自由基捕获剂

用于聚合物光稳定的自由基捕获剂主要是具有空间位阻结构的 2,2,6,6-四甲基哌啶衍生物，因此也称为受阻胺类光稳定剂（HALS）。自由基捕获剂能够清除自由基、切断自动氧化链式反应，是目前公认的高效光稳定剂，也是国内外用量最大的一类光稳定剂。受阻胺类光稳定剂是光稳定化的第四道防线，可与二苯甲酮类、苯并三唑类光稳定剂并用，但遇到含硫抗氧剂 DLTP、DSTP 等，会降低其效能。HALS 不能用于酸性树脂中，也不能和酸性助剂搭配使用，原因是酸性物质会与碱性的 HALS 发生盐化反应，导致 HALS 失效。

哌啶结构式为：

典型的受阻胺光稳定剂有如下几种。

光稳定剂 GW-744：化学名称为 4-苯甲酰氧基-2,2,6,6 四甲基哌啶，白色结晶粉末，分子量为 261.37，熔点为 96～98℃，分解温度在 280℃ 以上。该产品无污染，不着色，耐热加工性能良好，能有效地捕获聚合物在紫外线的作用下产生的活性自由基，起到光稳定的效果。该产品适用于聚烯烃、聚苯乙烯、聚氨酯、聚酰胺、聚酯等塑料，在聚烯烃中效果尤为突出。该产品的光稳定效能比一般紫外线吸收剂高数倍，与抗氧剂和其他紫外线吸收剂并用，具有优良的协同效应。

光稳定剂 GW-540：化学名称为亚磷酸三(1,2,2,6,6-五甲基-4-哌啶基)酯，白色结晶粉末，分子量为 541.8，熔点为 122～124℃，有效氮含量为 7.8%。该产品属受阻胺型光稳定剂，光稳定效能比一般紫外线吸收剂和猝灭剂高出 2～4 倍。此外，该产品还具有良好的抗热氧老化性能，但耐水解性能较差，不宜在热水介质中长期使用。它与聚合物树脂的相容性好，加工性能亦佳，广泛用于聚乙烯、聚丙烯等塑料制品，用量为 0.3%～1.0%。使用该产品最好在 270℃ 以下的温度加工，超过此温度时失重较为严重（失重率＞15%）。该产品挥发物对部分人有致敏性。

光稳定剂 GW-770：化学名称为双(2,2,6,6-四甲基哌啶基)癸二酸酯，无色或微黄色结晶粉末，分子量为 480.74，有效氮含量为 5.83%，熔点为 81～85℃。该产品毒性低，适用于聚丙烯、高密度聚乙烯、聚氨酯、聚苯乙烯、ABS 树脂等，其光稳定效果优于目前常用的光稳定剂。该产品与抗氧剂并用，能提高耐热性，与紫外线吸收剂亦有协同作用。该产品用于接触食品的聚烯烃塑料中时，日本和美国规定最大用量为 0.5%，加拿大为 0.35%。

光稳定剂 GW-508：Tinuvin 292，化学名称为双(1,2,2,6,6-五甲基-4-哌啶基)癸二酸酯，无色或浅黄色黏稠液体，分子量为 508.72，沸点为 220～222℃ (26.6Pa)。其耐热性达 270℃ (曲线切线值)，热失重 10% 时温度为 242℃，全失重的温度为 333℃。该产品低毒，适用于加工温度不太高的聚烯烃树脂，用量为 0.1%～0.5%。该产品更适用于聚酯涂料。

光稳定剂 GW-608：化学名称为 N-三乙酸(2,2,6,6-四甲基-4-哌啶基)酯，固体粉状物，耐热性达 270℃，适用于聚烯烃、聚苯乙烯和 ABS 树脂，用量为 0.1%～1%。

光稳定剂 GW-650：化学名称为 N-三乙酸(1,2,2,6,6-五甲基-4-哌啶基)酯，固体粉状物，耐热性达 290℃，适用于聚烯烃、聚苯乙烯和 ABS 树脂，用量为 0.1%～1%。

光稳定剂 LA-57：化学名称为四(2,2,6,6-四甲基-4-哌啶基)-1,2,3,4-丁烷四羧酸酯，分子量为 791.13。它是高效能光稳定剂，有效氮含量为 7.1%，熔点为 137～140℃，适用于聚乙烯、聚丙烯、聚苯乙烯、ABS 树脂、聚酯等。

三、光稳定剂的应用

1. 光稳定剂的选用原则

理想的光稳定剂应具有良好的光稳定性，与聚合物的相容性好，热稳定性好，不与塑料材料或其他组分发生不良反应，不污染制品，无毒或低毒，且价格低廉。另外，选用光稳定剂时还应注意下述几个方面。

① 树脂的敏感波长与紫外线吸收剂的有效吸收波长的一致性。树脂对紫外线的敏感波长是其本身所特有的。选用光稳定剂时，应选用易于吸收或反射这部分敏感波长的光稳定剂，即树脂的敏感波长和紫外线吸收剂的有效吸收波长具有一致性。二苯甲酮类吸收紫外线效果好，用途广；水杨酸类吸收紫外线效果差，易使制品发黄；苯并三唑类成本高，多用于PS、PMMA、聚酯等透明制品中。UV-531对波长高于330nm的光线吸收较弱，而苯并三唑类通常可吸收可见光前的所有光线。紫外线吸收剂的光稳定效果不及HALS，但在PVC、PMMA、PC等酸性聚合物体系内具有不可替代性。吸水性大的树脂如PA、PVA等，不能使用亚磷酸酯，因为亚磷酸酯类物质容易水解。

② 光稳定剂与其他助剂的协同效应。紫外线屏蔽剂、紫外线吸收剂和光猝灭剂大多不能分解氢过氧化物或捕获自由基，同时也因吸收光辐射能增加了制品发热而促进氧化。因此必须考虑配方中同时加入抗氧剂和热稳定剂，要求三者间具有协同作用。如炭黑光屏蔽剂与硫代酯类抗氧剂配合应用于PE的稳定体系中，具有协同作用，可取得良好效果。

应注意的是有些助剂不宜配合使用，如受阻胺类光稳定剂与硫代二丙酸酯类过氧化物分解剂并用时，光稳定性能有所降低，但与吸收型光稳定剂并用时有良好的协同作用。

2. 光稳定剂的协同作用

紫外线吸收剂与猝灭剂并用时，光稳定效果显著提高。如复合光稳定剂962（783），既有光稳定剂944的长期光稳定效果，也有光稳定剂622的易转移、作用快、效果好的特点，尤其在茂金属PE中效果显著。市面上常见的复合受阻胺类光稳定剂见表5-2。

表 5-2　常用的复合受阻胺类光稳定剂

商品牌号	组分1	组分2	复配比例
HS-962	光稳定剂944	光稳定剂622	1:1
Tinuvin791	光稳定剂944	光稳定剂770	1:1
Tinuvin111	光稳定剂119	光稳定剂622	1:1

3. 制品的厚度和稳定剂的用量

薄制品和纤维要求加入的紫外线吸收剂浓度较高，厚制品则较低。因此，厚制品不必添加高浓度的紫外线吸收剂。相反，光稳定剂的添加量太高时，反而产生喷霜现象，增加了制品成本。

四、传统光稳定剂的应用性能特点

光屏蔽剂防护效果好、价格低，但具有遮光性和着色性，仅适用于不透明材料；炭黑与胺类抗氧剂有对抗效应，但与含硫类抗氧剂有协同效应，可显著提高抗氧效果。纳米二氧化钛对制品的透明性影响不大。

紫外线吸收剂是配伍和适应性最强的一类光稳定剂，但其不能有效地保护制品表面和薄制品。与此同时，因其分子量较低，还存在易挥发、喷霜、迁移、被溶剂抽出等缺点，不但影响了其效能发挥的持久性，同时也导致污染环境。

激发态猝灭剂的光稳定性能高、挥发性低、喷霜和迁移小并耐抽出，能有效地保护制品表面和薄制品，但色深、毒性大、易污染、高温加工时会分解变色，与含硫添加剂存在对抗作用。

自由基捕获剂色浅、光稳定效能突出，也能有效地保护制品表面和薄制品，但由于具有碱性，与酸性基质聚合物（如 PVC 及含硫聚合物）和添加剂存在对抗作用，性能下降。此外，它因分子量较小而存在易挥发、喷霜、迁移、抽出等缺点。

第四节　塑料防老化配方设计原则

一、聚合物结构与防老剂种类

大多数的防老剂与树脂之间的相容性较好，只有部分助剂存在着抽出性。不同结构的聚合物的抗老化性能不同，因此对应的防老剂种类及用量也会有所差异。表 5-3 列出了树脂与所对应的常用的抗氧剂和光稳定剂，仅具参考价值，具体产品效果由实验结果决定。

表 5-3　树脂与所对应的常用的抗氧剂和光稳定剂

助剂	PP	PE	PVC	PS	ABS	PA	PU	PC	POM	PET/PBT	PMMA
抗氧剂 1010	○	△	△	△	△	△	△	○	○	○	△
抗氧剂 1046	×	○	○	○	○	△	△	△	△	○	○
抗氧剂 1035	×	○	△	×	△	△	△	△	△	×	×
抗氧剂 168	○	○	×	○	△	△	×	○	△	△	×
抗氧剂 242	○	○	×	△	△	△	×	△	×	×	×
PKB 系列	○	○	△	△	△	△	×	△	△	△	△
JC 复合系列	○	○	×	△	△	×	×	△	△	△	×
DLTP	△	○	△	△	△	△	×	△	△	△	△
DSTP	○	△	×	△	△	△	×	×	×	×	×
UV-326	△	△	△	△	△	△	△	△	△	△	△
UV-327	△	△	△	△	○	△	△	△	△	△	×
UV-P	△	△	△	△	△	△	○	△	△	△	○
UV-531	△	△	△	△	△	△	△	×	×	△	△
UV-9	△	△	△	△	△	△	△	×	×	×	△
GW-480	○	○	△	△	△	△	△	△	△	△	×
GW-622	○	○	△	△	△	△	△	△	△	△	×
GW-944Z	○	○	△	△	△	△	△	△	△	△	×

注：○表示优先选用，△表示可选用，×表示不选用。

此外，抗老剂在实际应用过程中，树脂与助剂间还存在如下一些使用规律：

① 分子结构中含有双键和支链的树脂，光、氧降解程度严重，如 PP、PS、ABS 等树脂，必须加入用量较大、抗老化效果好的光、氧稳定剂。

② 聚乙烯和聚丙烯两种树脂重金属离子催化氧化严重，一般需加入金属离子钝化剂。

③ 吸水量大的树脂，如 PA，不宜用耐水性差的亚磷酸酯类抗氧剂。

④ PVC、PC 及 PMMA 等酸性树脂不宜用 HALS 类光稳定剂。

二、防老化助剂的协同作用

防老化助剂间的协同主要有热稳定剂之间、光稳定剂之间及热稳定剂与光稳定剂之间的协同，前两者已分别论述，这里重点总结第三种协同作用。

① 抗氧剂与紫外线吸收剂并用，如抗氧剂 1076 与紫外线吸收剂 UV-531 并用。

② 酚类抗氧剂与受阻胺类光稳定剂协同并用。

③ HALS 与含硫化物或亚磷酸酯类辅助抗氧剂并用，协同效果好。

④ 主抗氧剂与金属离子钝化剂并用。

⑤ 活性不同的酚类并用有良好的协同效果，如抗氧剂 2246、抗氧剂 1010 及三嗪各 0.5 份，可协同稳定 ABS。

⑥ 光屏蔽剂与抗氧剂及紫外线吸收剂复合效果好，如光屏蔽剂 ZnO 可以提高 PP 的户外使用寿命，若与主抗氧剂 1010、辅助抗氧剂 DSTP 和紫外线吸收剂三嗪类并用，效果更好。

三、防老剂间的对抗作用

① HALS 不宜与硫醚类辅助抗氧剂并用。硫醚类抗氧剂在树脂中产生的酸性组分能抑制 HALS 的光稳定性。

② 芳胺类和受阻酚类抗氧剂一般不宜与炭黑并用。因为炭黑可催化聚合物的氧化，抑制抗氧剂的效果。

③ 常用抗氧剂与某些含硫化合物，特别是多硫化合物存在对抗作用。原因是多硫化合物有助于树脂的氧化作用。

④ HALS 不宜于酸性助剂共用。在酸性助剂存在时，只能选用紫外线吸收剂。

四、加工条件与防老剂种类

① 加工温度达 200℃以上时，氢过氧化物的均裂是引起裂解的主要原因，此时必须加入辅助抗氧剂，以分解氢过氧化物。如酚类抗氧剂与亚磷酸酯类（1∶3）并用。

② 加工温度超过 260℃时，防老化剂必须为耐高温助剂，在加工温度下挥发性较低，特别是特种工程塑料，其加工温度高达 350～450℃。美国氰特公司的抗氧剂 1790、抗氧剂 3114，德国科莱恩公司的抗氧剂 PEP-Q，美国 DOVER 化学的抗氧剂 9228 等，配合使用可满足高温加工的需求，成为技术人员共同的解决方案。而在一些场合，这些体系再复配以 BASF 公司的 HP-136（内酯型抗氧剂），通过其对碳自由基的捕捉，发挥三元抗氧化的协同作用，对于高温塑料的白度保持具有更好的效果。

五、使用环境与防老剂种类

① 户外使用的塑料制品，必须加入高性能的抗氧剂和光稳定剂。

② 电线、电缆及金属粉和矿物填充的与金属接触的塑料制品，需加入金属离子钝化剂。

③ 地埋塑料制品，应加入防鼠剂、防蚁剂和防霉剂。

④ 食品及医疗用品，应选用无毒类稳定剂品种。

⑤ 高温下使用的塑料制品，常将主抗氧剂和辅助抗氧剂一起加入。

⑥ 对于浅色制品，不宜选用胺类、炭黑等抗老剂。

⑦ 制品越薄，对抗老剂的应用要求越高。紫外线吸收剂多用于厚壁制品；壁厚越薄的制品，抗老剂的加入量越多，如厚度为 0.25mm 的制品加入量为 0.3%~0.5%，而厚度为 0.025mm 的制品，加入量为 3%~5%；对于薄壁制品，应加入低分子量抗老剂；对于厚壁制品，应加入高分子量抗老剂。

⑧ 对于深色制品，本身具有一定的紫外线屏蔽能力，可少加入抗老剂。

六、着色剂对防老化性的影响

改变塑料材料色泽、同时赋予塑料制品靓丽外观的颜料或染料均可称为塑料着色剂。由于着色剂分子中所含的化学元素种类不同、化学结构不同，对着色塑料制品的加工成型性，加工时的热氧稳定性，使用时的光、氧稳定性能产生不同的影响。尤其对光、氧稳定化有一定要求的着色塑料制品，着色剂若与抗氧剂、光稳定剂配合不当，可能导致着色制品过早褪色或变色，同时也加快其光、氧老化速度。

1. 着色剂对抗氧剂作用的影响

铬黄是不透明的无机着色剂，其着色力强、遮盖性好，耐水和耐溶剂性优良。但铬黄是铬酸铅或碱式铬酸铅同硫酸铅组成的含铅化合物，与含硫抗氧剂 DLTP、DSTP、抗氧剂 1035、抗氧剂 300 等共用时，高温加工条件下会生成黑色硫化铅，影响塑料制品的外观，也会大幅度削弱抗氧剂的防热氧老化作用。因此，含铬着色剂不能与含硫抗氧剂共用。

在着色聚丙烯中，某些着色剂会与低分子受阻酚抗氧剂发生化学反应，从而削弱抗氧剂的作用。珠光粉在某些树脂中与单酚抗氧剂 BHT 共用时，会使白色制品变黄从而引发产品质量问题。

2. 着色剂对光稳定剂作用的影响

一是着色剂含铜、锰、镍等重金属元素或杂质，具有光活性、光敏性，催化并加快塑料材料的光老化速度。含有游离铜和杂质的酞菁蓝会促使聚丙烯光老化；氧化铁红可使聚丙烯中苯并三唑、二苯甲酮、有机镍盐光稳定剂的效能下降 20% 以上；二氧化钛、群青、氧化铬绿、钴绿、铁红等着色剂会加剧聚乙烯的光老化。

二是某些分子结构的着色剂可与光稳定剂发生作用，直接削弱光稳定剂的效能。酸性着色剂可使受阻胺光稳定剂失效；在聚丙烯中，偶氮红、偶氮黄与受阻胺光稳定剂发生作用，可使受阻胺光稳定剂作用分别下降 25% 和 50% 左右。

橘铬黄明显提高 HDPE 的光稳定性，酞菁绿和群青略有提高或无多大影响，而镉黄则对其光稳定性不利。用有机颜料黄、红、橙分别着色的聚丙烯纤维，虽然加入抗氧剂和光稳定剂，但其稳定性低于未着色的聚丙烯纤维。

七、防老剂的安全性

防老剂应是无毒或低毒的，特别是用于接触食品和卫生的制品。常用的抗氧剂通常都符合美国 FDA 标准，但对其用量还是提出了一定的限制，使用时应注意各个标准的差异，加入量应严格控制在最大允许限额以下。很多光稳定剂规定了在某些制品中的最大用量，如光稳定剂 UV-326 极性口服毒性试验数值 $LD_{50} > 5000mg/kg$，属于相对无毒，但欧盟仍规定其在食品接触的塑料中的最大限量；光稳定剂 GW-540 虽为低毒性，但对人的皮肤、口腔及眼睛黏膜刺激较强，对人的危害较大，已被放弃使用；光稳定剂770毒性较大，加工时同样对人身体刺激较大。

第五节 塑料抗老化配方设计实例

一、PE抗老化配方设计实例

1. 抗氧剂的选用

PE的抗氧性好于PP，抗氧剂的加入量比PP少一点。但抗老化添加剂在聚乙烯中的相容性比在聚丙烯中要差。

酚类抗氧剂也是聚乙烯有效的加工稳定剂，与亚磷酸酯或磷酸酯合用，则效果更好，特别是对于加工温度较高的高分子量高密度聚乙烯。常用的主抗氧剂为：抗氧剂1010、抗氧剂1076、抗氧剂264及CA等，加入量为0.2%～0.5%。常用的辅助抗氧剂为：亚磷酸酯类，加入量为0.1%～0.5%；含硫化物加入量一般为0.5%～1.5%。

使用高分子量抗氧剂可明显提高高密度聚乙烯（HDPE）的长效热稳定性。而对于LDPE薄膜制品，加入较大量（如0.7%）的抗氧剂可使薄膜中肉眼可见的凝胶颗粒"鱼眼"现象得以改善；在线型低密度聚乙烯中也会出现"凝胶问题"，迄今最好的办法是酚类抗氧剂与亚磷酸酯合用，或聚合型HALS与亚磷酸酯合用。由于抗老化添加剂与低密度聚乙烯的相容性比其他聚烯烃要差，为了避免喷霜现象，大部分酚类抗氧剂的用量都不应超过1%，有时浓度的上限可能会更低。

2. 光稳定剂的选用

对于用于户外的PE制品，必须加入光稳定剂。常用的光稳定剂有：UV-531、UV-327、UV-326，加入量为0.1%～0.3%；GW-2002、GW-622、GW-944、GW-3346等，加入量为0.25%～4%。

3. PE抗老化配方实例

（1）LDPE耐老化农膜配方

LDPE	97.6%	GW-622	0.42%
亚磷酸酯	0.18%	防雾滴剂	1.5%
抗氧剂1010	0.1%	抗氧剂168	0.2%

（2）HDPE抗老化配方

HDPE	93.2%	POE	6%
UV-327	0.3%	硬脂酸锌/氧化锌	0.2%
抗氧剂944	0.2%	抗氧剂328	0.1%

（3）蔬菜大棚防老化塑料膜配方

LDPE	100	抗氧剂2246	0.2
UV-327	0.125	抗氧剂DLTP	0.2
UV-9	0.125	抗氧剂CA	0.1

（4）塑料长寿大棚膜配方

LDPE（18D）	60	6911（复合光稳定剂）	0.3
LLDPE（0209）	40	B215（复合抗氧剂）	0.1

二、PP 抗老化配方设计实例

PP 因加工温度高,大分子链又含有甲基,所以对氧化作用特别敏感,通常在聚合之后,分离、干燥、储存之前就需要稳定处理;在加工阶段,高效的抗氧剂和光稳定都很重要。PP 是一个典型的需加入抗老剂的塑料品种。

在聚丙烯中加入填料,例如滑石粉,常会明显降低塑料使用寿命。炭黑和其他颜料也会影响聚丙烯的热老化寿命,特别是在 100℃以上。

1. 抗氧剂的选用

加工中选用主抗氧剂 BHT、CA、抗氧剂 1010,辅助抗氧剂为 TNPP、DSTP、DLTP。实际上应用的添加剂除酚类抗氧剂外,还包括硬脂酸钙或硬脂酸锌类加工稳定剂,有时还有协同剂,例如硫醚。早期广泛使用的 BHT 现已逐步被高分子量酚类抗氧剂(如 AO-4)和亚磷酸酯或磷酸酯取代,它们具有更好的抗抽出性、低挥发性,以及能改进基质的颜色的优势。近年来发现受阻胺是一个良好的长效热稳定剂,如 HALS-2、HALS-3,高分子量 HALS-2 对厚截面聚丙烯制品的热烘箱老化寿命有明显的贡献。但对于薄制品,例如亚磷酸酯对聚丙烯扁丝的热烘箱老化寿命没有贡献,但聚合型光稳定剂 HALS 则有显著的作用。使用过程中的抗氧剂有抗氧剂 CA、抗氧剂 1010、抗氧剂 1076 及抗氧剂 330 等。

2. 光稳定剂的选用

主要为紫外线吸收剂、有机镍络合物及 HALS 类,具体有 UV-327、UV-531、GW-770 及三嗪-5 等。含镍光稳定剂仅适用于薄带、薄膜之类薄的制品,其他类型光稳定剂均可使用。

3. PP 抗老化配方实例

（1）PP 耐老化配方

| PP | 100 | 抗氧剂 1010 | 0.1 |
| UV-327 | 0.5 | 抗氧剂 DLTP | 0.2 |

（2）耐候 PP 配方

共聚 PP	50％	TiO_2	2％
均聚 PP	10％	UV-327	0.3％
POE	15％	HALS	0.2％
碳酸钙/滑石粉	20％	金属离子钝化剂	0.2％
抗氧剂 1010	0.1％	抗氧剂 DLTP	0.2％
其他	2％		

三、PVC 抗老化配方实例

1. 抗氧剂的选用

PVC 的氧化降解比 PP、PE 轻,可不加入或少加入抗氧剂。

常加入的主抗氧剂有 BHT 和抗氧剂 CA 等;辅助抗氧剂有亚磷酸酯和 DLTP,用量为 0.3％～1％。

2. 光稳定剂的选用

户外使用的 PVC 易受紫外线作用,发生光降解,因此必须加入光稳定剂。PVC 常用紫外线吸收剂,具体如 UV-9、UV-326、UV-P 及三嗪-5 等。以金属皂类为热稳定剂时,常选用

UV-P，用量为 0.2%～0.5%；以硫醇有机锡为热稳定剂时，选用 UV-326，用量为 0.3～0.5。此外，PVC 常加入金红石型钛白粉作为紫外线屏蔽剂。

3. PVC 耐老化配方实例

PVC	100	环氧硬脂酸辛酯	5
DOP	35	BaSt	1.8
DOS	10	ZnSt	0.6
双酚 A	0.4	抗氧剂 CA	0.3
UV-P	0.3	TPP	1

四、PS 抗老化配方实例

PS 的热氧化不严重，抗氧剂可以不加。但抗冲击聚苯乙烯（HIPS）由于含有聚丁二烯链段，对氧化特别敏感。PS 光氧化严重，制品光照时间长会变黄，必须加入光稳定剂。常用的光稳定剂有紫外线吸收剂及 HALS 类，如 GW-770、UV-P 及 UV-531 等。苯并三唑类紫外线吸收剂的效果明显优于二苯甲酮类紫外线吸收剂，HALS 与苯并三唑类紫外线吸收剂合用可取得最佳效果。如 UVA-6 与 HALS-4 合用对 HIPS 的变色有较好的效果，尤其与单酚类抗氧剂协同使用可延缓泛黄现象。

（1）PS 抗老化配方

PS	99.5%	UV-P	0.1%
抗氧剂 1010	0.3%	GW-770	0.1%

（2）聚苯乙烯注塑试片配方

HIPS	100	抗氧剂 1076	0.5
UV-6	0.3	抗氧剂 PLTP	0.3
HALS-4	0.2		

五、PMMA 抗老化配方实例

PMMA 在紫外光范围是透明的，因此它的光稳定性比其他热塑性塑料好。采用光稳定剂至少可以赋予制品以紫外光滤光器的作用。用于机动车尾灯、电信号灯和荧光灯罩等的 PMMA 必须进行紫外线稳定化处理。受阻胺用于 PMMA 的效果非常理想，加入受阻胺经过户外自然老化，其分子量未出现降低的现象。

PMMA 抗老化配方

PMMA	99.5%	UV-P	0.1%
GW-770	0.1%	抗氧剂 1010	0.3%

六、ABS 抗老化配方实例

ABS 结构中含有双键，其耐候性差，未经防老化的 ABS 几乎不能在户外使用，必须加入抗氧剂和光稳定剂。

ABS 选用的主抗氧剂为抗氧剂 1010、抗氧剂 300、抗氧剂 2246 及抗氧剂 1076 等，辅助抗氧剂为 DLTP。抗氧剂 2-叔丁基-6-(3-叔丁基-2-羟基-5-甲苯甲基)-4-甲基苯酚丙烯酸酯（GM）是一种双酚单丙烯酸酯类抗氧剂，其结构上特有的丙烯酸酯基团和分子内氢键作用，可以使 ABS 在长期热氧老化的过程中体现出更为优越的热氧稳定性能和耐黄变性能，抗热氧老化效果优于抗氧剂 2246。光稳定剂有三嗪-5、UV-531、UV-327、UV-P 及 TBS 等。提高

ABS 热老化性能，主要是采用添加抗氧剂的方法，金属（锌、钙、钡、镁）硫化物和酚类、亚磷酸酯类并用，可有显著的稳定效果。紫外线吸收剂与受阻胺类并用可有较好的光稳定效果，与 UVA-6 合用时，HALS-4 比 HALS-1 的效果要好，特别是对于后续存放变色性能。

（1）ABS 防老化配方

| ABS | 100 | 抗氧剂 1010 | 0.5 |
| GW-327 | 0.3 | 抗氧剂 168 | 0.3 |

（2）户外 ABS 制品配方

ABS	100	抗氧剂 1010	0.5
UVA-6	0.3	抗氧剂 PLTP	0.3
HALS-4	0.2		

七、PA 抗老化配方实例

PA 需加入抗氧剂和光稳定剂。

抗氧剂有 DNP、抗氧剂 264 及 CA 等，加入量为 0.5％～2％。光稳定剂有 UV-531、UV-327 及 UV-P 等。受阻胺可以为 PA6 注塑试片提供比酚类抗氧剂 AO-8 更佳的稳定性，最佳的光稳定性可以通过酚类抗氧剂和受阻胺类合用来实现。PA66 最好的稳定体系是酚类抗氧剂与 HALS 及 UVA 合用的体系。

HDPE 改性 PA66 耐候超韧配方

树脂 PA66	100 份	树脂 HDPE	20 份
增韧剂 POE	10 份	相容剂 PE-g-MAH	10 份
稳定剂硬脂酸镉	0.4 份	抗氧剂 1076	0.2 份
抗氧剂 168	0.2 份	润滑剂 EBS	0.4 份

相关性能：拉伸强度为 39～48MPa，弯曲强度为 57～64MPa，弯曲弹性模量为 1400～1550MPa，断裂伸长率为 71％～120％，缺口冲击强度为 23.1～24.6kJ/m^2，热变形温度（0.46MPa）为 110～155℃。

八、PC 抗老化配方实例

聚碳酸酯表现出较好的光稳定性，然而长时间户外使用很快出现泛黄现象。原因是 PC 受紫外线照射后发生弗利斯重排反应，其反应产物含有羟基二苯甲酮基团，有很强的紫外线吸收能力。最常用的保护方法是加入光稳定剂，同时配合酚类和亚磷酸酯类抗氧剂。光稳定剂以 2-(2′-羟基苯基）苯并三唑的效果最佳，对于挤出板材和型材，需采用低挥发性的苯并三唑，以减少在冷压延和辊压测定过程中光稳定剂的粘辊损失。

PC 阳光板配方

PC	99％	抗氧剂 1010	0.2％
GW-540	0.1％	抗氧剂 618	0.1％
紫外线吸收剂 UV-320	0.1％	其他	0.5％

九、线型聚酯防老化配方实例

聚酯类本身的光稳定性较好，然而在长时间老化条件下，会出现泛黄和脆化现象。例如用 PET 做节能灯罩，其表面颜色会随使用时间或灯照时间的延长而逐渐变黄。对于户外应用，紫外线吸收剂是很有效的光稳定剂。苯并三唑类紫外线吸收剂通常是首选的光稳定剂，因为它们的初始颜色较低以及颜色变化较小。聚酯常用于食品包装，如饮料瓶，因此其防老剂应选择分子量大、耐抽提、无毒无味的品种。如光稳定剂 PDS，为聚合型受阻胺类光稳定剂，化学名为苯乙烯-甲基丙烯酸四甲基哌啶共聚物。其分子量高，超过 2000，耐抽提性能好，无毒无味，可用于食品卫生领域。其他分子量大的聚合型光稳定剂有光稳定剂 622、光稳定剂 944 等。

对于 PET 透明制品（如饮料瓶），需要提高紫外线吸收剂的使用浓度。

PET 制品抗老化配方

PET	99%	抗氧剂 1010	0.2%
PDS	0.6%	抗氧剂 618	0.2%

十、聚甲醛防老化配方实例

未经紫外线稳定化处理的聚甲醛无法用于户外。经过短暂的自然老化，就会出现表面龟裂和明显的粉化现象。如果制品颜色不十分重要的话，0.5%～3% 的炭黑可充当良好光稳定剂。2-羟基二苯甲酮类和 2-羟基苯基苯并三唑类紫外线吸收剂也可以提高 POM 的光稳定性。HALS-2 与苯并三唑类紫外线吸收剂合用是目前工业标准配方。

POM 共聚物压塑试片（1mm 厚）防老化配方：POM＋0.3% 硬脂酸钙＋0.3% AO-10＋0.25% HALS-2＋0.25% UVA-6。相关性能：采用氙灯（1200W/m^2）加速老化试验，老化至粉化的时间为 5000h。

第六节　塑料老化性能评价方法

一、塑料加工热稳定性评价方法

1. 熔体流动速率法

在一定的温度和压力下，测定材料在熔体流动速率仪中进行老化后经不同停留时间的熔体流动速率的变化，并进行定量的评价。

2. 流变法

经常采用转矩流变仪测定，通过测定材料加工时转矩的变化来定性地衡量热稳定性的变化。

二、老化性能评价方法

1. 氧化诱导期试验（OIT）

对一般塑料材料，一般用布拉班德塑化仪在氮气保护下，混料 10min，然后将其模压成 0.01mm 厚的薄膜试样，直接在 0.1MPa、150℃测其氧吸收速度。

同时也可以采用差热分析法或差示扫描量热法简单快速地测量电缆绝缘和护套材料的氧化诱导期，用氮气保护样品以免发生提前氧化，升温前用氮气吹洗炉体 5min，目的是彻底洗去炉中的残留空气。将塑料试样与惰性参比物（如氧化铝）置于差热分析仪中，使其在一定温度下用氧气迅速置换试样室内的惰性气体（如氮气）。测试由于试样氧化而引起的 DTA 曲线（差热谱）的变化，并获得氧化诱导期。参考标准 ISO 11357-6：2002《塑料——差示扫描量热法（DSC）——第 6 部分：氧化诱导时间的测定》。

2. 多次挤出试验

在挤出机中对样品进行反复多次挤出，可连续挤出后对样品进行检测，也可每隔一次挤出后对样品进行检测。检测样品的熔融流动指数 MFI，或将样品制成标准试片，检测其物理机械性能或色差。此项试验主要评价抗氧剂在加工过程中对塑料材料的热氧稳定作用。

3. 烘箱热老化试验

将样片置于保持一定温度的烘箱中，进行热空气（有时也可使用氧气）循环。检测样片的羰基指数、物理机械性能或色差。试验温度是在试料的维卡软化点或维卡软化点以下，且能够在适当的试验时间内发生老化的温度。箱内保持给定风速和温度，由于热和氧的共同作用，塑料材料发生热分解或热氧化，引起外观变化和一系列性能的劣化。此项试验主要评价抗氧剂、光稳定剂在塑料储存和使用过程对材料的热氧稳定作用。老化试验后可目测材料是否发生局部的粉化、龟裂、斑点、起泡、变形等外观变化，另外还需测试材料的力学性能及质量失重率。

4. 人工加速老化试验

人工加速老化主要是通过模拟现实情况，考察在光、热、氧、臭氧等条件下，材料的老化现象。采用光老化手段（碳弧灯光老化、紫外荧光灯光老化、氙灯光老化、金属卤素光老化），加上一定的湿度（喷淋水）和温度，来模拟并加速材料自然老化的过程。将样品置于全天候老化箱或紫外老化机中，进行模拟自然环境或条件的老化试验。检测样品的羰基指数、物理机械性能或色差。此项试验主要评价抗氧剂、光稳定剂在塑料使用过程中对材料氧老化或光老化的稳定作用。

5. 自然气候试验

将样品置于具备一定条件的自然环境中，进行自然环境的光、氧老化试验。检测样品的羰基指数和物理机械性能。此项试验评价塑料在自然环境使用过程中抗氧剂、光稳定剂对材料的光、氧稳定作用。

只有自然气候试验的数据和结果，才真正对塑料制品的实际应用具有指导意义，但自然气候试验的时间周期较长，有时甚至二三年，且不同的地理位置，自然气候也有所不同。因此，主要利用前四项试验的综合评价结果来确定抗氧剂、光稳定剂在塑料制品的加工与应用过程中的光、氧稳定功能与作用。

思考题

1. 塑料分子结构对塑料的老化性能有哪些影响？
2. 抗氧剂 1010 与 168 为什么常配合使用，常用的配比是多少？
3. 什么是抗氧剂的强氧化效应？
4. 受阻胺类光稳定剂如何产生光稳定作用？
5. 含硫类抗氧剂不能与什么助剂并用？

第六章
塑料填充改性

第一节 塑料填充改性基本概念

填充改性是塑料企业最常用的物理改性方法之一。填充改性一般是将一定配比的树脂、填料及助剂在加工设备上采取适当的加工工艺，如混炼、浸渗制成填充改性塑料，然后再成型加工成塑料制品。填充改性的目的是降低产品成本，或使塑料制品的某些性能得到改进，或赋予填充塑料某种功能。如填充改性能显著地改善制品的力学性能、耐摩擦性能、热学性能和耐老化性能、尺寸稳定性等。采用特殊的填料，产品可获得阻燃、导电、抗静电、耐老化等功能。

填充改性主要材料是树脂基体及填料。填料的类别、性质、粒径、添加量和表面处理以及改性的工艺与设备均会影响改性材料的性能和综合效果。如有些活性填料具有补强作用，可显著提高塑料制品的强度，如木粉添加到酚醛树脂中，木粉含量在50%之前对酚醛树脂起增强效果，此时木粉能吸收一部分冲击能量，对裂纹的发展起阻碍作用，使裂纹发展缓慢。但木粉含量超过50%之后，则制品强度下降。但填充用量或品种不当，或表面偶联处理不好，则会造成在制品生产工艺、色彩、物理性能及外观手感等多方面的损害，对生产设备也极为不利。塑料基材是有机聚合物大分子，填料大部分是无机物，两者相容性差。为提高它们的相容性，需要对填料进行表面处理。

为了改善填料的表面物理结构，最普通的方法是对填料进行机械研磨处理和偶联剂处理。偶联剂在无机物和有机聚合物之间通过物理的缠绕或进行某种化学反应，形成牢固的化学连接，从而促使有机聚合物与填料两种性质大不相同的材料紧密地结合起来。

当前，塑料填充改性技术不断发展，填充料的品种也不断增多。塑料填料正朝着超细化、功能化、纳米化、环保化发展应用。常规粒径的填料改性往往会导致材料冲击强度下降，甚至幅度较大；而超细填料如纳米填料填充时，改性材料的冲击强度和拉伸强度不降反升，利用的是刚性增韧和增强技术。

塑料填充改性用的填料品种很多，通常有天然矿物、工业废渣、有机填料及有机废料等。随着塑料工业技术的进步，填料已成为塑料改性不可缺少的重要原料之一。

第二节　塑料填料的性能特征

塑料填充改性材料的性能与改性效果，取决于基体树脂的性能以及填料种类、形态、浓度及分散状态等因素。填料品种很多，其化学组成、物理性能、结构、粒径大小、颗粒的几何形状、比表面积、吸油值、硬度，尤其是界面层等都与填充改性塑料的性能密切相关。

一、化学组成

在填充改性中，尤其是要赋予塑料以功能性时，填料的化学组成起着决定性作用。填料表面状态对相容性影响很大。由于表面原子的配位状态与内部的不同，有时表面原子会与其他原子或化合物反应生成不饱和键，遇到大气中一些反应性强的物质，如氧和水等，这些不饱和键很快就与它们反应，形成一些表面官能团，如羟基、羧基等。

二、填料的粒径

填料对颗粒粒径大小的要求是根据产品要求不同而定的。一般以 $0.1 \sim 15\mu m$ 粒径为好；对于超细填料，如纳米级材料，其粒度可达 10nm 左右。

填料的粒径对填充改性材料的性能影响很大。细小的粒径有利于制品的力学性能、尺寸稳定性以及制品的表面光泽和手感，对材料的光散射、透光性及流变行为都有正面影响。一般粒径越小分散性越好，但更细的粒子尺寸，导致总表面积增大，这就需要更多的能量来浸润，因此分散反而更加困难了。若加工设备分散能力不足则会影响产品质量，达不到理想的性能，同时还增加材料的成本。因而实际生产中选用什么粒径的填料，应根据塑料的种类、加工设备分散能力不同而定，不能一概而论。

当填料的粒径较大时，复合材料的性能大多下降；当粒径小到一定值时，性能才能有所上升。但随着填充量增大到一个极限值后，性能也会下降；极限值的大小，即最高填充量与粒径有关，粒径越大，极限值越高。

填料的粒径通常可用实际尺寸（μm）来表示，也可用目数来表示。目数指筛子 $1in^2$（$1in = 2.54cm$）面积内的筛孔数。实际上当前市场上大多数矿物填料颗粒粒径粗细的称呼，都是以目为单位。填料粒径尺寸可以用沉降分析天平法测定，也可用普通的光学显微镜法测定，在视场上用微米刻度的尺寸直接读数。表 6-1 是筛孔尺寸（μm）与筛子目数的关系。

表 6-1　筛子目数与筛孔尺寸的关系

目数	20	45	80	100	150	200	325	400	625	1250	2500	12500
尺寸/μm	833	350	175	147	104	74	43	38	20	10	5	1

三、填料颗粒的形状

大多数颗粒状填料是由岩石或矿物用不同的方法制成的粒状无机填料。填料的形状分为以下几种：薄片状、纤维状、球状、柱状和无规则状等。

1. 薄片状

薄片状填料主要有滑石粉、石墨、云母、高岭土、金属氧化物薄片以及水合氧化铝等。薄片的底面与厚度比值大时，可提高填料的刚性。如云母是典型的薄片状填料，其底面与厚度的比值分别为 200 和 50 时，填充聚酯的弯曲弹性模量分别为 $6 \times 10^4 \, \text{MPa}$ 和 $4 \times 10^4 \, \text{MPa}$，两者相差 $2 \times 10^4 \, \text{MPa}$。

2. 纤维状

纤维状填料与柱状填料大体很相似，只不过前者的纵横比更大。一般它们的长径比应大于 10。典型的如石棉和玻璃纤维等。

3. 球状

球状填料在复合填充体系中具有良好的流动性，制品表面光洁性好，制品内部应力分布均匀。球状填料的典型代表为玻璃微珠，它可以合成，也可以从粉煤灰中提取；另外还有中空微球状的中空玻璃微珠和中空二氧化硅。该类中空圆球状填料具有吸收冲击能的作用，因而可提高填料的冲击强度；同时由于其密度比较小，还可以降低填料的相对密度，可以用作耐火材料、防火材料、绝热保温材料、隔音材料、电绝缘材料及浮力材料等聚合物的填料。另外，$CaCO_3$、$BaSO_4$ 及 $Al(OH)_3$ 也接近于球形，但其表面不光滑。

4. 柱状

其断面形状有圆形、正方形、六边形、长方形及三角形等。其长度方向类似于纤维状，如石膏、硅灰石等。

5. 无规则状

无规则状填料包括白泥、红泥等工业废渣等。

薄片状、纤维状填料使制品的加工性能变差，但其力学性能优良；颗粒状、球状、无规则状的填料使制品的加工性能优良，力学性能比薄片状和纤维状填料制品的差些。

填料除了球状和中空微球状两种填料为各向同性外，其他形状的填料均为各向异性。对于各向异性类填料，其纵横比越大，补强作用越强，越有利于制品力学性能的提高，但对成型加工不利。对于各向同性等纵横比接近 1 的填料，对复合材料的成型加工有利，但对力学性能提升不利。

四、比表面积

填料的许多效能与其比表面积有关。同体积不同形状的物体，球形的比表面积最小，实际上各种有机或无机填料很少有光滑的表面，其比表面积增大有利于在树脂中分布，粒度越细，比表面积越大。填料粒子的表面能的大小关系到填料在基体树脂中的分散程度，当比表面积达到一定程度时，表面能越大，粒子相互间越容易凝聚，越不容易分散。在处理填料表面时，降低其表面能是主要目标之一。微孔多的填料易于与表面活性剂、分散剂、表面改性剂、助剂以及极性聚合物发生吸附或化学反应。

五、吸油值

许多填料与增塑剂或其他助剂并用时，填料对增塑剂或其他助剂都有一定的吸收值。填料的吸油值定义为 100g 填料吸收液体助剂的最大体积（mL）。

填料的吸油性主要影响改性塑料配方体系中液体助剂的添加量，填料的吸油性较大时，应加大液体助剂的添加量，以弥补被填料吸收而不能发挥作用的液体助剂。

如果增塑剂或助剂被填料所吸收，就会大大降低增塑剂或助剂对树脂的功能效果。例如在 PVC 加工配方中，必须考虑填料吸收增塑剂而引起的增塑剂损耗。增塑剂的添加量应为 PVC 树脂需要增塑剂用量与填料吸收增塑剂用量两部分之和。例如轻质 $CaCO_3$ 吸油值是重质 $CaCO_3$ 的 4～5 倍，使用重质 $CaCO_3$ 作为聚氯乙烯人造革的填料时，达到同样的增塑效果情况下可减少增塑剂的用量，降低制品的生产成本。

六、硬度

在一定程度上，测定硬度是确定塑料的刚度、回弹、蠕变、负荷下的形变、撕裂强度、抗压强度及其他性能的方便而迅速的方法。

高硬度填料可以提高填充改性材料及其制品的硬度、刚性、耐磨性和耐刻画性，对于耐磨、高硬度的制品，尽可能选用高硬度的填料。例如半硬质的 PVC 铺地块材，用石英作填料，其硬度、耐磨性能比用碳酸钙好得多。但硬度大的填料对塑料加工设备的磨损严重，且磨损强度随填料粒径的增加而上升，大到一定粒径后趋于稳定。尽管石英的价格比碳酸钙贵，但是其产品耐磨性能满足用户需求，企业还是乐于使用的。

七、光学特性

为了不影响塑料制品的色泽，通常在选用填料、助剂时，往往选用透明的、半透明的、无色的或浅色的，至少是白色的，而且白度越高越好。填料的折射率与树脂基材的折射率之间的差别，影响填充改性材料的透明性，也影响制品的着色深浅及鲜艳程度。

有些填料可以吸收紫外线，如炭黑、石墨，将其用作改性填料，可保护聚合物避免紫外线照射。如添加 2% 炭黑的 HDPE 片材可以长期在室外使用，寿命可达 20 年以上。PE 通信电缆外层护套中添加 2.6% 的炭黑，可延长使用寿命。

在树脂中加入填料吹制成薄膜，可见光在穿过薄膜时遇到填料发生反射与折射，形成散射光，对用于农业的棚膜有利，可使棚内各处植物受光均匀。某些填料，如云母、滑石粉和煅烧煤系高岭土，还对红外线有阻隔作用，可以在夜晚阻止棚内热能以红外线形式散到棚外，从而提高塑料棚的保温功能。

另外还有一些填料不仅可以吸收紫外线，还可通过重新发光把波长较短的紫外线转化为其他波长的光线。如某些无机或有机的稀土金属化合物。这类填料用于农用薄膜时，填料起转换光的作用，不但可避免紫外线对塑料聚合物的破坏作用，还可以增强植物所需要的光。将一定稀土转光剂添加到树脂中制备的转光膜可将太阳光中有害或无用的紫外光、绿光转换为植物光合作用所需的红橙光、蓝光，改善植物光照条件，提高光能利用率，强化植物光合作用。

八、热、电、磁性能

1. 热性能

大多数填料能提高复合材料的热性能，如热变形温度、维卡软化点、熔融温度、热导率、比热容和热膨胀系数等。

2. 电性能

填料的电性能包括导电性与介电常数。所有金属都有优异的导电性，加入一定量的金属粉末填料，可以生产半导体聚合物或导电塑料体系。

非金属填料有的是电的绝缘体，按一定的配方比例加入聚合物中可以提高聚合物的电绝缘性，如云母粉。有的填料有优良的导电性，如炭黑、碳纤维等。

3. 磁性能

塑料的磁性是通过加入具有磁性的粉末填料而获取的。如电冰箱的磁性密封条、学生用的文具盒、磁性棋子等均是磁性塑料制品。磁性填料有铁氧化体和稀土之类。其磁性不及磁铁的磁性好，但其具有力学性能好、易于成型加工、尺寸稳定性高及相对密度小等优点，因而得到广泛的采用。

稀土类塑料复合磁体的磁性比铁氧体类塑料复合磁体的磁性大，前者的最大磁能面积是后者的 1.7～17 倍，但其价格比铁氧体高出 60 多倍。

第三节　填充剂的种类

填充剂的种类很多，按化学结构可分为无机填料和有机填料两大类。无机填料，如碳酸钙、云母、高岭土、滑石粉等；有机填料，如木粉、棉短绒、麦秆等。按填料来源又可分为矿物填料、植物填料、合成填料等。按外观形状可分为粉状、粒状、薄片状、实心微珠、中空微珠等。按照填充功能可分为增量型、增强型、阻燃型、着色型、导电型、耐热型、耐候型、耐寒型、爽滑型等。下面对常用填料进行简要介绍。

一、无机填料

1. 碳酸钙

碳酸钙由天然的矿物，如石灰石、大理石等研磨而成，或人工合成，是塑料生产中使用最广泛的填充剂之一。无臭、无毒的白色粉末，细度一般为 $5\sim40\mu m$，在酸性溶液中或加热至 825℃ 时就分解为氧化钙和二氧化碳。从填料角度可划分为轻质碳酸钙、重质碳酸钙、胶质碳酸钙。价廉，来源广泛，相对密度较小，除具有增量作用外，还有改善加工性和制品性能的功效。

轻质碳酸钙：用化学方法制造的碳酸钙，学名为沉降性碳酸钙，密度为 $2.4\sim2.7g/cm^3$，难溶于水，莫氏硬度为 2.5，吸油值 63mL，白度＞90，一般粒径在 $10\mu m$ 以下，粒子呈纺纱锭子状或柱状结晶。它可用作塑料、纸张、橡胶、涂料、油墨等的白色填充剂，是塑料和造纸工业中应用最广的填充剂之一。当碳酸钙粒径小于 $0.1\mu m$ 时，进行表面处理可用作塑料补强填料。其中的活性碳酸钙为沉淀碳酸钙用硬脂酸钠、太古油等表面处理所得的白色粉末，平均粒径为 $0.03\sim0.1\mu m$，比表面积为 $25\sim85m^2/g$，用作橡胶、塑料、涂料等填充剂，兼具补强作用。粒径越小，补强效果越好，还可改善橡胶的色泽及表面光泽；用于塑料时，润滑性好，易于加工。

重质碳酸钙：无臭无味白色粉末，几乎不溶于水，密度为 $2.7\sim2.9g/cm^3$，莫氏硬度为

3.0，吸油值为 32mL，是由石灰石经选矿、粉碎、分级、表面处理而成。因含有杂质，其白度比不上轻质碳酸钙。按照细度分为单飞粉（200 目）、双飞粉（325 目过筛率≥99％）、三飞粉（325 目过筛率≥99.9％）、四飞粉（400 目）。其中三飞粉主要用作塑料、涂料、黏合剂、密封胶及油漆等的填充剂，四飞粉主要用作橡胶模压制品、沥青油毡制品及电线电缆绝缘层的填料。

2. 滑石粉

滑石粉主要成分为水合硅酸镁，分子式为 $3MgO \cdot 4SiO_2 \cdot H_2O$，由天然滑石粉碎精制而得，纯白色、灰白色或浅黄色结晶细粉，密度为 $2.7 \sim 3.0g/cm^3$，莫氏硬度为 $1 \sim 2$，折射率为 $1.54 \sim 1.57$，化学性质不活泼，不溶于水，性柔软有滑腻感，与油、脂肪、蜡及聚合物有很好的相容性。同时，由于其晶格是由易分开的薄层重叠成的，故能产生润滑作用，可减少对加工设备的磨损。

滑石粉作为塑料填料，可提高制品的硬度、耐热性、耐蠕变性、抗酸碱性、电绝缘性和尺寸稳定性。其折射率与 PVC 接近，可应用于 PVC 半透明制品。它用于聚丙烯时，具有成核剂的作用，可使聚丙烯球晶尺寸微细化。滑石粉无毒，可用于食品用制品。

3. 云母

云母是层状结构的铝硅酸盐的总称，与滑石粉相似，属于单斜晶系，呈假六方片状，具有玻璃光泽，密度为 $2.7 \sim 2.9g/cm^3$，莫氏硬度为 $2 \sim 3$，折射率为 1.6。作为电气绝缘材料通常使用硬质白云母，作为发电机整流垫片的是软质金云母，还有红云母、黑云母等。将云母磨成 $200 \sim 1000$ 目粉末，常用于电工塑料，可提高制品的电性能、耐热性、抗冲击性、耐湿性、机械强度以及降低成型收缩率。

云母的分散性差，因此，在使用前最好用氨基硅烷、马来酸酐接枝的聚丙烯蜡或氨基乙酸酯进行表面处理。

4. 高岭土

高岭土主要成分是黏土，又叫瓷土、陶土，是一种水合硅酸铝的矿物质，分子式为 $Al_2O_3 \cdot 2SiO_2 \cdot 2H_2O$，密度为 $2.50 \sim 2.63g/cm^3$，折射率为 1.62，pH 值为 $5 \sim 6$。纯高岭土为白色，呈六方片体，含有杂质的高岭土则呈灰色或淡黄色，白度为 $90\% \sim 96\%$。作为塑料填料，高岭土具有优良的电绝缘性，可降低制品成本，可用于 PVC 电线包皮、PE 和 PP 电缆、薄膜。如在 PVC 中添 10％的高岭土，可提高电绝缘性能 $5 \sim 10$ 倍；添加适量高岭土于 PS 薄膜复合材料中，可以用来制造塑料纸。高岭土的成型加工性能优于碳酸钙，作为 PP 的结晶成核剂，效果较好。其缺点是吸湿性大，应注意在储存时防止受潮结块，以免影响填充效果。

5. 二氧化硅

二氧化硅有天然与合成之分。天然二氧化硅主要是由石英（砂）加工、研磨、精选而成的结晶体，它能改善塑料制品的机械强度和降低成本。由于硬度大，易磨损加工设备，它主要应用于热固性塑料。工人长期吸入石英粉易得硅沉着病，因此比较少用。

人工合成的二氧化硅，又称白炭黑，有二氧化硅粉及凝胶两种，白色无定形粉末，质轻，其原生粒子粒径在 $0.3\mu m$ 以下，密度为 $2.65 \sim 2.7g/cm^3$，莫氏硬度为 $5 \sim 7$，pH 值为 $7 \sim 8$，吸油率为 $15\% \sim 40\%$，吸潮后会聚集成细颗粒，不溶于水和酸，溶于烧碱及氢氟酸，在高温下不分解，多孔，有吸水性，分散性良好，具有类似炭黑的补强作用。它主要应用于热塑性塑料，添加少量后，可减小制品的裂纹，增加强度，提高硬度，防黏结，减小线膨胀系数，改善电绝缘性能，降低挤出时模具的膨胀及使熔体增稠剂，改善流变性和触变性。此外，还有粒径更小的气相二氧化硅，适用于要求更高的产品。

6. 硅藻土

硅藻土的主要成分为二氧化硅，由水生微细硅藻细胞遗骸堆积而成的一种生物化学沉积岩。它含有许多细孔，是具有许多不同形状、独特结构的碎片集合体，质轻柔软，主要应用于轻质、隔音、隔热、绝缘、阻燃塑料复合材料填充，也可作为 PE、PP 的抗粘连剂；其缺点是吸油量较大。

7. 硅灰石

硅灰石的主要成分是硅酸钙（$CaSiO_3$），白色结晶，具有 β 型晶型，通常呈针状、棒状，其长度与直径之比最高可达 15∶1。不耐强酸，但耐碱性极佳，硬度高。经过表面处理的硅灰石应用于 PP、PA 等塑料增强填充，可作汽车工业专用工程塑料部件。无毒，可用于食品级塑料制品中。可用作短纤维补强各种塑料，还是聚丙烯、聚酰胺、不饱和聚酯等模塑料玻璃纤维的廉价代用品，酚醛树脂中石棉的代用品。折射率为 1.62，与 PVC 混合料的折射率接近，是 PVC 透明或半透明制品的理想填料。在 PE 薄膜中填充硅灰石，薄膜的透光率达到 55.9%～74.3%。由于加工时针状的硅灰石晶体易沿着聚合物流动的方向产生取向，因此在填充量不大的范围内（＜30%），填充体系的黏度不会增加，有时还会下降。硅灰石原矿及细粉见图 6-1。

8. 玻璃微珠

玻璃微珠可由煤灰粉提取，也可人工制造，粒度为 10～250μm，壁厚为 1～2μm，具有质轻、热导率低、强度较高、化学稳定性较好等优点，其表面经过特殊处理具有亲油憎水性能，非常容易分散在有机材料体系中。有空心玻璃微珠和实心玻璃微珠两类。空心微珠的密

(a) 原矿

(b) 细粉

图 6-1　硅灰石原矿及细粉

度小于 $1g/cm^3$，在 $0.4\sim0.8g/cm^3$ 范围内，有质轻、绝热、隔音、耐高低温性能，并有良好的热稳定性和电绝缘性能，耐腐蚀、吸油量小、高分散、流动性好，即使在高添加量的前提下黏度也不会增大很多，可使生产效率提高 $10\%\sim20\%$，增强塑料的韧性，并不降低其本身的刚度，广泛用作塑料填料。推荐 PP 和 PA 中一般添加量为 $30\%\sim40\%$，HIPS、PBT 中添加量一般为 $7\%\sim15\%$、ABS 中添加量一般为 $5\%\sim7\%$。使用方法：在常规的工程塑料的使用中，空心微珠在高速搅拌机中用硅烷偶联剂 KH-550 改性后，可与工程塑料粒料进行适当搅拌混合，然后直接在双螺杆机中挤出抽粒。

实心玻璃微珠的密度大于 $1g/cm^3$，在 $1\sim2.4g/cm^3$ 范围内，表面光滑晶莹，呈白色或灰白色，用作 PE、PP、PS、ABS、PA 等塑料的填充剂。因玻璃微珠加工时易破碎，大多用于不饱和聚酯、环氧树脂等热固性树脂。图 6-2 为玻璃微珠及电镜下的空心玻璃微珠的图片。

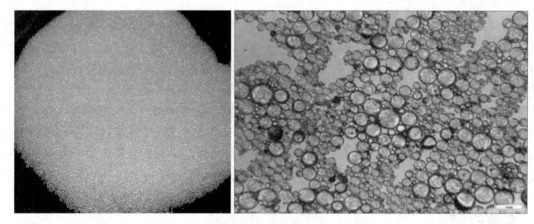

图 6-2 玻璃微珠及电镜下的空心玻璃微珠

9. 硫酸化合物

硫酸钡有天然硫酸钡和合成硫酸钡两种。天然硫酸钡，即重晶石粉，白色或灰色粉末，粒子较粗，性脆，pH 值为 4.5。合成硫酸钡，也叫沉淀硫酸钡，是无色斜方晶系结晶或无定形白色粉末，几乎不溶于水、乙醇及酸，溶于热浓硫酸，干燥时易结块。硫酸钡可提高制品的表面光泽、耐蚀性和密度，减少 X 射线透过率，还可改善塑料硬度，并提高耐酸性能。

硫酸钙又名石膏，分子式为 $CaSO_4$，有天然石膏（$CaSO_4\cdot2H_2O$）、硬石膏（$CaSO_4$）和化学沉淀硫酸钙（$CaSO_4\cdot2H_2O$ 或 $CaSO_4$）之分，无毒、透明，具有良好的尺寸稳定性，用于 PE、PP 等树脂的填充和增强。

10. 二氧化钛

二氧化钛俗称钛白粉，呈珠状结晶，平均粒径 $0.1\mu m$，白色颜料。二氧化钛可分为锐钛型、金红石型和板钛型，工业上常用前两种。它无毒，具有优良的光学性能、物理性能、化学稳定性能。二氧化钛的介电常数较高，因此具有优良的电学性能。二氧化钛具有半导体的性能，它的电导率随温度的上升而迅速增加，可利用该性质生产陶瓷电容器等电子元器件。

金红石型二氧化钛作为塑料填料或颜料应用于塑料制品效果良好，既能相当高地提高制品的白度，又能使光的反射率增大，保护高分子材料内层免遭紫外线的破坏，从而起到光屏蔽剂的作用。杜邦 Ti-Pure® R-104 主要设计用于塑料，特别适用于需要高浓度颜料的热塑性色母料，以及要求对熔融流动影响较小的产品系列。

11. 炭黑

炭黑是一种轻、松且极细的无定形炭粉末，可由石油、天然气、油脂等含碳较多的有机化合物经不完全燃烧或热分解制取。炭黑的主要功用是作为橡胶工业用量最大的填充及补强剂，在塑料制品中，炭黑是塑料的着色剂、防紫外线老化剂和抗静电剂。主要利用其导电性和作为黑色颜料，它具有一般抗静电剂不能达到的抗静电效果。此外，它还具有光屏蔽的作用，并能提高制品的耐老化性能和改善热变形温度。

加入相同重量、但孔隙体积较大的炭黑，能增加炭黑粒子在塑料中的体积数量，同时也能提高塑料制品的导电性。然而，炭黑的分散和稳定性有时不能满足要求，会影响塑料制品的性能。应当选择具有低表面积、高结构的炭黑以便获得最佳分散效果。另外，可以通过加大分散力度解决分散问题，也可以通过增加混合的时间、改善混合条件来解决分散问题。炭黑及不同形态炭黑的导电性见图 6-3。

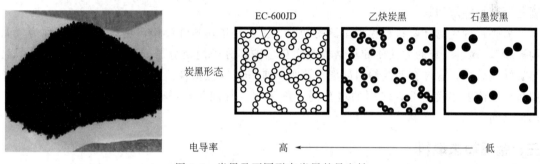

图 6-3 炭黑及不同形态炭黑的导电性

12. 白泥与红泥

白泥是造纸厂排出的废渣，主要成分是碳酸钙，占 $85\%\sim90\%$，其他成分有镁、铝等元素。其白度及吸油值均低于轻质碳酸钙，粒径比较大，用于填充 PVC 制品，如人造革、鞋底、鞋材等。

红泥又称赤泥，是炼铝厂排放的废渣，其化学组成是钙、铝、硅、铁的化合物。它用于填充除了可降低成本，还可兼作廉价的热稳定及光屏蔽剂，提高制品的耐热、耐光性能，延长产品的使用寿命。如赤泥 PVC 复合材料比一般 PVC 复合材料使用年限延长 2～3 倍。

二、有机填料

有机填料分天然有机填料和合成有机填料。天然有机填料有木粉、淀粉、果壳粉、贝壳粉以及棉、麻、稻等农副产品的粉末。合成有机填料主要为纺织工业、橡胶工业及热固性塑料工业的边废料。

1. 木粉

木材打成的粉末叫木粉，木粉是含有丰富纤维素的材料，如木屑、木片、木刨花等，干燥后研磨成细粉而制成。木粉可赋予塑料制品声学性能、增加弹性模量和降低制品成本。

塑木材料制备技术中所应用的木粉一般无严格要求，主要要求各种木粉的粒径一般在 20～100 目，在此基础上，要保证木粉和塑料在混合前进行烘干处理，使木粉含水量控制在 3％以内。用带排气功能的挤出机，特别是双螺杆挤出机加工塑木材料时，木粉不需进行特别的烘干处理，只要在日光下自然干燥即可直接挤出加工。木粉填充聚乙烯废料时，木粉用量应在 30%～50%；随木粉填充量的增加，断裂拉伸强度下降，但仿木材加工性能逐步增加，用 1%～2% 的钛酸酯偶联剂处理木粉对填充后的制品性能有很好的作用，酚醛树脂粉对改善木粉填充 PE 体系具有较好的作用。加入 EAA 可以提高木粉与 PE 界面的粘接力，从而提高材料的力学性能，加入 EPDM 可以提高体系的抗冲击强度。

2. 淀粉

淀粉分为直链淀粉和支链淀粉，普通淀粉中大量的羟基导致其成型加工性能非常差，熔融的温度较高，而其分解温度要低于其熔融温度，因此在热加工时，淀粉分子未熔化而先分解。高直链淀粉适合作为填料用于降解塑料。淀粉利用物理、化学或酶法改性处理后，在淀粉分子上引入新的官能团或改变淀粉分子大小和淀粉颗粒性质，破坏氢键，变成凝胶化淀粉或称解体淀粉，在含水量大于 90%、温度在 90℃ 以上时淀粉颗粒消失而凝胶化，从而改变淀粉的天然特性，使其更适合于一定应用的要求。直链淀粉可以和生物降解塑料 PLA 共混制备全生物降解塑料。

另外一种生物降解材料称为全淀粉塑料，主要是指热塑性淀粉，热塑性淀粉也称为"无构淀粉"，通过一定的方法使淀粉结构无序化，破坏分子内及分子间氢键，打乱淀粉分子双螺旋结晶结构，这样会使淀粉熔融温度降低，使其具有热塑性。热塑性淀粉的制备工艺多采用挤出、注射和模压等，使用的增塑剂一般为水、甘油等，增塑剂的添加量应该在 5%～15% 之间。

三、金属粉末填料

金属粉末填料可由还原、粉末冶金或研磨等方法制备，其性能因制法不同而略有差异。如铁粉、铅粉、铜粉、铝粉、锌粉等，粉末细度一般为 300～350 目。金属粉末具有导电、导热性，主要用于改善塑料的导电、耐磨、传热及表面粗糙度等。金属填料的性能及应用见表 6-2。

表 6-2　金属填料的性能及应用

金属种类	密度/(g/cm³)	应用范围
铝	2.70	改善制品加工性、抗冲击性、传热性及导电性，用于制造结构件及导热涂料
铜	8.93	改善制品加工性、传热性及导电性，用于装饰制品
铁	7.8	提高制品耐磨性
铅	11.34	提高制品精度，防辐射及吸声
不锈钢	7.8	用于结构制品
锌	7.14	防腐蚀，用于塑料及涂料

第四节　填充塑料配方设计

一、填料的特殊性能

填料在降低复合制品成本的同时，可普遍提高其刚性和耐热性。对有些填料而言，还可赋予复合材料其他特殊性能，常用填料的改性性能见表 6-3。

表 6-3 常用填料的改性功能

性能	填料品种
耐热性	铝矾土(板状)、石棉、硅灰石、碳酸钙、硅酸钙、炭黑、玻璃纤维、高岭土、煅烧陶土、云母及滑石粉等
耐药品性	铝矾土、石棉、云母、滑石粉、高岭土、玻璃纤维、炭黑、硅灰石、煤粉及石墨等
电绝缘性	氢氧化铝微粉、石棉、硅灰石、煅烧高岭土、α-纤维素、棉纤维、玻璃纤维、云母、二氧化硅(无定形)、滑石粉及木粉等
抗冲击性	石棉、纤维素、棉纤维、中空玻璃微珠及黄麻纤维等
润滑性	石墨、滑石粉、硼泥、盐泥及二硫化钼等
导热性	炭黑、石墨、碳纤维、铝粉、硫酸钡、硫化铅、氧化铝、氧化铜、氧化镁、氧化铍、青铜粉、铝纤维、氮化硅、氮化硼及氮化铝等
导电性	炭黑、石墨、碳纤维、金属粉及纤维、镀金属纤维、SnO_2 及 ZnO 等
电磁性	钡铁氧体、锶铁氧体、钐钴类稀土(Sm-Co)、钕铁硼(Nd-Fe-B)、钐铁氮类(Sm-Fe-N)及铝镍钴类(Al-Ni-Co-Fe)等
压电性	钛酸钡、钛锆酸铅(PTZ)、钛锆酸钡、碳化锌及水晶等
抗振性	云母、石墨、钛酸钾、硬硅钙石、碳纤维及铁酸盐等
隔音性	硫酸钡、硫酸钾、铁粉、铅粉、氧化铁及中空微珠等
隔热性	玻璃中空微珠、硅石中空微珠及石英中空微珠等
光散射和反射	中空玻璃微珠、氧化钛、碳化钙及铝粉等
阻燃性	三氧化二锑、氧化钼、氧化铜、氧化锌、氢氧化铝、氢氧化镁、硼酸锌及水滑石等
脱臭性	活性白土、沸石等
防辐射	铅粉、铝粉、硫酸钡、碳化铅、碳化硼、无水硼酸、碳酸锂及氧化锡等
吸湿性	氧化钙和氧化镁等
灭菌性	银、铜、锌等的金属离子及其氧化物等
消光性	常用无定形二氧化硅,此外还有滑石粉、云母等
致重性	金属及其化合物、硫酸钡等
致轻性	硅藻土、木粉等有机填料

二、填料对加工性能的影响

1. 对加工流动性的影响

除滑石粉、硼泥、盐泥和石墨等填料本身具有自润滑性外，其他填料的加入均会使树脂的加工流动性下降。因此，在填充配方中，要加大润滑剂的用量。例如，在 PP＋20％滑石粉＋5％润滑剂的配方中，与不加润滑剂相比，熔体流动指数提高了180％。此外填料的加入可减轻塑料加工时的离模膨胀，填料的存在使共混物弹性减小，以此减小挤出胀大比。

2. 对加工温度的影响

无机填料的加入使树脂的流动性变差，由此引起加工温度提高，一般需提高 10～20℃才能使共混物有较好的流动性。

3. 对加工热稳定性的影响

填料的加入均会引起物料黏度的增加，从而在加工时摩擦力增大，摩擦产生的热量增加，因此填充树脂在加工时更易降解，为了提高树脂的热稳定性，需要加入热稳定剂或加大热稳定剂的用量。

4. 对制品表面光泽度的影响

除玻璃微珠外，几乎所有的填料都会使填充制品的光泽度下降，只是下降幅度不同而已，且随着填充量的增加，填充制品的表面光泽度降低。填料粒子的微观形状不同，对填充制品光泽度的影响也不同，其影响大小的次序为：球状＜粒状＜针状＜片状。填料的粒度越小，填充制品的光泽度下降幅度越小。填料粒度分布越宽，填充制品的表面光泽度越低。这主要是因为填料的粒度范围相差越大，填充制品的表面越凸凹不平，入射光越易产生漫反射现象。为此填充塑料中往往需加入光亮剂和外润滑剂等。

5. 对加工设备的影响

无机填料一般硬度较大，易磨损成型加工设备，尤其是填充量较大时更明显。因此配方设计时应注意调节共混物流动性，尽量减少无机填料对加工设备的磨损。

三、填充塑料制品的配方设计原则

1. 填料

填料一般需要干燥，用量约为 $10\%\sim40\%$。填料用量过多，会造成性能急剧下降。两种填料协同添加时，效果优于加入两者总量的任何一种填料。如云母填料能提高塑料制品的刚性，但同时又降低了其冲击强度，若同时加入粒径小于 $1\mu m$ 的碳酸钙粉末，则可以防止冲击强度的过度下降。配方体系中含有液体树脂时，要选用吸树脂性小的填料；配方体系中含有液体助剂时，要选用吸油性小的填料或者加大液体助剂的用量。

2. 表面处理

一般的填料均需要表面处理，偶联剂的用量为填料用量的 $1\%\sim2\%$，相容剂的用量约为总质量的 5% 左右。一般相容剂的效果更好，偶联剂与相容剂同时加入时效果更佳。

3. 增容剂

为了进一步提高填料与树脂间的结合力，除了填料表面处理的手段之外，加入增容剂是必要的。增容剂的极性基团可与填料表面的极性基团相互作用，长链部分与基体树脂的大分子链物理缠绕，从而起到增容作用。增容剂的用量需达到一定浓度，用量太少不足以有效地发挥增容作用。因此增容剂通常的用量在 $5\%\sim8\%$ 之间。

4. 增韧剂

在填料用量较大时，对树脂力学性能的削弱是非常明显的。因此在大多数填料含量超过 20%、产品力学性能要求较高的配方中，往往需要加入增韧剂。增韧剂的选择需充分考虑与树脂和填料间的相容性，特别是与树脂的相容性，与树脂相容性不好的增韧剂往往起不到较好的效果。某些增韧剂同时具有增容剂的作用，因此可以考虑两者合一，如 PP 填充配方中，POE-g-MAH 既是增容剂，又有增韧的作用。

由于增韧剂的成本往往较高，因此其用量不宜过高，但太少也达不到增韧效果。增韧剂的用量也需要根据填料的用量、增容剂的用量、增容剂的种类及产品性能的要求确定，一般用量在 $4\%\sim15\%$ 之间。

5. 分散剂

分散剂可改善填料在树脂中的分散性，一般加入 0.5% 的 EBS，提高填料在树脂基体中的分散性。分散剂往往使共混物的流动性有所改善，因此加入分散剂时同时考虑润滑剂的合适用量。

6. 抗氧剂

抗氧剂的用量为总质量的 0.5% 左右。多种抗氧剂并用，效果更好。户外制品，还需要加入约 $0.3\%\sim0.5\%$ 的光稳定剂。

7. 润滑剂

填料填充量较大时一般需要加入润滑剂，一般润滑剂用量在 0.5% 左右，填料用量较大时需要加大润滑剂的用量，否则加工时能耗较高，制品的表面也易粗糙。

8. 光亮剂

一般的填料均会对制品的表面产生不利影响，在对制品表观要求较高时，需要加入光亮剂以提高制品的表观质量。大多光亮剂同时具有润滑作用，因此加入时相应减少润滑剂的用量。

第五节　各类树脂的填充改性实例

一、PP 填充配方实例

PP 是常用的填充树脂品种，目的主要为降低制品的成本，还可以提高制品的刚性、耐热性和尺寸稳定性。随着木材资源的越来越贫乏，以塑代木塑料制品在建材、家具、装饰、包装等方面需求量越来越大，以 PP 为树脂填充有机填料的仿木制品正在兴起。

有些 PP 制品中，加入填料很有必要性。如 PP 打包带制品，加入碳酸钙可提高制品刚性，以满足机器打包的需要。再如，在 PP 的发泡配方中，加入滑石粉可提高发泡体系的黏度，降低破泡率，并有利于泡孔均匀。

由于 PP 与大多数填料的相容性不好，填料与 PP 复合前需要进行表面处理。

PP 常用的填料有：碳酸钙、滑石粉、硅灰石、云母、高岭土、木粉、纸粉、麻纤维及农作物秆壳粉等。

（1）PP/云母填充塑料配方

PP	100	云母（500 目）	10
钛酸酯偶联剂	1	相容剂 PP-g-MAH	5
EBS	2	抗氧剂 1010/168	0.3

相关性能：拉伸强度为 32.1MPa，冲击强度为 $6.4kJ/m^2$。

（2）碳酸钙填充 PP 打包带配方

| PP | 75 | 碳酸钙 | 20 |
| 硬脂酸钙 | 0.5 | 抗氧剂 1010/168 | 0.3 |

相关性能：拉伸强度为 38.8MPa，冲击强度为 4.6kJ/m²，弯曲强度为 46MPa。

（3）PP/高岭土填充配方

PP	63%	高岭土	30%
EBS	0.5%	NDZ-401 偶联剂	1%
抗氧剂 1010/168	0.3%	相容剂 PP-g-MAH	5%
其他	0.2%		

相关性能：冲击强度为 5.6kJ/m²。

（4）PP/云母/玻璃纤维复合填充配方

PP	100	云母	25
玻璃纤维	15	PP-g-MAH	5
EBS	0.5	抗氧剂 1010/168	0.3

相关性能：拉伸强度为 58.8MPa，冲击强度为 5.82kJ/m²，制品的弹性模量高，不翘曲，尺寸稳定，热变形温度高且电性能优良，广泛用于汽车、家电及仪表灯等领域的结构材料。

（5）PP/滑石粉汽车保险杠配方

PP（EPF30R）	85	PP（EPS30R）	15
滑石粉	12	POE	15
硅烷偶联剂	0.5	EBS	0.5
抗氧剂 1010	0.1	抗氧剂 168	0.2

相关性能：拉伸强度为 23.3MPa，弯曲强度为 36MPa，伸长率为 500%，热变形温度为 120℃，悬臂梁冲击强度为 550J/m。

（6）摩托车仪表托盘专用料配方

PP（MI＝2～4g/10min）	60 份	滑石粉（800 目）	27 份
PP-g-MAH	5 份	钛白粉	1 份
其他助剂	适量		

相关性能：拉伸强度为 35MPa，弯曲强度为 68.8MPa，弯曲弹性模量为 2829MPa，缺口冲击强度为 6.5kJ/m²，热变形温度（450kPa）为 139℃。

（7）高冲击 PP 喷灌管材配方

PP（C4220）	100	抗氧剂 1010/168	0.3
SBS	20	紫外线吸收剂 022	0.5
纳米碳酸钙	15	表面处理剂	适量

相关性能：拉伸强度为 28MPa，伸长率为 580%，弯曲强度模量为 780MPa；缺口冲击强度，常温为 41kJ/m²，−20℃ 时为 5.641kJ/m²；20℃ 水压试验（瞬时爆破压力）高于 3 倍工作压力。

二、PE 填充配方实例

聚乙烯作为管材、薄膜等制品还存在着机械强度不高、耐热性差、易老化和着色性差等缺点，填充 PE 在降低成本的同时还能提高其刚性、硬度、耐热性和着色性，功能性填料还可以改善 PE 的导电性、阻燃性、导热性、耐磨性等。PE 常用的填料为碳酸钙，并以轻质碳酸钙为主。此外，如木粉、淀粉、滑石粉、硅灰石、高岭土及工业废渣也有应用。因 PE 同填料的相容性十分不好，填充前填料需要进行表面处理，以提高同 PE 的结合力。

（1）碳酸钙高填充 PE 配方

HDPE（5000S）	20％	LDPE	5％
LLDPE	3％	钛酸酯偶联剂	1.5％
碳酸钙（800 目）	70％	EAA	1％
抗氧剂 1010/168	0.3％	EBS	1％

相关性能：弯曲强度 22.88MPa；拉伸强度 10.73MPa；缺口冲击强度 3.44kJ/m^2。

（2）HDPE 钙塑箱配方

HDPE	90	EVA（VA 含量 15％）	10
碳酸钙	100	EBS	1
抗氧剂 1010/168	0.3		

（3）滑石粉填充 LLDPE/LDPE 超薄地膜

LLDPE	70	LDPE	30
超细滑石粉	3	EBS	1
抗氧剂 1010/168	0.3		

相关性能：拉伸强度，纵向为 22.3MPa，横向为 18.8MPa；断裂伸长率，纵向为 264％，横向为 540％；直角撕裂强度，纵向为 102kN/m，横向为 127kN/m。

（4）碳酸钙高填充 PE 的泡沫塑料

HDPE	100	EVA（VA 含量 15％）	10
DCP	0.1	钛酸酯偶联剂处理的碳酸钙	10
HSt	1.5	AC 发泡	0.5
氧化锌	2	抗氧剂 1010/168	0.3
EBS	1		

三、PVC 填充配方实例

填料是 PVC 常用的添加材料，尤其是在 PVC 硬制品中。加入填料的目的不仅是降低成本，还有提高刚性的作用。在 PVC 软制品如电缆料、人造革中，加入填料的目的主要为降低成本，还可改善电绝缘性和加工性。

PVC 与大多数填料的相容性好，对一般制品，填料可不经表面处理直接加入。对于加入大量增塑剂的 PVC 软制品，增塑剂还可起一定的相容性作用。

PVC 可选填料范围很广泛，加入量也大。常用的填料有碳酸钙、高岭土、滑石粉、硅灰石、云母、工业废渣及有机填料，其中碳酸钙最常用。具体设计配方时，应注意如下几点：

① 在 PVC 制品中，重、轻碳酸钙都可用。

② 在 PVC 地板中，需加入大量的填料，如普通地板可加入 150～200 份碳酸钙；高级地板还可用滑石粉和硅灰石，但加入量少。

③ 在 PVC 电缆料中，一般煅烧陶土为首选填料，它可提高电缆料的绝缘性能；其他填料的加入量应控制在 10 份以下，否则影响电性能。

④ 在 PVC 压延制品中，加入适量的超微细滑石粉，可改善其加工润滑性。

⑤ 在 PVC 糊制品中，可加入不超过 10 份的碳酸钙和二氧化硅，否则体系黏度增大，成型困难。一定注意填料的吸液体性，应额外加入被填料吸收的液体。

在 PVC 中加入不同品种的填料，填充制品的性能不同，具体见表 6-4。

表 6-4　不同品种 PVC 填充制品的性能

填料种类(15份)	湿磨绢云母	活性轻钙	煅烧陶土	滑石粉
冲击强度(简支梁)/(kJ/m^2)	6.3	5.4	5.6	5.8
拉伸强度/MPa	47.0	44.2	43.9	55.4
弯曲强度/MPa	82.6	81.4	79.7	80.9
热变形温度/℃	81	78	77	78

（1）PVC 绝缘电缆料配方

PVC（SG-2）	100	二盐	2
DOP	30	硬脂酸钙	5
DOS	15	煅烧陶土	325
三盐	3	PE 蜡	0.5

（2）高填充 PVC 型材配方

PVC	100	TiO$_2$	3
DOP	10	环氧大豆油	2
钙/锌	6	EBS	0.5
碳酸钙	50	抗氧剂 1010/168	0.3

（3）湿磨绢云母填充 PVC 型材和管材配方

	型材	管材
PVC（SG-5）	100	100
湿磨绢云母	15	20
CPE	4	4
ACR	2	—
三盐	4.5	3.5
二盐	2.5	2.0
CaSt	0.8	0.7
ZnSt	0.4	0.4
EBS	0.7	0.5
PE 蜡	0.7	—
TiO$_2$	6	3

（4）碳酸钙填充 PVC 地板配方

	地板块	半软地垫
PVC	100	100
钙锌稳定剂	6	5
环氧大豆油	4	4
DOP	20	35
碳酸钙	200	150
EBS	1	1
钛白粉	3	2
抗氧剂 1010/168	0.3	0.3
光稳定剂	0.5	0.5

四、ABS 填充配方实例

ABS 综合性能优良，但存在耐候性、耐热性差的缺点。添加少量的填料在降低成本的同时对基本性能影响不大，有时为了提高 ABS 的耐热性、刚性或其他特殊性能，还必须加入一定量的填料。ABS 填充母料的平均使用量约为 ABS 的 20%～30%，有的甚至达到 40% 以上。填料填充量一般在 20%～40%，多用于电子电器及家电产品中。

无机填料在和 ABS 混合之前进行严格的表面处理是提高材料性能的关键技术之一，此外提高无机粉体和基体结合力的增容剂和合适的增韧剂也是非常必要的。添加方式可以是直接混料法和母料添加法。

（1）玻璃微珠填充 ABS 配方

ABS	78.5	空心玻璃微珠（5μm）	20
EBS	0.5	硅烷偶联剂 A-172	0.5
抗氧剂 1010/168	0.3		

相关性能：缺口冲击强度为 $7.7kJ/m^2$，拉伸强度为 47MPa，弯曲强度为 69MPa，弯曲模量为 2.8GPa，熔体流动速率为 5.0g/10min。

（2）云母填充 ABS 材料配方

	1#	2#	3#	4#
ABS	85%	80%	75%	70%
增容剂 ABS-g-VM	10%	10%	10%	10%
云母	5%	10%	15%	20%
Izod 冲击强度/(kJ/m^2)	13.2	5.87	3.80	3.51
拉伸强度/MPa	38.1	38.8	41.0	42.8
弯曲强度/MPa	78.6	81.2	83.4	88.1
弯曲模量/GPa	2.55	3.15	3.60	4.31

五、工程塑料填充配方实例

因对工程塑料制品的性能要求高，所以其填充制品应用不多。工程塑料的填充主要集中在 PA 类工程塑料中，PC、PET、PBT 及 PPO 很少进行填充，PC/ABS 合金填充 POM 以改善耐磨性为目的。

工程塑料常用的填料有：云母、滑石粉、硅灰石、玻璃微珠、稀土及碱金属等。工程塑料填充以达到改善某种性能为目的，如力学性能、热学性能、电学性能等。

在 PA6 中加入 20% 云母时，拉伸强度提高 20%，弯曲强度和热变形温度明显提高。在 MCPA 中加入环烷酸稀土，耐磨性提高 1 倍以上、耐热性提高 13℃、拉伸强度提高 70%。

（1）玻璃微珠填充 PA6 配方

PA6	78.7%	玻璃微珠	15%
KH-550	0.5%	EVA	5%
EBS	0.5%	抗氧剂 1076	0.3%

相关性能：冲击强度为 $8.2kJ/m^2$，拉伸强度为 97MPa。

（2）云母填充 PA66 配方

PA66	54%	云母	40%
EVA	5%	EBS	0.5%
抗氧剂 1076/168	0.3%	其他	0.2%

（3）滑石粉填充增韧 PA6 配方

PA6	79.2%	滑石粉	15%
EBS	0.5%	POE-g-MAH	5%
抗氧剂 1076/168	0.3%		

（4）PA66 填充、增韧、增强配方

PA66	74.2%	(PP+POE)-g-MAH	5%
GF	10%	云母	10%
EBS	0.5%	抗氧剂 1076/168	0.3%

（5）玻璃微珠填充 MC 尼龙配方

| MC 尼龙 | 100 份 | 空心玻璃微珠 | 20 份 |
| KH-550 | 0.5 份 | 抗氧剂 1076/168 | 0.3 份 |

相关性能：该材料具有更加优异的摩擦磨损性能，力学强度高。

（6）POM 填充耐磨配方

POM	82%	PTFE	5%
UHMWPE	10%	石墨	2%
抗氧剂 1010	0.3%	其他	0.7%

相关性能：磨耗下降 78%。

（7）PC/ABS 填充配方

PC/ABS (70/30)	74%	超细滑石粉（5μm）	20%
ABS-g-MAH	4%	KH-560	0.4%
EBS	0.3%	抗氧剂 1076/168	0.3%
其他	1%		

六、热固性塑料填充配方实例

1. 环氧树脂填充配方

环氧树脂含有大量的环氧基和醚基，与大多数填料有很好的结合力，因此填料可直接加入使用。环氧树脂常用的填料以中性或弱碱性为主，酸性或强碱性填料会影响其固化，较少采用。通常采用石棉、铝粉和云母等改善冲击强度，采用石英粉和水泥改善压缩强度和硬度，采用石棉改善耐热性，采用氧化铝粉和钛白粉改善黏合性，采用石膏和滑石粉改善加工性。

（1）环氧树脂人造大理石配方

| 环氧树脂 | 100 | 3,3'-二乙基-4,4'-二氨基二苯甲烷 | 23 |
| 环氧丙烷稀释剂 | 8 | 碳酸钙、石粉、高岭土等填料 | 120 |

（2）环氧树脂粘接剂配方

E-51 环氧树脂	100	聚氨酯预聚体（—NCO 含量为 4%～5%）	50
邻苯二甲酸二丁酯	10	滑石粉（200 目）	30
二亚乙基三胺	10		

固化条件：60℃×24h，剪切强度：铝合金 27.0MPa（室温）。

2. 酚醛树脂填充配方

由于不填充 PF 制品脆性很大，难以应用，因此填充 PF 不仅降低成本，且改善力学性能、电绝缘性和耐化学性能。常用的填料有木粉、云母粉、石棉、碳酸钙等，填充量因填料种类不同而不同，一般加入量在 20%～40%，木粉的要高一些，达到 40%～50%。

（1）云母填充 PF 配方

热固性 PF 树脂	100	云母粉	175
六亚甲基四胺	7.35	氧化镁	7.35
硬脂酸	4.4		

（2）石棉填充 PF 配方

热塑性 PF 树脂	100	石棉	154
木粉	59	六亚甲基四胺	12
消石灰	11	硬脂酸	8

七、有机填料配方实例

1. 木塑复合材料

木塑复合材料指利用聚乙烯、聚丙烯和聚氯乙烯等代替通常的树脂胶黏剂，与 50% 以上的木粉、稻壳、秸秆等废植物纤维混合成新的木质材料，再经挤压、模压、注射成型等塑料加工工艺生产出的板材或型材。它主要用于建材（地板、栅栏、椅凳、园林或水岸景观等）、家具、物流包装等行业。木塑复合材料内含塑料和纤维，具有同木材相类似的表观质感和加工性能，其握钉力明显优于其他合成材料。除了具有塑料较好的弹性模量外，还有与硬木相当的抗压、抗弯曲等物理机械性能，抗强酸碱、耐水、耐腐蚀，并且不繁殖细菌，不易被虫蛀、不滋生真菌，使用寿命长，可达 50 年以上，可变废为宝，并能 100% 回收再生产。

高填充量木粉在熔融的热塑性塑料中分散效果差，使得熔体流动性差，挤出成型加工困难，可加入表面处理剂来改善流动性以利于挤出成型。塑料基体也需要加入各种助剂来改善其加工性能及其制品的使用性能。如相容改性剂可提高木粉与聚合物的相容性、分散性和力学性能，常用相容改性剂有异氰酸盐、过氧化异丙苯、铝酸酯、邻苯二甲酸酯类、硅烷偶联剂、马来酸酐改性聚丙烯（MAN-g-PP）、乙烯-丙烯酸酯（EAA），用量为木粉添加量的 1%～8%。增塑剂改善加工性能，降低加工温度，能使复合材料的拉伸强度下降、断裂伸长率增加。常用的增塑剂有邻苯二甲酸二丁酯（DOS）、邻苯二甲酸二辛酯（DOP）。润滑剂的作用：改善熔体的流动性和挤出制品的表面质量，提高挤出机的生产能力，降低能耗，提高型材低温冲击性。内外润滑剂相结合，如 EBS/ZnSt＝1∶1。常用的润滑剂有硬脂酸锌、亚乙基双脂肪酸酰胺、聚酯蜡、硬脂酸、硬脂酸铅、聚乙烯蜡、石蜡、氧化聚乙烯蜡等。室外塑木复合制品经过长时间使用，添加剂会迁移，产品出现褪色、黑斑或锈斑。因此一般都加入色母料或色粉。这些着色剂使制品有均匀稳定的颜色，且脱色慢。同时紫外线稳定剂可使室外制品在长期阳光照射下不发生降解或力学性能下降。常用的光稳定剂有受阻胺类光稳定剂和紫外线吸收剂。考虑到材料使用环境中的菌类、产品的含水量等多种因素，加入防菌剂如硼酸锌可以防腐，但不能防藻类，也可以用塑木专用杀虫剂 N-(三氯甲基硫代) 邻苯二甲酰亚胺（folpet）。某些制品还需要发泡，发泡后泡孔可钝化裂纹尖端并有效阻止裂纹的扩张，显著提高材料抗冲击性和延展性，且大大降低制品的密度，常用化学发泡剂为偶氮二甲酰胺（AC）。图 6-4 为木塑复合材料制品。

图 6-4　木塑复合材料制品

（1）木粉填充 PP、HDPE、LDPE 配方

PP、HDPE、LDPE	100	干燥木粉（100 目）	100
脲醛树脂	8	EAA	8
抗氧剂 1010/168	0.3	EBS	1

各配方的性能见表 6-5。

表 6-5　各配方的性能

性能	PP	HDPE	LDPE
拉伸强度/MPa	28.37	23.95	17.20
弯曲强度/MPa	46.95	36.40	25.73
冲击强度/(kJ/m²)	11.86	14.21	11.68

（2）仿木 PP 制品配方

PP	50	PP-g-MAH	6
木粉（200 目以上）	50	EBS	0.5
抗氧剂 1010/168	0.3		

相关性能：拉伸强度为 26.8MPa；弯曲强度为 34.5MPa；断裂伸长率为 8.5%；悬臂梁冲击强度为 5.82kJ/m²。

（3）木粉填充 PF 配方

热塑性 PF 树脂	100 份	木粉	100 份
滑石粉	15 份	六次甲基四胺	12 份
消石灰	2.4 份	硬脂酸	2.4 份

2. 淀粉生物降解材料

基于环境和社会可持续发展的压力，减少塑料白色污染，可降解塑料得以蓬勃发展。但生物降解材料成本昂贵，成为制约其发展的瓶颈。淀粉基生物降解材料可较大幅度降低生物降解塑料的成本，但还存在着韧性、耐吸湿性和加工性较差的缺陷。

由于淀粉分子结构中大量的羟基，其加工性能很差。因此所用的淀粉必须进行改性。淀粉可通过酯化、醚化（胺类化合物与淀粉分子的羟基起反应，生成具有氨基的醚衍生物）、羟烷基化或接枝共聚（聚己内酯或聚丙交酯接枝）、共聚（与乙烯基单体共聚成改性淀粉；

淀粉-乙烯丙烯酸共聚）加入增塑剂改善其加工性能。通常以小分子多元醇作为增塑剂渗入淀粉分子之间，与淀粉分子形成氢键，取代部分淀粉-淀粉之间的氢键，降低淀粉分子间的作用力，改善加工性能。相容剂可提高树脂与淀粉的相容性，如 SMA、EAA、EVA、淀粉接枝 PMMA、淀粉接枝 PS、淀粉接枝丙烯酸乙酯等。另外，为了进一步促进降解反应，还需加入降解促进剂，一般为不饱和聚酯类，如玉米油和油酸乙酯等。图 6-5 为生物降解塑料制品。

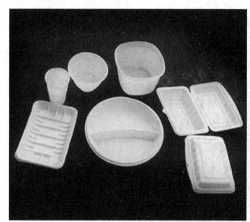

图 6-5　生物降解塑料制品

（1）淀粉填充 PP 生物降解餐具配方

PP	65	直链淀粉	30
偶联剂 KH-570	0.5	聚乙烯蜡（卫生级）	0.5
降解促进剂玉米油	5	丙烯酸十八酯-马来酸酐的共聚物（OA-MA）	1

（2）淀粉降解 PE 膜配方

LDPE/LLDPE（1/1）	35	直链淀粉	45
EAA（乙烯-丙烯酸）	6	甘油	8
硬脂酸	3	植物油	1.5
相容剂	3	10％NaOH 溶液	0.1

注：10％NaOH 溶液，稀碱溶液，一种处理木质纤维素的方法，可有效去除阻碍纤维素酶解的木质素和半纤维素，大幅度提高纤维素的酶解性，具有条件温和、污染小的特点。

（3）淀粉基完全降解餐具配方

聚乳酸	50	甘油	5
直链淀粉	30	碳酸钙（卫生级）	10
增韧剂	5	润滑剂	0.5

（4）PCL/淀粉全降解薄膜配方

PCL	50％	塑化改性淀粉	33％
PVA	8.5％	助溶剂	5％
硬脂酸	1.5％	聚乙烯蜡	1％
其他	1％		

相关性能：熔点为 113.6℃，脆化温度为 -31.7℃，透光率为 59％，拉伸强度为 16.87MPa，撕裂强度为 1.54kN/m，断裂伸长率为 473％，冲击强度为 27.3kJ/m²。

（5）PP 光生物降解片材配方

PP	100	二茂铁衍生物	1
氢过氧化物	0.5	改性玉米淀粉	9
碳酸钙	15~20	润滑油	2

光降解助剂有利于促进高聚物的分解，结合淀粉的生物降解功能和碳酸钙无机填料的物理分解功能，进一步提高共混材料的降解性。

思考题

1. 填料对塑料的性能有什么影响？

2. 塑料耐热改性填料有哪些？

3. 云母和滑石粉的结构分别有什么特点？分别能改善塑料的哪些性质？

4. 基于填料的吸液体性，配方设计时该注意哪些问题？

5. 填料的表面处理方法有哪些？如何选择偶联剂？

6. 塑料配方中加入填料后，配方需要进行哪些调整？

第七章
塑料增强材料

第一节　塑料增强改性的基本概念

一、增强改性塑料

凡通过添加增强材料，如纤维状增强材料、片状填充料、金属粉末等，与高分子材料进行共混、共聚或采用其他方法，使其力学性能得到显著提高的改性方法，均称为增强改性。

增强改性塑料最早的品种叫作"玻璃钢"。由于传统习惯的原因，通常仅把玻璃纤维增强的热固性环氧树脂或不饱和聚酯树脂称为"玻璃钢"。玻璃纤维还可以加入热塑性树脂中生产玻璃纤维增强塑料，几乎所有热塑性树脂都可以进行纤维增强。

增强改性塑料的目的主要是为了提高材料的比强度和比模量，提高减振特性、抗疲劳性，具有比强度和比模量高、质轻、减振、高强、绝缘、耐热、耐腐蚀等优异性能，还具有过载安全性和尺寸稳定性，成型工艺简单。随着汽车工业和电子电器工业的发展，增强改性塑料的应用领域越来越广泛。

增强材料与填充材料相似，只是增强填料的长径比更大。增强材料能大大提高塑料的拉伸强度和弯曲强度，而填充材料则不具备这些性能。

增强用纤维类材料主要包括纤维与晶须两大类。纤维又分为无机纤维和有机纤维。无机纤维有玻璃纤维、碳纤维、石英纤维、石棉纤维、陶瓷纤维、硼纤维等。有机纤维有涤纶纤维、芳纶纤维、腈纶纤维等。晶须类主要有金属、氧化物、碳化物、石墨等。

除纤维材料外，片状材料也可以用于增强改性。常用的片状填料有云母、氧化铝、硼化铝和碳化硅等六角形片晶；玻璃、金属和陶瓷也可人工做成薄片状填料使用。

纤维增强塑料（fiber reinforced polymer）简称 FRP，其中玻璃纤维增强塑料简称 GFRP，碳纤维增强塑料简称 CFRP，芳纶纤维增强塑料简称 AFRP。

二、增强材料的作用机理

增强材料在塑料中的最重要作用就是提高塑料制品的力学性能。就其作用机理而言，主要有桥联理论和能量转移理论两种。

1. 桥联理论

表面活化处理后的增强材料通过分子间力或化学键力与聚合物基体相结合，将材料自身的特殊性能与聚合物树脂的基本性能融为一体，取长补短。当复合材料的某一分子链受到应力作用时，纤维作为连接分子链之间的桥梁，将应力分散到其他大分子链上；如果其中某一条分子链断裂，通过纤维相连的其他分子链可承接应力，起到加固的作用，使整个体系的强度提高。

2. 能量转移理论

纤维材料与树脂的牢固粘接使塑料承受的负荷或能量能转移到纤维上。聚合物树脂中某一分子链受到应力时，应力通过桥联点向外传递扩散，甚至扩散至整个复合材料，从而起到传能效应，避免材料与聚合物树脂受到破坏。树脂与纤维的结合强度越高，复合材料的强度越高，因此偶联可提高纤维增强效果。

实际上，塑料增强应该是两种机理共同作用的结果。

三、增强改性塑料的特点

玻璃纤维增强塑料质轻，具有较高的比强度、良好的耐热性能和电绝缘性能、优秀的减振性和抗疲劳特性、独特的耐腐蚀性及工艺简单、易操作的成型加工方法，所以应用日益广泛。随着航空航天等尖端科学技术的发展，用碳纤维、硼纤维、晶须等增强的高强度、高模量、耐高温的增强材料的发展也十分迅速。

通过玻璃纤维增强后，热塑性塑料的物理机械性能有了明显的改善。部分通用塑料，如聚乙烯、聚丙烯、聚苯乙烯等，通过增强改性可以代替工程塑料的应用；有的工程塑料，通过增强改性，其性能跨进了金属强度的范畴，实现了以塑代钢，因而大大扩展了热塑性塑料作为结构材料应用于工程领域的深度和广度。

1. 比强度高

比强度为材料强度与密度的比值。纤维增强的塑料材料，其比强度甚至超过金属的比强度。表 7-1 是一些材料的力学性能。

表 7-1　几种材料的比强度和比模量

材料名称	密度 /(g/cm³)	拉伸强度 /10² MPa	弹性模量 /10⁴ MPa	比强度 /10⁷ cm	比模量 /10⁹ cm
钢	7.8	10.1	20.59	0.13	0.27
铝	2.8	4.61	7.35	0.17	0.26
钛	4.5	9.41	11.18	0.21	0.25
玻璃纤维/环氧树脂	2	10.4	3.92	0.53	0.21
碳纤维/环氧树脂	1.45	14.71	13.73	1.03	0.21
芳纶纤维/环氧树脂	1.4	13.73	7.85	1	0.57
硼纤维/环氧树脂	2.1	13.53	20.59	0.66	1
硼纤维/铝	2.65	9.81	19.61	0.38	0.75

从表 7-1 可以看出，增强塑料的比强度已超过了高级合金钢。纤维增强塑料是一类质轻、强度高的新型工程结构材料，广泛地应用于飞机、火箭、导弹、汽车以及其他要求轻量

化的产品中，以减轻油耗，节省能源，同时增强塑料易于拆卸、更换等维护工作，大大节约了维护成本。

2. 抗疲劳性能好

增强塑料的强度和刚性随纤维含量的增加而增加，而伸长率则降低，因而抗蠕变性能有明显的改善。如疲劳破坏是材料在交替动态载荷条件下，由于微观裂纹的形成和扩展而造成的低应力破坏。金属材料的疲劳破坏是由里向外突然发生，事先无征兆；而玻璃纤维增强塑料的疲劳破坏总是从构件的薄弱环节开始，逐步扩展，破坏前有明显征兆。

3. 良好的热性能

未增强的热塑性塑料的耐热性能不好，其热变形温度比较低，多数只能在100℃以下使用，这是塑料的一大缺点。增强改性使塑料的热变形温度显著提高，其产品可在100～150℃长期使用。典型的如PA6，未增强前其热变形温度在60～80℃，而增强PA6的热变形温度可提高到180～220℃，有的增强塑料的热变形温度可达300℃以上。有的通用塑料经过纤维增强耐热性可达到或接近工程塑料的耐热性，而有的工程塑料加纤增强后耐热性可接近特种工程塑料的耐热性，因此纤维增强改性是提高塑料耐热性的有效途径。

在提高了耐高/低温度的同时，还降低了材料的热导率和线膨胀系数，因而减小了制品的成型收缩率，提高了产品的尺寸精度。有些填料除能提高制品强度外，还能赋予制品相应的功能，如改善电学性能、阻燃性能等。

4. 增强纤维的形态

增强纤维的长径比越大，复合材料的力学强度提高幅度越大。要在复合材料中保持纤维的高长径比，除了选用高长径比的纤维品种外，还要在加工中注意保持长径比。在塑料的熔融加工中，断纤现象经常存在。特别在双螺杆挤出造粒过程中，纤维会因固体输送段的摩擦作用和螺杆剪切作用变短，还会因切粒作用变短。因此普通双螺杆挤出造粒得到的均为短玻璃纤维增强塑料。另外，长径比过大会给生产带来麻烦。

四、塑料增强的缺点

① 降低了制品的伸长率，有些增强塑料的抗冲强度下降。
② 由于无机填料流动性差，塑料增强后熔体流动指数下降，成型加工性变差。
③ 大部分无机填料往往会使制品的表面粗糙度变差，如出现浮纤问题。
④ 无机增强填料硬度大、强度高，对加工机械和模具的磨损比较大。

第二节　增强纤维填料的分类与应用

在塑料工业中用的增强纤维可以分为无机纤维、有机纤维、晶须、金属细丝等。有机纤维又分为天然有机纤维和合成有机纤维，前者如棉、麻、毛、丝等，后者如芳纶纤维、聚乙烯纤维、PPO纤维和涤纶等。无机纤维也可分为天然无机纤维（如石棉纤维）和人造无机纤维。人造无机纤维有玻璃纤维、碳纤维、硼纤维、陶瓷纤维、金属纤维等。常见纤维的力学性能如表7-2所示。

表 7-2　常见纤维的力学性能

纤　维	密度/(g/cm³)	软化点/℃	抗拉强度/MPa	比强度/10⁶cm	弹性模量/GPa	比模量/10⁷cm
Kevlar-29	1.54	—	3600	24	74	4.8
Kevlar-49	1.54	—	3900	25	127	8.3
碳纤维(普通)	1.7	3650	2000	11.8	200	11.3
碳纤维(高强)	1.75	3650	3000	17.1	220	12.5
碳纤维(高模)	1.9	3650	2500	13.1	450	23.6
硼纤维(钨芯)	2.62	2300	2800	11	390	15
E 玻璃纤维	2.54	700	3450	13.7	72	29
S 玻璃纤维	2.5	840	4820	19.7	85	35
石英玻璃	2.1	1660	6000	20	74	3.3
ZrO_2 纤维	4.81	3650	2100	4.3	350	7.1
Al_2O_3 纤维	3.15	2040	2100	6.6	180	3.5
Al_2O_3 晶须	3.96	2040	21000	53	430	11
SiC 晶须	3.18	2690	21000	66	490	19
Si_3N_4 晶须	3.18	1960	14000	44	380	12

一、无机纤维

1. 玻璃纤维

玻璃纤维（GF）是玻璃熔融后用高速抽丝机拉制成型的纤维。通常用于塑料增强改性的玻璃纤维的直径为 $6\sim15\mu m$，其拉伸强度为 $1000\sim3000MPa$。按玻璃的组成，玻璃纤维可分为有碱玻璃纤维、无碱玻璃纤维和特种玻璃纤维。有碱玻璃纤维主要成分为钙钠硅酸盐，又分为高碱玻璃纤维（氧化钠 13％以上）和中碱玻璃纤维（氧化钠 8％～12％），无碱玻璃纤维主要成分是铝硼硅酸盐，耐水性、力学强度和电绝缘性能好，但耐酸性较差，成本高。特种玻璃纤维是添加特种氧化物的玻璃纤维，具有高强度、高模量、高温、抗红外线、光学、导电等一系列其他玻璃纤维不具备的特种性能。塑料增强用玻璃纤维一般为无碱玻璃纤维。

用于热塑性塑料的玻璃纤维主要有短切纤维和无捻粗纱两种。图 7-1 为短切玻璃纤维和无捻粗纱。塑料配方造粒时，短切纤维可以直接计量添加；而无捻粗纱玻璃纤维在增强塑料中的用量则可通过控制玻璃纤维股数、螺杆转速和进料量来决定。玻璃纤维的长径比越大越好，因为玻璃纤维只有在达到一定长度时才会传递应力，达到增强的目的。因为造粒过程中，玻纤会受到螺杆剪切和切粒刀的剪切作用，一般认为挤出造粒后玻璃纤维的长度低于3mm。除了玻璃纤维的长度对增强塑料的性能有影响外，玻璃纤维的直径也有影响。玻璃纤维的直径越细，强度越高，扭曲性越好；直径越细，表面裂纹越少且小，拉伸强度随直径减小急剧上升。增强塑料用玻璃纤维通常直径为 $6\sim15\mu m$，为高、中玻璃纤维，拉伸强度在 $10000\sim30000kgf/cm^2$（$1kgf/cm^2=98.07kPa$）之间。

玻璃纤维的含量在 5％～30％即可，含量高，拉伸强度高，但制品脆性大。玻璃纤维含

图 7-1 短切玻璃纤维和无捻粗纱

量过多，强度反而会下降，主要原因为树脂太少，粘接力不够，起不到能量传递作用。

玻璃纤维本身为极性材料，表面十分光滑，对非极性树脂如 PP、PE 等的相容性差。为此将其加入树脂中之前，需要进行表面处理或加入相容剂，表面处理可用偶联剂。

玻璃纤维是最常用的塑料增强材料，可占塑料用增强材料的 95% 以上。

2. 碳纤维

碳纤维（CF）是含碳量在 95% 以上由碳元素构成的一类纤维材料，通过高温炭化法制成。与玻璃纤维相比，弹性模量是其 3 倍多，具有高强度、高弹性。其特点是质轻、刚性大、热导率及导电系数高，强度高，在高温下强度也不会降低，还具有相对密度小、耐高温、防辐射、耐水及耐腐蚀性好等优点。但其耐冲击性较差，容易损伤，在强酸作用下发生氧化，因此，碳纤维在使用前须进行表面处理。图 7-2 为各种形态的碳纤维。

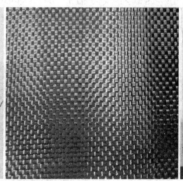

图 7-2 各种形态的碳纤维

碳纤维的原料为沥青、聚丙烯腈、人造丝、PVA 及芳香族聚酰胺等聚合物，市场上 90% 以上碳纤维以 PAN 基碳纤维为主。一般先在 300℃ 的空气中预氧化，然后在惰性气体中高温炭化；石墨纤维的炭化温度为 2500～3000℃，含碳量为 99%；无定形碳纤维的炭化温度 1500～2000℃，含碳量为 95%。碳纤维可用表面氧化法、表面上胶法、表面包覆法及表面接枝法等处理。

世界碳纤维产量达到每年 4 万吨以上，全世界主要是日本、美国、德国、中国以及韩国等少数国家掌握了碳纤维生产的核心技术，并且有规模化大生产。2018 年 2 月，中国完全自主研发的第一条百吨级 T1000 碳纤维生产线在江苏连云港开发区实现投产且运行平稳，标志着我国高性能碳纤维再上一个新台阶，迈入了向更高品质发展的新时代。中国建材集团所属中复神鹰碳纤维公司已系统掌握了 T700 级、T800 级千吨级技术和 T1000 级、M30 级、M35 级百吨级技术，在国产碳纤维市场的占有率连年达到 50% 以上，极大促进了我国碳纤维复合材料产业的发展，解决了国家对高端材料的急需。

碳纤维碳材料已在军事及民用工业的各个领域取得广泛应用，从航天、航空、汽车、电子、机械、化工、轻纺等工业到运动器材和休闲用品等。碳纤维增强的复合材料可以应用于飞机制造等军工领域、风力发电叶片等工业领域、球棒等体育领域，还可作为电磁屏蔽除电材料、人工韧带等身体代用材料以及用于制造火箭外壳、机动船、工业机器人、汽车板簧和驱动轴等。碳纤维是典型的高科技领域中的新型工业材料。

3. 硼纤维

硼纤维（BF）是由钨丝作为芯线，通过硼的蒸气炉，使硼沉积于钨丝基体表面而制得的高强度、高模量和低密度的硼纤维多相复合纤维材料。

硼纤维具有良好的力学性能、强度高、模量高、密度小。在室温下，硼纤维的化学稳定性好，但表面具有活性，不需要处理就能与树脂进行复合，而且所制得的复合材料具有较高的层间剪切强度。

硼纤维的缺点为工艺复杂，不易大量生产，其价格昂贵。由于钨丝的密度大，硼纤维的密度也大。目前已研究用碳纤维代替钨丝，以降低成本和密度。结果表明，碳芯硼纤维比钨丝硼纤维强度下降 5%，但成本降低 25%。

硼纤维/环氧复合材料除了具有高的比强度和比模量之外，相对于碳纤维/环氧复合材料来讲，还具有较大的热膨胀系数以及不易与铝合金发生电化学腐蚀等特点。因此国外已将其应用于损伤铝合金结构的修复。目前已有商品化生产的硼纤维/环氧预浸带。采用液体丁腈橡胶（LNBR）改性环氧树脂可以提高环氧树脂的韧性，同时还可以改善其与硼纤维的相容性，提高硼纤维与环氧树脂间的界面剪切性能。图 7-3 为尾翼采用纳米硼纤维材料的 F-14 战斗机及纳米硼纤维的显微结构。

图 7-3　尾翼采用纳米硼纤维材料的 F-14 战斗机及纳米硼纤维的显微结构

纳米硼纤维是在硼纤维的基础上经过纳米技术处理，使其素材更轻、强度更大的一种增强剂。它是外径小于 1000nm，宽高比大于 50 的圆柱形结构，质量只有碳纤维的 1/3，但是强度却是碳纤维的三倍。纳米硼纤维作为一种性能强劲的增强剂，已经越来越广泛地应用于材料生产中。纳米硼纤维可应用于军事产品，如 F-14 战斗机在生产过程中，在尾翼采用纳米硼纤维材料，以减轻其重量，同时其耐高温的特性，也防止了机翼由于空气摩擦引起的热疲劳现象，防止尾翼因运动受力或发热而造成故障，增强其飞行的安全性；也可应用于工业民用产品如高端钓鱼竿、汽车发动机风扇等。

4. 陶瓷纤维

陶瓷纤维是由三氧化二铝和二氧化硅等氧化物人工合成的无机纤维，直径一般为 2～5μm，长度多为 30～250mm，具有极高的热稳定性（1350～1650℃）与很高的弹性模量。陶瓷纤维突出的特点是耐高温和耐腐蚀性良好，热导率和热膨胀系数小，化学稳定性高。其抗张强度与玻璃纤维相当，陶瓷纤维的弹性模量比玻璃纤维高 4～6 倍。陶瓷纤维可分为非氧化物陶瓷纤维（如 SiC 纤维和 C 纤维）和氧化物陶瓷纤维（如 Al_2O_3 纤维）。非氧化物陶瓷纤维高温抗氧化性能低，因而不适宜用于高温氧化环境。而氧化物陶瓷纤维大多是多晶陶瓷纤维，具有优良的高温抗氧化性，可以应用在 1400℃ 以上的高温场合。

含有硅铝陶瓷纤维的酚醛树脂增强复合材料在 218℃ 下经过 240h 仍能具有 95% 的抗弯强度保留率，而用玻璃纤维增强的同样的复合材料，抗弯强度保留率只有 70%，且短切陶瓷纤维的价格也低于短切玻璃纤维。它适用于有耐高温要求、热恢复性能好、制动噪声小的制动器衬片。陶瓷纤维主要应用于具有特殊要求的工程塑料中，如耐高温特种工程塑料。

5. 晶须

晶须是在人为控制条件下以单晶形式生长而成的一种纤维。晶须基本上是完全晶体，因此力学强度极高。晶须兼具玻璃纤维与硼纤维两者之所长，既有玻璃纤维的良好伸长率（3%～4%），又有硼纤维优秀的弹性模量。

用于制造晶须纤维的材料很多，诸如金属、氧化物、碳化物、卤化物、氮化物、石墨及有机化合物等物质。工业上应用较多的晶须是氧化铝晶须（又称蓝宝石晶须）、硫酸钙晶须、钛酸钾晶须、碱式硫酸镁晶须、碳化硅晶须、硼酸铝晶须和氧化锌晶须等。

晶须的机械强度高，具有非常坚韧的特性，应用于航空、航天、机械、汽车、电子及建材等工业结构部件。晶须具有显微增强和填充能力。晶须的尺寸在微米和纳米级，不影响改性材料的成型流动性，接近无填充物的树脂。但晶须价格高，应用范围有限。常用的晶须有如下几种：

钛酸钾晶须（结构通式为 $K_2O \cdot nTiO_2$）是通用的晶须纤维之一，除增强制品的强度外，还能提高制品的耐磨性，成型加工性能好。其增强塑料制品具有平滑表面、良好的尺寸精确性，结构复杂的制品也不会使其变形。

碱式硫酸镁晶须［化学式为 $MgSO_4 \cdot 5Mg(OH)_2 \cdot 3H_2O$］是微细的针状单晶，作为增强材料，具有耐磨损与良好的尺寸稳定性及良好的表面粗糙度。

碳化硅晶须（SiC）的性能是目前晶须品种中最好的。其拉伸强度、弹性模量均优于其他晶须纤维，但价格比较昂贵，只能应用于于有特殊要求的工程塑料制品中。

硼酸铝晶须的强度与弹性模量均超过钛酸钾晶须，弹性模量接近碳化硅晶须，但价格却便宜得多，是极有应用前景的一种晶须。

氧化锌晶须（ZnO）是一种特殊晶须，呈四角星形。由于热膨胀系数低，它可用于制作塑料齿轮、刹车片等制品。

二、有机增强纤维

1. 天然有机增强纤维

天然有机纤维，如棉、羊毛等也可用作塑料的增强材料，多以编织物的形态使用。

热塑性木塑复合材料（WPC）是以 PE、PP、PVC、PS 等热塑性塑料为基体，以木粉、植物秸秆粉、植物种壳等木质粉料为填充材料，经挤压、注塑、压制成型所制成的复合材料。木塑复合材料的研制和广泛应用，有助于减缓塑料废弃物的污染，也有助于减少农业废弃物焚烧给环境带来的污染。木塑复合材料的生产和使用，不会向周围环境散发危害人类健康的挥发物，材料本身还可回收利用，是一种全新的绿色环保产品，也是一种生态洁净的复合材料。由于兼备木材与塑料的双重特性，木塑材料与木质材料相比：吸水率低，不易变形开裂，防虫蛀霉变，具有力学性能高、质轻、防潮、耐酸碱、耐腐蚀、便于清洗等特点，可在很多领域替代原木、塑料和铝合金等使用，是未来替代传统木材的新一代节能环保新产品，市场应用前景广泛。

2. 合成有机纤维

可用于增强的有机纤维有 PA、PC、PVA、PAN、PTFE、UHMWPE、聚酯及芳香族酰胺等，其中芳香族酰胺（芳纶纤维）和 UHMWPE 纤维（PE 纤维）的力学性能超过玻璃纤维。合成纤维的优点为相对密度小，缺点为价格太高，一般与玻璃纤维并用。

① 聚酰胺纤维。芳香族聚酰胺纤维，又称芳纶纤维，是一种高强度、高模量、热稳定性好、耐腐蚀且质轻的新型合成纤维。其化学组成为聚对苯二甲酰对苯二胺。聚酰胺纤维的比强度是钢丝的 5 倍，密度仅为 $1.43 \sim 1.45 \mathrm{g/cm^3}$，且具有良好的耐热性能，在 560℃ 下不分解、不熔化。但它也存在着一些缺点，如耐光性差，暴露于可见光和紫外线下时会产生光致降解，用高吸收率材料对 Kevlar 纤维增强聚合物基复合材料作表面涂层，可以减缓其光致降解；抗压强度低；吸湿性强，吸湿后纤维性能变化大，因此应密封保存，在制备复合材料前应增加烘干工序。

芳纶纤维主要分为两种：对位芳酰胺纤维（芳纶 1414）和间位芳酰胺纤维（芳纶 1313）。马来酸酐（MAH）对芳纶纤维进行刻蚀处理 3h，可改善其与尼龙 6 界面的相容性，提高复合材料的力学性能。西安航天复合材料研究所针对芳纶纤维，研制出了一种环氧/芳香胺树脂体系，其 NOL 环层间剪切强度可以达到 52.1MPa，复合材料 150mm 压力容器 PV/W 值可达 38.44km。

芳纶纤维已应用于航天、航空、汽车、机械、电子电器等高尖端产品的部件，逐步取代石棉成为刹车片、离合器片、密封垫的主要材料；对位芳纶纤维是重要的国防军工材料，战争时期英国、美国等发达国家的防弹衣均为芳纶材质，飞机大量使用芳纶复合材料。采用芳纶/环氧复合材料制作"潘兴"的航天顶级发动机、卫星变轨固体发动机的壳体，应用于核潜艇固体火箭发动机壳体，芳纶短切纤维或浆粕增强的三元乙丙橡胶（EPDM）基复合材料的软片或带材用于最新的各种发动机的内绝热层。

② 超高分子量聚乙烯纤维（UHMWPE）。又叫作高强 PE 纤维，是当今世界三大高科技纤维（碳纤维、芳纶纤维和超高分子量聚乙烯纤维）之一，也是世界上最坚韧的纤维。其"轻薄如纸、坚硬如钢"，强度是钢铁的 15 倍，比碳纤维和芳纶 1414（凯夫拉纤维）还要高2 倍，防弹效果优于芳纶，现已成为占领美国防弹背心市场的主要纤维。据报道，美国超高

分子量聚乙烯纤维70％用于防弹衣、防弹头盔、军用设施和设备的防弹装甲、航空航天等军事领域。UHMWPE 纤维复合材料的比强度和比模量高，韧性和抗冲击性能好，因此用此纤维制成的运动器械质量轻且结实耐用。因此它常被用作网球拍、滑雪板、冲浪板等体育用品的骨架材料。采用 UHMWPE 纤维制作的超高强绳索适用于作海洋用绳。它还具有耐锈蚀、抗疲劳、使用周期长、绳与绳之间易于打结、在拉伸载荷下不产生回转现象等优势，因此，它与钢丝绳相比更适于在渔业中使用。此外，降落伞用绳、直升机悬吊重物的绳索、热气球吊索等都大量使用 UHMWPE 绳索。

但 UHMWPE 的分子链中不含极性基团，其表面呈惰性，与基体树脂（特别是极性树脂）形成复合材料后界面性能很差，难以作为结构材料使用，因此常规的方法是在制备复合材料前需要对纤维进行表面处理。UHMWPE 纤维的表面处理已有较多研究，常用的方法有液相氧化、等离子体处理和表面接枝等方法。表面涂覆对复合材料的层间剪切强度提高不多；等离子体处理和表面接枝可以大幅度提高界面性能，但难以连续化；过强的液相氧化处理可以达到较好的处理效果，但往往使纤维强度降低。多种表面处理方法相结合可取长补短，显著改善纤维的浸润性。

超高分子量聚乙烯纤维自商业化生产以来，一直在迅速发展。恐怖事件和世界不断发生局部战争使防弹衣料和军需装备用超高分子量聚乙烯纤维的需求迅速扩大。尽管荷兰帝斯曼公司、美国霍尼韦尔公司和日本三井公司近几年多次增建扩产，产量以每年 8％以上的速度递增，但仍不能满足市场需求。我国超高分子量聚乙烯纤维年产量已经接近 3000t，主要用于制造防刺服、防弹衣、防弹头盔、绳缆、远洋渔网、鱼线、劳动防护用品等，部分纤维出口欧美及亚洲等地区。图 7-4 为 UHMWPE 纤维及其防弹产品。

图 7-4　UHMWPE 纤维及其防弹产品

三、金属纤维

金属纤维又称金属细丝，作为塑料增强材料，具有良好的导电性、导热性、柔韧性和耐蚀性，具有大长径比和大的接触面积，易形成导电网络，主要应用于抗静电、导电类的增强塑料制品。但金属纤维的价格昂贵。不锈钢纤维含量为 6％～9％（体积分数）时，复合材料体积电阻率下降 5～6 个数量级，热导率增大。

金属纤维作为增强元素主要用于陶瓷材料等的强化和纸钢的研制和生产。将少量金属纤维掺到塑料中制成导电塑料则可形成一个屏蔽层，既可阻碍电磁波辐射，又能防止其他电磁波干扰，达到保护人类健康的目的。金属纤维还可以与有机纤维混纺，使纺织品具有抑菌、抗静电、抗污、防电磁波辐射危害与辅助治疗心血管系统、呼吸系统疾病等多种功能，做到人体调理和人体防护的有机结合。

图 7-5 为不同形态的金属纤维。图 7-6 为金属纤维用于电磁屏蔽材料实例。

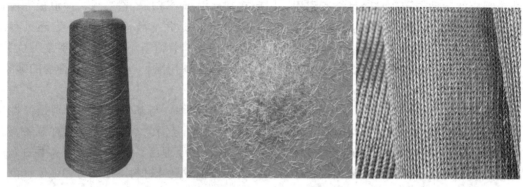

图 7-5　不同形态的金属纤维

图 7-6　金属纤维用于电磁屏蔽材料实例

四、增强纤维的表面处理方法

纤维处理的目的在于提高与树脂的相容性。商品化的玻璃纤维表面一般都有一层由复合组分组成的胶料，具有抗摩擦、抗老化等作用。胶料的组成为：润滑剂 4%、硅烷类偶联剂 10%、表面活性剂 4%、抗静电剂 3% 和成膜剂 79%。玻璃纤维表面的胶料不一定适合所增强的树脂，有时反而不利于玻璃纤维与树脂的结合。因此有时需要对纤维表面进行重新处理，选择合适的表面活性剂，以减少玻璃纤维和树脂基体的差异。

1. 纤维的热处理

热处理主要是去除玻璃纤维表面原有的胶料，一般不单独使用，而是作为玻璃纤维表面处理的预处理工序，与其他表面处理方法配合使用。利用高温使玻璃纤维表面原有的胶料氧化分解，同时除去玻璃纤维由于储存而吸附的水。热处理的最佳温度范围为 $350 \sim 450 \, \text{℃}$，处理时间为 $6\text{s} \sim 1\text{h}$，热处理后在肥皂水中超声清洗 5min，并用蒸馏水清洗，除去玻璃纤维表面残留的胶料氧化物。

2. 纤维表面氧化处理

① 酸碱洗处理。主要是在纤维表面进行化学反应形成一些凹陷或微孔，使纤维表面形

成大量的氢键，增加纤维与聚合物界面间的结合力。但酸碱处理会使表面层遭到破坏，容易造成应力集中，使其自身强度下降，因此主要用于表面较光滑的金属纤维等。所用物质有硝酸、硫酸、高锰酸钾、重铬酸钾、次氯酸钠、过氧化氢、过硫酸铵等。最常用的是浓硝酸，浓度一般在 $60\% \sim 70\%$，浓度过高则纤维在氧化过程中被强酸腐蚀，强度损失较大。

② 气相氧化法。分为空气氧化和臭氧氧化。空气氧化处理：碳纤维在 360℃ 开始缓慢氧化，随着温度的升高，氧化逐步增强。但若温度过高会使纤维表面过度氧化，纤维的拉伸强度会急剧下降，因此处理时要选择合适的温度。空气氧化设备简单，成本低，无公害，但工艺重复性差，纤维损伤大。通过加入少量金属杂质，如铜、铅等，控制催化氧化速率，防止过度刻蚀纤维，是目前较为常用的一种方法。臭氧氧化处理：臭氧是强氧化剂，其氧化能力仅次于氟。臭氧对温度十分敏感，极易自行分解成氧分子和新生态活泼氧原子，这些活性极强的新生态氧原子氧化纤维，能使其表面不饱和碳原子生成含氧官能团，使表面含氧量增加数倍，从而提高纤维表面活性。臭氧处理时的浓度一般为 $0.5\% \sim 3\%$（体积分数），温度为室温～250℃，时间为 $30 \sim 200s$。但臭氧对人体有害，含臭氧的废气应妥善处理。

③ 电化学氧化法。电化学氧化法也称为阳极电解氧化法。该法以碳纤维作阳极，石墨作阴极，利用电解水的过程，在阳极生成氧并氧化纤维表面活性碳原子生成羟基、羧基、羰基等含氧官能团，同时纤维也会受到一定程度的刻蚀。

④ 等离子体氧化法。等离子体表面与纤维表面几个纳米的薄层发生物理或化学反应，在不影响纤维力学性能的基础上使表面产生超解析作用并得以粗化。该方法处理工艺简单、节省时间、对环境无污染。等离子体表面处理在碳纤维表面处理中得到了广泛的应用，但在处理玻璃纤维时效果并不理想，在提高复合材料强度的同时会使其刚性下降，必须采取适当的工艺方法才能得到满意的结果。

3. 纤维表面活化处理

① 偶联剂处理。偶联剂通过桥联作用，提高树脂和玻璃纤维间的界面结合力，从而达到增强塑料的目的。通常用于玻璃纤维的偶联剂主要是硅烷偶联剂，如 KH-550、KH-560、KH-570 等。不同的纤维选用不同的偶联剂品种，如玻璃纤维用硅烷类，其他纤维选用钛酸酯或铝酸酯类。经验证明，选用单一偶联剂处理的效果一般。

② 稀土元素表面处理。稀土元素具有其他常规元素没有的特性，如玻璃纤维被稀土元素处理后，稀土元素通过化学键合与物理吸附在纤维表面产生畸变区，改善了玻璃纤维与基体的界面结合力，提高了复合材料的性能。但处理不能过分，否则过多的稀土元素会减弱界面结合力并使性能下降。

③ 气相沉积法。用气相沉积法在纤维表面涂覆无定形炭、金属涂层等可以提高纤维与树脂界面的粘接强度或提高其耐氧化性。影响涂层的因素是纤维的表面性质和结构，而非沉积条件。纤维表面沉积金属涂层，金属层氧化后有利于与树脂的粘接。另外，强酸性化学试剂（如路易斯酸、BCl_3、BF_3 等）也能通过蒸气相沉积到纤维上去，以提高复合材料层间剪切强度。

④ 表面树脂浸渍。将纤维与复合增强体系中的基体树脂或结构性能相近的树脂浸渍，可极大提高与树脂的相容性。

⑤ 晶须生长法。在纤维表面生长碳晶须和碳化硅晶须等，都可以改善其表面的形态、成分和性能。晶须生长包括成核及在垂直于纤维表面生长出很细且强度很高的化合物单晶的过程。晶须一般在纤维上不规则处生长，沿一个或两个方向择优生长，可以是单晶、刺状或

球状聚集体。晶须对复合材料力学性能的改进主要由纤维表面晶须的数量、宏观结构及纤维的表面状态决定。但此法重现性差，难以实现工业化。

4. 复合表面处理法

复合表面处理是集中几种表面处理方法，目前最常见的是气液双效法和氧化与洗涤结合法。气液双效法将补强和氧化相结合，先用液相涂层再用气相氧化，其实质是用涂层达到填充纤维表面空隙裂纹的效果，提高纤维的拉伸强度，同时涂层在纤维表面生成薄膜，氧化在涂层薄膜表面进行，达到引入极性基团的效果。常用的液相涂层液为各种磷化物，如磷酸、偏磷酸、磷酸三铵和磷酸氢二铵等，而气相氧化时将纤维加热到 200℃，保持 2min，经过洗涤干燥即可。氧化与洗涤相结合法是经气相氧化或阳极电解氧化，然后再用碱性溶剂浸渍与洗涤，除去纤维表面的沉积物和污染物，使层间剪切强度和垂直于纤维方向的拉伸强度都得以提高。

五、纤维增强基本配方设计

1. 表面活性剂处理过的纤维

有的纤维在生产时即进行表面处理，选择针对不同树脂的专用型号纤维；没有处理过的根据树脂的类别选择合适的表面活性剂进行处理。

2. 相容剂或交联剂

加入基体树脂接枝改性的材料作为相容剂，如在 PP 中加入 PP-g-MAH、在 PC 中加入 PC-g-MAH，对提高纤维与树脂的相容性效果明显，好于加入偶联剂。如直接用接枝树脂作为基体树脂，既可加大加入量，又可提高增强效果。

另外，在增强体系中加入交联剂，如 DCP，可有效促进树脂与纤维的粘接。以 PP 为例，上述两种方法的增强效果如表 7-3 所示。

表 7-3　纤维的不同处理方法对 PP/GF 增强体系性能的影响

性能	拉伸强度/MPa	弯曲强度/MPa	缺口冲击强度/(kJ/m^2)
PP/GF	39	46	3
PP/GF/KH-550	45	60	4.8
PP/GF/DCP	48.7	—	6.4
PP/GF/KH-550/BMI	84	117	7
PP/GF/PP-g-MAH	83	114	9.6

注：GF 用量为 27%，KH-550 加入量为 0.3%～0.5%、DCP 加入量为 0.5%～1%，BMI 加入量为 0.7%～1%，PP-g-MAH 加入量为 10%。

3. 加工助剂

纤维增强塑料会导致体系黏度增大，且纤维与设备之间摩擦较大，因此需要加入润滑剂等改善加工性能的助剂。润滑剂有利于减轻物料对设备的磨损，分散剂也有利于玻璃纤维更均匀地与基体结合和分散。

4. 其他助剂

纤维增强塑料往往由于纤维的加入导致制品的表观变差，"浮纤"现象是玻璃纤维外露造成的，白色的玻璃纤维在塑料熔体充模流动过程中浮露于表面，待冷凝成型后便在塑件表面形成放射状的白色痕迹，当塑件为黑色时会因色泽的差异加大而更加明显。改善"浮纤"现象的措施是在成型材料中加入相容剂、分散剂和润滑剂等添加剂，包括硅烷偶联剂、马来酸酐接枝相容剂、光亮剂等。另外，"浮纤"易于在塑件壁厚较大的部位出现，这是因为熔体在该处流动速度梯度较大，熔体流动时其中心速度高，而靠近型腔壁面处速度低，使得玻璃纤维浮露的趋势加剧，相对速度更慢，发生滞留堆积而形成"浮纤"。因此，应尽量使塑件各处壁厚均匀，并避免尖角、缺口，保证熔体流动顺畅。模具与熔体之间的温差不宜太大，防止熔体充填时玻璃纤维遇冷在表面淤积，形成"浮纤"。

六、增强纤维的协同作用

不同品种的增强纤维之间混合使用，尤其是性能相差较大的纤维之间混合，具有一定的协同作用，比单一加入增强效果好。常见的实例有玻璃纤维/碳纤维、玻璃纤维/金属纤维、玻璃纤维/有机纤维、碳纤维/金属纤维、玻璃纤维/云母、玻璃纤维/硅灰石、有机纤维/云母、钢纤维/石棉纤维、钢纤维/碳纤维、钢纤维/芳纶纤维、碳纤维/芳纶纤维、玻璃纤维/石棉纤维及金属纤维/玻璃纤维等。例如，在 PP、PS、HDPE 及 ABS 等增强时，可用 10％聚酯纤维/30％云母复合加入。

1. 玻璃纤维和其他纤维的复合

玻璃纤维应用范围最广，产量最大，在实际应用上也经常与其他纤维协同使用。

玻璃纤维/碳纤维：碳纤维作芯层，玻璃纤维作表层，双层增强；有报道玻璃纤维和碳纤维复合增强塑料已在日本等地作为连接浮式栈桥和陆地的渡桥，能经受海边环境的腐蚀作用。纤维复合后会由于两种纤维的热膨胀系数的差异，在复合材料中不同的热收缩会造成零载时纤维的受力状态不同。如玻璃纤维/碳纤维复合体系中，复合材料受力时，达到 CF 断裂应力时，其断裂应变提高，而使 GF 破坏应变降低，出现混杂效应。玻璃纤维复合材料的模量较低，如果引入 50％的碳纤维作为表层，其模量可达到碳纤维复合材料的 90％；在碳纤维复合材料中加入 15％玻璃纤维和碳纤维混杂，其冲击强度较单一的碳纤维复合材料提高 2～3 倍。碳纤维、芳纶纤维等沿着纤维轴向具有负的热膨胀系数，如与具有正的热膨胀系数的纤维混杂，可得到预定热膨胀系数的复合材料，甚至可得到零膨胀系数的复合材料。如探测卫星上的摄像机支架系统就是由零膨胀系数的复合材料组成的，可使焦距不受太空温度剧烈交变的影响，以保证精度。玻璃纤维复合材料属于绝缘材料，但有产生静电而带电的性质，不能用来制造电子设备的外壳，碳纤维是导电、非磁性材料，将两种纤维混杂后，可以得到除电和防止带电的特性。

玻璃纤维/金属纤维：金属纤维与玻璃纤维交织纺布，不锈钢作中间层，外层用玻璃纤维。

玻璃纤维/有机纤维：研究四层芳纶纤维/玻璃纤维混杂复合材料的冲击性能时，发现当芳纶纤维在底层时，表现出较单一玻璃纤维增强复合材料更高的冲击能。有研究表明，在芳纶纤维中混入玻璃纤维，可以有效地抑制蠕变。用 7％玻璃纤维与 13％椰子壳纤维增强聚酯树脂，不仅提高了构件的弯曲强度，而且使构件的吸湿性降低。

2. 有机纤维和无机纤维的复合

聚乙烯纤维/金属纤维/玻璃布（PEMG）超混杂复合材料板的耐磨损性能远远优于玻璃

钢板。芳纶纤维的耐老化性很差，如果加入耐老化性能好的碳纤维，就可以使复合材料的耐老化性能大大提高。

第三节　塑料增强配方设计实例

一、玻璃纤维塑料增强配方

1. PP玻璃纤维增强配方

普通PP树脂是一种非常优良的通用型树脂，有良好的电性能和抗折挠性，且易于加工成型。但其刚性和韧性明显不足，有高抗冲高刚性之称的PP树脂的弯曲模量也只有15000MPa左右，冲击强度也只有 $5kJ/m^2$ 左右。而普通的ABS这两个数值能达到25000MPa和 $10kJ/m^2$ 以上。通过填充玻璃纤维可以大大弥补PP的刚性和韧性不足，特别是聚丙烯制品的成型收缩率较大，加纤PP成型收缩率可以由纯PP的1.7%～2.2%下降到0.4%～0.6%，明显好于其他无机填料。加纤PP具有更高的承载能力和耐热性，同时其应力开裂现象也得到改善，使其在汽车、电子电器零部件等场所的应用更为广泛。

PP树脂最好选用乙烯含量为3%～15%的乙丙共聚物，如3015牌号，主要考虑弥补因增强而损失的韧性。增强和填充配方一般还需要加入增容剂PP-g-MAH和增韧剂。

（1）PP加纤通用配方

PP（3015）	100	GF	30
POE-g-MAH	10	EBS	0.5
抗氧剂1010/168	0.3		

相关性能：拉伸强度为90MPa，热变形温度为150℃，冲击强度为 $30kJ/m^2$。

（2）短切玻璃纤维增强PP

PP-050	100	处理短切玻璃纤维	30
A-174偶联剂	0.1	EBS	0.5
抗氧剂1010	0.1	抗氧剂DLTP	0.2

相关性能：拉伸强度为37.3MPa，弹性模量为252.2MPa，缺口冲击强度为 $8.15kJ/m^2$，热变形温度为124.5℃。

（3）PP低压配电箱配方

PP	100	抗氧剂1010/168	0.3
紫外线吸收剂	0.2	Sb_2O_3	3
氢氧化铝	120	氧化锌	4
无碱短切玻璃纤维	10	EBS	0.5

2. ABS增强配方

ABS具有优良的综合性能，其光亮的表面也常使其用作家电外壳材料，但作为电子电器零部件时由于其较大的收缩率和稍低的耐热性，在一些温度较高的场所，尺寸精度和耐热性均达不到满意效果。玻璃纤维增强ABS不仅降低制品的收缩率，还同时提高其耐热性。

玻璃纤维增强ABS能有效提高ABS的拉伸强度、弹性模量、热变形温度和尺寸稳定性。但玻璃纤维增强ABS韧性下降较多，一般需要加入增韧剂。用于ABS增强的玻璃纤维一般为短纤维，但纤维长度不能低于 0.915mm，并需要用有机硅偶联剂进行表面处理。

（1）短切玻璃纤维增强 ABS 配方

ABS	40	SAN	60
EBS	0.5	玻璃纤维（含 1.5％KH-550）	20
抗氧剂 1010/168	0.3		

相关性能：拉伸强度为 83.5MPa，冲击强度为 10.2kJ/m²；弯曲强度为 110MPa；热变形温度为 99.4℃。

（2）玻璃纤维增强 ABS 配方

ABS	100	无碱玻璃纤维	30
KH-550	0.8	增韧剂 PB	5
润滑剂	0.5	抗氧剂 1010/168	0.3

相关性能：拉伸强度为 85～100MPa，弯曲强度为 110～130MPa，缺口冲击强度为 64～69J/m，热变形温度（1.84MPa）为 101～110℃。

3. 尼龙增强配方

尼龙 6 属于工程塑料，但热变形温度较低，玻璃纤维增强 PA6 后，改性 PA6 的刚性和热变形温度得以大幅度提高，机械强度甚至可以媲美热固性塑料，尺寸稳定性也有较大改善。因此尼龙产品大多为玻璃纤维增强产品，可广泛应用于电子、电器、汽车、纺织配件、机械部件等。

在热塑性塑料中，除了 POM 用玻璃纤维增强后拉伸强度的变化幅度小外，其他树脂的增加幅度都比较显著。

其他各类树脂的玻璃纤维增强效果见表 7-4。

表 7-4　各类树脂经玻璃纤维增强后的拉伸强度

树脂	PA6	PA66	PA610	POM	PC
玻璃纤维用量	30％	30％	30％	30％	30％
拉伸强度/MPa	110	189	143	73	127
树脂	PET	PBT	PPO	PSF	PPS
玻璃纤维用量	30％	30％	30％	30％	30％
拉伸强度/MPa	124	132	90	121	190

（1）PA66 玻璃纤维增强配方

PA66	59％	E 型无碱玻璃纤维	30％
EBS	0.5％	EPDM-g-MAH	10％
抗氧剂 1076	0.3％	其他	0.2％

注：E 型无碱玻璃纤维用硅烷偶联剂 KH-550 处理。

相关性能：缺口冲击强度为 70kJ/m²，拉伸强度为 145MPa。

（2）PA6 玻璃纤维增强配方

PA6	100	无碱玻璃纤维	30
偶联剂 KH-550	0.8	EPDM-g-MAH	5
抗氧剂 1076	0.1	抗氧剂 DLTP	0.2

相关性能：拉伸强度为 185～205MPa，弯曲强度为 255～270MPa，弯曲弹性模量为 8.5～9.3GPa，断裂伸长率为 3.5％～4.5％，冲击强度为 56.5～67.0kJ/m²。

4. PVC 玻璃纤维增强配方

PVC 具有价格低廉、耐磨损、阻燃、耐化学腐蚀和电绝缘等优点，但还存在着易分解、耐热、耐寒、耐老化性差等缺陷，特别是维卡软化温度只有 80℃ 左右，从而限制其应用。为了提高其强度、耐热性，玻璃纤维增强是最直接有效的方法。

PVC（聚合度 1100）	100	玻璃纤维	30
偶联剂 KH-550	0.5	三盐/二盐	3/2
硬脂酸铅	0.5	硬脂酸钡	1
EBS	0.5		

相关性能：拉伸强度为 50～60MPa，弯曲强度为 90～100MPa，悬臂梁冲击强度为 15～20kJ/m²，热变形温度为 80～85℃。

二、碳纤维塑料增强配方

（1）PA1010 碳纤维增强配方

PA1010	79%	碳纤维	20%
EBS	0.5%	抗氧剂 1076/168	0.3%
其他	0.2%		

相关性能：拉伸强度为 106.3MPa。

（2）PC/碳纤维增强配方

PC	89%	短切碳纤维	10%
EBS	0.5%	抗氧剂 1076	0.3%
其他	0.2%		

相关性能：拉伸强度为 134MPa。

（3）碳纤维增强改性 PA66 配方

PA66	100	碳纤维	30
偶联剂 KH-550	1.5	EBS	0.5
抗氧剂 1076	0.1	抗氧剂 DLTP	0.2

相关性能：拉伸强度为 180MPa，弯曲强度为 270MPa，弯曲弹性模量为 1.6GPa，缺口冲击强度为 35kJ/m²，热变形温度（1.8MPa）为 245℃。

（4）碳纤维改性 PBT 配方

PBT	100	碳纤维	25
玻璃微珠	20	增韧剂 SEBS	5
偶联剂 KH-560	0.5	抗氧剂 1076	0.3

相关性能：拉伸强度为 148～150MPa，弯曲强度为 220～240MPa，弯曲弹性模量为 14.4～15.8GPa，断裂伸长率为 1.8%～2.1%，Izod 缺口冲击强度为 62～66J/m，热变形温度（1.82MPa）为 200～220℃。

三、热固性塑料增强配方

1. 片状模塑料（SMC）

将由树脂、填料、增稠剂和引发剂等组分组成的树脂糊浸渍的短切纤维或毡片的两面覆盖聚乙烯薄膜，经稠化和模压即可制成 SMC。该制品价格低廉、尺寸稳定、表面光洁，已被广泛应用于汽车制造业；铁路车辆窗框、卫生间组件、座椅、茶几台面、车厢壁板与顶板；电气与通信工程中的电器罩壳、绝缘工具、电机端盖；卫浴：浴缸、整体浴室设备、水槽；防静电地板、防爆电器设备外壳、玻璃钢反射面天线。制备 SMC 制品的树脂主要是不饱和聚酯、酚醛树脂、环氧树脂及酚醛环氧树脂等热固性树脂，纤维主要是玻璃纤维、石棉纤维或其他混合纤维（玻璃纤维/石棉纤维、石棉纤维/芳纶纤维、玻璃纤维/碳纤维等）。

除了树脂和纤维之外，还有低收缩剂、填料等助剂。SMC 用玻璃纤维多，填料少，用化学增稠，制成片状，压制薄型产品。引发剂用量过多，会生成分子量较低、力学性能差的产物。同时，反应速率快，树脂因急剧固化收缩而使制品产生裂纹。引发剂用量过少，制品固化不足。常用引发剂适用用量及分解温度为：BPO，2%，73℃；TBPO，1%，73℃；DCP，1%，120℃；CHP，1%，100℃。阻聚剂就是为了防止 UP 树脂在室温下过早交联聚合，延长储存期。常用阻聚剂有 PBQ、HQ、CL-PBQ、TBC、TRA、MBP 和 BHT 等。浸渍玻璃纤维后，转变为模塑料时需要对树脂进行增稠。增稠剂都采用ⅡA族金属氧化物或氢氧化物，如 MgO、$Mg(OH)_2$、CaO、$Ca(OH)_2$、BaO、$Ba(OH)_2$ 等。在不削弱产品性能的前提下可大大降低成本，加入量增加，树脂的黏度增大，导致配料和浸渍作业困难。粗细混合使用有利于填料的填充。常用填料有碳酸钙、水合氧化铝、高岭土、滑石粉、石棉、粉状聚乙烯等，用量为 30%～60%。SMC 一般不用或者少用增稠剂，配方中玻璃纤维多，填料少。

（1）不饱和聚酯 SMC 配方

专用不饱和聚酯	30%	低收缩率剂 10%PS 溶液	8%
内脱模剂	0.5%	引发剂	1%
填料 $Al(OH)_3$	25%	玻璃纤维粗纱	35%
增稠剂氧化镁	0.3%	阻聚剂 PBQ	0.2%

（2）酚醛树脂 SMC 配方

酚醛树脂	32.65%	固化剂	8.71%
填料	26.12%	玻璃纤维	28.00%
脱模剂	0.16%	增黏剂（Norsophen 1203）	4.36%

2. 团状模塑料

在液态树脂中加入增稠剂、低收缩率添加剂、填充剂等组成的混合物，与短切纤维捏合后制成的团状预成型材料称为团状模塑料（BMC）。BMC 适合模压成型，所用的液态树脂或树脂溶液主要是不饱和树脂、酚醛树脂、氨基树脂、聚乙烯醇缩丁醛等，短切纤维以玻璃纤维为主，此外还有石棉纤维、高硅氧纤维、有机高分子纤维和碳纤维等。BMC 配方的基本组成：液态树脂（UP）、苯乙烯、填充材料、颜料、固体粉料、短切玻璃片、引发剂、增稠剂等。BMC 与 SMC 的区别主要是所用玻璃纤维少，填料多，不用或少用化学增稠剂，适合制造立体型模压制品。BMC 用于机械零件，如变速箱构件、进气管、气门阀盖、保险杠等；电器领域中的电机封装、中低压电器、精密仪器；汽车中的前大灯、点火器、分离盘和装饰板、喇叭箱等；电机部件、空调马达、电机轴、线圈骨架、电动及气动部件。

BMC 配方中的玻璃纤维规格与 SMC 基本相同，但玻璃纤维长度应控制在 3～25mm。配方中玻璃纤维少，填料多，玻璃纤维含量为 10%～30%，填料含量为 50%～70%，树脂（含低收缩率剂）含量为 20%～28%。

（1）车灯反射镜用 BMC 配方

不饱和聚酯（邻苯型）	30%	高温引发剂 TBPB（过氧化苯甲酸叔丁酯）	0.75%
碳酸钙（200～800目）	40%	中温引发剂 TBPO（过氧化 2-乙基己酸叔丁酯）	0.25%
低收缩率剂 PS 树脂	8%	短切无碱玻璃纤维	20%
脱模剂硬脂酸锌	1%		

（2）BMC 基础配方

不饱和聚酯（邻苯型）	60 份	低收缩率剂单体苯乙烯	40 份
重钙/轻钙	180～250 份	增稠剂氢氧化钙	1.0～1.2 份
引发剂 TBPB	1.0 份	脱模剂 ZnSt（200 目）	3.5 份
颜料	2～5 份	玻璃纤维	20%～40%

四、其他塑料增强配方

（1）PP/云母补强配方

PP	100	云母	30
KH-560	0.5	PP-g-MAH	5
抗氧剂 1010/168	0.3		

相关性能：拉伸强度为 50MPa。

（2）PP/云母/GF 补强配方

PP	100	GF	25
云母	15	PP-g-MAH	5
硅烷偶联剂	0.5	抗氧剂 1010/168	0.3

相关性能：拉伸强度为 86.8MPa。

（3）玻璃纤维/硅灰石混合填充 PA6 配方

PA6	59	超细微粉硅灰石（钛酸酯偶联剂处理）	10
EBS	0.5	无碱玻璃纤维（硅烷偶联剂处理）	30
抗氧剂 1076/168	0.3		

相关性能：缺口冲击强度为 14.1kJ/m^2；拉伸强度为 160.1MPa；弯曲强度为 256.2MPa；压缩强度为 222.0MPa；热变形温度为 208.9℃。

（4）滑石粉/云母增强 PET 配方

PET	73	滑石粉	15
云母	5	其他助剂	7

五、晶须塑料增强配方

（1）PP/硫酸钡晶须增强配方

PP	64%	硫酸钡晶须	30%
EBS	0.5%	PP-g-MAH	5%
抗氧剂 1010/168	0.3%		

相关性能：拉伸强度为 54.3MPa。

（2）PP/碳酸钙晶须增强配方

PP	74%	碳酸钙晶须	20%
EBS	0.5%	PP-g-MAH	5%
抗氧剂 1010/168	0.3%	其他	0.2%

相关性能：拉伸强度为 58.2MPa。

（3）PC/二氧化钛晶须增强配方

PC	70%	二氧化钛晶须	24%
增韧剂	5%	抗氧剂 1076/168	0.3%
润滑剂	0.5%	其他	0.2%

相关性能：拉伸强度为 105MPa。

（4）PP/钛酸钾晶须增强配方

PP	100	钛酸钾晶须	35
KH-550	1	PP-g-MAH	5
EBS	0.5	抗氧剂 1010/168	0.3

相关性能：用 PP-g-MAH 为相容剂，配方的拉伸强度为 48.2MPa，冲击强度为 10.2kJ/m²。

六、长纤维增强热塑性塑料

长纤维增强热塑性塑料（long fiber reinforce thermoplastic）的简称为 LFRT。LFRT 是近年来得到迅速发展的一类高性能复合材料，其最突出的优点是，刚度和强度高，耐热性、抗蠕变性、尺寸稳定性优良，使用寿命长。与短玻璃纤维增强热塑性塑料相比，LFRT 具有以下显著优点：①高强度、刚性、弯曲强度、拉伸强度等，前者比后者的力学性能可提高 40%～400%；②独有的网络结构，使得材料抗高温蠕变性优异；③耐高温、耐低温，尤其适合使用在高低温交变频繁的场合；④高尺寸稳定性、超高尺寸精度、纵横收缩率小且一致；⑤可在普通注塑机上进行注塑成型，也可模压成型；⑥低翘曲、表面光洁。由于突出的力学性能和热性能，LFRT 可在汽车、机械、体育、航空航天等领域广泛应用。

LFRT 采用最多的基体树脂是 PP，其次是 PA，也有使用 PBT、PPS、SAN 等树脂的，只是针对不同的树脂需要使用不同纤维，才能达到较好效果。

长纤维经过专用的模具浸渍专用的树脂体系，得到被树脂充分浸润的长条，然后切成需要的长度。根据最终用途不同，成品可以是长条，也可以是带状、一定宽度的板子，甚至可以是棒状，直接用于取代热固性产品。

LFRT 中的纤维在制品中的长度远高于普通双螺杆挤出造粒工艺获得的短纤维增强品种。LFRT 若采用专用注塑机注塑产品，其性能优势会更加明显。

LFRT 制品具有优异的力学性能，尤其是冲击强度，要比一般制品高出一倍；LFRT 制品具有低收缩率和高的尺寸稳定性（低蠕变），在恶劣温度条件下，具有高力学性能保持性；LFRT 制品具有高模量、高强度、低翘曲、与金属相近的热膨胀系数。

制品的玻璃纤维含量可控制得相当高（有的高达 80%），使得制品具有很好的强度和刚性，可替代金属材料，用于汽车、船舶、建筑和专用工具等。

对于聚丙烯和尼龙基体的 LFRT 粒料而言，由于其模压产品中的纤维最长，因而其抗冲击性能最好。另外，其注塑成型的产品的抗冲击性能明显高于短纤维粒料的注塑成型产品。各种长玻璃纤维增强塑料与短玻璃纤维增强塑料的性能对比见表 7-5。

表 7-5 各种长玻璃纤维增强塑料与短玻璃纤维增强塑料的性能对比

纤维增强塑料种类	纤维含量 /%	拉伸强度 /MPa	弯曲强度 /MPa	缺口冲击强度 /(kJ/m²)	无缺口冲击强度 /(kJ/m²)
长玻璃纤维-PP	47.7	108.7	156.9	33.3	63.5
长玻璃纤维-PP	30.0	96.6	135.7	23.2	52.3
短玻璃纤维-PP	31.8	81.9	133.1	15.7	50.3
长玻璃纤维-PA6	41.3	187.9	289.6	36.3	44.9

续表

纤维增强塑料种类	纤维含量/%	拉伸强度/MPa	弯曲强度/MPa	缺口冲击强度/(kJ/m²)	无缺口冲击强度/(kJ/m²)
短玻璃纤维-PA6	29.8	167.5	255.7	13.0	77.3
长玻璃纤维-PA66	41.0	211.0	340.0	43.1	103.6
短玻璃纤维-PA66	31.0	188.8	292.9	12.6	81.6
长玻璃纤维-PET	35.0	176.4	274.3	28.7	64.3
短玻璃纤维-PET	29.9	133.3	207.6	12.2	42.9
长玻璃纤维-PBT	35.0	151.8	235.6	23.2	71.2
短玻璃纤维-PBT	30.5	123.9	195.1	14.2	63.3

LFRT 的配方设计与普通短纤维增强塑料的配方设计类似。但生产 LFRT 产品的关键在于合理的生产工艺路线，尤其是模具和模口的设计很重要。生产 LFRT 产品时，应根据不同的基体树脂选用不同的纤维，才能达到理想的效果；根据不同的树脂和设备，采用不同的生产工艺参数也很重要；选用熔融指数合理的树脂，以保证好的生产工艺性、良好的增强效果。

当前，生产长玻璃纤维增强塑料的技术主要有两种，一种是 LFT 粒料法，另一种是直接 LFT 法，前者是先制成半成品粒料，再用粒料成型为制品；后者则是一步成型工艺，在生产线上配混玻璃纤维、塑料及添加剂后直接压塑或注塑或挤出成型为制品，省去了粒料的中间环节。

（1）LFT 粒料法　目前普遍采用的是熔融浸渍挤拉技术。熔融浸渍挤拉技术是采用一种特殊结构的挤拉模头，让玻璃纤维均匀分散，预加张力的连续玻璃纤维束经过充满高压熔体的模头时，反复多次承受交替的变化，促使玻璃纤维和熔体强制性地浸渍，达到理想的浸渍效果，如图 7-7 所示。受到熔融树脂浸渍的玻璃纤维经过冷却后切成较长的粒料（10～25mm），熔融浸渍挤拉技术由于挤出效率较高，因此在工业上得到了广泛的应用。图 7-8 为经熔融浸渍后的长玻璃纤维增强塑料颗粒及尺寸。

LFRT 制品可以替代金属材料，用于生产汽车零部件，如保险杠、仪表板和车底板护板

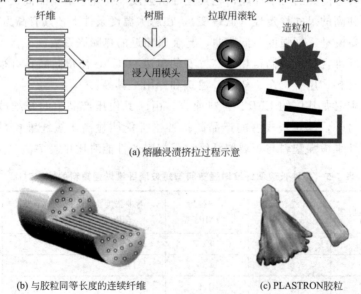

(a) 熔融浸渍挤拉过程示意

(b) 与胶粒同等长度的连续纤维　　(c) PLASTRON胶粒

图 7-7　熔融浸渍挤拉技术示意图

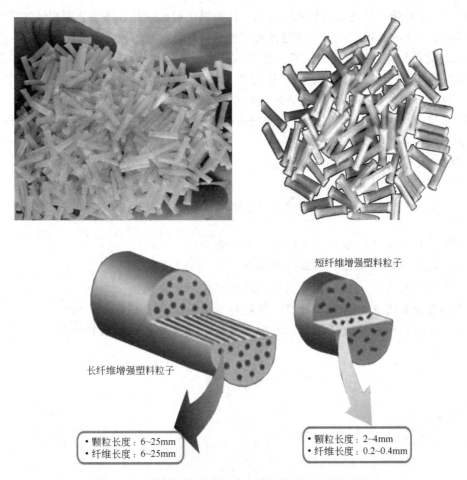

短纤维增强塑料粒子

长纤维增强塑料粒子

- 颗粒长度：6~25mm
- 纤维长度：6~25mm

- 颗粒长度：2~4mm
- 纤维长度：0.2~0.4mm

图 7-8　经熔融浸渍后的长玻璃纤维增强塑料颗粒及尺寸

等部件；用于生产高性能的建筑材料及辅助工具或家用电器。

长纤维增强聚丙烯（LGFPP）被用于轿车的发动机罩、仪表板骨架、蓄电池托架、座椅骨架、轿车前端模块、保险杠、行李架、备胎盘、挡泥板、风扇叶片、发动机底盘、车顶棚衬架等。

长纤维增强 PA（LGFPA）被进一步扩展到引擎盖内，因为 LGFPA 不仅硬度高、重量低，而且高玻璃纤维含量使其热膨胀系数几乎与金属相同，能承受引擎带来的高温。

（2）直接 LFT 法　由于 LFT 粒料在粒料成型和再次成型加工的过程中不免受到破坏，因此直接 LFT 法在欧美越来越多地获得应用，代表了未来先进的高性能纤维增强热塑性复合材料的重要技术和发展方向。这种技术又分为 3 种形式：①在线配料和直接模压成型技术；②在线配料和直接注射成型技术；③在线配料和直接挤出成型技术。

① 在线配料和直接模压成型技术。在生产线上游设置一台连续供给塑料的双螺杆挤出机，玻璃纤维粗纱从纱筒拉出，进入双螺杆挤出机与已经熔融的热塑性塑料混合挤出，挤出的型坯在保温下经切割送入压塑机进行压塑成型。该技术简化了预浸料的冷却凝固和加热熔融的工艺环节，降低了成本，目前美国、德国等发达国家已将该技术成功应用于产业化生产。

② 在线配料和直接注射成型技术。玻璃纤维无捻粗纱送入双螺杆挤出机后，与熔融树

脂充分混合，混配物坯料进入储料器，再输入注射机注射成制品。该工艺较常规的注射工艺最好地保留了纤维的长度，同时可通过注射工艺调整复合材料的模量。

③ 在线配料和直接挤出成型技术。直接从机筒送入连续长玻璃纤维，与树脂混合均匀后通过成型模具定型。挤出螺杆剪切较为柔和，纤维可较大程度地保留长度，达 10～30mm。该技术适合一些挤出制品的成型，如片材等。

LFT 是当今塑料增强改性中最重要的发展趋势之一，而国内的研究和生产还比较落后，LFT 的发展趋势是扩大增强聚合物的种类、扩大填充纤维的种类以及对成型技术进一步改进，以实现扩大产能、缩短成型周期的目的。

思考题

1. 塑料填充玻璃纤维后，对性能造成哪些影响？
2. 提高玻璃纤维结合力的方法有哪几种？
3. 玻璃纤维的长度、直径对增强塑料的性能有哪些影响？
4. 晶须有什么特点？填充后对塑料性能特别是加工性能有哪些影响？
5. 生产玻璃纤维改性塑料时，不同配方对挤出加工设备的要求有何差异？

第八章
增韧剂及其在塑料配方中的应用

第一节　弹性体增韧机理及增韧剂种类

一、塑料的韧性

塑料的韧性是指抵御外来冲击力的能力，常用冲击强度表示。

冲击强度是指试样受冲击破坏断裂时，单位面积上所消耗的功。材料的冲击强度越高，说明其韧性越好；反之，说明材料的脆性越大。

测定材料冲击强度的方法很多，按照试验温度可分为常温冲击、低温冲击和高温冲击；按照受力状态可分为摆锤冲击、弯曲冲击、拉伸冲击、扭转冲击、剪切冲击和落球冲击。

摆锤冲击试验法比较常用。其基本原理为把摆锤从垂直位置挂于机架的扬臂上，此时扬角为 α（如图 8-1 所示），它便获得了一定的势能，如任其自由落下，则此势能转化为动能，将试样冲断，冲断以后，摆锤以剩余能量升到某一高度，测试仪器自动记录升角 β 或剩余能量。初始势能与剩余能量之差即为该试样消耗的冲击功。该冲击功与试样原始截面积之比，即为该材料的冲击强度，单位为 kJ/m^2。摆锤冲击试验又分为悬臂梁冲击试验和简支梁冲击试验，如图 8-1 所示。

（1）悬臂梁冲击试验　也称为 Izod 试验法，适用于韧性较好的材料，是将样条的一端固定而另一端悬空，用摆锤冲击试样。其计算方法根据不同的标准而不同，ASTM D256 标准为断裂所吸收能量与试片凹槽处长度的比值，单位为 J/m；ISO 180 和 GB/T 1843—2008 标准为冲击破坏过程中所吸收能量与试样原始截面积之比，单位为 kJ/m^2。试样正中央一般开有小缺口。试样装夹时，缺口正对摆锤方向，如无缺口则需注明。

（2）简支梁冲击试验　也称为 Charpy 试验法，是将试样两端自由放置在两个支点上，用摆锤冲击试样。计算方法为冲击破坏过程中所吸收能量与试样原始截面积之比，单位为 kJ/m^2。试样正中央一般开有小缺口。试样装夹时，缺口背对摆锤方向，如无缺口则需注明。

由于塑料制品的冲击强度对温度依赖性很大，所以测试时必须规定温度值。一般设两种温度，常温为 23℃，低温为 −30℃。

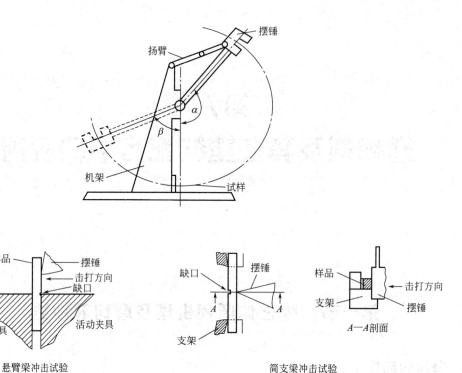

图 8-1　冲击试验机及试验样品放置方式

不同材料的冲击强度差异很大，因此要选择恰当的摆锤。摆锤选择的原则以冲击吸收能量在测试范围的 20%～80%之间为宜，超出此范围就相应地增减摆锤。

同一种塑料制品，用不同的方法测试其冲击强度，得到的结果之间并无可比性，甚至有时会出现相反的结果。因此，要对韧性大小进行比较，必须用同一种测试方法，采用同样的测试条件。

（3）落球冲击试验　此法适用于高韧性材料。在规定条件下，用一定形状和重量的落球（锤），从某一高度上自由落下对制品进行冲击，通过改变球（锤）的高度和重量，即可测出制品在一定高度下被破坏时所需的能量，单位为 J/m。落球冲击试验的对象主要是塑料管材、片材或膜等。

二、弹性体增韧机理

弹性体增韧的机理很多，目前最成熟的为银纹-剪切带理论。该理论的核心思路是：在基础性树脂内加入弹性体后，弹性体以颗粒的形式分布在树脂基体中，形成"海-岛"结构。在外来冲击力的作用下，橡胶颗粒产生形变，材料中就产生并发展大量的银纹和剪切带，吸收大量的能量。橡胶颗粒又能及时将产生的银纹终止而不致发展成破坏性的裂纹，因此可明显提高材料的冲击强度。橡胶颗粒和剪切带还能阻滞、转向并终止已经存在的小裂纹的发展。银纹的产生和发展消耗大量能量，从而提高了材料的破坏能；银纹也是产生裂纹并导致材料破坏的先导，剪切带则能消耗能量和终止银纹（图 8-2）。由此可见，增韧既要诱发银纹又要终止银纹。

对于不同类型的树脂，银纹和剪切屈服对抗冲击的贡献不一样。以脆性树脂为基体的弹性体增韧体系，外来冲击能主要靠银纹来消耗，如 PS 属于脆性树脂，银纹对增韧的贡献

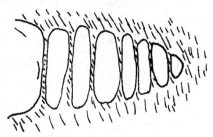

图 8-2　剪切带与银纹

大。要求弹性体的尺寸要与银纹的尺寸一致才有效，加入的弹性体的浓度要高、颗粒要大。以韧性树脂为基体的弹性体增韧体系，外来冲击能主要靠剪切屈服来消耗，如 PVC 属于韧性树脂，剪切屈服对增韧的贡献大。要求加入的弹性体的粒度要小，分散要均匀。

三、塑料弹性增韧材料分类

可用于塑料增韧的弹性体很多，按不同方法可分为如下几类：

1. 按弹性体的玻璃化温度高低分类

① 高抗冲树脂。主要有 CPE、POE、MBS、ACR、ABS 及 EVA 等。

② 高抗冲橡胶。主要有 SBS、EPR、EPDM 及 NBR 等。

2. 按弹性体分子的内部结构分类

① 预定弹性体类。属于核-壳结构聚合物，其核为软状弹性体，赋予制品以冲击性能；壳为具有高玻璃化温度的聚合物，使弹性体微粒之间隔离，形成可自由流动的颗粒，促进均匀分散。属于此类的弹性体有 ACR、MBS、MABS 及 MACR 等。

② 非预定弹性体类。属于网状结构，其冲击改性以溶剂化作用（增塑作用）机理进行。属于此类的弹性体有 CPE 及 EVA 等。

③ 过渡型弹性体类。其结构介于预定弹性体和非预定弹性体之间。属于此类的弹性体有 ABS 等。

第二节　弹性体增韧剂的品种

一、ACR

ACR 是具有核-壳结构的丙烯酸酯类共聚物，是一种综合性能优良的 PVC 抗冲改性剂，为近年来开发的最优秀增韧剂，其常温和低温冲击性能都好。它用于 PVC 中最有效，可使其冲击强度增大几十倍之多，并可改善其加工性能、耐候性，不降低耐热温度。

丙烯酸酯类（ACR）抗冲击改性剂属于核-壳结构弹性体，其"核"一般为交联的玻璃化温度（T_g）低的丙烯酸酯类单体聚合物（如 PBA），"壳"层为玻璃化温度较高的丙烯酸酯类聚合物，抗冲型 ACR 有双层和三层"核-壳"结构。双层"核-壳"结构 ACR 的外层主要是甲基丙烯酸甲酯与丙烯酸酯的共聚物；三层"核-壳"结构 ACR 的外层又可分为次外层与最外层，其次外层常为苯乙烯聚合物，除核层为轻度交联外，其他层可根据应用的需要分为线形的或交联的。ACR 分为加工改善型和抗冲改性型，抗冲改性剂 ACR 与加工助剂 ACR 都是丙烯酸酯类聚合物，但因其配方比例和结构不同而性能大不相同，抗冲 ACR 中甲基丙烯酸甲酯约占 $10\% \sim 20\%$，而丙烯酸酯约占 $80\% \sim 90\%$。

目前，罗门哈斯公司已成为世界范围内 ACR 产品的主要供应者，国内相关生产也逐步发展起来。ACR 抗冲改性剂相对于 PVC 的其他增韧剂，由于分子中不含双键，具有优良的耐候性，适合用于室外产品；且与 PVC 相容性好，在改善 PVC 冲击强度的同时，对其他性能影响不大；在改善 PVC 冲击强度时，又有优良的加工性，因此是 PVC 优选的增韧剂。通常 ACR 加工助剂对硬质、半硬质和软质 PVC 制品都普遍适用，但对硬质 PVC 制品添加效果比较明显，尤其是对于注塑制品和二次加工的制品更明显，尤其适用于户外使用的 PVC 硬塑料制品。在 PVC 中的加入量一般为 $6 \sim 8$ 份，在硬质 PVC 制品配方中的加入量为 $1 \sim 3$ 份。

随着 ACR 技术的不断发展，ACR 应用领域已深入到 PC、PA6、PBT、PET 等工程塑料中。研究表明，当壳层 PMMA 的含量为 $33\% \sim 45\%$ 时，体系的冲击强度最高，达纯 PC 的 7 倍多。为了改善尼龙 6 与 ACR 抗冲击改性剂的相容性，在改性剂的壳中加入极性官能团，比如羟基、羧基、环氧基等，使之与尼龙 6 基体发生反应，从而提高 ACR 抗冲击改性剂与基体树脂之间的粘接性，提高基体树脂的抗冲击性能。添加 10 份 ACR 抗冲击改性剂时，改性效果明显，混合体系的冲击强度和剪切强度分别从未加时的 $3.8 kJ/m^2$ 和 $19.4 MPa$ 增加至 $6.3 kJ/m^2$ 和 $24.7 MPa$。进一步增加 ACR 用量，抗冲性能的提高已不明显。ACR 用量较低时（5 份以内），对透光性影响不大。因而，ACR 可以和 MBS 并用，用于制造透明 PVC 膜。罗门哈斯公司的 Paraloid EXL-3600 系列中的某些牌号就是专门用于聚酯（PBT、PET）的增韧剂。

二、CPE

CPE 为 PE 分子中的仲碳原子的氢被氯原子取代的无规聚合物，外观为白色细微粒状无定形固体。CPE 与 PVC 的相容性取决于 CPE 的氯含量多少以及氯原子在 PE 骨架上的分布（以残余结晶度表示），氯含量（质量分数）在 25% 以下的 CPE 和 PVC 相容性不好，氯含量为 $25\% \sim 40\%$ 的 CPE 和 PVC 半相容，其改性的 PVC 制品冲击强度相应提高，但加工流动性能变差；其中氯含量为 $34\% \sim 37\%$ 的 CPE，其结晶度和玻璃化温度较低，兼具良好的弹性和相容性，加工性、分散性、抗冲击性也较好；氯含量在 42% 以上的 CPE 与 PVC 相容性增加且由于分子链上氯化结构含量较高而使链段变硬，玻璃化温度较高，本身弹性较差，不能用于 PVC 抗冲改性。因此，通常选用氯含量为 $35\% \sim 36\%$ 的 CPE 作为 PVC 的抗冲改性剂。

CPE 的增韧改性作用是通过在 PVC 中形成物理交联的网络，将 PVC 破裂形成的初级粒子包围在 CPE 弹性体形成的网络中，同时 PVC 初级粒子和次级粒子之间也有扩散分子链的结合，从而达到提高 CPE/PVC 共混体系冲击强度的目的。CPE 除冲击性能好外，其耐候性突出，耐磨性、耐热性、低温性能及耐药品性均佳，来源广泛，成本低，国产料可满足需要。

CPE 最主要用于 PVC 的增韧，用量远远超过 ACR，常用牌号为 CPE-135A，加入量为 $5 \sim 15$ 份。CPE 还可用于 HDPE 中，改善其韧性、阻燃性及印刷性，加入量为 5 份。CPE

用于 EVA 微孔鞋底中，改善其耐磨性及高弹性等，加入量为 15 份左右。此外，CPE 还可用于 PP、PU、PS 及 ABS 中。CPE 与其他增韧剂如 EVA 及橡胶等并用，协同增韧效果更好。CPE 加工温度范围较窄，在 190℃ 附近为最佳范围，与 ACR 相比，对 PVC 的流动改性效果不明显，增韧效果也稍低，但价格便宜，且分子结构中不含双键，耐候性好，特别是具有优良的阻燃性，在 PVC 电线电缆等阻燃产品中应用较为广泛。

国内有关 PVC 配方的抗冲改性剂市场 CPE 占据主导地位，其约占市场的 70%，其次是 ACR 和 MBS，而国外则以 ACR 和 MBS 为主，CPE 需求量较低。但 CPE 生产过程中废水排放量较大，使其成为高污染行业之一。在环保从严从紧、CPE 产能严重过剩格局下，由于 ACR 的生产和应用异军突起，CPE 市场份额逐步缩小。

三、EPDM

EPDM 为乙烯、丙烯和少量的二烯烃类（亚乙基降冰片烯、双环戊二烯及 1,4-己二烯等）单体的三元共聚物，也有乙烯和丙烯的二元共聚物，称为乙丙橡胶（EPR）。早期的 EPDM 为块状，与树脂共混不方便，现已开发出粒状 EPDM。因其主链是由化学稳定的饱和烃组成，只在侧链中含有不饱和双键，故其耐臭氧、耐热、耐候等耐老化性能优异，可广泛用于汽车部件、建筑用防水材料、电线电缆护套、耐热胶管、胶带、汽车密封件等领域。

EPDM 最主要的特性就是其优越的耐氧化、抗臭氧和抗侵蚀的能力。EPDM 及 EPR 常用于 PP 的增韧，是 PP 传统的增韧剂。一般加入量为 10%～30%，其增韧效果好于 SBS，但不如 POE，并有被 POE 逐渐取代的趋势。除了 PP 之外，还可用于 PBT、PA、PC 等工程塑料，为了增加相容性，降低分散相尺寸，往往使用 EPDM 接枝马来酸酐或甲基丙烯酸缩水甘油酯（GMA）。

改性乙丙橡胶主要是将乙丙橡胶进行溴化、氯化、磺化、顺酐化、马来酸酐化、有机硅改性、尼龙改性等。多年来，采用共混、共聚、填充、接枝、增强和分子复合等手段，获得了许多综合性能良好的高分子材料。溴化乙丙橡胶是在开炼机上经溴化剂处理制成。溴化可提高乙丙橡胶的硫化速度和黏合性能，但机械强度下降，因而溴化乙丙橡胶仅适用于作乙丙橡胶与其他橡胶黏合的中介层。氯化乙丙橡胶是将氯气通入三元乙丙橡胶溶液中而制成。乙丙橡胶氯化后可提高硫化速度以及与不饱和聚酯的相容性，耐燃性、耐油性、黏合性能也有所改善。磺化乙丙橡胶是将三元乙丙橡胶溶于溶剂中，经磺化剂与中和剂处理而成。磺化乙丙橡胶由于具有热塑性弹性体的性质和良好的黏着性能，在胶黏剂、涂覆织物、建筑防水涂料、防腐衬里等方面将得到广泛的应用。丙烯腈接枝的乙丙橡胶以甲苯为溶剂，以过氧化二苯甲酰为引发剂，在 80℃ 下使丙烯腈接枝于乙丙橡胶。丙烯腈改性乙丙橡胶不但保留了乙丙橡胶的耐腐蚀性，而且获得了相当于丁腈-26 的耐油性，具有较好的物理机械性能和加工性能。

热塑性乙丙橡胶（EPDM/PP）是以三元乙丙橡胶为主体与聚丙烯及交联剂进行混炼，同时使乙丙橡胶达到预期交联程度的产物。它不但在性能上仍保留乙丙橡胶所固有的特性，而且还具有显著的热塑性塑料的注射、挤出、吹塑及压延成型的工艺性能。

四、POE

POE 为乙烯-辛烯饱和共聚物，是一种聚烯烃弹性体材料。POE 具有非常窄的分子量分布和一定的结晶度，它既具有塑料的热塑性，其结构中结晶的乙烯链节作为物理交联点承受载荷，又具有橡胶的交联性。扫描电子显微镜或相差显微镜的图像表明，可以形成以橡胶为连续相、树脂为分散相或以橡胶为分散相、树脂为连续相,或者两者都呈现连续相的互穿网络结构。随着相态的变化,共混物的性能也随之而变。若橡胶为连续相,呈现近似硫化胶的性能;树脂为连续相时,则性能近于塑料。

POE有辛烯的柔软链卷曲结构和结晶的乙烯链作为物理交联点,使它既有优异的韧性又有良好的加工性。POE分子结构中没有不饱和双键,热稳定性、光学性能及抗开裂性优于EVA,耐气候老化性优于SBS。POE分子量分布窄,具有较好的流动性,与聚烯烃相容性好,在PP中的分散性特别好。

POE主要用于PP增韧,随着POE含量的增加,体系的冲击强度和断裂伸长率有很大的提高。POE对PP有优良的增韧作用,与PP、活性碳酸钙有较好的相容性。在相同添加量时,其增韧效果比传统的EPDM和EPR好,而且弯曲模量和拉伸强度下降幅度小。

与EPDM、SBS、EVA(乙烯-乙酸乙烯共聚物)等材料相比,POE的优势是:加工性与力学性能平衡性优异;可利用过氧化物、硅烷和辐射法交联形成交联POE,交联POE的热老化及耐紫外线、耐候性等性能都优于EPDM;未交联的POE密度比EVA和SBS低10%~20%;其光学性能及干抗裂性优于EVA。研究表明:以PP为基体的增韧改性体系中,当加入量低于20%时,增韧效果POE>EPDM>SBS,当加入量超过20%时,增韧效果EPDM>POE>SBS。这可能是在共混体系中POE分散更好的缘故。在对弯曲模量影响方面,按影响从大到小顺序为:EPDM、POE、SBS。

与传统EPDM相比,在相同增韧剂含量和相同相容剂含量下,POE增韧尼龙的效果较好。干燥后的PA6与POE、相容剂及其他助剂经双螺杆挤出机共混制得一种新型PA6/POE超韧合金。POE增韧PA、PC等工程塑料时,由于相容性相差较大,往往通过接枝起到增容作用。也有使用乙烯-甲基丙烯酸共聚物(EAA)作为增容剂用于PA/POE体系。接枝POE在复合材料中既具有增韧效果,也具有增容的作用。一般POE-g-MAH用量不超过20份,再增加用量对体系冲击强度的提高不大,且随着增韧剂用量的增加,体系的拉伸强度、弯曲强度和弯曲模量均有所下降。

POE具有热塑性弹性体的一般物性,如成型性、废料再利用和硫化胶性能等,价格低,并且相对密度小,其价格低且相对密度小,因而体积价格低廉。但它还存在着耐油性、耐压缩永久变形和耐磨耗不太好等缺点。POE最大的应用领域是汽车配件,可替代EPDM生产制动密封件、膜片、散热器胶管、密封条、套管和火花塞护套等。此外,电线电缆护套也是POE的重要应用领域。表8-1为POE与废橡胶粉增韧PP的比较

表 8-1　POE 与废橡胶粉增韧 PP 的比较

增韧剂用量/份	缺口冲击强度/(kJ/m²)		弯曲强度/MPa		邵氏硬度(D)		维卡软化温度/℃	
	POE	废橡胶粉	POE	废橡胶粉	POE	废橡胶粉	POE	废橡胶粉
0	3.80	3.80	31	31	66.2	66.2	120	120
20	6.19	4.26	24	25	60.9	61.0	95	115
40	11.35	4.60	19	22	55.6	57.9	77	114
60	19.60	5.10	15	20	52.8	57.4	70	113
80	19.49	6.34	13	17	—	—	58	111

五、MBS

MBS是通过乳液接枝聚合制得的甲基丙烯酸甲酯(M)和苯乙烯(S)接枝在丁二烯或

聚丁二烯上的三元接枝共聚物，属于核-壳类聚合物（图8-3），核为轻度交联的具有低剪切模量的丁苯橡胶，主要起到提高聚合物冲击韧性的作用，壳为甲基丙烯酸酯和苯乙烯塑料，壳层中MMA的主要作用是提高其与PVC的相容性，使MBS能够在PVC基体中均匀分散；丁苯橡胶主要是提高MBS树脂的折射率以使MBS拥有与PVC相近的折光率。MBS树脂既可以在增韧的同时最大限度地保持PVC的透明性，与其他抗冲改性剂相比，在同等加入量情况下，还可以更大幅度地提升制品的韧性，因而广泛用于PVC与PBT/PC等工程塑料的加工应用过程中。与ABS高胶粉比较，MBS具有良好的耐低温性能和抗疲劳性能以及加工稳定性。图8-3为MBS树脂粒子的结构模型。

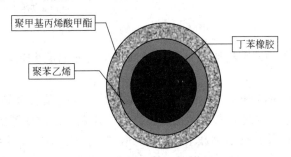

图8-3　MBS树脂粒子的结构模型

MBS最重要的特点为透明性好，与PVC的相容性好，是PVC唯一的透明增韧剂。它与PVC两相之间是半相容的，既与PVC树脂具有较好的界面相容性，又在PVC/MBS体系中保持粒子形状完整。随着MBS树脂加入量增加，分散的颗粒逐渐聚结起来形成海-岛结构。通常MBS在PVC中的加入量为10%～20%，一般以10%～17%为宜，超过30%时会出现脆性破坏，冲击强度提高幅度为6～15倍，目前以进口料为主。

MBS的韧性很好，在-40℃仍具有很好的韧性，并可改善PVC的耐寒性和加工流动性。因MBS结构中含有双键，其耐候性不好，不适于户外制品的增韧。另外，MBS的价格高，在不影响透明性前提下可与EVA、CPE及SBS等并用。

MBS一般可分为三大类：①透明型（用于薄膜、透明片等）；②通用型（用于透明片、透明瓶、片材、管材等）；③高抗冲型（用于透明瓶、板材、管件等）。日本钟渊公司KANE ACEB产品，作为高透明性制品的冲击改性剂，B-51、B-31是较好的牌号，B-52、B-22则偏重于提高制品的耐冲击性能；而作为PVC管材、型材等不透明制品的冲击改性剂，B-56、M-511是理想的牌号。日本吴羽化学公司与美国罗门哈斯公司共同研究开发了MBS新产品BTA-712、BTA-731，一方面保持了制品的透明性，另一方面赋予了制品很高的冲击强度。罗门哈斯公司是开发MBS树脂最早的厂家，开发的Acryloid KM-653具有优异的低温冲击性能。1987年又开发出了MBS新品种Acryloid BTA-733。其制品具有良好的透明性、表面光滑性、热稳定性及冲击性能。

六、SBS

SBS为苯乙烯-丁二烯-苯乙烯三元嵌段共聚物，属于热塑性弹性体材料。苯乙烯在大分子的两端，为硬段，呈刚性；丁二烯在中间，为软段，呈高弹性，如图8-4所示。

SBS分为星型结构和线型结构两种，星型结构SBS能提高强度和耐磨性，线型结构SBS能提高柔软性和断裂伸长率。SBS有充油和不充油两种，充油材料为环烷油和白油等，

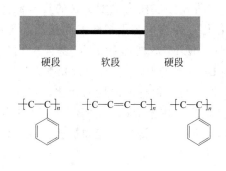
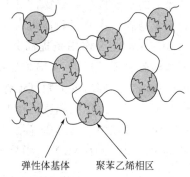

硬段　软段　硬段

弹性体基体　聚苯乙烯相区

图 8-4　SBS 结构示意图

充油量为 30%左右。如为改善树脂的加工流动性，可选充油型 SBS，常用充油量为 33%的线型和星型 SBS。

作为塑料改性剂，SBS 分别与 PP、PS、PE 共混，可明显改善制品的低温性能和冲击强度，改性材料主要用于汽车方向盘和保险杠、家电外壳、密封件等制品。目前，国外 SBS 在塑料改性方面，主要用于 H IPS 和 PP 材料的增韧。用于 HIPS 改性的 SBS 专用牌号主要来自美国 Firest one 公司和韩国 LG 公司。用于 PP 改性的 SBS 主要牌号主要来自美国壳牌公司和韩国 LG 公司。SBS 主要用于 HDPE、PP 及 PS 的增韧改性，加入量为 5%~15%，可大大提高其高、低温冲击强度。以 SBS 增韧 HDPE 为例，SBS 加入 10 份时，冲击强度可提高 1 倍左右，断裂伸长率增加 30%。

SBS 由于不饱和双键的存在，化学性质非常活泼，耐氧、臭氧及耐紫外线降解性能差，使其使用性能受到一定限制。改性常用的方法是加氢，SBS 经加氢得 SEBS，首先由美国 Shell 公司于 1972 年实现工业化。国内 SEBS 研究起步于 20 世纪 80 年代，北京化工大学、华东理工大学及燕化研究院先后进行了小试研究，巴陵石化公司目前已开发出 8 个 SEBS 牌号，总产能达到 10^5 t/a。

SEBS 是 SBS 选择性加氢的产物，即聚丁二烯段加氢而苯乙烯段不加氢。SBS 加氢后相分离发生了明显变化，与 SBS 相比除具有更好的耐老化性、耐酸碱性、耐磨性及柔韧性外，也可形成互穿共聚物网络，仍具有 TPE 的基本特性。SEBS 价格虽高于常规橡胶，但由于其加工优势，最终制品总成本较低；另外，由于其耐老化，可循环加工，是可回收利用的环保材料，深受市场欢迎。SEBS 在 PC、PA 增韧方面的用量相当大，可用来制备高性能、抗老化工程塑料产品。

七、EVA

EVA 为乙烯-乙酸乙烯酯的无规共聚物，用于增塑剂的 EVA 中 VA 的含量为 35%~45%。VA 含量高于 30%的采用乳液聚合，VA 含量低的采用高压本体聚合。当熔融指数（MI）一定，VA 含量提高，其弹性、柔软性、相容性、透明性等也随之提高。当 VA 含量减少时，则性能接近于聚乙烯，刚性增高，耐磨性、电绝缘性提高。EVA 的特点是具有良好的柔软性，橡胶般的弹性，在-50℃下仍能够具有较好的可挠性，透明性和表面光泽性好，还具有耐环境应力开裂、耐低温性、耐光性、抗老化性及耐候性好等优点。因为 EVA 既含有 PE 段，具有一定的非极性；又含有 VA 段，具有一定的极性。因此 EVA 与大多数塑料均有一定的相容性，可以用作它们的增韧剂，与填料的掺混性好，着色和成型加工性好。

EVA 中 VA 含量为 45％时与 PVC 的相容性好，主要用于 PVC 的增韧；VA 含量为 35％时，可用于 PE 和 PC 的增韧。EVA 用作硬质 PVC 冲击改性剂时，应选用 VA 含量较高和熔体流动速率较低的，如 VA 含量为 30％和熔体流动速率为 10g/10min 的 EVA。较高的 VA 含量可以改善与 PVC 的相容性。EVA 用作增韧剂的加入量为 10 份左右。

对于极性较大的聚合物 PA、PC、聚酯等，EVA 接枝 MAH 是它们理想的相容剂和增韧剂，通常采用熔融挤出接枝的方法来实现。

乙烯-丙烯酸乙酯（EEA）树脂是聚烯烃中韧性及柔度最大的一种，是具有非同寻常的韧度和柔度的产品。与 EVA 相比，同为乙烯共聚物，EEA 具有更高的热稳定性、较高的摩擦系数、较好的低温性能以及更低的熔点。当丙烯酸乙酯（EA）含量升高时，共聚物的上限使用温度稍有下降，透明度降低，并属于非腐蚀性降解产品，能适应更宽的加工条件范围。加工厂和生产商常常把 EEA 与烯烃类聚合物或工程聚合物掺在一起，以便生产出把两种树脂的优点结合起来的产品。典型用途包括：聚合物改性、热熔性黏合剂和密封剂、挠性软管和普通管子、层压片材、多层薄膜、注塑和挤压零件以及电线和电缆混合料。

八、NBR

NBR 为丙烯腈-丁二烯的共聚物，俗称丁腈橡胶。用于 PVC 增韧的 NBR 丙烯腈含量在 26％～32％，加入量为 10～20 份。此外，NBR 还可用于 PF 及 ABS 中。

市场上的丁腈橡胶产品有块状和粉末状的。块状 NBR 与 PVC 共混时需加入硫化剂，共混起来很困难。为此，开发了粉末状 NBR，粉末丁腈橡胶易于与 PVC 混合，容易采用挤出、注射等成型方式，在 PVC/NBR 共混体系中获得广泛应用。粉末丁腈橡胶最早由美国 Goodyear 公司研制生产，其中型号为 P83 的粉末用途最为广泛。P83 是经轻度预交联的粉粒，粒度约为 0.5mm，粉粒表面有 PVC 层作为隔离剂。隔离剂层的存在，使粉末丁腈橡胶在存放中不易粘连，保持粉末状态。用于 PVC 和 ABS 的 P83 粒径为 0.6～0.85mm，用于 PF 的 P83 粒径为 0.18mm。P83 与 PVC 的相容性好，在增韧的同时可改善其加工性、耐磨性、柔韧性、热稳定性及耐低温性能。

NBR 中的丙烯腈含量对 PVC/NBR 体系的冲击性能有重要影响。丙烯腈含量约为 20％时，PVC/NBR 共混体系的冲击性能最高。丙烯腈含量过低的 NBR 与 PVC 的相容性不好。而丙烯腈含量达到 40％以上时，NBR 与 PVC 接近于完全相容。丙烯腈含量为 20％左右时，NBR 与 PVC 有一定相容性，共混体系为分散相粒径较小，且两相界面结合较好的两相体系，因而具有良好的抗冲性能。

将丁腈橡胶用于 PVC 软制品中，丁腈橡胶可以起到大分子增塑剂的作用，避免或减少增塑剂的挥发，提高 PVC 软制品的耐久性。用于 PVC 软制品的丁腈橡胶，宜选用丙烯腈含量为 30％左右的品种。例如，广泛应用于 PVC 软制品的粉末丁腈橡胶 P83 含 33％的丙烯腈。在 PVC 软制品中加入粉末丁腈橡胶，不仅可以提高增塑剂的耐久性，而且可以改善其力学性能。对于以 PVC 为主体的 PVC/NBR 体系，一般不需要对 NBR 进行硫化。但对于以 NBR 为主体的 PVC/NBR 体系，则需要对 NBR 进行硫化。

九、ABS

ABS 为丙烯腈（A）-丁二烯（B）-苯乙烯（S）三元共聚物，三种单体的含量为 25％～30％、

20%～35%、40%～50%，用于增韧改性的 ABS 中丁二烯的含量要高一些，ABS 兼有三种组元的共同性能，A 使其耐化学腐蚀、耐热，并有一定的表面硬度，B 使其具有高弹性和韧性，S 使其具有热塑性塑料的加工成型特性并改善电性能。ABS 塑料是一种原料易得、综合性能良好、价格便宜、用途广泛的"坚韧、质硬、刚性"材料。ABS 塑料在机械、电气、纺织、汽车、飞机、轮船等制造工业及化工中获得了广泛的应用。作为增韧剂时，通常称为 ABS 高胶粉，主要是因为产品胶含量在 55%～70%；另外，腈含量高，产品腈含量在 26%～28% 左右，极性强，易于着色，耐化学性好，生产的 ABS 刚性强，光泽度高。作为增韧剂主要用于 PVC、ABS、PC 和 PC/ABS 中，加入量为 10～20 份。

ABS 中含有双键，在紫外线的作用下易氧化降解，其耐候性差，不适于户外制品的增韧。常见的牌号有韩国锦湖 HR-181、韩国巴斯夫 VLK、基础创新塑料（美国）338 和日本三洋 DPT802。

几种常用增韧剂的特点见表 8-2。有资料显示，对于 ABS 增韧效果来说，与 TPU、高胶粉、SBS 和 CPE 这几种增韧剂对比，当增韧剂质量分数超过 7% 时，ABS 对材料的增韧效果明显优于其他几种增韧剂。

表 8-2　几种常用增韧剂的特点

性能	CPE	EVA	MBS	ACR
耐腐性	优	好	好	好
耐候性	好～优	好～优	差	好～优
低温韧性	好	差～好	好～优	差～好
缺口敏感性	好	差～好	好～优	差～好
透明性	差	差	好～优	差

十、马来酸酐接枝弹性体

弹性体增韧的关键在于弹性体与树脂基体的相容性。为了提高增韧效果，有时需要加入相容剂。有一些弹性体接枝物既是相容剂，又是增韧剂，可以直接加入树脂基体中。主要有如下几种：

马来酸酐接枝 POE（POE-g-MAH）：POE-g-MAH 外观为白色透明颗粒，接枝率为 1.0%～1.3%，既是相容剂，又是增韧剂，适用于 PA/PE、PA/PP 合金，可大大提高合金的韧性。它可用作 PC、ABS、PET、PBT 等及其合金材料的相容剂与增韧剂。它用于 PA6、PA66 增韧时，可提高尼龙的抗冲击性、耐寒性、成型加工性，降低吸水率。

EPDM 接枝马来酸酐（EPDM-g-MAH）：产品外观为微黄颗粒。由于非极性的分子主链 EPDM 上引入强极性的侧基，弹性体接枝 MAH 增韧 PA6 的效果如下：EPDM-g-MAH＞SEBS-g-MAH。它适用于 PA/PE、PA/PP 合金，可大大提高合金的韧性。它也用于 PC、ABS、PET、PA 等及其合金材料的相容与增韧，能使弹性体快速分散在工程塑料中，形成弹性体相微细分散和两相界面结合紧密的相结构。它用于尼龙增韧时提高尼龙的抗冲击性、耐寒性、成型加工性，降低吸水率。

马来酸酐（MAH）接枝 SEBS（SEBS-g-MAH）：接枝率为 1.4%～2.0%，典型值为 1.7%。SEBS 为苯乙烯-乙烯/丁二烯-苯乙烯嵌段共聚物，接枝马来酸酐后，可有效地提高不同原料的相容性，有着多方面的应用。它与一些工程塑料相混合，可以大大提高其冲击强度，改善不同工程塑料之间的相容性，可用作 PP、PE、PA、PC、PBT、POM、ABS 等工程塑料的改性剂及增容剂，也能用于共挤薄膜的外层。

第三节　塑料弹性体增韧配方设计

选用弹性体应遵守以下几个原则：

1. 弹性体与树脂的相容性好

塑料增韧配方中，最重要的原则是增韧剂与基体树脂的相容性。两者的相容性越好，则增韧效果最优。两者的相容性如果很差，根本起不到增韧作用，甚至会劣化材料的性能，导致材料起皮、分层、变脆。两者的相容性遵循"相似相容"原则，主要有极性相近原则和溶解度参数相近原则。

① 极性相近原则。在具体选用时，极性要对应和匹配，即高极性树脂选用高极性弹性体，低极性树脂选用低极性弹性体。

塑料的极性大小为：纤维素塑料＞PA＞PF＞EP＞PVC＞EVA＞PS＞PP、HDPE、LDPE、LLDPE。

弹性体的极性大小为：PU 橡胶＞丁腈橡胶＞氯丁橡胶＞丁苯橡胶＞顺丁橡胶＞天然橡胶＞乙丙橡胶。

② 溶解度参数相近原则。在具体选用时，树脂与弹性体的溶解度参数差值要小于 1.5，才能保证其相容性好。几种塑料与树脂的溶解度参数见表 8-3。

表 8-3　几种塑料与树脂的溶解度参数

聚合物	溶解度参数	聚合物	溶解度参数
PTFE	6.2	PS	9.12
聚异丁烯	7.7	NBR(丁二烯/丙烯腈＝75/25)	9.25
PE	8.1	PMMA	9.25
PP	8.1	氯丁橡胶	9.38
EPR(乙烯/丙烯＝65/35)	8.1	PVC	9.6
天然橡胶	8.15	PC	9.8
EVA(VA 含量 14%)	8.17	PVDC	9.8
聚丁二烯	8.38	PET	10.7
丁苯橡胶(丁二烯/苯乙烯＝85/15)	8.4	PAN	12.75
(丁二烯/苯乙烯＝85/15)	8.54	—	—

对于树脂与弹性体相容性不好的增韧体系，应加入适当的相容剂，以提高两者的相容性。常用的相容剂为树脂或增韧剂的马来酸酐或丙烯酸类接枝物。

2. 弹性体的粒度

弹性体的粒度对增韧效果影响很大。弹性体的粒度受弹性体与基体树脂的相容性影响。相容性较差，弹性体的粒度较大，甚至呈层状分布，韧性下降；相容性变好，则粒度细化，韧性提高；相容性继续变好，则弹性体粒子继续变小，甚至与基体树脂成为均相结构，此时韧性反而不好。因此，弹性体与基体树脂应具有一定的相容性，使两者形成"宏观均相，微观分相"的结构。弹性体的最优粒度大小为 0.1~5μm。

另外，弹性体的粒度对制品的表面光泽度影响较大，粒度越大制品的光泽度越低。如在 HIPS 中，弹性体的粒度大小为 2~5μm，制品表面产生消光效应；如果弹性体的粒度小于 0.5μm，制品的光泽度较好。

3. 弹性体的加入量

弹性体的加入量不是越多越好，一般有一个最佳值。一般来说，材料的韧性随着弹性体的用量呈 S 形变化。弹性体用量较少时，韧性随着弹性体用量呈线性增加；用量达到一定值后，韧性急剧增加，然后达到最高值；弹性体用量如果继续增加，韧性增加幅度较小，甚至有所下降，此时材料的拉伸强度和弹性模量会损失较大。如在 PVC 中加入 MBS 时，加入量 15% 为最大值。

4. 弹性体的协同作用

不同品种的弹性体一起加入往往具有协同作用，其原因为其中一种弹性体起到相容剂的作用，提高了树脂与弹性体的相容性。如在 PP 增韧配方中，EPDM 和 ABS 复合加入增韧效果好。

弹性体增韧时，材料的拉伸强度、弯曲强度等刚性指标大幅度下降。为了弥补刚性的损失，需在配方中加入刚性填料如碳酸钙、滑石粉及云母粉等；还可在预弹性体增韧体系中加入 AS、PMMA、PP 等刚性有机树脂。

5. 需要考虑的其他因素

制品需要透明时，选 MBS；制品需要阻燃时，选 CPE；制品需要耐候时，选 CPE、ACR 及 EVA，不选 MBS、ABS；制品要求成本低时，选 CPE 及 EVA。不同弹性体的价格高低顺序为 MBS>ACR>ABS>NBR>CPE>EVA。

对于弹性体加入量大的增韧配方，除 ACR 弹性体外，都增加熔体的黏度。为此，大都需要加入润滑剂或加工助剂，以改善其加工性能。

第四节 塑料刚性材料增韧配方设计

传统的塑料增韧为在树脂中共混弹性体材料，如热塑性弹性体和橡胶等，其增韧效果十分显著。但此种方法在提高复合材料韧性的同时，会导致复合材料强度、刚性、尺寸稳定性、耐热性及加工性的大幅度下降。

用刚性材料增韧塑料，在提高复合材料冲击性能的同时，不降低其拉伸强度和刚性，加工流动性和耐热性也有不同程度的提高。

刚性增韧材料英文简称为 RF，可分为有机刚性增韧材料（ROF）和无机刚性增韧材料（RIF）两类。有机刚性增韧材料有 PMMA、PP、PS、SAN（苯乙烯-丙烯腈共聚物）、MMA-S（甲基丙烯酸甲酯-苯乙烯共聚物）等，其中以 MMA-S 效果最好，PMMA 次之。无机刚性增韧材料有针状硅灰石、优化表面处理的碳酸钙、细玻璃微珠、玻璃纤维、沉淀 BaSO$_4$、云母、滑石粉、高岭土、超细填料、稀土和碱土金属盐等。弹性体与刚性粒子的增韧对比见表 8-4。

表 8-4　弹性体与刚性粒子的增韧对比

项目	弹性体	刚性粒子
增韧剂	橡胶或热塑性弹性体	脆性塑料
增韧对象	脆性及韧性塑料	有韧性的塑料
增韧机理	银纹-剪切带等,能量消耗在基体上	冷拉,能量消耗在增韧剂上
增韧剂用量	用量↗抗冲↗	用量有一定范围
刚性	抗冲↗刚性↙	抗冲↗刚性保持
加工流动性	↙	保持或提高
对相容性的要求	良好	要求更高

一、刚性增韧的机理

ROF 和 RIF 增韧机理的不同点在于：ROF 在应力作用下本身发生塑性变形，吸收冲击能；而 RIF 本身不变形，只起应力集中的作用，诱发基体屈服，吸收大量变形功，产生增韧作用。

刚性粒子增韧的关键在于刚性粒子的表面处理，在刚性粒子表面形成相容性良好的包覆层，形成"软包硬"的结构，包覆层能吸收大量变形功，产生增韧作用。

刚性粒子增韧理论主要包括：微裂纹机理、界面脱粘空洞化机理、基体结晶行为机理。微裂纹机理认为，当基体受到冲击时，容易引发 RIF 周围的基体产生微裂纹，而 RIF 的存在使其扩展受阻和钝化，或 RIF 粒子表面脱粘进而产生新的微裂纹。这样的过程都消耗能量，达到增韧效果，如图 8-5 所示。界面脱粘空洞化机理认为，基体对 RIF 的作用力在两极为拉伸力，在赤道为压应力，由于力的相互作用，粒子赤道附近的基体出现屈服而耗能。当界面黏结较弱时，会在两极首先发生界面脱粘，RIF 附近形成空穴（空穴应力分析表明在空穴赤道面上的应力为本体应力的 3 倍），因此局部容易产生屈服而耗能，这两种屈服均使材料韧性提高。基体结晶行为机理认为，刚性粒子在体系中起到物理交联点的作用，结晶聚合物分子链受到刚性粒子的强烈吸引，使聚合物分子链运动受到阻碍。其结果是体系中球晶密度增加，晶粒尺寸减小，不完善的晶粒增多。较小的球晶可以引发更多的微裂纹，从而耗散较多的能量，因此当体系由粗大的球晶组成时，裂纹很容易沿着粗大球晶的界面扩展倾向于

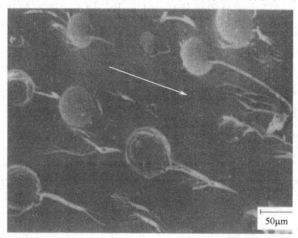

图 8-5　玻璃微珠填充环氧树脂断面 SEM 照片（箭头方向为微裂纹扩展方向）

发生脆性断裂。不过，此理论只针对结晶聚合物，有较大的局限性。

科学工作者在聚丙烯/乙丙橡胶/碳酸钙三元复合材料的研究中提出了"沙袋结构"增韧机理，他们认为碳酸钙团聚体被乙丙橡胶包覆形成"沙袋结构"后，内部碳酸钙团聚体的滑移、弹性体的变形以及"沙袋结构"粒子整体变形均消耗大量能量，进而提高冲击强度。他们还认为，"沙袋结构"粒子柔韧的外壳对材料的冲击性能影响较大，当外层结构遭到破坏时，"沙袋结构"将丧失抵抗变形的能力，从而导致韧性下降。当含"沙袋结构"的复合材料受到水平冲击应力时，"沙袋结构"粒子受到两极的拉应力以及赤道方向的压应力，促使"沙袋结构"粒子内部的碳酸钙团聚体与壳之间发生界面脱粘而形成"空穴"，当"空穴"在冲击方向相互碰撞时，"沙袋结构"被破坏，断面形成"微纤"化。图 8-6 为沙袋理论模型。

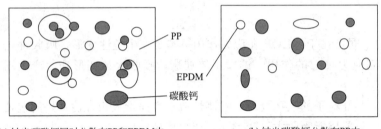

(a) 纳米碳酸钙同时分散在PP和EPDM中　　(b) 纳米碳酸钙分散在PP中　　(c) 纳米碳酸钙分散在EPDM中

图 8-6　沙袋理论模型

基于以上 RF 增韧机理，对 RF 增韧的影响因素可归纳为如下几点：

1. 基体的原有韧性

RF 对聚合物的增韧是通过促进基体发生屈服和塑性变形以吸收冲击能来实现的。因此要求基体要具有一定的初始韧性，即具有一定的塑性变形能力。对于基体韧性过小的树脂，要用 RF 增韧，必须事先用弹性体材料对刚性粒子进行预处理，即"装沙袋"过程，先将刚性粒子与增韧剂进行共混，达到一定的增韧效果。如 PP/POE/碳酸钙体系、PVC/MBS/PMMA 体系和 PVC/CPE/PMMA（100/15/4）体系等都是典型的预增韧体系。

2. 界面粘接性

为使作用于基体上的应力能有效地传递到 RF 上，使 RF 产生塑性变形以帮助基体吸收冲击能，基体与 RF 之间必须有良好的界面粘接性，以满足应力传递；界面的粘接性越好，界面的厚度越大，增韧效果越好；如界面的粘接力太弱，会发生界面脱粘，并在基体中产生缺陷，破坏作用于 RF 上的三维应力场，使增韧效果变差。在"装沙袋"过程中，表面处理后的刚性粒子应与弹性体有良好的粘接界面，即"沙袋"在受到冲击后不能发生破坏。

用 $BaSO_4$ 增韧 PP 的改性效果见表 8-5。

表 8-5　$BaSO_4$ 增韧 PP 的改性效果

材料	拉伸强度/MPa	缺口冲击强度/(J/m)
未填充	26	80
填充 40% 未处理 $BaSO_4$	23	67
填充 40% 处理 $BaSO_4$	20	126

3.粒子的大小及用量

随着刚性粒子粒度变细，粒子的比表面积增大，非配对原子增多，与基体发生物理或化学结合的可能性增大，粒子与基体的接触界面增大，在受到冲击时会产生更多的微裂纹和塑性变形，从而吸收更多的冲击能，提高增韧幅度。

超细粒度的 RF 对冲击强度的提高不是无限的，其加入量存在一个最佳值（临界值）。以碳酸钙增韧 HDPE 体系为例，其粒度与最佳值的关系如表 8-6 所示。

表 8-6 不同粒度碳酸钙在 HDPE 中的临界值

碳酸钙粒径/μm	临界值/%	增韧趋势
6.6	22.4	
7.44	25.4	
15.9	45.0	↑
>15.9	无增韧作用	

4.分散相模量

分散相的模量大小要适当，只有当分散相的屈服应力与分散相和基体间的粘接力接近时，分散相才能随基体的形变而被迫形变，以吸收大量的冲击能从而达到增韧的效果。

二、无机刚性粒子增韧配方设计

基于刚性粒子增韧机理，刚性粒子增韧配方多属于基体树脂/弹性体/刚性粒子三元复合体系。为了提高刚性粒子与弹性体的界面相容性，一般还需要对刚性粒子进行表面处理，如偶联剂处理或者添加相容剂。其具体工艺过程如图 8-7 和图 8-8 所示，先对刚性粒子进行表面处理，然后将处理后的刚性粒子与弹性体进行预混炼，制备成弹性体/刚性粒子母料，最后再辅以其他助剂与基体树脂进行混炼，制备成最终的刚性粒子增韧塑料。如果基体树脂本身为韧性塑料，则可省去弹性体相，可也省去预混炼过程。刚性粒子增韧的关键在于刚性粒子的表面处理。

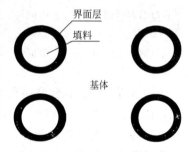

图 8-7 刚性粒子表面处理后的增韧示意图

具体配方组成：无机刚性粒子的用量为 20%～50%，偶联剂的用量约为 0.5%，相容剂的用量约为 5%，弹性体的用量约为 5%～10%，其他助剂（抗氧剂、分散剂和润滑剂）的总用量约为 1%～2%，剩余的为基体树脂。

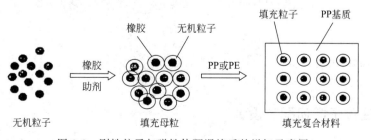

图 8-8 刚性粒子与弹性体预混炼后的增韧示意图

1. 表面高效活化的无机填料

如对碳酸钙进行表面处理，然后加入塑料基体树脂中，即是实现碳酸钙填充复合材料的耐热、耐低温、增韧、增强与一体的低成本改性方法。

（1）HDPE/碳酸钙增韧体系　用1250目碳酸钙，经烷基羧酸盐偶联体系高效活化处理后，在 HDPE（2100J）中填充量高达50%时，复合体系的冲击强度提高5倍以上。而未处理和用其他材料处理的效果则大不相同，具体如表8-7所示。

表 8-7　HDPE/碳酸钙复合体系的冲击强度和拉伸强度

力学性能	纯HDPE	加50%未处理碳酸钙	加50%硅烷处理碳酸钙	加50%铝酸酯处理碳酸钙	加50%钛酸酯处理碳酸钙	加50%用2%烷基羧酸盐处理碳酸钙
缺口冲击强度 /(kJ/m²)	7.1	2.2	7.1	10.6	12.6	31.4
拉伸强度 /MPa	22.5	18.3	16.9	15.3	15.9	16

试验中还发现，HDPE/碳酸钙增韧体系在低温下的冲击改性效果更优异。

（2）PP/高岭土增韧体系　用一种改性的环氧树脂类界面改性剂对高岭土进行表面处理，随填充量的增加，PP 的冲击强度急剧升高；当加入量为30%时，复合材料的缺口冲击强度，是未处理高岭土填充材料的12倍。

（3）PP/EPDM/碳酸钙三元增韧体系

PP	50%	滑石粉	30%
钛酸酯偶联剂	0.5%	PP-g-MAH	5%
EPDM	13%	EBS	0.5%
抗氧剂 1010/168	0.3%	石蜡油	0.5%
其他	0.2%		

工艺过程：先将钛酸酯偶联剂用丙酮或者酒精稀释10倍，然后加入滑石粉中进行表面处理，待溶剂挥发后，将滑石粉与石蜡油、PP-g-MAH、EPDM、抗氧剂 1010/168、EBS 等一起混炼，混炼均匀后破碎，然后将预混料与主料 PP 一起混合均匀后挤出造粒，即得滑石粉刚性粒子增韧聚丙烯塑料。

2. 特殊形态填料

特殊形状填料具体如针状硅灰石、超细玻璃微珠、玻璃纤维等，由于其自身形态为纤维状、中空状或球状，对冲击强度的影响是积极的，原因是此种形态填料有利于吸收更多的冲击能量，达到增韧的目的。如下面刚性粒子增韧 PP 配方：

	冲击强度/(kJ/m²)	伸长率/%	洛氏硬度
纯 PP	15	34	85
PP+20%针状硅灰石	34	26	93
PP+20%超细玻璃微珠	32	28	94
PP+20%玻璃纤维	30.4	25	88

三、有机刚性粒子增韧配方设计

有机刚性增韧材料目前主要包括 PMMA、PP、PS、SAN（苯乙烯-丙烯腈共聚物）、

MMA-S（甲基丙烯酸甲酯-苯乙烯共聚物）五种。

同有些无机刚性增韧材料一样，上述有机树脂也具有增韧功效，但与无机刚性增韧材料的不同在于以下两点：

① 其增韧效果为抛物线变化，但其最佳加入量比较小，一般只有5%左右。

② 体系内必须预先加入弹性体进行预增韧处理，才能发挥有机刚性增韧剂的作用，非预增韧体系增韧效果不明显。

常见的预增韧体系有：PVC/CPE、PVC/EVA、PVC/ABS、PVC/PC、PP/EPDM、PP/PA、PP/LDPE、PP/SBS及PS/NBR等。

常见的有机刚性增韧体系有：PVC/CPE/PS、PVC/EVA/PS、PVC/CPE/MMA-S、PP/PP-g-MAH/PP等。以PVC/CPE/PS体系为例，当三者比例为100/12/4时，体系的冲击强度增大4.5倍。

第五节　各类塑料增韧配方设计举例

一、PP 增韧配方设计

PP具有价格低廉、来源广、综合性能好等优点，是通用塑料中性能最接近工程塑料的品种。但其缺口冲击性能不好，尤其低温冲击强度更低，不进行增韧改性，应用面受到很大影响。

可用于PP增韧的材料很多，如橡胶、热塑性弹性体、塑料、茂金属聚烯烃、无机刚性粒子及钠米粒子等。

1. 塑料增韧 PP 体系

（1）PP/PE增韧体系　LDPE对PP的增韧效果明显，但由于两者相容性较差，往往造成其力学性能如弯曲模量迅速下降。因此PP增韧较少采用聚乙烯，有时会用于以冲击强度要求为主，其他力学性能要求不高的应用场合。聚乙烯增韧PP中以共聚PP的效果更好些。

HDPE在PP中加入量小于10%时，对PP具有刚性增韧效果，即增加冲击性能的同时，其他力学性能不下降。LLDPE对PP的增韧效果介于LDPE和HDPE两者之间，加入量以5%~20%为好。

UHMWPE对PP不仅有增韧作用，还可实现原位成纤增强效果。以PP1330为例，加入10%的UHMWPE增韧时，其缺口冲击强度、拉伸强度和伸长率分别提高3.5倍、1.5倍和2.5倍。但UHMWPE与PP相容性较差，需选择合适的PP牌号（如共聚PP）才能达到较好的增韧效果。

（2）PP/EVA增韧体系　EVA在增韧PP的同时，还可提高伸长率、熔体流动指数和表面光泽。所选用的EVA中VA的含量为14%~18%。用20%EVA-15增韧PP，其冲击强度提高12倍之多，刚性下降幅度小，其成本又低于弹性体或橡胶增韧PP，综合性能优于PP/EPDM体系。

① EVA增韧PP

PP　　　70　　　　EVA（VA含量15%）　　　　30

相关性能：缺口冲击强度为42kJ/m^2，比纯PP提高12倍；拉伸弹性模量为640MPa，比 PP/EPDM（70/30）高 1.8 倍。

② PP/EVA/CaCO$_3$ 增韧体系

PP	100	CaCO$_3$	30
EVA（VA 含量 15%）	20	石蜡	2
HDPE	10	抗氧剂	0.3

相关性能：缺口冲击强度为 9.8kJ/m^2；弯曲强度为 38.4MPa；拉伸强度为 24.2MPa；伸长率为 413%。

③ PP/PA6 增韧体系

PP/PA6 共混体系可改善两者本身固有缺点，使材料具有优良的综合性能。选取 15% PA6 加入 PP 中，可使其冲击强度提高 50%，拉伸强度下降 13.8%；如再加入 5% PP-g-MAH 作为相容剂，其冲击强度可提高 113%，拉伸强度下降 2.7%。

④ mPE/PP 增韧体系

mPE 具有非常低的玻璃化温度，而且断裂伸长率很大，非常适合于 PP 的增韧改性。

mPE 对 PP 有较好的增韧效果，在 PP 中加入 40%mPE，于 -30℃下的缺口冲击强度超过纯 PP 的 20 倍，约为同质量分数 EPDM 增韧效果的 9 倍。另外还发现，用 mPE 增韧 PP，复合材料具有较低的拉伸永久变形、压缩永久变形和蠕变变形，卓越的低温性能和加工性能，mPE 成为 EPDM 的强有力竞争者。

2. 弹性体增韧 PP 体系

可用弹性体有 POE、TPO、SBS 及 CPE 等。

（1）POE 增韧 PP 体系 PP/POE 是近年来开发的弹性体增韧 PP 体系，其增韧效果好，价格低，耐候性好，流动性佳，热稳定性好，加工性能好，也是目前最常用的弹性体增韧 PP 体系。

POE 与 PP 的相容性非常好，增韧效果尤其是低温增韧效果十分明显，优于 EPDM、EPR，其增韧效果为：POE＞EPDM＞EPR，且弯曲模量和拉伸强度下降幅度小，其下降次序为：POE＜EPDM＜EPR。POE 在 PP 中加入量超过 15% 时，增韧效果迅速提高。如在 PP 中加入 30%POE，其缺口冲击强度从纯 PP 的 76.4J/m 增加到 626J/m。

与 EPDM 相比，POE 内聚能低、不含双键、耐候性好，是 EPDM 的强有力替代品。如 PP/CaCO$_3$/POE 增韧材料配方实例如下：

PP（T30S）	75%	CaCO$_3$	10%
POE（8200）	15%	抗氧剂 1010/168	适量

相关性能：缺口冲击强度为 60kJ/m^2，拉伸强度为 20MPa，弯曲强度为 34MPa，弯曲模量为 1400MPa。

（2）SBS 增韧 PP 体系 SBS 对 PP 的增韧效果不如 EPDM，但可用于一般应用场合。研究表明，当 SBS 的含量在 0～10 份之间时，冲击强度随加入量增大而增大；超过 15 份后，反而下降。如用 SBS 与 PP 制成的耐冲击型 PP 的常温和低温冲击性能分别提高 5 倍和 10 倍。具体配方实例如下：

PP	69%	SBS	15%
CaCO$_3$	15%	抗氧剂 1010/168	0.3%
其他	0.7%		

相关性能：悬臂梁冲击强度为 70kJ/m^2。

3. EPDM、EPR 增韧 PP 体系

EPDM（乙烯-丙烯-二烯烃三元共聚物）、EPR（乙烯-丙烯二元共聚物）是 PP 传统最常用的弹性体增韧材料，尤其以 EPDM 为主。两者具有高弹性和良好的耐低温性能，可改善 PP 的冲击性能和耐低温性能。由于两者结构中都含有丙基，因此与 PP 的相容性都很好，热稳定性非常高。在 5%～30% 的含量范围内，随其加入量的增大，体系的冲击强度近似线性迅速增大；但同时，体系的弯曲强度、拉伸强度、热变形温度等明显降低。

与 EPR 相比，EPDM 与 PP 有良好的界面相互作用，溶解度参数相等（8.1），与 PP 的相容性更好，对 PP 的增韧效果更明显。

以 EPR 为例，在 PP 中加入 20% 时，常温缺口冲击强度提高 10 倍之多，脆化温度下降 4/5。以 EPDM 为例，当 PP/EPDM/滑石粉以 100/20/10 比例配合用于汽车保险杠时，不同生产单位产品的性能如表 8-8 所示。将 EPDM 进行 MAH 接枝形成 EPDM-g-MAH，用 EPDM-g-MAH 增韧 PP 比纯 EPDM 效果更好。

表 8-8　不同生产厂家 PP/EPDM/滑石粉（100/20/10）的性能

性能	清华大学	长春应化所	中科院化学所	日本三菱油化
MI/(g/10min)	5	4～6	5～7	1.7～2.2
拉伸强度/MPa	17	18～28	16.5～19	16～33
伸长率/%	>560	500～800	>500	200～760
缺口冲击强度/(J/m)	800	490～784	500	490
弯曲强度/MPa	22.5	17～21	22	19～24

4. BR 增韧 PP 体系

顺丁橡胶（BR）具有高弹性、良好的低温性能（玻璃化温度为 -110℃）、耐磨性、耐挠曲性，BR 的溶解度参数与 PP 接近，与 PP 的相容性好，增韧效果好。当 PP/BR 比例为 100/15 时，其冲击强度提高 6 倍，脆化温度下降到 8℃（下降 23℃）。

5. 塑料/弹性体协同增韧 PP 体系

弹性体与 PP 共混虽具有优良的冲击强度，但刚性、强度和热变形温度等性能损失较大，且成本提高明显。为了改善力学性能和降低成本，在弹性体/PP 增韧体系中加入塑料，形成弹性体/塑料/PP 三元共混体系。在三元体系中最常用的塑料为 HDPE 和 LLDPE，具体实例如 PP/SBS/HDPE、PP/EPR/HDPE、PP/EPDM/LLDPE、PP/HDPE/BR（100/15/15）、PP/PS/mPE、PP/PS/SBS 等。

PP/HDPE/BR 三元增韧体系，当比例为 100/15/15 时，不但韧性好，还具有高的拉伸强度和挠曲强度。PP/SBS/BR 三元共混体系的协同效果显著，比单一 PP/SBS 或 PP/BR 增韧效果好得多。

以上增韧体系的配方设计应注意如下几点：①增韧效果。POE>mPE>TPE>EPDM，但从经济上考虑用 EPDM 较多。②相容剂的选择。对与 PP 相容性不好的增韧材料，在设计配方时，应加入相容剂，常用的为 PP-g-MAH。加入相容剂后，冲击强度提高幅度明显增大。如 PA、PS、PVC 等都需加入相容剂。③加入量的确定。各种增韧材料对 PP 的增韧效果都有一个最佳加入量范围，如 SBS 在 15% 以下效果好，POE 在 15% 以上效果好。④增韧材料的选

用。不同增韧材料的增韧效果和对其他性能的影响不同，因此对不同应用场合 PP 的性能要求也不同，应根据具体性能来选择增韧材料。如 EPR 增韧 PP 的耐老化性不好，用于户外的汽车保险杠一般不选择 EPR，而选用耐候性好的 EPDM。⑤复合增韧。单一材料增韧 PP，虽然冲击强度提高了，但对其他性能影响较大。为此，常选用复合增韧，以平衡各方面性能，并可适当降低成本。⑥弹性体的粒度。粒径小于 $0.5\mu m$ 时，可取得较好的增韧效果。

二、PVC 增韧配方设计

PVC 硬制品首要的问题是韧性差，制约其作为结构材料的使用。因此，PVC 硬制品必须进行增韧改性处理。

PVC 的增韧改性可添加弹性体和非弹性体材料，效果较好的增韧剂有：CPE、ACR、EVA、MBS、BNR、EPDM、NR、SBR、ABS、PE、AS、PS、PMMA、超细碳酸钙及钠米粒子等。

目前，在国内 CPE 主要用作 PVC 的抗冲击改性剂，而国外主要应用 MBS 及 ACR（丙烯酸酯类共聚物），尚有 ABS（丙烯腈-丁二烯-苯乙烯共聚物）和 EVA（乙烯-乙酸乙酯共聚物）。经实用比较，MBS 树脂是综合性能优异的抗冲击改性剂品种，尤以透明性和配位性为佳。具体比较如下：透明性，MBS＞ACR＞CPE、EVA；加工性，MBS、ACR＞CPE＞EVA；配伍性，MBS＞ACR＞CPE＞EVA。

MBS 树脂的抗冲击性优于 EVA，但差于 ACR、CPE 及 ABS；耐候性方面，MBS 与 ABS 相近，却劣于其他三者；热稳定性方面，MBS 也接近于 ABS，高于 EVA，但低于 ACR 与 CPE。MBS 由于含有不饱和结构，其光稳定性不如其他三者。应强调的是，MBS 树脂在透明 PVC 树脂制品加工中的重要作用，尚无法被替代。MBS 树脂通常可使 PVC 的冲击强度提高 5～6 倍，并对抗张强度、伸长率影响很小。

1. PVC/橡胶增韧体系

PVC/NBR：NBR 中含有大量的极性键，表现出强极性，与 PVC 的相容性非常好。将 PVC 与 NBR 在 150℃下机械共混，即使没加入交联剂，也能形成部分交联网络，使复合体系具有良好的综合力学性能。当 NBR 加入 25 份时，体系的韧性好。粉状 NBR 的增韧效果好，在 PVC 中加入 10 份，其摆锤缺口冲击强度达 $71kJ/m^2$。

PVC/SBR：SBR 与 PVC 的相容性不好，不能直接应用，应对 SBR 进行接枝改性制成粉末状 SBR。在 PVC 中加入 10 份时，冲击强度增加到 $85\sim100kJ/m^2$。

PVC/NR：在 PVC 中加入粉末 NR 仅 5 份时，PVC 的冲击强度为 $64.3kJ/m^2$，比纯 PVC 提高 15 倍。

PVC/EPDM：EPDM 为非极性聚合物，与 PVC 的相容性差，加入第三组分硫醇类化合物作为增容剂，其一端与 PVC 接枝，另一端与 EPDM 缠绕。

2. PVC/弹性体增韧体系

PVC/MBS：两者的溶解度参数接近，加之分子间可形成氢键，共混体系的相容性很好，且不影响制品的透明性。在 PVC 中加入 12％MBS 时，共混物的冲击强度增大 8 倍以上。

PVC/ABS：两者的溶解度参数接近，是典型的合金材料。当 ABS 加入 30 份时，悬臂梁冲击强度提高近 10 倍。在 PVC/ABS 共混体系中加入第三组分如 CPE、ACR、PMMA、CPVC 等，可更有效地提高韧性。

PVC/ACR：该体系不仅使冲击强度提高 13 倍，还可改善加工流动性。

PVC/PDMS：PDMS 为含有硅的高分子化合物，与 PVC 相容性差，需加入交联剂二乙烯基苯以提高相容性。

PVC/PBSM：PBSM 为丙烯酸丁酯、苯乙烯、甲基丙烯酸甲酯三元共聚物，与 PVC 的相容性良好。

3. PVC/塑料增韧体系

PVC/CPE：当 CPE 的含氯量为 36% 时，与 PVC 的相容性好，在 PVC 中加入 8%～10% 时，冲击强度增大近 4 倍。

PVC/EVA：在 PVC 中加入 EVA-45 仅 7.5%，体系的冲击性能最佳，其他性能也较好。EVA 在增韧的同时还可改善耐候性，适用于户外制品。

PVC/LLDPE：以氢化聚丁二烯与甲基丙烯酸甲酯的接枝物为相容剂。

4. PVC/有机刚性材料增韧体系

有机刚性材料增韧的 PVC 体系必须进行事先预增韧，使其具有一定的韧性。

PVC/CPE/PMMA(100/15/3)：加入 PMMA 后体系的分散性改善，促进 CPE 网络的形成和细微均匀化，协助吸收体系的冲击能，冲击强度提高 25 倍。

PVC/CPE/AS(100/10/5)：体系的冲击强度为 952.7J/m。

聚苯乙烯增韧 PVC：配方为 PVC(S1000)，100；PS，5；甲基锡 TM-FS，3；内润滑剂 G-16，1.5；外润滑剂 G-74，0.5。相关性能：屈服强度为 48.1MPa（纯 PVC 为 61.8MPa），断裂伸长率为 30.6%（纯 PVC 为 32.0%），拉伸模量为 91.86MPa（纯 PVC 为 107MPa），悬臂梁缺口冲击强度为 30J/m（纯 PVC 为 25.7J/m）。

此外还有 PVC/CPE 或 ACR/PP 体系。

5. PVC/无机刚性材料增韧体系

在一定预增韧体系中加入优化处理的无机材料，可在一定范围内提高冲击强度。如 PVC/CPE 体系中加入 5 份活性碳酸钙，冲击强度提高 30% 以上；还可以加入 10 份碳酸钙，配方如下：

| PVC | 100 | CPE | 10 |
| 1.36μm 碳酸钙 | 10 | 润滑剂 | 1 |

注：碳酸钙用 NDZ/ON-337 大分子复合偶联剂处理，NDZ 为烷氧焦磷酰氧基邻苯二甲酸异丙酯，ON-330 为端噁唑啉聚醚。此配方的简支梁冲击强度为 46.3kJ/m²。

6. PVC/纳米粒子增韧体系

在 PVC 中加入粒度为 30nm 的碳酸钙时，缺口冲击强度增加 3 倍以上，拉伸强度增加 1 倍以上。

7. CPVC 的增韧体系

CPVC 的脆性比 PVC 还要大，更有增韧改性的必要性。

CPVC 的增韧改性配方为：加入 6 份 CPE，加入 5 份 EVA，加入 6 份 ACR。

三、POM 增韧改性配方设计

1. POM/COPA

三元共聚尼龙（COPA）为 PA6/PA66/PA1010 质量比例为 10/20/70 的共聚物，共聚破坏了结构规整性，结晶出现较多缺陷，熔点降低为 $155\sim175\,^{\circ}\mathrm{C}$。

COPA 为目前发现的 POM 最有效的增韧树脂，可使 POM 最大冲击强度达到 $115\mathrm{kJ/m^2}$，提高幅度达 85%，加入量仅为 2%，对其他性能影响小。COPA 不同加入量对 POM 冲击强度的影响见表 8-9。

表 8-9 COPA 不同加入量对 POM 冲击强度的影响

加入量（质量分数）/%	0	0.5	1	1.5	2	2.5	3	4
冲击强度/(kJ/m²)	62	65	75	95	115	112	100	90
提高幅度/%	0	5	21	53	85	81	61	45

COPA 增韧原理为：COPA 用量小于 4% 时，其自身不能结晶，且与 POM 分子间存在一定的氢键作用，可大幅度提高 POM 的冲击强度；当 COPA 用量大于 5% 时，其自身结晶，导致与 POM 相分离，使 POM 的冲击强度迅速下降。

2. POM/TPU

热塑性聚氨酯弹性体（TPU）是 POM 最为有效的弹性体抗冲改性剂，人们对 TPU 增韧改性 POM 进行了大量的研究，在获得共混物较好韧性的同时，会导致共混物刚性的大幅下降。添加 10% TPU 能使 POM 的缺口冲击强度提高一倍，添加 20% 的 TPU 则共混物的缺口冲击强度为原来的三倍；当 TPU 用量达到 30% 时，缺口冲击强度则为原来的 5 倍多，但同时拉伸强度降低为原来的一半。研究表明，选择合适的 TPU 种类及用量，在此基础上通过添加异氰酸酯预聚物可提高 POM 与 TPU 之间的界面亲和性，可获得综合力学性能较好的共混物。当异氰酸酯预聚物用量为 3% 时，可使共混物的缺口冲击强度提高到 $26\mathrm{kJ/m^2}$，比未添加预聚物的 POM/TPU 共混物的伸长率和缺口冲击强度分别提高了 80% 和 70%。

3. POM/LDPE

LDPE 加入 4% 时，可使 POM 最大冲击强度达到 $75\mathrm{kJ/m^2}$，提高幅度达 21%。LDPE 不同加入量对 POM 冲击强度的影响见表 8-10。

表 8-10 LDPE 不同加入量对 POM 冲击强度的影响

加入量（质量分数）/%	0	2	3	4	5	6
冲击强度/(kJ/m²)	62	64	72	75	71	67
提高幅度/%	0	3	16	21	15	8

LDPE 增韧的具体原理为：LDPE 的用量小于 4% 时，LDPE 均匀分散于 POM 中，起到转移能量的作用，提高 POM 的冲击强度；当 LDPE 的用量大于 4% 时，LDPE 在 POM 基体中的分散颗粒大且不均匀，导致 POM 的冲击强度下降。

在 POM/LDPE 增韧体系中加入 EVA，能够提高两者的相容性。当加入 1% EVA 时，增韧效果最好，可使 POM 最大冲击强度达到 $95\mathrm{kJ/m^2}$，提高幅度达 53%。在 POM/4% LDPE 中加入不同量的 EVA 对 POM/4% LDPE 体系冲击强度的影响见表 8-11。

表 8-11 EVA 不同加入量对 POM/4%LDPE 冲击强度的影响

加入量（质量分数）/%	0	0.5	1	1.5
冲击强度/(kJ/m²)	75	84	95	80
提高幅度/%	0	12	27	7

4. POM/HDPE

HDPE 增韧的具体原理同 LDPE。单一 HDPE 增韧 POM 时，提高幅度略小于 LDPE，最大冲击强度仅为 70kJ/m², 提高幅度达 13%, 加入量小时仅为 2%。HDPE 不同加入量对 POM 冲击强度的影响见表 8-12。

表 8-12 HDPE 不同加入量对 POM 冲击强度的影响

加入量（质量分数）/%	0	1	2	3	4
冲击强度/(kJ/m²)	62	68	70	61	55
提高幅度/%	0	10	13	-2	-11

在 POM/HDPE 增韧体系中加入 EVA，可提高两者的相容性。当加入 1.25% EVA 时，增韧效果最好，可使 POM 最大冲击强度达到 78kJ/m², 提高幅度达 26%。在 POM/2% HDPE 中加入不同量的 EVA 对 POM/2% HDPE 体系冲击强度的影响见表 8-13。

表 8-13 EVA 不同加入量对 POM/2%HDPE 冲击强度的影响

加入量（质量分数）/%	0	0.5	1	1.25	1.5	2
冲击强度/(kJ/m²)	70	72	75	78	76	72
提高幅度/%	0	3	7	11	8	3

为改善 POM/HDPE 增韧体系的相容性，先将 HDPE 制成薄膜，用 1000W 的紫外灯照射若干小时后，在 HDPE 分子链上引入 C＝O 基团，以提高 HDPE 的极性，增大与 POM 的相容性，然后再与 POM 共混，增韧效果更好。

5. POM 其他增韧配方

POM 中加入 NBR，用量为 5% 时，冲击强度最大。

POE 具有优异的弹性、耐老化性和流动性，熔融共混时 POE 具有更好的加工性和分散性。但 POM 与 POE 的相容性差，POM/POE 共混物的韧性较差。把动态硫化引入 POM/POE 体系可显著提高共混物的力学性能。在未动态硫化的体系中，由于两组分间的相容性差，POM/POE（80/20）体系的缺口冲击强度仅为 60.72J/m, 与纯 POM 相比下降了 10J/m 左右；但 POM/POE（80/20）体系经过动态硫化之后缺口冲击强度显著提高，达到 127.07J/m。同时动态硫化体系的拉伸强度从动态硫化前的 31.36MPa 提高到 35.72MPa。

（1）TPU 增韧 POM 配方

共聚 POM	89%	TPU	10%
三聚氰胺	0.5%	抗氧剂 1010	0.3%
其他	0.2%		

相关性能：缺口冲击强度比纯 POM 增加 30%。

（2）丁腈橡胶增韧 POM

POM	94%	丁腈橡胶	5%
三聚氰胺	0.5%	抗氧剂 1010	0.3%
其他	0.2%		

四、PS 增韧配方设计

PS 刚性较大，其冲击性能比 PP 还要差，是一种十分脆的材料，增韧改性是必需的。

PS 可选用的增韧剂有 SBS、ABS、EPR、顺丁橡胶及丁苯橡胶等，SBS 效果最好。SBS 弹性体选用线型结构，星型 SBS 弹性体效果稍差。SBS 弹性体用量增加，共混物的各向异性程度也增大。共混时应延长混炼时间或采用二次混炼工艺，这样有利于两相间的均匀混合。SBS 增韧 PS 时为了降低成本，可用充油 SBS，如充油量为 33% 的线型或星型 SBS 弹性体，同时也可提高共混物的加工流动性。

当用于透明产品时，可用 K 树脂增韧。K 树脂又称为 K-Resin（K-树脂）、丁苯透明抗冲树脂，是以苯乙烯、丁二烯为单体，以烷基锂为引发剂，采用阴离子溶液聚合技术合成的一种嵌段共聚物。其主要特性是兼有高透明性和良好的抗冲击性、密度小、着色力强、加工性能优异、无毒性，它广泛用于冰箱制造、电器仪表盘与其他材料（如 GPPS、SAN、SMA、PP、HIPS 等）掺混改性等领域。K 树脂符合欧盟和美国食品与药品管理局有关食品包装的规定，被允许用于食品的包装，医用市场中也占有很大的比例。尽管其成本是通用聚苯乙烯的 1.4 倍，但是由于丁苯透明抗冲树脂制品的冲击性能好、密度小、制品厚度薄，其制品与通用聚苯乙烯制品的实际成本相差无几。但 K 树脂耐候性稍差，在户外长期阳光照射下，会产生黄变和降解。

PS 增韧的具体配方如下：

（1）低温超韧 HIPS

HIPS（466F）	100	SEBS（台塑 3152）	15
EBS	0.5	碳酸钙（1~10μm）	5
抗氧剂	0.3		

相关性能：常温冲击强度为 $28.3kJ/m^2$，$-40℃$ 低温冲击强度为 $15.35kJ/m^2$。

（2）PS/纳米氧化铝增韧体系

PS	84%	纳米氧化铝	15%
润滑剂	0.5%	抗氧剂	0.3%
其他	0.2%		

相关性能：冲击强度提高 3 倍。

（3）PS/SBS 增韧体系

| PS | 80% | SBS | 20% |

相关性能：冲击强度提高 9 倍。

五、PA 增韧配方设计

PA 的常温冲击性较好，但低温冲击性不好，所以 PA 主要为低温增韧。PA 要选用黏度低的牌号，如黏度为 2.2Pa·s 的 PA66 和黏度为 2.7Pa·s 的 PA66。

不同增韧材料对 PA 的增韧效果不同，尤其以接枝聚合物的增韧效果最佳，各类接枝聚合物的具体增韧效果见表 8-14。

表 8-14 PA66/30% 不同增韧剂的增韧效果

体系	拉伸强度/MPa	弯曲强度/MPa	吸水率/%	冲击强度/(J/m)	热变形温度/℃
PA66	78	104	4	61	180
PA66/PP-g-MAH	52	87	1.5	298	160
PA66/LDPE-g-MAH	45	73	1.48	390	150
PA66/POE-g-MAH	39	69	1.51	1150	132
PA66/EPDM-g-MAH	40	70	1.54	1130	130

接枝弹性体由于自身冲击性能优越，对 PA66 的增韧效果明显优于接枝 PP 和 PE。尤其是接枝 POE 在 PA66 中产生的硬度和韧性组合比接枝 EPDM 更好。当接枝 POE 质量份为 30 份时，冲击韧性比纯 PA66 提高 300％。接枝聚合物增韧效果大小次序如下：POE-g-MAH＞EPDM-g-MAH＞EPR-g-MAH＞SEBS-g-MAH＞LDPE-g-MAH＞PP-g-MAH。

非接枝聚合物的增韧材料有 POE、EPDM、EPR、SEBS、ABS、LDPE、EVA 及 MBS 等。

（1）LDPE 增韧 PA6 配方

| PA6 | 70％ | LDPE-g-MAH | 30％ |

相关性能：冲击强度常温为 $25kJ/m^2$，$-20℃$ 下为 $12.5kJ/m^2$。

（2）PA/纳米黏土配方

| PA | 95％ | 纳米黏土 | 4.2％ |
| EBS | 0.5％ | 抗氧剂 | 0.3％ |

相关性能：冲击强度增加 1 倍左右。

（3）PA/EPDM/SMA 配方

PA	67％	EPDM	22％
SMA	10％	抗氧剂	0.3％
其他	0.7％		

相关性能：冲击强度提高 15 倍。

（4）接枝 PE/POE 混合增韧 PA6

| PA6 | 90 | PE-g-MAH | 8 |
| POE | 10 | 抗氧剂 | 0.3 |

相关性能：悬臂梁冲击强度为 $110kJ/m^2$，$-30℃$ 悬臂梁冲击强度为 $70kJ/m^2$。

（5）超韧尼龙配方

| PA6 | 70％ | POE-g-MAH | 30％ |

相关性能：缺口冲击强度为 $88.79kJ/m^2$，拉伸强度为 38MPa，弯曲强度为 71MPa，热变形温度为 59℃。

（6）PA 的其他增韧配方

PA6/PE/PE-g-OXA（噁唑啉）的配比为 75/15/10 时，缺口冲击强度为 $23.2kJ/m^2$。

PA6/UHMEPE/HDPE-g-MAH 比例为 80/20/20 时，缺口冲击强度提高 1.6 倍。

PA6/ABS/硫亚氨化丙烯酸聚合物，当 ABS 的加入量为 40％时，室温缺口冲击强度可达到 940J/m。

以 PA12 为例，选择了北京普利宏公司生产的 POE-g-MAH（ST-4100）、法国阿托菲纳公司生产的无规乙烯-丙烯酸-马来酸酐三元共聚物（4700），具体配方为 PA12/ST-4100/4700＝60/32/8 时，复合材料的拉伸强度为 120MPa，悬臂梁缺口冲击强度为 $20kJ/m^2$。

六、其他树脂增韧配方设计

1. PET、PBT 增韧配方设计

聚酯类 PET 和 PBT 为综合性能较为优良的工程塑料，但存在着冲击强度低、对缺口比较敏感的缺陷。特别是作为电子电器零部件时，往往需要加入玻璃纤维以降低成型收缩率和提高尺寸精确度。此时，加纤 PBT 的韧性更低，通常需要加入增韧剂。

增韧材料以各类弹性体增韧材料的接枝聚合物为主，具体如 SBR-g-MAH、SEBS-g-

MAH、BA-MMA、E-MMA、PB-g-AS 及 LDPE-g-MAH，市面上的产品有美国杜邦的 PTW、法国阿科玛的 AX8900 等；也可以为 LDPE、LLDPE、PC 等单一树脂。鉴于成本考虑，一般增韧剂的用量在 5%～30% 之间。

（1）增韧 PBT 配方

PBT	70%	PB-g-AS	28%
润滑剂	0.5%	抗氧剂	0.3%
加工助剂	1.2%		

（2）增韧 PET 配方

PET	95.5%	LLDPE	3%
LCP	0.2%	抗氧剂	0.3%
润滑剂	1%		

（3）超韧 PET 配方

PET	75%	丙烯酸丁酯/甲基丙烯酸甲酯	18%
抗氧剂 1010	0.3%	乙烯/甲基丙烯酸甲酯锌盐（含锌 8%）	5%
其他	1.7%		

（4）接枝弹性体增韧 PET 配方

PET	80%	SEBS-g-MAH	18%
润滑剂	0.5%	抗氧剂	0.3%
其他	1.2%		

相关性能：冲击强度提高 7 倍之多。当 SBR-g-MAH 的含量为 15 份时，冲击强度提高 2.5 倍。在 PET 中加入 1% 的 SEBS-g-MAH，冲击强度大幅度提高。

2. PC 增韧配方设计

PC 虽然韧性较高，但由于缺口敏感性较大，很多产品均需要增韧，特别是增强或填充复合材料中，不加增韧剂可能无法进行正常抽粒加工。可用增韧剂有 EVA、ABS、HDPE、LDPE、MBS、UHMEPE、氟橡胶、丙烯酸酯橡胶、丁苯橡胶及丁苯橡胶等。但考虑到 PC 加工温度较高，增韧剂需要承受高温加工过程，某些增韧剂可能在加工过程中发生降解，产生变色。因此，PC 增韧需要选择耐高温的增韧剂。

（1）增韧增强 PC 配方

PC	63%	GF	20%
HDPE	8%	EVA	7%
EBS	1%	其他	1%

（2）ABS 增韧 PC 配方

PC	100	ABS	30
丁基橡胶	2	润滑剂	1

（3）橡胶增韧 PC 配方

PC	100	丁苯橡胶	25
润滑剂	1	复合抗氧剂	0.3

相关性能：冲击强度提高 6 倍。

（4）聚烯烃增韧 PC 配方

PC	90%	LDPE	5%
EVA	4%	EBS	1%

相关性能：缺口冲击强度为 $75kJ/m^2$，拉伸强度为 55MPa。

（5）透明 PC 增韧配方

PC	88%	MBS	10%
EBS	1%	复合抗氧剂	0.3%
其他	0.7%		

相关性能：冲击强度提高 3 倍。

（6）PE 增韧 PC 配方

PC	100	HDPE-g-MAH（GMA）	6
UHMWPE	4	润滑剂	2

相关性能：冲击强度为 $62kJ/m^2$。

（7）高抗冲 PC 配方

PC	100	丁苯橡胶	25
润滑剂	2	复合抗氧剂	0.3

相关性能：冲击强度比纯 PC 提高 6 倍。

3. ABS 增韧配方设计

ABS 本身即为增韧剂，具有较好的韧性，但在玻璃纤维增强 ABS 或者 ABS/PC 合金系列产品中，也需要添加一定量的增韧剂。对于 ABS 来说，相容性最好的增韧剂即为结构相似的 ABS 高胶粉。ABS 高胶粉同为苯乙烯、丙烯腈-丁二烯橡胶核-壳型聚合物，产品胶含量在 55%～70%，腈含量在 26%～28% 左右，极性强，易于着色，耐化学性好，用其生产的 ABS 刚性强，光泽度高，热变形温度高，熔融指数较高，流动性好，易于加工。ABS 高胶粉主要有美国 GE 公司的 B338、韩国锦湖的 HR-181、德国巴斯夫的 VLK 等。

（1）ABS/玻璃纤维增强通用配方

ABS	72%	玻璃纤维粗纱	20%
高胶粉	6%	KH-560	0.2%
TAF	0.5%	复合抗氧剂	0.3%
其他	1%		

（2）增韧 ABS 配方

ABS（757）	46%	ABS（747S）	45%
高胶粉	6%	润滑剂	1%
其他	2%		

（3）PC/ABS 阻燃配方

PC	52.7%	苯乙烯-马来酸酐-MMA 共聚物	6%
ABS	20%	BDP/RDP	12%
高胶粉	8%	PTFE	0.5%
润滑剂	0.5%	复合抗氧剂	0.3%

4. 聚砜（PSF）增韧配方设计

PSF 具有优良的刚性和韧性，可在很宽的范围内保持物理机械性能和电性能，还有阻燃性、低发烟性和耐化学药品性，本身的冲击强度相当高，但其致命的缺点为缺口冲击强度相当低。为此，制品设计必须与缺口相关时，需要增韧处理。PSF 可用的增韧剂有 ABS、EPR、MBS、EVA 及 LDPE 等。具体配方实例如下：

（1）	PSF	80%	MBS	20%
（2）	PSF	82%	ABS	15%

	LDPE	3%		
（3）	PSF	95%	EPR	5%

5. PPO 增韧配方设计

可与苯乙烯共混的弹性体都可用于 PPO 的增韧改性，如 SBS、SEBS。具体配方实例如下：

PPO	43%	HIPS	45%
SBS	10%	其他	2%

思考题

1. 塑料的韧性表示方法有哪些？
2. 塑料的韧性对哪两个因素有依赖性？
3. 核壳型增韧剂有哪些？核壳型增韧剂相比普通增韧剂有何优势？
4. 可用于透明产品的增韧剂有哪些？
5. 刚性粒子增韧的前提条件是什么？

第九章
界面改善剂及其在塑料配方中的应用

第一节　偶联剂

　　高分子复合材料的用量占整个高分子材料的半壁江山，高分子复合材料的结构是以树脂为基材构成连续相，以填料或纤维等物质构成分散相。因为基体树脂与填料或纤维的性质差异较大，高分子复合材料大多具有非均相结构，因而树脂与填充材料之间存在明显的相界面。如何确保填充材料和树脂间的亲和性，成为产品质量的关键所在。

　　偶联剂是用于改善合成树脂与无机填充剂或增强材料的界面性能的一种添加剂，偶联剂在塑料加工过程中可降低合成树脂熔体的黏度，改善填充剂的分散度以提高加工性能，进而使制品获得良好的表面质量及力学性能、热性能和电性能。它主要用于含有较多无机材料的塑料复合材料配方中，如塑料填充配方和塑料玻璃纤维增强配方。

　　通过一定的方法和助剂，设法把活性有机官能团接到无机填料表面，以改变其亲油性，提高它与有机树脂的相容性，促进其分散。改性后的无机填料在塑料中不仅具有增量作用，还能起到一定的增强改性效果，同时提高复合材料的耐热性和改进尺寸稳定性。

　　偶联剂一般由两部分组成：一部分是亲无机基团，可与无机填充剂或增强材料作用；另一部分是亲有机基团，能与合成树脂或其他聚合物发生化学反应或生成氢键溶于其中。当用偶联剂对填料进行表面处理时，其两类不同性质的基团分别通过化学反应或物理化学作用，一端与基体树脂的分子链缠绕或反应，另一端与填料表面结合，从而使表面特性差异较大的无机填料与基体树脂两相之间较好地相容。因此偶联剂被称作"分子桥"，用以改善无机物与有机物之间的界面作用，从而大大提高复合材料的性能。

一、偶联剂的作用机理

　　通常认为，偶联剂作用机理主要有化学键合理论和物理吸附理论等，其中化学键合机理是最早且是迄今为止被认为是比较成功的一种理论。一般认为，偶联机理应该是物理化学综合作用的结果。

1. 化学键合机理

该机理认为偶联剂含有的某些化学官能团能与玻璃纤维表面的硅醇基团或其他无机填料表面的分子作用形成共价键。同时偶联剂至少还含有某些其他的官能团，能与聚合物分子键合，以获得良好的界面结合，偶联剂就起着无机相与有机相之间相互连接的桥梁作用。

例如氨丙基三乙氧基硅烷 $[NH_2CH_2CH_2CH_2Si(OC_2H_5)_3]$，与无机填料（如玻璃纤维等）接触时，硅烷先水解变成硅醇，硅醇基再与无机填料表面的羟基发生脱水反应，进行化学键连接：

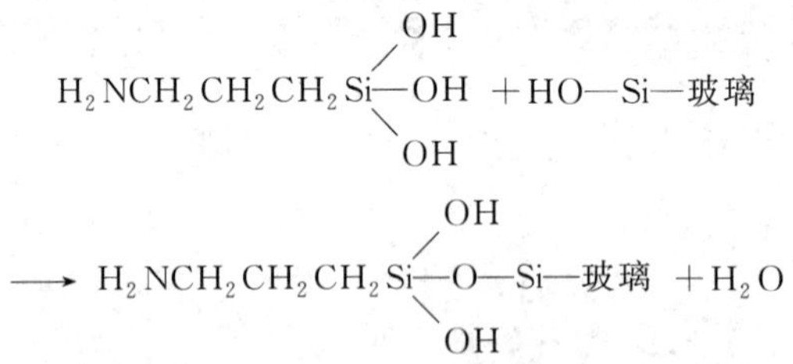

$$H_2NCH_2CH_2CH_2Si \overset{OH}{\underset{OH}{-}} OH + HO-Si-玻璃$$

$$\longrightarrow H_2NCH_2CH_2CH_2Si \overset{OH}{\underset{OH}{-}} O-Si-玻璃 + H_2O$$

经偶联剂处理的无机填料制备填充塑料时，偶联剂中的有机基团与有机树脂相互作用，最终形成无机填料和有机树脂间的偶联作用，如氨丙基三乙氧基硅烷中的氨基和环氧树脂的偶联作用。

通过偶联剂中两种不同性质的基团分别与无机填料和有机树脂作用，偶联剂起到桥梁作用，通过化学键结合改善了复合材料中有机树脂和无机填料之间的粘接性，使复合材料的性能大大改善。

2. 浸润效应和表面能理论

依据与黏合有关的表面化学和表面能的理论，提出了浸润效应和表面能理论。在复合材料的制造中，液态树脂对被粘物的良好浸润是获得复合材料优异性能的关键所在。如果能获得完全浸润，那么树脂对高能表面的物理吸附将能提供高于有机树脂的内聚强度的粘接强度。

3. 可变形层理论

为了缓和复合材料中树脂和填料之间热收缩率的不同而产生的界面应力，当处理过的无机物与树脂的界面是一个柔性可变形相时，复合材料的韧性最大。

偶联剂处理过的无机物表面可能会择优吸收复合材料配方中的某些组分，可能形成一个比偶联剂在聚合物与填料之间的多分子层厚得多的柔性树脂层。这一层被称为可变形层。该层能松弛界面应力，阻止界面裂纹扩展，因而改善了界面结合强度，提高了复合材料的力学性能。

4. 约束层理论

与可变形层理论相对，约束层理论则认为在无机填料区域内的树脂应具有某种介于无机填料和基体树脂之间的模量，而偶联剂的功能就在于将这层聚合物"紧束"在界面区域内。从增强后复合材料的性能来看，要获得最大的粘接力和耐水解性能，需要在界面处有一约束层。

对于钛酸酯系偶联剂，其部分基团与有机聚合物结合，主要以长链烷基的相溶和相互缠绕为主，另一部分基团和无机填料形成共价键，如图9-1所示。

以上假设均从不同的理论侧面解释了偶联剂的偶联机制。在实际过程中，应该是几种机制共同作用的结果。

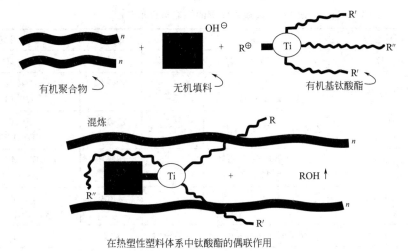

在热塑性塑料体系中钛酸酯的偶联作用

图 9-1　钛酸酯偶联剂的偶联作用

二、偶联剂的分类

偶联剂可以改善高分子材料与填料之间的界面性能，提高界面的黏合性，改善填充或增强后的高分子材料的性能。

工业上使用的偶联剂按照化学结构可分为：硅烷类、钛酸酯类、铝酸酯类、有机铬配合物、硼化物、磷酸酯、锆酸酯、锡酸酯等。目前应用最广泛的是硅烷偶联剂和钛酸酯偶联剂。

1. 硅烷类偶联剂

硅烷类偶联剂是研究最早且被广泛应用的品种之一。该类偶联剂的通式可写为 $RSiX_3$，其中 R 为能与聚合物分子有亲和力或反应能力的有机活性官能团，如乙烯基、氯丙基、环氧基、甲基丙烯酰基、氨基和巯基等；X 为可水解的烷氧基，遇水溶液、空气中的水分或无机物表面吸附的水分均可水解，水解后生成的羟基与无机物表面的羟基脱水形成共价键。X 基团有烷氧基、芳氧基、酰基、氯基等，最常用的是甲氧基和乙氧基，它们在偶联反应中分别生成甲醇和乙醇副产物。

硅烷偶联剂的有机活性官能团与其应用范围密切相关。X 为—OCH_3 和—OC_2H_5，水解速率缓慢，产物的硅醇为中性物质，用水介质进行表面改性。X 为—$OC_2H_4OCH_3$ 基团，不仅保留水解性，还能提高水溶性、亲水性，应用更为方便。表 9-1 为常用硅烷偶联剂的性能与适用范围。

硅烷偶联剂的偶联作用常常被简单地描述成排列整齐的硅烷系分子层在聚合物和填料之间形成共价键桥。硅烷偶联剂对含有极性基团的或引入极性基团的填充体系偶联效果较明显，而对非极性体系则效果不显著，对碳酸钙填充复合体系效果不佳。硅烷偶联剂尤其适合于含硅原子的填充体系，如硅灰石、二氧化硅、玻璃粉、玻璃纤维等。

硅烷偶联剂在 1945 年前后由美国联碳和道康宁等公司开发，他们还公布了一系列具有典型结构的硅烷偶联剂。近几十年来，玻璃纤维增强塑料的发展，促进了各种偶联剂的研究与开发。近年来，分子量较大和具有特种官能团的硅烷偶联剂发展很快，含辛烯基、十二烷基、过氧基、脲基、羰烷氧基和阳离子烃基的硅烷偶联剂等。

表 9-1 硅烷偶联剂的性能与适用范围

型号	国外型号	化学名称	外观	官能团	适用范围
A-171	A-171	乙烯基三甲氧基硅烷	透明液体	乙烯基	PET、PBT、PE、PP
A-172	KBC1003	乙烯基三(β-甲氧基乙氧基)硅烷	无色液体	乙烯基	PVC、接枝共聚物、UP、EPDM
A-188	Z6075 V4880	乙烯基三乙酰氧基硅烷	浅黄色液体	乙烯基	UP、EPDM PET、PBT、PA
A-186	Y4086 KBM303	β-(3,4-环氧环己基)乙基三甲氧基硅烷		环状环氧基	EP、PET、MF、PVC、PC、ABS、PS、PE、PA
A-0800	A-1101	γ-氨基丙基三甲氧基硅烷	透明液体	氨丙基	EP、PF、PVC、MF、PC、PVC、PE、PP、PMMA
A-1160	A-1160	γ-脲基丙基三乙氧基	淡黄液体	氨基	PF
NDZ-605	A-151	乙烯基三乙氧基硅烷	透明液体	乙烯基	PET、PBT、PE、PP
KH-550	A-1100 WD-50	γ-氨基丙基三乙氧基硅烷	无色液体	氨基	PVC、PC、PA、PE、PP、PMMA
KH-560	A-187 Z6040	γ-缩水甘油氧丙基三甲氧基硅烷	无色液体	缩水甘油氧基	EP
KH-570	Z6030	甲基丙烯酰氧丙基三甲氧基硅烷		甲基丙烯酰氧基	UP、PS、PE、EP、PP、ABS、PMMA 等
KH-580	A-1891	γ-巯丙基三乙氧基硅烷	无色液体	巯基	各类弹性体、PVC、PS、EP、PPO
KH-590	A-189	γ-巯丙基三甲氧基硅烷	无色液体	巯基	各类弹性体、PVC、PS、EP、PPO
26076	A-143	γ-氯丙基三甲氧基硅烷	无色液体	氯	EP、PS、PPS
WD-52	A-1120 KBM503	N-(β-氨基乙基)-γ-氨基丙基三乙氧基硅烷	淡黄液体	氨乙基	EP、PC、PF、PE、MPF
南大 42		苯胺甲基三乙氧基硅烷	淡黄液体	氨基	EP、PF、PA、橡胶
南大 73		苯胺甲基三甲氧基硅烷		氨基	硅橡胶等

硅烷偶联剂一般要用水和乙醇配成很稀的溶液（质量分数为 $0.005\sim0.02$）使用，也可单独用水溶解，但要先配成质量分数为 0.001 的乙酸水溶液，以改善溶解性和促进水解；还可配成非水溶液使用，如配成甲醇、乙醇、丙醇、丙酮或苯的溶液，也能够直接使用。硅烷偶联剂的用量与其种类和填料表面积有关，即硅烷偶联剂用量（g）＝[填料用量（g）×填料表面积（m^2/g）]/硅烷最小包覆面积（m^2/g）。如果填料表面积不明确，则硅烷偶联剂的加入量可确定为填料量的 1%～2%左右。

2. 钛酸酯类偶联剂

钛酸酯类偶联剂最早出现于 20 世纪 80 年代。1974 年 12 月美国 KENRICH 石油化学公司报道了一类新型的偶联剂，它对许多干燥粉体有良好的偶联效果。此后加有钛酸酯类偶联剂的无机物填充聚烯烃复合材料相继问世。

钛酸酯类偶联剂对于热塑性聚合物和干燥的填料有良好的偶联效果。该类偶联剂通式为 $RO_{(4-n)}Ti(OXR'Y)_n$（$n=2,3$）。RO—是可水解的短碳链烷氧基，能与无机物表面的羟基起反应，从而达到化学偶联的目的。—OX 为羧基、烷氧基、磺酸基、焦磷酰氧基、磷氧基等，这些基团决定钛酸酯所具有的特殊性能。磺酸基赋予有机聚合物一定的触变性；焦磷酰氧基有阻燃、防锈和增强粘接的性能；亚磷酰氧基可提供抗氧、耐燃性能等。因此通过—OX 的选择，可使钛酸酯兼具偶联和其他特殊性能。R' 是长碳链烷烃基，它比较柔软，能和有机聚合物进行缠结，使有机物和无机物的相容性得到改善，提高材料的抗冲击强度。Y 是羟基、氨基、环氧基或含双键基团等。这些基团连接在钛酸酯分子的末端，可与有机聚合物进行化学反应而结合在一起。

钛酸酯类偶联剂进一步扩大了硅烷偶联剂的使用范围，使非极性的钙塑填充体系的偶联效果明显提高。

此外，根据官能团的不同，钛酸酯类类偶联剂又可分成如下几种类型：

（1）单烷氧基型　其结构通示为 $RO—Ti(OXRY)_3$，主要用于 PP、PS 及 PF 中。

此类偶联剂对水敏感，只适于干燥填料的偶联。其改进型为单烷氧基焦磷酸酯型，由于分子中含有焦磷酸基团，克服了单烷氧基类偶联剂的水解性，可用于含水填料，具体品种有烷氧焦磷酰氧基钛酸异丙酯（NDZ）。

（2）螯合型　其结构通式为：

$$\left.\begin{array}{c} R-O \\ R-O \end{array}\right\rangle Ti(OXRY)_2$$

此类偶联剂具有高度水解稳定性，可广泛用于 PVC、PS、PF、EP 中。

（3）配位型　其结构通式为：

$$(RO)_4Ti \cdot [P(OH)(OR)_2]_2$$

此类偶联剂可避免树脂与其他助剂发生酯交换反应，主要用于 PO、PC 及聚酯中。

（4）季铵盐型　其结构通式为：

（5）环状杂原子型　其结构通式为：

（6）新烷氧基型　其结构通式为：$R^1C(R^2)(R^3)CH_2OTi(OXRY)_3$。

（7）大分子钛酸酯型（MTCA）　钛酸酯类偶联剂的具体品种如表 9-2 所示。

表 9-2　典型钛酸酯类偶联剂的类型、化学结构

类型	商品牌号	化　学　结　构
单烷氧型	KRTTS	$(CH_3)_2CHOTi[OC(O)(CH_2)_{14}CH(CH_3)_2]_3$
	KR39DS	$(CH_3)_2CHOTi[OC(O)CH—CH_2]_3$
	KR44	$(CH_3)_2CHOTi(OC_2H_4NHC_2H_4NH_2)_3$
	KR12	$(CH_3)_2CHOTi[OP(O)—(OC_8H_{17})_2]_3$
	KR38S	$(CH_3)_2CHOTi[OP(O)(OH)—OP(O)—(OC_8H_{17})_2]_3$

类型	商品牌号	化 学 结 构
螯合型	KR138S	$CH_2-O-Ti-[OP-OP(OC_8H_{17})_2]_2$（上为 O、O，下为 OH）；左侧 $O=C-O-$
	KR212	$CH_2-O-Ti-[OP(OC_8H_{17})_2]_2$（上为 O），$CH_2-O$
	KR238S	$CH_2-O-Ti-[OP-OP(OC_8H_{17})_2]_2$（上为 O、O，下为 OH），$CH_2-O$
配位型	KR41B	$[(CH_3)_2CHO]_4-Ti \cdot [P(OH)(OC_8H_{17})_2]_2$
	KR55	$[CH_2=CH-CH(CH_2OCH=CH_2)-CH_2O]_4-Ti \cdot [P(OH)(OC_8H_{17})_2]_2$
季铵盐型	KR238M	KR238S＋甲基丙烯酰胺类
	KR262A	KR262＋丙烯酰胺类
新烷氧基型	LICA01	$R^1C(R^2)(R^3)CH_2OTi[OC(O)-(CH_2)_5-C(CH_3)_3]_3$
	LICA12	$R^1C(R^2)(R^3)CH_2OTi[OP(O)-(OC_8H_{17})_2]_3$
	LICA38	$R^1C(R^2)(R^3)CH_2OTi[OP(O)(OH)-OP(O)-(OC_8H_{17})_2]_3$
	LICA44	$R^1C(R^2)(R^3)CH_2OTi(OC_2H_4NHC_2H_4NH_2)_3$

3. 铝酸酯类偶联剂

这类偶联剂是国内自行开发的品种，1986 年由福建师范大学的章文贡教授发明。该类偶联剂解决了国际上长期未能克服的铝酸酯水解与缔合不稳定两大难题，并使偶联作用大大提高，系国际首创，国际先进水平。其结构通式为 $(C_8H_{17}O)_2Al(OCOR)_m(OCORCOOR)_n(OAB)_y$。式中 $m+n+y=3$，$y=0$，1，2。

已开发的品种有：①乳白色蜡状固体，DL-411-A、DL-411-AF、DL-411-D、DL-411-DF；②淡黄色液体，DL-411、DL-411-B、DL-411-C、DL-451-A。

铝酸酯类偶联剂的熔点为 60～90℃，热分解温度为 300℃，可溶于溶剂汽油、乙酸乙酯、甲苯、松节油等。其主要特点有以下几个：

① 与其他偶联剂（如钛酸酯、硼酸酯等）相比，经铝酸酯类偶联剂活化改性处理的无机粉体，除质量稳定外，还具有色浅、无毒、味小等优点，对 PVC 具有协同热稳定性和润滑性。该偶联剂适用范围广，使用方便，价格低廉。

② 经铝酸酯类偶联剂活化处理的无机粉体，因其表面发生化学或物理化学作用生成有机分子层，由亲水性变成亲有机性。实践证明，无机粉体表面经铝酸酯类偶联剂改性后用于复合制品中，偶联剂的亲无机端与亲有机端能分别与无机填料表面和有机树脂发生化学反应或形成缠结结构，增强了无机粉体与有机树脂的界面相容性，所以用铝酸酯类偶联剂改性，不仅可以改善填充无机粉体的塑料制品的加工性能，而且也可以明显改善制品的力学性能，使产品吸水率降低，吸油量减少，填料分散均匀。对于一些低填充的塑料制品，一般可大幅度增加填料用量（比原填充量增加一倍或一倍以上），改善加工性能（熔体黏度下降，对模

具的磨损减少），提高产品质量，降低生产成本，因而具有明显的经济效益。

③ 在生产颜料、油墨的研磨颜（填）料工序中，可直接投入计量的偶联剂，能改善颜（填）料的分散性，缩短研磨时间，提高细度、亮度并降低黏度。

4. 有机铬配合物偶联剂

这类偶联剂由美国杜邦公司开发，是一种由羧酸与三价铬氯化物形成的配合物（Volan）。在玻璃纤维增强塑料中，它具有较好的使用效果。铬与甲基丙烯酸的配合物一直被用作聚酯和环氧树脂增强用的玻璃纤维的标准处理剂，玻璃纤维的 Volan 处理剂还能赋予玻璃纤维优良的抗静电性和别的工艺性能，因此经该工艺处理的玻璃纤维呈现一定的绿色。

有机铬偶联剂成本低，但品种单调，适用范围和偶联效果不及硅烷偶联剂和钛酸酯类偶联剂，更主要的问题是铬离子具有毒性及由此带来的环境污染问题，导致目前它的用量在逐渐减少。

5. 大分子偶联剂

传统的偶联剂为小分子型，其缺点为与树脂的相容性不够好。近年来开发出大分子甚至高分子型偶联剂，它们比小分子偶联剂的偶联效果好，但加入量大。这类偶联剂主要有反应性纤维素、天然高分子衍生物等。这些高分子物质可以定向地吸附在碳酸钙粉末的表面，在碳酸钙粒子的表面形成吸附层，阻止碳酸钙粒子的聚集。同时其亲油碳链较长，与树脂的相容性好，相互作用强，偶联作用较好。

大分子偶联剂的代表品种为 MTCA，它由钛酸四异丙酯、甲基丙烯酸甲酯/丙烯酸丁酯/丙烯酸共聚物、硬脂酸或焦磷酸二异辛酯三种物质按 65/30/5 或 65/33/2 比例组成。最近还开发了聚 A-151 和 A-151/MH 聚合物。大分子偶联剂的加入量为 2 份左右，高分子偶联剂的加入量为 10 份左右。

6. 其他类型偶联剂

其他类型偶联剂有双金属偶联剂、木质素偶联剂、磷酸酯、硼酸酯、锡酸酯、锆酸酯以及铝-锆酸酯偶联剂等。

双金属偶联剂的特点是在两个无机骨架上引入有机官能团，因此它具有其他偶联剂所没有的性能：加工温度低，室温和常温下即可与填料相互作用；偶联反应速率快，分散性好，可使改性后的无机填料与聚合物易于混合，能增大无机填料在聚合物中的填充量；价格低廉，约为硅烷偶联剂的一半。铝-锆酸酯偶联剂是美国 CAVEDON 化学公司在 20 世纪 80 年代中期研究开发的新型偶联剂，能显著降低填充体系的黏度、改善流动性，尤其可使碳酸钙乙醇浆料体系的黏度大大降低，且易于合成，无"三废"排放，用途广泛，使用方法简单，既具备钛酸酯偶联剂的优点，又能像硅烷偶联剂一样使用，而且价格仅为硅烷偶联剂的一半。

木质素是一种含有羟基、羧基、甲氧基等活性基团的大分子有机物，是工业造纸废水中的主要成分。木质素是在第二次世界大战中开始被人们所注意，战后被开发出来的。在橡胶工业中的应用主要以补强作用为主，以提高胶料的拉伸强度、撕裂强度及耐磨性；可在橡胶中大量填充，以节约生胶用量，并能在相同体积下得到质量更轻的橡胶制品。木质素偶联剂的价格比硅烷偶联剂便宜，且是变废为宝，今后将会有良好的应用前景。

有人在碳酸钙填充聚丙烯复合体中，将碳酸钙用丙烯酸丁酯进行表面处理，也能提高碳酸钙在聚丙烯中的分散性和相容性，使复合材料的性能提高。

在聚合物的填充复合改性配方体系中，除加入偶联剂外，再加入聚丙烯接枝马来酸酐共聚物或聚丙烯接枝共聚物等相容剂，能进一步改进复合体系的分散性和相容性，并能提高复合材料的各种性能。

三、偶联剂的选用原则

不同类型偶联剂其分子结构类型不同，所含反应基团种类也不同。因此偶联剂对树脂及填料具有选择性，即不同偶联剂对不同填料作用效果不同。

① 硅烷类偶联剂主要适用于玻璃纤维及含硅填料，如石英、硅灰石、滑石粉、云母、SiO_2、硅酸钙、黏土等，也可用于部分金属的氧化物及氢氧化物，但不用于 $CaCO_3$。基体树脂主要为热固性树脂，主要有 PF、EP、不饱和聚酯等，有时也可用于 PO、PS 及 PC 中，但效果不十分好。

② 钛酸酯类偶联剂对填料的适用范围广，如 $CaCO_3$、滑石粉、钛白粉等都可以使用，还可用于玻璃纤维中。基体树脂主要为聚烯烃类。

常用偶联剂适用的填料见表 9-3。

表 9-3　常用偶联剂适用的填料

偶联剂	填料	树脂
硅烷类	玻璃纤维、石英、硅灰石	热固性树脂
钛酸酯类	大多数无机填料及玻璃纤维	聚烯烃等热塑性树脂
铝酸酯类	$CaCO_3$ 等	PP、PE、PVC、PS、PA 等
锆酸酯类	—	PO、EP 等

③ 酸性填料应使用含碱性官能团的偶联剂，而碱性填料应选择含酸性官能团的偶联剂。

④ 偶联剂加入量。硅烷偶联剂的用量一般为填料的 1% 左右；钛酸酯类用量一般为填料的 0.25%～2%。

⑤ 一些表面活性剂会影响钛酸酯偶联剂作用的发挥，如 ZnO、HSt 等必须在填料、偶联剂、树脂充分混合后加入。

⑥ 大多数钛酸酯类偶联剂易与酯类增塑剂发生酯交换反应，因此，此类增塑剂需待偶联剂加入后方可加入。

⑦ 钛酸酯类偶联剂不同品种之间复合加入有协同作用；硅烷类偶联剂不同品种之间复合加入也有协同作用；钛酸酯类与硅烷类复合加入协同效果好。

上述介绍的偶联剂为主偶联剂，在具体设计配方尤其是高填充配方时，往往需选一个助偶联剂与主偶联剂一起协同加入，可大幅度提高其相容性。助偶联剂可以为长链段化合物、过氧化物、过氯化物等。以过氯化物为例，具体品种有全氯环戊烷、氯化二甲苯及氯桥酸酐等。

四、偶联剂的应用

在偶联剂市场方面，以硅烷偶联剂的需求量最大。硅烷系最早是用作玻璃纤维增强塑料（GFRP）中玻璃纤维的表面处理剂，以使玻璃纤维能同树脂更好地相容。

钛酸酯偶联剂的特征是具有高分散性和低黏度，主要是在树脂中进行非硅填充。

铝酸酯偶联剂主要用于涂料与油墨，以发挥其对炭黑分散性好的性能。最近它还在各种填料方面得到应用。

1. 硅烷偶联剂的应用

(1) 硅烷偶联剂的使用方法 硅烷偶联剂的使用方法主要为预处理法和整体掺合法。

预处理法就是先用硅烷偶联剂对无机填料进行表面处理，然后再与聚合物进行混炼。根据处理方式不同又可分为干法和湿法。干法处理：在高速搅拌机中，首先加入无机填料，在搅拌的同时将预先配制的硅烷偶联剂溶液缓慢加入，通过高速搅拌使偶联剂均匀分散在填料表面。湿法处理：在填料的制作过程中，用硅烷偶联剂处理液进行浸渍或将硅烷偶联剂添加到填料的浆液中，然后再进行干燥。

颗粒状或粉状填料可用偶联剂溶液浸渍，然后用离心分离机或压滤机将溶液滤去，再将填料加热、干燥、粉碎。如果用来制造补强复合材料或玻璃钢，可用连续法先将玻璃纤维或玻璃布浸渍偶联剂溶液，然后干燥、浸树脂、干燥，再加热层压而成玻璃钢板。

在不能使用预处理法的情况下，或者仅用预处理法还不够充分时，可以采用整体掺合法，即将硅烷偶联剂掺入无机填料和聚合物中，一起混炼。此法的优点为偶联剂的用量可以随意调整，并且一步即完成配料，因此在工业上经常使用。但与预处理法相比较，若要得到同样的改性效果，整体掺合法必须使用更多的硅烷偶联剂。

(2) 硅烷偶联剂的用量 在实际使用中，真正起到偶联作用的是很少偶联剂所形成的单分子层，因此添加过多硅烷偶联剂是不必要的。超过用量的偶联剂在配方体系只能起到增塑作用，而且还会增加成本。

硅烷偶联剂的使用量与其种类以及填料的表面积有关，硅烷偶联剂的用量一般为填料重量的1%～2%左右，使用时一般需要用挥发性溶剂进行稀释。硅烷类常用乙醇来稀释，钛酸酯类常用苯、甲苯等溶剂稀释。溶剂的用量一般为偶联剂用量的2～5倍，太多材料成本提高，太少则偶联剂分散不均。

(3) 硅烷偶联剂的使用原则 对于不同基材或处理对象，选择适用的硅烷偶联剂至关重要。选择的方法：主要通过试验预选，并应在既有经验或规律的基础上进行。在一般情况下，不饱和聚酯多选用含甲基丙烯酸酯结构的硅烷偶联剂；环氧树脂多选用含环氧基、巯基或伯氨基的硅烷偶联剂；酚醛树脂多选用含伯氨基的硅烷偶联剂；聚烯烃多选用乙烯基硅烷；使用硫黄硫化的橡胶则多选用烃基硅烷等。为了提高水解稳定性及降低改性成本，硅烷偶联剂中可掺入三烃基硅烷使用；对于难粘材料，还可将硅烷偶联剂与交联的聚合物共用。

硅烷偶联剂在使用过程中经常需要配制成稀溶液，除氨烃基硅烷外，由其他硅烷配制的溶液均需加入乙酸作水解催化剂，并将pH值调至3.5～5.5。长链烷基硅烷及苯基硅烷由于稳定性较差，不宜配成水溶液使用。氯硅烷及乙酰氧基硅烷水解过程中，将伴随严重的缩合反应，也不适于制成水溶液或水醇溶液使用。对于水溶性较差的硅烷偶联剂，可先加入0.1%～0.2%（质量分数）的非离子型表面活性剂，而后再加水加工成水乳液使用。为了提高产品的水解稳定性的经济效益，硅烷偶联剂中还可掺入一定比例的非碳官能团硅烷。处理难粘材料时，可使用混合硅烷偶联剂或配合使用碳官能团硅氧烷。配好处理液后，可通过浸渍、喷雾或刷涂等方法处理材料。一般来说，块状材料、粒状物料及玻璃纤维等多用浸渍法处理；粉末物料多采用喷雾法处理；基体表面需要整体涂层的，则采用刷涂法处理。

(4) 硅烷偶联剂的应用性能

① 不饱和聚酯。对于大多数通用聚酯来说，最好选择乙烯基型硅烷偶联剂或者甲基丙烯酸酯型硅烷偶联剂，如A-150、A-171、KH-570等。该类偶联剂中的双键能与不饱和聚酯中的双键发生反应，提高两者的相容性。

② 环氧树脂。含有能与环氧基团反应的硅烷偶联剂对环氧树脂都相当有效，如环氧基、氨基、巯基等。对任何一种含缩水甘油官能团的环氧树脂来说，选用含有环氧基团的硅烷偶联剂为宜，如 KH-560。对于脂环族环氧化物或任何用酸酐固化的环氧树脂，建议应用脂环族硅烷偶联剂。使用含伯氨基官能团的硅烷偶联剂，可使室温固化的环氧树脂获得最佳性能。但含伯氨基官能团的硅烷偶联剂不适合于以酸酐固化的环氧树脂，因为有很大一部分伯氨基官能团会被酸酐固化剂消耗。

③ 酚醛树脂。硅烷偶联剂可以用来改善几乎所有含有酚醛树脂的无机复合材料的性能。含氨基官能团的硅烷与酚醛树脂粘接料一起用于玻璃纤维绝缘材料上；与间苯二酚-甲醛胶乳浸渍液中的间苯二酚-甲醛树脂一起用于玻璃纤维轮胎帘线上；与呋喃树脂、酚醛树脂一起用作金属铸造用的砂芯的粘接料。

硅烷偶联剂在室温下对树脂具有反应性，但仅放数小时后，硅烷便会失去偶联作用。为使之有效，硅烷必须以单体形式存在，这样即能在固化前迅速向填料或增强剂迁移。硅烷与树脂过早反应会降低其流动性，以致少量的硅烷偶联剂失去增进粘接的效果。

④ 特种底胶。有机聚合物对无机物及其他有机聚合物表面的粘接，是人们常见的材料处理方法，如热塑性橡胶对铝的粘接，含热塑料芯的金属夹层结构以及热塑性橡胶对有机物表面的粘接等，均可采用硅烷偶联剂的改性而实现。

⑤ 工程塑料。硅烷偶联剂能够改善无机填料在聚合物中的分散效果和粘接性能，因此它在玻璃纤维增强改性工程塑料的配方体系中具有广泛的用途，通过偶联剂处理的玻璃纤维可大大提高工程塑料的强度。表 9-4 为几种硅烷偶联剂在热塑性增强塑料中的应用效果。

表 9-4 硅烷偶联剂在热塑性增强塑料中的应用效果

塑料种类	PS		ABS		PMMA		PC	
玻璃纤维含量/%	40		38		43		47	
弯曲强度	强度/MPa	强度比	强度/MPa	强度比	强度/MPa	强度比	强度/MPa	强度比
无偶联剂	172	100	133	100	300	100	271	100
A-174	340	198	314	239	330	110	—	—
A-186	301	175	288	216	308	103	315	116
A-187	—		326	246	237	79	318	118
A-1100	211	123	202	151	438	146	360	133

2. 钛酸酯偶联剂的应用

（1）钛酸酯偶联剂的使用原则　钛酸酯偶联剂适应的无机填料非常广泛，特别对硅烷偶联剂不能有效处理的碳酸钙、滑石粉等非硅系填料有明显的作用。一般为获得最大的偶联效果，应遵循如下原则：

① 不要另外添加表面活性剂，因为它会干扰钛酸酯在填料表面上的反应；

② 氧化锌和硬脂酸具有一定程度的表面活化作用，故它们应在钛酸酯偶联剂处理过的填料与聚合物以及增塑剂充分混合后再添加；

③ 大多数钛酸酯偶联剂具有酯基转移反应活性，会与聚酯类树脂、酯类或聚酯类增塑剂发生酯交换反应，因此应用于聚酯类塑料时应慎重，酯类增塑剂一般应在混炼后再添加；

④ 钛酸酯偶联剂与硅烷偶联剂并用，有时会产生加合增效作用；

⑤ 螯合型钛酸酯偶联剂对潮湿的填料或聚合物的水溶液体系的改性效果最好，用螯合型钛酸酯处理已浸渍过硅烷偶联剂的玻璃纤维，可以产生双层护套的作用；

⑥ 单烷氧基钛酸酯用于经干燥和煅烧处理的无机填料，效果最好；

⑦ 用于胶乳体系中，首先将钛酸酯偶联剂加入水相中，有些钛酸酯偶联剂不溶于水，需通过采用季碱反应、乳化反应、机械分散等方法使其溶于水；

⑧ 大多数钛酸酯偶联剂特别是非配位型钛酸酯偶联剂，能与酯类增塑剂和聚酯树脂进行不同程度的酯交换反应，因此增塑剂需待偶联后方可加入。

（2）钛酸酯偶联剂的使用方法

① 直接加料法。即将树脂、填料、偶联剂及溶剂与助溶剂按一定比例混合均匀后再加入其他助剂，然后再混匀。这种方法具有经济性、灵活性以及方法简单等特点。

② 预处理法。分为溶液处理法和水相浆料处理法两种。

溶液处理法是把钛酸酯溶解在溶剂中，再与无机填料充分搅拌，然后蒸去溶剂即得预处理的填料。如按量先将填料烘干，然后滴加用惰性无水的增塑剂或溶剂稀释的偶联剂，搅拌分散均匀，在高速混合机中于 90～100℃搅拌 15min，从而形成高分子有机膜。

水相浆料处理法是采用均化器或乳化剂，把偶联剂强制乳化在水中，或者先让钛酸酯与胺反应，使之生成水溶性盐后，再溶于水中，用以处理填料。

预处理一般宜由填料生产厂进行。该法的好处是填料和偶联剂单独处理可以保证最大的偶联效果；处理好的无机物被偶联剂所包覆，空气中的水分对它的侵袭得到有效屏蔽，故无机填料性能稳定。

（3）钛酸酯偶联剂的用量 钛酸酯偶联剂的用量一般为填料重量的 0.5%～2.5%，也可根据公式计算：

钛酸酯用量＝[填料用量(g)×填料表面积(m²/g)]/钛酸酯的最小包覆面积(m²/g)

但适宜的用量要根据填料的种类、粒度、使用聚合物的性质、制品的最终用途等进行综合考虑，实践中，可通过多种实验考察性能改善程度来确定。

（4）钛酸酯偶联剂在塑料改性中的应用

① 在聚乙烯改性中的应用。钛酸酯偶联剂处理碳酸钙等填料，可以克服在填充过量时聚乙烯、聚丙烯等聚烯烃树脂流动性降低、加工困难等缺点。

采用钛酸酯偶联剂处理高密度聚乙烯-重质碳酸钙体系，可使其流动性比通常采用硬脂酸表面处理剂处理所得的流动性大许多。

② 在聚氯乙烯改性中的应用。对于硬质聚氯乙烯，通过钛酸酯偶联剂处理碳酸钙后可改进其加工工艺及强度。当加入偶联剂后，强度等各项指标均可提高或保持一定水平。但对于软质聚氯乙烯，由于加入了较多增塑剂，偶联剂的效果不明显。

③ 在环氧树脂改性中的应用。对于以环氧树脂为代表的热固性树脂，采用钛酸酯偶联剂处理填料能降低配合料的黏度，实现高填充的效果。

④ 在聚氨酯树脂改性中的应用。钛酸酯偶联剂对于聚氨酯的补强型反应性注压成型（R-RIM）有效。钛酸酯是异氰酸酯与聚醚型聚醇反应的有效催化剂。钛酸酯的活性与其化学结构有关，一般活性顺序为：氨基烷氧基型钛酸酯＞配位型钛酸酯＞酰基型钛酸酯 ＞焦磷酸酯≈正磷酸酯。

采用钛酸酯偶联剂处理填料能降低配合料的黏度，实现高填充的效果。

TTS 处理碳酸钙填充聚丙烯试验结果如表 9-5 所示。

表 9-5 钛酸酯偶联剂处理碳酸钙填充聚丙烯的效果对比

项目	纯 PP	未处理 40%碳酸钙填充 PP	1%TTS 处理 40%碳酸钙填充 PP
熔融指数/(g/10min)	4.0	3.0	7.8
拉伸强度/MPa	29.1	19.4	21.1
弯曲强度/MPa	530.0	500.0	360.0
伸长率/%	500.0	350.0	520.0
冲击强度/(kJ/m²)	14.0	14.8	23.3

150℃，48h 老化后，TTS 处理过的 40%碳酸钙填充 PP，其缺口冲击强度由原来的 8.5kJ/m² 降至 7.2kJ/m²，而未处理 40%碳酸钙填充 PP，由原来的 6.3kJ/m² 降至 0.6kJ/m²。

3. 铝酸酯偶联剂的应用

铝酸酯偶联剂对填料的改性一般采用预处理法。填料先在预热到 110~130℃ 的高速捏合机中搅拌，敞口烘干 10min，分两次加入计量的偶联剂，每次间隔 3~4min，再加入少量硬脂酸等协同剂，搅拌 3~4min 后出料即可。

经铝酸酯偶联剂改性的活性碳酸钙具有吸湿性低、吸油量少、平均粒径较小、在有机介质中易分散、活性高等特点；铝酸酯偶联剂的热稳定性优于钛酸酯偶联剂，基本上不影响原碳酸钙的白度；经铝酸酯偶联剂改性的活性碳酸钙广泛适用于填充 PVC、PE、PP、PU 和 PS 等塑料，不仅能保证制品的加工性能和物理性能，还可增大碳酸钙的填充量，降低制品成本。

表 9-6 是铝酸酯偶联剂在碳酸钙中的适用情况。从表 9-6 可见，目前铝酸酯偶联剂在碳酸钙中的应用研究最多的是对轻质碳酸钙的改性，其次是重质碳酸钙。铝酸酯偶联剂用量一般在 1% 以下，改性后的碳酸钙粉体一般用于 PVC、PE。

表 9-6 铝酸酯偶联剂在碳酸钙中的适用情况

品种	碳酸钙类型	铝酸酯的用量	适用范围	品种	碳酸钙类型	铝酸酯的用量	适用范围
DL-411-D	轻质碳酸钙	1%	天然橡胶	DH-306	轻质碳酸钙	0.45%	PVC
DL-411-A	轻质碳酸钙	8.45%	ABS，PVC	DH-st	轻质碳酸钙	0.55%	PVC
DL-411-A	轻质碳酸钙	0.8%~1.2%	PVC	DL-892	重质碳酸钙	0.3%~1.2%	PE
DH-335	轻质碳酸钙	0.3%	PVC	DL-411F-1	重质碳酸钙	0.75%	PE

从表 9-7 可见，经铝酸酯偶联剂改性后的滑石粉在填料中的分散性、热性能、流变性能都得到相应的改善，而且用量少、成本花费少，一般是作为橡胶、塑料、树脂等的填料。

表 9-7 铝酸酯偶联剂在滑石粉粉体中的适用情况

铝酸酯偶联剂品种	铝酸酯偶联剂用量	改性后应用	主要优点
L2 型铝酸酯	0.75%	橡胶	提高填料的力学性能，降低成本，减少环境污染
DL-411-A	0.6%	塑料、ABS	改善热性能、流变性能、力学性能
铝酸酯类	1.6%	PP	填充料力学性能提高
DL-411	0.5%~1.0%	ABS	提高分散性

其他偶联剂的应用与前述几种偶联剂的应用方法类似。

第二节 相容剂

一般来说，助剂只有与树脂有良好的相容性，才能稳定、均匀、长期地存在于树脂基体中，有效地发挥其功能。如果相容性不好，则易向表面发生"迁移"，表现为"出汗"或"喷霜"现象。在对制品表面要求不太严格时，可以允许配方的相容性欠缺一些，如塑料填充配方。虽然填充剂与树脂间相容性不好，但只要填充剂的粒度小，填充材料仍然基本能满足制品性能的要求。当然若用偶联剂或表面活性剂对填充剂进行处理，则更能充分发挥其功能。另外一些改善制品表面性能的助剂，如开口剂、抗静电剂等，则要求应有一定的迁移性，以便在制品表面发挥作用。

对塑料共混物中各组分之间相容性有两方面的要求。如果从共混物均匀性方面考虑，则要求它们的相容性好。但两者相容性如果太好，各组分达到分子水平上相容，将形成热力学相容体系，则共混物的性能仅为各组分性能的平均值，达不到改性的目的，形成不了高性能共混物。如果从改性角度考虑，则要求共混物组分之间相容性不好，但这样很难形成均一的共混物，甚至会产生分层和相分离。因此要求共混物各组分之间的相容性适中，即能形成均匀的共混物，又能取得优异的共混改性性能，即能形成"宏观均相，微观分相"体系，形成"海-岛"结构，分散相的粒度大小应处于微米级别。

相容剂，也叫增容剂，是为了改善多数聚合物在共混时相容性较差的问题而加入的第三组分，其作用是降低界面张力，增大界面层厚度，阻止分散相凝聚，稳定已形成的相形态结构，以增加共混聚合物的相容性，使之相互间粘接力增大，以形成稳定的共混结构。塑料合金及共混改性的关键是解决不同聚合物的相容性，而加入适量的相容剂能提高其相容性，可以解决共混物制品产生分层、表面脱皮、材质强度低、脆性大等缺陷。

一、塑料共混物相容性原则及检测方法

(一) 塑料共混物相容性原则

不同共混组分的相容性如何，最基本的原理为"相似相容"原则，这里所指的相似又分为如下几个方面。

1. 溶度参数相近原则

不同组分的混合过程实际是分子链间相互扩散的过程，受到分子链间作用力的制约。分子链间相互作用力的大小，可用溶度参数来表示。溶度参数的符号为 δ，其数值为单位体积中内聚能密度的平方根。

不同组分之间的相容性好坏，可用其溶度参数 δ 之差的绝对值来衡量。两者的 δ 越接近，其相容性越好。不同分子量的共混组分，对 δ 的接近程度要求也不同。

① 小分子。对于共混小分子组分，其溶度参数差的绝对值 $|\delta_A - \delta_B| < 1.5$，即视为相容性好，例如 CCl_4 的 $\delta_A = 8.6$，天然橡胶的 $\delta_B = 8.25$，$|\delta_A - \delta_B| = 0.35 < 1.5$，所以天然橡胶

可溶于 CCl_4 中。

② 高分子。高分子组分之间的相容规律为：$|\delta_A-\delta_B|<0.5$，且分子量越大，要求其差值的绝对值越小，也就是说，高分子量的不同组分更不容易相容，例如 PVC 的 δ_A 为 9.4～9.7，而 NBR 的 $\delta_B=9.3～9.5$，$|\delta_A-\delta_B|<0.5$，所以 PVC/NBR 相容性好，可用于 PVC 增韧体系；再如，PS 与 PB 的溶度参数差的绝对值大于 0.7，两者的相容性差；PVC 与 PS 的溶度参数差的绝对值大于 1，两者基本不相容。

注意：溶度参数相近原则只适用于非极性组分和非结晶组分，不适用于极性组分和结晶组分。其原因为 δ 只表示分子间的色散力，而不表示极性组分之间的偶极力及氢键，因此不能完全表征分子间的作用力大小。对于极性组分，要衡量其相容性大小，需选用三维溶度参数都相近原则，其中 δ_d 表示色散力，δ_p 表示偶极力，δ_h 表示氢键。

2. 极性相近原则

不同配方组分之间的极性越相近，其相容性越好，即极性组分/极性组分、非极性组分/非极性组分之间具有良好的相容性。例如 PVC/NBR、PVC/EVA、PVC/PCL 之间极性相近，其相容性好。

如果配方中组分的极性接近且越大，则其相容性越好；而非极性组分的相容性即使比较接近，其相容性也低于同样极性接近的极性组分的相容性。极性决定相容性的顺序为：极/极＞非极/非极＞极/非极。

极性组分与非极性组分之间一般不相容，如 PVC/PC、PVC/PS、PS/PC 及 PA/PP 等。

极性相近原则有些例外，如 PVC/CR、PVC/CPE 极性相近，但不相容；而 PS/PPO 两种极性不同的组分，相容性反而好。

3. 结构相近原则

不同配方组分的结构越接近，其相容性越好。

所谓结构相近，是指各自组分的分子链中含有相同或相近的结构单元。如 PS 和 PPO 分子链中都含有苯环，因而其相容性很好；如 PA6 与 PA66 分子链中都含有—CH_2—、—NH—和—CONH—，故有较好的相容性。

4. 结晶能力相近原则

不同配方组分的结晶能力越接近，其相容性越好。

结晶能力是指可否结晶、结晶难易和最大结晶度等方面。

两种非晶态配方组分相容性好，如 PVC/NBR、PVC/EVA 及 PS/PPO 等。而晶态/非晶态之间、晶态/晶态之间的相容性差，而且只有在混晶时才相容，如 PVC/PCL、PBT/PET 及 PA/PE 等。

5. 表面张力（γ）相近原则

不同配方组分的表面张力越接近，其相容性越好。

配方中组分熔融时，与乳液相似，其稳定性及分散度由界面两相的表面张力决定，表面张力越接近，两相间的浸润、接触及扩散越好，界面的结合也越好。

常见树脂的表面张力（γ）如表 9-8 所示。

从表 9-8 中可以看出，PP、PE 与顺丁橡胶、天然橡胶、乙丙橡胶表面张力相近，因此其相容性很好，尤其 PP/EPDM 是典型的共混增韧体系。

表 9-8 常见树脂的表面张力 γ

树　脂	$\gamma/(10^{-5}\text{N/cm})$	树　脂	$\gamma/(10^{-5}\text{N/cm})$
聚丙烯	31.21	丁腈—18	35.78
聚乙烯	31.59	丁腈—40	41.02
顺丁橡胶	32.67	聚氯乙烯	42.19
天然橡胶	34.90	聚苯乙烯	42.96
乙丙橡胶	32.01	PVA	40.20
丁苯橡胶	38.50	EVA	35.86
氯丁橡胶	40.80	SBS	32.67

6. 黏度相近原则

在熔融共混时，不同配方组分的黏度越接近，越有利于组分间的浸润与扩散，形成稳定的互溶区，其相容性越好。

(二) 相容性常用检测方法

1. 溶度参数

一般来说，两聚合物的溶度参数差的绝对值小于 0.5 时，相容性较好。

溶度参数理论只适合于非极性分子的情况。对于分子间有极性作用的情况，还需考虑聚合物间色散力、偶极力和氢键的作用，但由于三维溶度参数测定较复杂，尚未普遍使用。

2. 玻璃化温度

当构成共混物的两聚合物间具有一定程度的分子级混合时，相互之间均有一定程度的扩散，不同的聚合物达到各自的某一特定温度时，界面层有不可忽略的作用，都会呈现某些类似二级转变的特性。因此通过测定共混物的 T_g，可以判断聚合物之间的相容性。

当两聚合物完全相容时，所测的共混物显示单一的 T_g，且介于两共混组分各自的 T_g 之间；当两聚合物完全不相容时，则可测得与原聚合物完全一致的两个 T_g；若两种聚合物部分相容时，则出现两个位置相互靠近的 T_g。分子级混合程度越大，两个 T_g 就靠得越近。

利用聚合物的 T_g 判定聚合物相容性的好坏一般只适用于玻璃化温度比较容易测得的非结晶聚合物，对于结晶度较大的聚合物，由于 T_g 不易测到，因此不适用。

3. 显微镜法

对于聚合物共混体系，显微镜观察可以估计聚合物之间的相容性，并能测定形态结构。

偏光透射显微镜和相差显微镜可以观察微米级的相分离。对于结晶性聚合物的混合物，使用偏振光可以增加反差。染色是增强反差的另一种方法。用着色剂对丁二烯-丙烯腈以及丁二烯-苯乙烯共聚物染色可得到棕红色，对聚酰胺染色可得到黄色到橙色，对聚乙烯染色可得淡黄色，对 PVC 染色可得淡桃红色，对聚酯则不能染色。

透射电子显微镜（TEM）也可用来观察聚合物相形态，可观察到 $0.01\mu m$ 甚至更小的颗粒。例如，用铬酸蚀刻剂处理 HIPS，则橡胶颗粒被蚀去，在样品表面形成空洞。此空洞的形状与大小与原来的橡胶颗粒相同。然后用适当的方法将这种蚀刻过的表面复制下来，即可用透射电镜进行观察，得到分散相颗粒的大小和形状以及颗粒在空间的分布情况。

扫描电子显微镜（SEM）法是聚合物共混物形态结构分析的常用方法，该方法十分直观方便地显示共混物的形态结构。可以先将样品磨平、抛光等，然后用蚀刻剂进行浸蚀；也可以直接观察样品的表面或者断面。一般需要在待测面上用真空法镀上 $0.02\mu m$ 厚的金属薄膜，以防止电子束的电子积累。这种方法避免了 TEM 观察时因复制而产生的技术缺陷。

4. 其他表征方法

除了以上方法外，超声波技术、小角中子散射（SANS）法、X 射线衍射法、核磁共振（NMR）法等也可用于聚合物合金相容性的表征。超声波技术是通过测量超声波速率及聚合物合金对超声波的吸收系数来表征相容性的。判断依据为：穿过相容聚合物合金的超声波速率与质量组成呈线性关系，而穿过不相容聚合物合金的超声波速率则大大偏离线性关系；聚合物合金对超声波的吸收系数与质量组成的曲线只有一个最大值或最小值时为相容体系，出现多个最大值或最小值时则为不相容体系。SANS 法可以用于固态聚合物分子链的均方末端距及均方回转半径的直接测定。例如对于 PMMA/SAN 合金体系，发现当 SAN 中丙烯腈含量为 28.7％时，用 SANS 法测得合金体系中 SAN 的均方末端距与在稀溶液中无干扰条件下的值相近，证明 SAN 无规分散在 PMMA 中，属于热力学相容体系。X 射线衍射法则主要用于测定合金组分的结晶度，由于结晶度与合金体系分子间的相互作用相联系，从而可以用来表征相容性。NMR 法则是通过测量 ^1H 自旋-晶格弛豫时间等参数来确定聚合物合金的相互作用，进而判断其相容性。

二、相容剂的分类

相容剂在聚合物共混改性中的作用越来越大，其应用范围也越来越广泛，其类别与品种也越来越多。相容剂可按分子量大小分类，也可按相容剂的性质分类。按分子量大小可分为高分子相容剂和低分子相容剂。按作用性质可分为非反应型相容剂和反应型相容剂。低分子相容剂一般为反应型相容剂，如有机过氧化物类；高分子相容剂则大多属于非反应型相容剂。

1. 非反应型相容剂

非反应型相容剂本身没有反应基团，在塑炼过程中也不发生化学反应，只是靠相容剂分子中链段的扩散作用或范德华力来增加两组分的粘接力。如在聚合物 A 和聚合物 B 不相容共混体系中，加入 A-b-B（A 与 B 的嵌段共聚物）或 A-g-B（A 与 B 的接枝共聚物），通常可以增加 A 与 B 的相容性。常见的非反应型相容剂及应用体系如表 9-9 所示。

表 9-9 常见非反应型相容剂及应用体系

相容剂名称	树脂A	树脂B
聚苯乙烯-聚酰亚胺嵌段共聚物(PS-b-PI)	聚苯乙烯	聚酰亚胺
聚苯乙烯-聚甲基丙烯酸甲酯嵌段共聚物(PS-b-PMMA)	聚苯乙烯	聚甲基丙烯酸甲酯
聚苯乙烯-聚乙烯嵌段共聚物(PS-b-PE)	聚苯乙烯	聚乙烯
氯化聚乙烯(CPE)	聚氯乙烯	聚乙烯、聚苯乙烯
聚苯乙烯-聚丙烯酸乙酯接枝共聚物(PS-g-PEA)	聚苯乙烯	聚丙烯酸乙酯
聚苯乙烯-聚丁二烯接枝共聚物(PS-g-PB)	聚苯乙烯	聚丁二烯
乙烯-丙烯共聚物弹性体(EPR)	聚乙烯	聚丙烯
聚丙烯-三元乙丙橡胶接枝共聚物(PP-g-EPDM)	聚丙烯	三元乙丙橡胶
聚丙烯-聚酰胺接枝共聚物(PP-g-PA)	聚丙烯	聚酰胺
聚氧化乙烯-聚酰胺接枝共聚物(PEO-g-PA)	聚氧化乙烯	聚酰胺
聚二甲基硅氧烷-聚氧化乙烯接枝共聚物(PDMS-g-PEO)	聚二甲基硅氧烷	聚氧化乙烯

非反应型相容剂的效果主要通过以下作用来实现：①相容剂作为第三组分加入共混体系，以降低原来两相之间的界面能；②促进分散相更好地分散，并阻止分散相再凝聚；③增加相界面的黏合作用。

例如 PA66/PPO 共混体系，加入相容剂 PS-g-MAH，可降低两相界面张力，促使两相更加微细均匀地分散并保持形态结构稳定，阻止相分离，并可获得良好的力学性能、耐高温、耐高湿、耐蠕变等优异性能，达到预期的改性效果。

2. 反应型相容剂

反应型相容剂是通过相容剂分子中的活性基团，如酸基、环氧基、异氰酸酯基等，与共混物中的活性基团进行化学反应或形成氢键而实现增容目的。反应型相容剂尤其适用于那些相容性很差并且含有易反应官能团的聚合物之间的共混相容。常见的反应型相容剂及应用体系如表 9-10 所示。

表 9-10 常见反应型相容剂及应用体系

相容剂	树脂 A	树脂 B
羧化聚乙烯或乙烯-甲基丙烯酸接枝共聚物(PE-g-MAA)	聚酰胺	聚乙烯
离子聚合物或羧化聚乙烯(PE)	聚酰胺	聚乙烯
马来酸酐接枝聚丙烯(PP-g-MAH)	聚酰胺	聚丙烯
离子聚合物	聚酰胺	聚丙烯
苯乙烯-甲基丙烯酸接枝共聚物(PS-g-MAA)	聚酰胺	聚苯乙烯
苯乙烯-马来酸酐接枝共聚物(PS-g-MAH)	聚酰胺	聚苯醚
苯乙烯-丙烯酸-马来酸酐接枝共聚物(PS-g-A-MAH 或 PS-g-AA)	聚酰胺	ABS
苯乙烯-马来酸酐接枝共聚物(PS-g-MAH)或马来酸酐化乙烯-丙烯弹性体(MAH 化 EPR)	聚酰胺	羟基化丙酸类橡胶或乙烯-丙烯共聚物弹性体
马来酸酐-烯丙基醚接枝共聚物(MAH-烯丙基醚)	聚酰胺	聚碳酸酯
羧化聚丙烯(PP)或羧化聚乙烯(PE)	聚对苯二甲酸乙二酯	聚丙烯或聚乙烯
苯乙烯-丙烯酸与丙烯酸酯-马来酸酐接枝共聚物(PS-g-MAA-MAH)	聚碳酸酯	ABS
磺化聚苯乙烯	聚苯醚/聚苯乙烯	磺化乙烯-丙烯-二烯类三元共聚物
马来酸酐接枝聚丙烯共聚物(MAH 化 PP)/末端带氨基的丁腈橡胶	聚丙烯	丁腈橡胶
MAH 化 SBS 或 MAH 化苯乙烯-乙烯-丁二烯-苯乙烯嵌段共聚物	工程塑料	工程塑料

三、相容剂应用配方实例

1. 在聚烯烃共混体系中的应用

PE、PP 等聚烯烃之间性能具有互补性，但缺乏良好的相容性，加入相容剂可以明显提高其综合性能。

PE/PP 共混物体系，由于两组分相容性差，界面粘接力小，其力学性能不理想。在 PE/PP 共混时加入 15% 相容剂 EPR，既改善了共混物的相容性，又提高了抗冲击强度。PP/PE/EPR、PP/EPDM、PP/EPDM/SBS 等共混物都含有丙基，根据相似相容的原理，它们之间具有良好的相容性，又有高弹性和良好的耐低温性能。这几种共混物的常温缺口冲击强度比纯 PP 高 10 倍左右，脆化温度比纯 PP 下降 4/5 之多，此类改性共混物可以用来制造汽车保险杠部件。

天然橡胶与聚乙烯共混体系中，若加入 5% 的 NR-g-PE 嵌段相容剂，两者相容性大大提高，界面张力减小，具有优异的韧性和耐低温性能。

（1）增韧 PP 中空制品配方

PP	65	HDPE	25
SBS	10	抗氧剂 1010/168	0.3
DLTP	0.3	分散剂 EBS	0.3

相关性能：缺口冲击强度为 $31.5kJ/m^2$，拉伸强度为 26.5MPa，弯曲强度为 33.2MPa。

（2）PP/PE/EPDM 共混配方

PP	90	HDPE	20
EPDM	10	相容剂 PE-g-MAH	5
抗氧剂 1010/168	0.3	分散剂 EBS	0.3

相关性能：拉伸强度为 23.2MPa；断裂伸长率为 11.5%；弯曲弹性模量为 359.5MPa。

（3）PE/PMMA 共混配方

| PE | 100 | PMMA | 15 |
| 抗氧剂 1010/168 | 0.3 | PE-g-MMA | 10 |

相关性能：拉伸强度为 0.145MPa，断裂伸长率为 345%，大幅度提高了可印刷性能。

（4）PE/EVOH 共混改性配方

HDPE	100	EVOH	15
相容剂 PE-g-MAH	5	抗氧剂 1010/168	0.3
分散剂 EBS	0.3		

相关性能：具有良好的阻隔性能，且透明性、光泽性、耐候性好。

（5）PP/PA 共混改性配方

PA	100	PP	15
PP-g-MAH	5	抗氧剂 1076/168	0.3
分散剂 EBS	0.3		

相关性能：缺口冲击强度为 $43kJ/m^2$，拉伸强度为 51.3MPa，伸长率为 11.2%，吸水率为 8.5%，可应用于汽车、机械、电子等部件制品。

（6）PP/PE/BR 三元共混配方

PP	100	HDPE	15
NBR	15	PE-g-MAH	5
抗氧剂 1010/168	0.3	EBS	0.5

相关性能：冲击强度为 $6.5kJ/m^2$，拉伸强度为 15.5MPa，断裂伸长率为 35%，具有良好的韧性和挠曲强度。

2. 在聚苯乙烯共混体系中的应用

PS/LDPE 共混物中加入 PS-g-LDPE 接枝相容剂，其相容性和拉伸强度均得到改善。随着接枝共聚物添加量的增加，其拉伸强度提高幅度增大。PP/PS（70/30）共混物中加入10％PP-g-PS相容剂，使共混物由明显的相分离形态转化为精细的两相结构，说明两者的相容性得到大大提高。聚苯乙烯与聚乙烯的嵌段共聚物（PS-b-PE）可以作为 PS 和 PE 之间的相容剂。PS：PE＝85：15 时，PS-b-PE 加入量为 5％～8％。PE 或 PP 接枝马来酸酐或丙烯酸的接枝物可作为 PA 与 PE、PP 之间的相容剂。

（1）PS/SBR 共混改性配方

PS	100	SBR	20
SBS-g-MAH	5	ZnSt	0.3
抗氧剂 1010/168	0.3		

相关性能：冲击强度≥25kJ/m²，弯曲强度≥60MPa，维卡耐热温度≥80℃；由于 SBR 胶的加入，共混材料的韧性显著提高。

（2）PS/PE 共混增韧配方

| PS | 100 | LDPE | 20 |
| PS-b-SBS | 10 | 抗氧剂 1010/168 | 0.3 |

相关性能：冲击强度为 73.5kJ/m²，拉伸强度为 30MPa，弯曲弹性模量为 1698MPa，伸长率为 30％。

（3）PS/PPO 共混耐热配方

PS	100	PPO	15
SBS	10	EBS	0.5
抗氧剂 1010/168	0.3		

3. 在 ABS 共混体系中的应用

ABS 工程塑料具有优良的综合性能，经常被用来与其他工程塑料共混形成合金，以改善这些工程塑料的流动性、韧性及降低成本等。但 ABS 与大多工程塑料的相容性并不好，往往需要同时加入相容剂增加两相的结合力。

有研究将三种增容剂苯乙烯-马来酸酐共聚物（SMA）、苯乙烯-丙烯腈-甲基丙烯酸缩水甘油酯共聚物（SAG）、乙烯-丙烯酸正丁酯-缩水甘油酯共聚物（PTW）分别用于 PET/ABS 合金，发现 SMA 对 PET/ABS 的增容效果最好，一般用量为 10 份。

（1）ABS/PC 共混耐热配方

ABS	100	PC	20
耐热剂 LCP	5	PS-g-MAH	5
EBS	0.5	抗氧剂 1010/168	0.3

（2）ABS/SBS/EVA 共混配方

ABS	70％	SBS	15％
EVA	9％	EVA-g-MAH	5％
EBS	0.7％	抗氧剂 1010/168	0.3％

相关性能：大幅度提高抗冲击性能。

（3）ABS/PBT 共混耐热配方

ABS	100	PBT	20
EBS	0.4	PP-g-MAH	5
抗氧剂 1010/168	0.3		

4. 在聚酰胺共混体系中的应用

聚酰胺是一种含有极性基团的结晶聚合物，很难与其他聚合物共混，若加入相容剂可生产多种聚酰胺共混物。聚酰胺共混体系所用相容剂多为反应型，以含羧基和酸酐基的共聚物为主。如 PA 与 PS 共混时，由于两者的极性差别太大，无法得到理想的共混效果；加入苯乙烯与马来酸酐（MAH）共聚形成的 SMA 共聚物时，分散相尺寸变小。苯乙烯-丙烯酸共聚物与 PA 共混易发生反应，从而达到相容的目的。在 PA 与 PPO 共混体系中，加入相容剂后，共混物具有优异的耐热性和尺寸稳定性。在 PA 与 PE、POE、EVA、EPDM、SBS等共混体系中加入相容剂，可以提高低温抗冲击性，并改善低温的脆性。在 PA/ABS（60/40）共混物中加入 3% 反应型的聚甲基丙烯酸-丙烯酸共聚物相容剂，经 247℃ 熔融混炼，共混物与未加相容剂的同样共混物相比，伸长率提高 6 倍、冲击强度提高 1 倍。

（1）PA/EPDM 共混超韧配方

PA66	100	磺化 EPDM	20
EBS	0.4	抗氧剂 1010/168	0.3

相关性能：该共混物具有极高的抗冲击强度，称为超韧尼龙；比纯 PA 的强度提高 15 倍；具有良好的耐热性与耐寒性，在 $-30℃$ 时，仍具有刚性；适用于制造汽车保险杠、电机外壳等高档产品。

（2）PA/PC 共混改性配方

PA66	100	PC	45
聚丁二烯	5	EBS	0.3
抗氧剂 1010/168	0.3	双酚 A 环氧树脂（相容剂）	5

相关性能：缺口冲击强度在 23℃ 下为 $90kJ/m^2$；具有高韧性、耐寒与耐溶剂及耐化学腐蚀。

（3）PA/PO 共混改性配方

PA6	100	HDPE	15
EBS	0.5	抗氧剂 1010/168	0.3
EPR-g-MAH	10		

相关性能：吸水率（在 50℃ 水中 48h）为 3.8%；弯曲弹性模量为 1870MPa；具有耐低温的抗冲击性能，并有良好的耐磨、耐溶剂性能。

（4）PA/MBS 共混改性配方

PA6	100	MBS	30
SMA	5	EBS	0.3
抗氧剂 1010/168	0.3		

相关性能：冲击强度大大提高，拉伸性能也有改善。

（5）PA/TPO 超韧共混配方

PA6	100	相容剂 TPO-g-MAH	40
EBS	0.3	抗氧剂 1010/168	0.3

相关性能：25℃ 缺口冲击强度为 $88kJ/m^2$，$-20℃$ 缺口冲击强度为 $24kJ/m^2$，拉伸强度为 38MPa，弯曲强度为 71MPa，1.82MPa 下的热变形温度为 59℃。

5. 在聚碳酸酯共混体系中的应用

乙烯-乙酸乙烯共聚物（EVA）可作为 PC/HDPE 共混体系的相容剂，加入 EVA 时可促使 PC 与 HDPE 两相间结合，粘接力增大，使分散相变得精细且稳定。其配比为 PC/HDPE/EVA＝100/7/5。共混物的冲击强度比未改性时提高了 4 倍，耐沸水性、耐热性、耐候性均得到改善，且降低了熔融黏度和加工温度，改善了成型加工性能，减少了制品残余应力，提高了耐环境应力开裂能力。

聚丙烯酸酰亚胺可作为聚烯烃和聚碳酸酯之间的相容剂，添加量为 3％左右。苯氧基酚酯可作为 PC/ABS 共混体系相容剂。PE 热塑性弹性体可作为聚苯乙烯和聚烯烃之间的相容剂。EGMA-g-PS 可用于 PBT/PPO 共混体系，其中环氧基可与 PBT 反应，而 PS 链段可与 PPO 相容；EGMA-g-PS 也可作为 PBT/PC 的相容剂。

（1）PC/PMMA 共混改性配方

PC	100	相容剂 PMMA-g-MAH	10
EBS	0.5	抗氧剂 1010/168	0.3

相关性能：改善 PC 的耐应力开裂性、耐磨性、成型性，外观珠光不透明，缺口冲击强度为 $4.8kJ/m^2$，拉伸强度为 65.5MPa，伸长率为 7.2％，弯曲强度为 102MPa，弯曲弹性模量为 2～3GPa，吸水率为 0.2％，热变形温度为 89～103℃，洛氏硬度为 M-92。

（2）PC/ABS 共混改性配方

PC	100	ABS	15
EBS	0.5	抗氧剂 1010/168	0.3
相容剂 P(St-MMA-MAH)	5		

相关性能：改善 PC 的低温韧性、耐应力开裂性，降低熔融温度；拉伸强度为 39MPa，伸长率为 100％，弯曲弹性模量为 1930MPa。

（3）PC/PET 共混典型配方

PC	100	PET	30
LDPE	2	PE-g-MAH	5
EBS	0.3	抗氧剂 1010/168	0.3

相关性能：改善抗冲击性、耐应力开裂性和成型性。

6. 在 PVC 共混体系中的应用

氯化聚乙烯（CPE，含氯量约 36％）可作为 PVC 和 PE 共混物的相容剂。如 PVC/PE（1/1）共混时加入 20％CPE；又如 PVC/PE/PP 共混体系（30/28/42）中加入 15％～20％CPE，都可获得良好的共混效果。

NR-g-PMMA 相容剂可用于 PVC 和 NR 共混体系，添加量为 3％左右。

PVC 与丁苯橡胶（SBR）在分子结构、分子极性方面都差别很大，相容性差而不能共混改性。而选用丁腈橡胶（NBR）作为相容剂则可进行共混改性。步骤是先将丁腈橡胶（丁腈含量为 26％）与丁苯橡胶（SBR/NBR 的比例为 10/6）进行塑炼，制成母料，然后再按 100 份 PVC，3 份母料比例加入聚氯乙烯中。制得共混物的冲击强度由纯 PVC 的 $5kJ/m^2$ 提高到 $16kJ/m^2$。

（1）聚氯乙烯与丁苯橡胶的配方

PVC（聚合度 1000）	100	三盐	3
母料(SBR/NBR＝10/6)	3	二盐	2
BaSt	1	ZnSt	1
HSt	0.6	石蜡	0.5
CaCO₃	5	抗氧剂	0.3

（2）CPE 增韧硬质 PVC 管材配方

PVC（$P = 800 \sim 1000$）	100	CPE（含氯量 34.37%）	10
稳定剂（三盐/二盐）	5	润滑剂 CaSt	0.3
抗氧剂	0.3	分散剂 EBS	0.3

相关性能：缺口冲击强度 25℃ 时为 $50kJ/m^2$；$-30℃$ 时为 $4.5kJ/m^2$；拉伸强度为 41MPa。

（3）PVC 防水卷材配方

PVC	100	CPE（含氯量 34.5%）	100
EVA	15	增塑剂 DOP	40
异三聚氰酸三烯丙酯	12	环氧大豆油	3
稳定剂有机锡	2	增量剂白炭黑	30
交联剂 DCP	0.2	促进剂 MgO	15

CPE 与 PVC 的相容性很好，可改善其韧性、印刷性和共混体系的加工流动性，也能明显增加材料的抗冲击强度。

（4）高韧性 PVC 管材配方

PVC（K 值 67.68）	100	CPE（含氯量 34.5%）	20
加工助剂 ACR	8	增韧剂 MBS	10
稳定剂有机锡	2	CaSt	0.8
润滑剂 HSt	0.2	石蜡	0.8
加工助剂丙烯酸类	1.2	超细 $CaCO_3$	2.5
颜料金红石 TiO_2	2.0	抗氧剂	0.3

相关性能：优异的力学性能、抗冲击强度与拉伸强度。

（5）PVC/CPVC/CPE 三元共混配方

PVC（S-1000）	100	CPVC（含氯量 66%）	80
CPE	25	ACR-201	10
三碱式硫酸铅	3.5	二碱式亚磷酸铅	2.0
润滑剂 HSt	1.0	抗氧剂	0.3
填充剂 $CaCO_3$	5		

相关性能：CPVC 具有阻燃性与耐热性，而 CPE 可改善加工流动性和冲击强度。该共混改性物广泛用于耐热及防水的建筑材料部件。

（6）PVC/ABS/SBS 共混配方

PVC（S-1000,1300）	50	ABS	50
SBS	30	三碱式硫酸铅	3.0
CaSt	0.7	二碱式硬脂酸铅	2.0
抗氧剂 1010/168	0.3	分散剂 EBS	0.5

相关性能：低温缺口冲击强度为 $11 \sim 14kJ/m^2$，拉伸强度为 22MPa，维卡软化点为 $78 \sim 106℃$，断裂伸长率为 100%～190%。PVC 与 ABS 具有很好的相容性和冲击强度，主要应用于汽车部件。

（7）TPU/PVC 共混配方

TPU（聚己内酯,MDI 型）	50	PVC	50
增塑剂环氧大豆油	3	ZnSt	1
分散剂 EBS	0.3	CaSt	2

相关性能：共混料冲击强度为 $60kJ/m^2$，拉伸强度为 21.5MPa，断裂伸长率为 700％，邵氏硬度为 D-77。

7. 在其他共混体系中的应用

不同相容剂的结构与性能差异较大，其适应范围也不相同。例如酸或酸酐改性的 PO/EVA 等可应用于 PO/PA、PC/PET 等共混体系；乙丙橡胶（EPR）、EPDM 等可用于 PO/EVOH（乙烯-乙烯醇共聚物）、PS/EVOH 等；聚苯氧基树脂可用于 PC/ABS、PC/SMA、PE/ABS 等；聚己内酰胺适用于 PVC/PS、SAN/PS 等；SMA 适用于 PC/PA、PC/PBT等；St-MAH-GMA 三元无规共聚物适用于 PA/PBI 共混体系；EGMA（GMA 含量 5％～15％）适用于 PBT/PP、PE/PA 等；Et-EA-GMA 三元共聚适用于 PBT/PET 等；Et-MAH-EA 三元共聚物适用于工程塑料与工程塑料共混体系；酸酐改性 SEBS 可以用于 PA/PPO、PA/PP、PC/PP、PS/PO、PE/PET 共混体系；过氧化聚合物可用于 EPR 与工程塑料改性共混。

聚苯硫醚（PPS）与 PPO 共混体系一般加入 5％含有环氧基团的反应型相容剂。PPS/PPO（70/30）共混物不仅保持了 PPS 的耐高温性，降低了成本，而且强度和韧性也得到了改善，断裂伸长率提高了 60％。

（1）POM/UHMWPE 共混改性配方

POM	100	UHMWPE	10
有机硅油	1.5	PE-g-MAH	5
抗氧剂 1010/168	0.3		

相关性能：改善摩擦性能，宜用于齿轮、链轮等传动件。

（2）POM/TPU 共混改性配方

POM	100	TPU（弹性体）	18
POE-g-MAH	6	分散剂 EBS	0.3
抗氧剂 1010/168	0.3		

相关性能：随着 TPU 用量增加，材料结晶度降低、抗冲击强度增大。按该配方比例共混材料的各项性能均良好，冲击强度比纯 POM 提高 95％。

（3）PBT/PE 共混增韧配方

PBT	100	PE-g-MAH	20
EBS	0.5	抗氧剂	0.3

相关性能：PBT 与 PE 相容性不好，以 MAH 接枝 PE 作为相容剂和增韧剂可明显提高 PBT 的韧性。

8. 相容剂改变塑料共混物的形态结构

应用相容剂共混物不仅可以获得理想的海-岛或海-海形态结构，也可以获得分散相层化结构，从而使共混物功能化。如 ABS、PS、PVC、PP 等疏水性塑料与亲水性的 PEO 在共混过程中，加入相容剂，可形成 PEO 层状分散相，从而使共混材料具有永久抗静电性能。又如在高密度聚乙烯与聚酰胺共混体系中使用 PE-g-MAH 相容剂，可使分散相在聚酰胺共混材料中呈片状层，使共混物具有较好的阻隔性。

四、相容剂的制备

相容剂在聚合物共混改性中具有重要的应用价值，现已开发出了多种多样的相容剂和相应的制备技术，其中合成法和反应挤出法较常用。

1. 相容剂的合成方法

相容剂大多为接枝共聚物和嵌段共聚物，其合成方法有大分子单体法和过氧化单体法。

（1）大分子单体法　大分子单体可通过自由基聚合、阴离子聚合、阴离子催化引发以及基团转移聚合等方法制备。由于大分子单体的分子量较大，聚合官能团的浓度低，单独聚合时不仅难以定量，而且位阻较大，如果选择适宜的溶剂，大分子单体可与低分子单体进行接枝共聚。

（2）过氧化单体法　过氧化单体法是以含有过氧化侧基或端基的聚合物为主链，并通过过氧化物产生的自由基引发单体进行接枝聚合的方法。该方法不需要特殊设备，操作简单，便于工业化，而且可获得较高的接枝率。

（3）就地形成的相容剂　将一种单体在另一聚合物存在下进行聚合，可就地形成共聚物。例如，通过嵌段共聚方法制备乙丙橡胶和聚丙烯的合金：先使丙烯单体聚合，转化率达95％以上加入乙烯单体后，可形成乙烯-丙烯无规共聚物，它既可独立存在，也可嵌段在 PP 分子链上，二者均阻碍 PP 结晶，增容效果好。

就地形成的相容剂与单独加入的相容剂有相同的增容效果，但单独加入法比较理想，因为就地增容的反应比较难控制。

2. 几种常用的共聚物相容剂

（1）SMA 树脂（苯乙烯-顺丁烯二酸酐共聚物）　共聚物的分子量和顺丁烯二酸酐含量不同用途不同。重均分子量大于 10 万、顺丁烯二酸酐含量为 5％～25％（质量分数）的 SMA 树脂可作为工程塑料使用；顺丁烯二酸酐含量大于 25％（质量分数）的低分子量（数均分子量 1000～10000）SMA 树脂可作为皮革、织物、纸张的表面处理剂，涂料的固化剂及热固性树脂使用。

SMA 树脂对玻璃纤维增强 ABS 材料性能的影响如表 9-11 所示。

表 9-11　SMA 树脂对玻璃纤维增强 ABS 材料性能的影响

SMA 份数	0	2	4
玻璃纤维含量/％	20.2	19.4	19.9
拉伸强度/MPa	86.0	98.6	98.7
弯曲强度/MPa	91.0	110.0	113.0
弯曲模量/MPa	4854	4913	4974
Izod 缺口冲击强度/(J/m)	61.0	74.0	83.0
Charpy 冲击强度（有缺口）/(kJ/m²)	5.2	7.0	7.5
Charpy 冲击强度（无缺口）/(kJ/m²)	14.5	25.5	28.5

（2）乙烯-甲基丙烯酸酯共聚物（EMA）　EMA 是以乙烯和丙烯酸甲酯为原料，以氧或过氧化物为引发剂，高压加热聚合而成的乙烯-丙烯酸甲酯共聚物。丙烯酸甲酯含量在8％～40％，通常为 20％，具有极性和非极性官能团，与绝大部分聚合物相容性良好；柔韧，具有相容、增韧双重作用；与 PE、PP、PA、PVDC 等基材有良好的黏合性，在 LDPE

与 EVA 的共挤夹层以及基材表面的黏合上能够提供一种优异的平衡。EMA 可以作 ABS、PA、PC、PBT、PET、PP 等高聚物的相容剂、增韧剂，尤其是 PBT/PC、PC/ABS 等合金的相容增韧剂。根据 FDA 和 USDA 的规定，EMA 满足食品包装的要求，这类材料还符合医药用的Ⅵ级标准要求。

（3）乙烯-丙烯酸共聚物（EAA） EAA 是具有热塑性和极高粘接性的聚合物。能与 EAA 粘接的材料有：铝和锡等金属及其氧化物、玻璃、纤维素、木材、皮革、玻璃纸、蛋白质、聚醚。由于羧基的存在以及氢键的作用，聚合物的结晶化被抑制，主链的线性被破坏，提高了 EAA 的透明性和韧性，降低了熔点和软化点。

当 MI 相同时，随着 AA 含量的增加，EAA 的透明性、韧性、粘接性、耐环境应力开裂性会增加；当 AA 含量相同时，随着 MI 增加，EAA 的粘接性、加工性会更好。

EAA 本身具有较好的极性，因此对极性共混聚合物有很好的增容作用；除此之外，由于与乙烯单体与聚烯烃相容性较好，可作为极性/非极性共混聚合物体系（如 PBT/PP）、非极性共混体系（如 PP/POE、LLDPE/PEO）的增容剂。EAA 和 LLDPE 两者的非晶区部分相容，而 EAA 分子中的羧基与 PEO 分子中的醚氧基相互作用形成了分子间氢键。EAA 与多种填充物、颜料、染料等有很好的相容性，但与胺、环氧化物以及金属的氢氧化物、氧化物、碳酸盐等共混或共挤时，若这些材料发生分解，将导致聚合物的交联和其他问题。

3. 反应挤出法

反应挤出法是以双螺杆挤出机作为一个反应器，通过添加酸酐类反应单体及过氧化物类引发剂，使聚合物在熔融状态下进行接枝共聚的方法。反应挤出法利用挤出机的传热和混合混炼的功能，具有制备灵活快捷、材料成本低和无溶剂污染等优点。

采用反应挤出法能比较简单地制备接枝共聚物型相容剂。其共聚单体一般带有极性基团，如酸酐、羧基、酰氨基、环氧基等。这些单体为马来酸酐、马来酸、马来酸丁酯、丙烯酸、甲基丙烯酸、甲基丙烯酸甲酯、甲基丙烯酸缩水甘油醚、丙烯酰胺等。这些单体与 PE、PP、PS、EVA、ABS、EPR、POE、EPDM、EAA 等聚合物发生接枝反应。

引发剂主要是过氧化物类，因为过氧化物在加热时易分解成自由基。主要的过氧化物有过氧化异丙苯（DCP）、过氧化苯甲酰（BPO）、叔丁基过氧化物（DTBP）等。过氧化物的分解温度为 $100 \sim 200℃$。

在适当条件下，熔融的饱和聚合物与马来酸酐在自由基引发作用下反应，生成主链上悬挂着单个丁二酸酐和马来酸酐的聚合物。例如 PE 与马来酸酐接枝共聚反应，在熔融挤出过程中，DCP 分解成活性自由基，生成聚合物大分子自由基，引发单体进行接枝，最终形成接枝共聚物。但在这一反应过程中，会存在 MAH 均聚、聚合物交联和/或聚合物降解等副反应。为了避免 MAH 的自聚，提高聚合物链上 MAH 侧基数量（接枝率），可以分步或间歇地将 MAH 加到熔融的聚合物中去。

例如，羧化不饱和聚合物 EPDM 与 MAH 在双螺杆挤出机中于 $180 \sim 210℃$ 发生反应，生成 EPDM-g-MAH 接枝相容剂，可以用作 PA/PP 共混物的相容剂，也可用作 PA6 与 PA66 的增韧剂。又如羧化饱和聚合物与丙烯酸酯在挤出机上混合的反应产物 HDPE-g-AA、PP-g-AA、EP-g-AA 等都是含有羧基的聚合物。常用的反应型相容剂适用的高分子共混复合体系如表 9-12 所示。

表 9-12　反应型相容剂适用的高分子共混复合体系

复合体系	相容剂	复合体系	相容剂
PA6/LDPE	HDPE-g-MAH	PET/LCP	环氧树脂
PA6/HDPE	HDPE-g-MAH	PPB/LCP	PS-co-GMA
PA6/PP	带噁唑啉官能团 PP PP-g-MAH	PPE/PBT	PS-g-环氧改性 PS PP-g-GMA
PA6/ABS	SAN-co-MAH	PPE/PMMA	PS-g-PEO
PA6/EVOH	羧化 EVOH	LDPE/EVOH	LDPE-g-MAH
PA6/LCP/HIPP	PP-g-MAH	LDPE/HIPS	LDPE-g-PS
PA46/TLCP	EPDM-g-MAH SEBS-g-MAH	HDPE/EVOH HDPE/PET	SEBS-g-MAH PET-co-HPB
PA66/PPE	环氧树脂	PVC/ABS	SAN
PA66/PBT	PS-g-MAH	PVC/EVA	EVA-g-PMMA
非晶 PA/SAN	EVA、EPDM	PC/ABS	PC-g-SAN
PP/HDPE	PP-g-MAH	PC/PA6	聚环氧丙烷
PP/EVOH	PP-g-MAH	PS/PA6	聚(St-g-环氧乙烷)
PP/LCP	PP-g-LCP EGMA	PA6/PBT	PS-co-MAH-co-GMA

注：TLCP 为热致液晶聚合物；LCP 为液晶聚合物；HIPP 为高抗冲聚丙烯；PEO 为聚氧化乙烯；EGMA 为乙二醇-二甲基丙烯酸甲酯共聚物；HPB 为氢化聚丁烯；GMA 为甲基丙烯酸缩水甘油酯；EVOH 为乙烯-乙烯醇共聚物。

第三节　其他表面处理技术

一、表面活性剂处理

表面活性剂指一些能显著改变物质表面或界面性质的物质。其分子结构也包括两个组成部分，即一个较长的非极性烃基（疏水基）和一个较短的极性基（亲水基）。

1. 表面活性剂的作用机理

虽然表面活性剂与偶联剂在结构类型上比较相似，均有亲水基和亲油（疏水）基，但表面活性剂的作用机理与偶联剂存在着区别。偶联剂最重要的两种基团都是反应基团，而表面活性剂没有反应基团。表面活性剂不对称的两亲性分子结构使其很容易定向排列在物质表面或两相界面上，从而使表面或界面性质发生显著变化；另外，表面活性剂在溶液中的溶解度（即以分子分散状态）较低，在通常使用浓度下大部分以胶束（缔合体）状态存在。

表面活性剂的表（界）面张力、表面吸附、润湿、乳化、分散、悬浮等性能均与上述两个基本特性有直接或间接关系。例如，表（界）面张力是指使液体表（界）面尽量缩小的力，表（界）面张力使表面活性剂具有在物质表面或界面上定向排列的强烈倾向，进而表（界）面张力明显下降，这是其最基本的作用机理。再如，表（界）面吸附的原因是表面活性剂的两亲性分子结构使其具有在表（界）面上定向排列的强烈趋势，从而使其在表（界）面上的浓度要高于内部的浓度。如果表（界）面有一相为固体时，它可在固体表面吸附，从而达到提高添加剂相容性的目的。

2. 表面活性剂的种类

表面活性剂种类很多。按照疏水基团可以分为碳链型、聚醚型和聚硅氧烷型；按照分子量大小可分为小分子表面活性剂和高分子表面活性剂。其中高分子表面活性剂的品种有：聚乙烯醇、聚丙烯酰胺、聚丙烯酸钠、聚乙烯吡啶十二烷基溴化季铵盐及木质素磺酸钠等。

磷酸酯类表面活性剂：磷酸酯类表面活性剂是碳酸钙表面改性研究的热点之一，表面处理主要是磷酸酯和碳酸钙表面的钙离子反应形成磷酸钙盐沉积或包覆在碳酸钙粒子表面，从而改变碳酸钙粒子的表面性能。用磷酸酯表面活性剂处理过的碳酸钙，不仅可使复合材料的加工、力学性能显著提高，对耐酸性和阻燃性的改善也有较好的效果。

季铵盐类表面活性剂是一种阳离子表面活性剂，它带正电的一端通过静电吸附在碳酸钙的表面，另一端可以和高聚物进行交联，实现对碳酸钙的表面改性。

3. 表面活性剂的选用

不同添加剂，分别选择不同的表面活性剂；对应不同的树脂，选择不同的表面活性剂；此外，尽可能选择表面张力高的表面活性剂。

二、表面聚合物处理

高分子处理剂可解决小分子处理剂使塑料制品性能变差的缺点。

常用的有液态或低熔点的低聚物或高聚物，具体品种有无规 PP、聚乙烯蜡、羧化聚乙烯蜡、氧化聚乙烯、聚 α-甲基苯乙烯及各类聚醚等，线型热固性树脂的预聚物如 PF、EP 及 UP 等，高流动性低熔点聚合物如 LDPE、EVA 及 VLDPE 等。

三、表面单体处理

所用单体为复合体系中树脂对应的单体，如复合体系为 PMMA/碳酸钙，所用单体为 MMA。单体处理可改变添加剂的表面的化学结构，达到与树脂相容的目的。

四、表面酸碱处理

用酸、碱溶液对添加剂进行表面处理，使添加剂表面的官能团发生变化或调节添加剂的酸碱性，以与树脂相匹配。

五、表面等离子体处理

等离子体是物质能量较高的一种聚集态，也称为物质固态、液态和气态之后的第四态。等离子体中含有电子、解离的原子、游离处于激发态和未激发的中性原子及紫外光等，可使添加剂表面发生多种化学变化，生成多种含氧基团，大大提高其表面的疏水性，改善与树脂的相容性。

等离子体表面处理为一种新型技术，具有处理温度低、时间短、效率高等优点。

六、复合偶联处理

复合偶联处理是指以偶联剂为基础，结合其他表面处理剂、交联剂和加工改性剂等对碳酸钙表面进行综合改性活化处理。二次活化工艺是先用硬脂酸对碳酸钙进行表面包覆，然后用有机硅酸盐作偶联剂进行二次表面活化处理。用 30% 此法处理的碳酸钙填充的 PVC 薄膜的抗拉强度、断裂伸长率和直角撕裂强度均优于钛酸酯和铝酸酯改性的产品。

思考题

1. 偶联剂的作用机理是什么？
2. 硅烷类偶联剂适用于哪些填料的表面改性？
3. 偶联剂表面处理的方法有哪些？
4. 相容剂的制备方法有哪些？
5. 影响相容剂增容效果的因素有哪些？

第十章
塑料阻燃剂及其在塑料配方中的应用

第一节 塑料阻燃的重要性及评价方法

一、塑料阻燃的重要性

随着高分子材料在建筑材料、家居装饰、交通工具、电子电器等防火安全要求较高的领域广泛应用，人类即开始面临新的火灾威胁，而且合成材料燃烧时产生大量有毒、腐蚀性气体及烟尘，在火灾中对人类的生命造成严重伤害。

阻燃剂能提高材料阻燃性，即阻止材料被引燃及抑制火焰传播。阻燃剂的功效主要有：①含有阻燃剂的材料不易被点燃，阻燃剂能抑制火焰传播，可以防止小火发展成灾难性的大火，降低火灾危险，有助于各种制品被安全地使用；②减缓聚合物燃烧速度（阻燃），延长逃生时间，避免人员大量伤亡；③阻燃剂能使可燃物燃烧时减少烟雾，避免塑料燃烧时的烟雾对人员的危害。

此外，在提高材料阻燃性的同时，应尽量减少材料热分解或燃烧时生成的有毒和腐蚀性气体量及烟量。据统计，火灾中的死亡事故，有89%左右是由于有毒气体和烟引起窒息造成的。因此抑烟也是阻燃剂的功效之一。

二、塑料阻燃性的评价方法

衡量塑料阻燃性好坏，常用的方法有氧指数（OI）法、垂直燃烧法、水平燃烧法和最大烟密度法。

1. 氧指数（OI）法

氧指数，简称为 OI，其定义为塑料试样在 N_2-O_2 混合气体中保持连续燃烧所必需的最低氧气体积分数，具体计算公式如下：

$$OI = \frac{[O_2]}{[N_2] + [O_2]} \times 100\%$$

式中，$[N_2]$ 和 $[O_2]$ 代表两种气体的流量。

塑料的氧指数越小，说明其连续燃烧所需氧气的浓度越低，材料越易燃，即使在低浓度氧气下也可以燃烧；反之，塑料的氧指数越大，说明其连续燃烧所需氧气的浓度越高，材料越不易燃，即只有在氧气浓度高的条件下，才可以连续燃烧。

一般来说，通过氧指数可以对塑料的可燃性进行分级，其中 OI＜22％时，为易燃塑料；OI＝22％～27％时，为自熄塑料；OI＞27％时，为难燃塑料；OI≥30％时，为阻燃塑料。从表 10-1 常用塑料的氧指数可以看出，大多数常用塑料都需要进行阻燃处理。

表 10-1　常用塑料的氧指数

易燃塑料	氧指数/％	自熄塑料	氧指数/％	难燃塑料	氧指数/％
POM	14.9	CP	23.0	PF	30.0
PU	17.0	PA66	24.3	PPO	30.0
发泡 PE	17.1	PC	24.9	PSF	32.0
PMMA	17.3	PA1010	25.5	MF	35.0
PE	17.4	SPVC	26.0	PI	36.0
PP	18.0	PA6	26.4	PPS	40.0
PS	18.1			PVC	45.0
ABS	18.2			HPVC	50.0
EP	19.8			PBI	58.0
PBT	20.0			PVDC	60.0
PET	20.6			PTFE	95.0

注：表中难燃塑料包括阻燃塑料。

2. 垂直燃烧法

中国国家标准 GB/T 2408—2008《塑料　燃烧性能的测定　水平法和垂直法》中的垂直测试方法为观察塑料在垂直条件下接触火源时的燃烧情况。美国 UL-94 标准的测试方法基本与国家标准的测试方法相同。

在相应的测试仪器中，将试样垂直悬置，点火火焰为（20±2）mm 高的蓝色火焰。第一次对试样施加火焰 10s 后，立即撤离火焰，同时记录有焰燃烧时间 t_1。试样有焰燃烧停止后，立即进行第二次施焰 10s，施焰完毕，立即撤离点火灯，同时启动计时装置测定试样的有焰燃烧时间 t_2 和无焰燃烧时间 t_3，此外还要记录是否有滴落物及滴落物是否引燃了脱脂棉。图 10-1 为垂直燃烧测试装置示意图。

材料燃烧性能按点燃后的燃烧行为分为 FV-0、FV-1、FV-2 三级（符号 FV 表示垂直燃烧），详见表 10-2。

3. 水平燃烧法

中国国家标准 GB/T 2408—2008《塑料　燃烧性能的测定　水平法和垂直法》中的水平测试方法为观察塑料在水平条件下接触火源时的燃烧情况。美国 UL-94 标准的测试方法基本与国家标准的测试方法相同。

具体试验方法如下：在距试样点燃端 25mm 和 100mm 处，与试样长轴垂直，各画一条标线。样品装夹见图 10-2。对试样施加火焰 30s，撤去灯。如果施焰时间不足 30s，火焰前沿已达到 25mm 标线时，应立即移开灯，停止施焰。

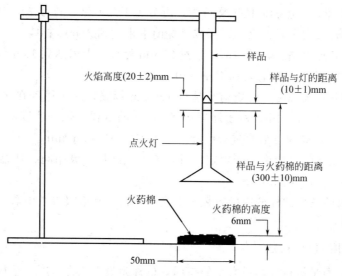

图 10-1 垂直燃烧测试装置示意图

表 10-2 垂直燃烧分级表

判据	级别		
	FV-0	FV-1	FV-2
每根试样的有焰燃烧时间(t_1+t_2)/s	≤10	≤30	≤30
每组五根试样有焰燃烧时间总和/s	≤50	≤250	≤250
每根试样第二次施焰后有焰加上无焰燃烧时间(t_2+t_3)/s	≤30	≤60	≤60
每根试样有焰或无焰燃烧蔓延到夹具现象	无	无	无
滴落物引燃脱脂棉现象	无	无	有

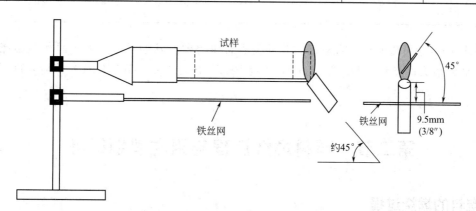

图 10-2 水平燃烧测试装置示意图

注：3/8″是一种英制管径，代表 3 分管，外径为 17mm。

停止施焰后，如果试样继续燃烧（包括有焰燃烧和无焰燃烧），则应记录燃烧前沿从 25mm 标线到燃烧终止时的燃烧时间 t（单位为秒），并记录从 25mm 标线到燃烧终止端的烧损长度 L（单位为毫米）；如果燃烧前沿越过 100mm 标线，则记录从 25mm 标线至 100mm 标线间燃烧所需时间 t，此时烧损长度 L 为 75mm；如果移开点火源后，火焰即灭或燃烧前沿未达到 25mm 标线，则不计燃烧时间、烧损长度和线性燃烧速度。

材料的燃烧性能，按点燃后的燃烧行为，可分为下列四级（符号 FH 表示水平燃烧）：

① FH-1。移开点火源后，火焰即灭或燃烧前沿未达到 25mm 标线。

② FH-2。移开点火源后，燃烧前沿越过 25mm 标线，但未达到 100mm 标线。在 FH-2 级中，烧损长度应写进分级标志，如 FH-2-70mm。

③ FH-3。移开点火源后，燃烧前沿越过 100mm 标线，对于厚度在 3～13mm 的试样，其燃烧速度不大于 40mm/min；对于厚度小于 3mm 的试样，燃烧速度不大于 75mm/min。在 FH-3 级中，线性燃烧速度应写进分级标志，如 FH-3-30mm/min。

④ FH-4。除线性燃烧速度大于规定值外，其余与 FH-3 级相同。其燃烧速度也应写进分级标志，如 FH-4-60mm/min。

如果被试材料的三根试样分级标志数字不完全一致，则应报告其中数字最高的类级，作为该材料的分级标志。

4. 最大烟密度（D_m）法

最大烟密度是衡量塑料发烟量大小的指标，也称为最大比光密度。塑料的最大烟密度越大，说明其发烟性越大，燃烧时冒黑烟越浓，对环境污染越大。

常用塑料的最大比光密度见表 10-3。

表 10-3　常用塑料的最大比光密度

塑料	最大比光密度（D_m）	塑料	最大比光密度（D_m）
POM	0	PVDC	98
PA6	1	PET	390
PMMA	2	PC	427
LDPE	13	PS	494
HDPE	39	ABS	720
PP	41	PVC	720
PTFE	55		

从表 10-3 中可以看出，含双键、苯环类和含氯类塑料发烟量比较大。而塑料燃烧时无烟的标准为最大比光密度 D_m 低于 300，因此 PET、PC、PS、ABS 及 PVC 等需要进行消烟改性。

第二节　塑料燃烧过程与阻燃消烟机理

一、塑料的燃烧过程

塑料的燃烧过程是一个极其复杂的剧烈热氧化反应过程。产生燃烧的三个基本要素为可燃物（可燃性气体）、助燃物（主要为氧气）和达到着火点的热量。

塑料的燃烧过程经历如下五个阶段：

（1）加热阶段　由外部热源产生的热量给予聚合物，使聚合物的温度逐渐升高，升温的速度取决于外界供给热量的多少、接触聚合物的体积大小、火焰温度的高低等；同时也取决于聚合物的比热容和热导率的大小。

（2）降解阶段　聚合物被加热到一定温度，变化到一定程度后，聚合物分子中最弱的键断裂，即发生热降解，这取决于该键的键能大小。

（3）分解阶段　当温度上升达到一定程度时，除弱键断裂外，主键也断裂，即发生裂解，产生低分子物：①可燃性气体，如 H_2、CH_4、C_2H_6、CH_2O、CH_3COCH_3、CO 等；②不燃性气体，如 CO_2、HCl、HBr 等；③液态产物，聚合物部分解聚为液态产物；④固态产物，聚合物可部分焦化为焦炭，也可不完全燃烧产生烟尘粒子（可形成烟雾，危害很大）等。聚合物不同，其分解产物的组成也不同，但大多数为可燃烃类，而且所产生的气体较多是有毒或有腐蚀性的。

（4）点燃阶段　当分解产生的可燃性气体达到一定浓度，且温度也达到其燃点或闪点，并有足够的氧或氧化剂存在时，开始出现火焰，即"点燃"，燃烧从此开始。

（5）燃烧阶段　燃烧释出的能量和活性自由基所引起的连锁反应，不断提供可燃物质，使燃烧自动传播和扩展，火焰愈来愈大。

根据上述塑料的燃烧过程，可以将塑料燃烧分为凝聚相分解区、气体分解产物预热区和火焰气相反应区。除燃烧所需热源和氧气两个外界因素外，燃烧性大小与塑料的下列内在因素有关：塑料热降解反应的难易程度；热降解产生气体的可燃程度；塑料的导热快慢。

因此，在相同的外界条件下，不同塑料品种的可燃性大小不同。

二、塑料阻燃剂的阻燃效应

塑料阻燃是一个十分复杂的过程，塑料的阻燃作用基本原理从干预燃烧三要素着手，即干扰氧化、降低热量及减少可燃气体。按照阻燃作用发生的方式可以分为物理机理和化学机理，按照阻燃作用发生的位置又可以分为固相机理、液相机理和气相机理。

具体来说，物理方式阻燃有冷却、稀释和隔膜等方式。化学方式阻燃的化学反应是在固相和气相中发生的。固相中发生的反应主要为阻燃剂使聚合物表面生成炭黑，例如磷化物阻燃剂；气相中发生的反应主要为捕捉燃烧反应中的自由基，终止反应过程的电子转移，使燃烧反应速率下降直至反应终止，例如卤化物阻燃剂。

1. 冷却机理

利用加入阻燃剂分解所需热量和塑料热降解所需汽化热，降低塑料的表面温度，阻止塑料的热降解反应，防止可燃气体的产生，达到固相阻燃的目的。按此机理作用的阻燃剂主要是氢氧化铝、氢氧化镁及水合硼酸锌等。

2. 稀释机理

阻燃剂受热分解产生大量不可燃气体，如水蒸气、二氧化碳、氮气、氨气、卤化氢气体等，这些气体稀释氧气和可燃气体的浓度，达到气相阻燃的目的。卤化物类阻燃剂，如十溴二苯醚、十溴联苯、四溴双酚 A 等，按此机理发挥阻燃作用。

3. 隔膜机理

隔膜机理有两种类型，即气相隔膜机理和固相隔膜机理。

气相隔膜为阻燃剂分解产生较重的不燃气体或高沸点液体，覆盖于燃烧物表面，隔绝氧气与可燃气体接触，达到阻燃目的。如有机氮类分解可产生氮气、水、硫酸铵及氨基磺酸铵等；含溴类阻燃剂也按照此机理产生部分作用。固相隔膜为阻燃剂的热分解促使塑料表面迅速脱水炭化，形成一层炭化层，隔绝氧气和可燃气体，达到阻燃目的。按此机理作用的阻燃剂主要有硼系、磷系、硅系和碳系。

4. 终止电子转移机理

聚合物燃烧时分解为烃，烃在高温下进一步氧化分解成 HO· 自由基。HO· 的连锁反应使得火焰燃烧持续下去。

阻燃剂受热分解产生一种能捕获自由基的物质，消灭燃烧反应产生的自由基，终止反应过程中的电子转移，从而终止氧化反应，达到阻燃的目的。有机卤化物，如十溴二苯醚，按此机理作用。

同一种阻燃剂可能同时存在几种作用机理。不同作用机理的阻燃剂协同作用，具有比单一作用更好的效果。如磷化物和卤化物可生成卤化磷，具有极大的蒸气密度，可覆盖于火焰上，隔绝氧气并冲淡可燃气体的浓度。又如三氧化二锑本身阻燃效果不好，但与卤化物并用可生成卤化锑和卤氧化锑两种不易燃气体，可冲淡可燃气体和隔绝氧气，达到阻燃目的。

三、塑料阻燃剂的阻燃机理

根据聚合物燃烧分解的过程和阻燃剂的阻燃效应，阻燃剂主要从以下三个方面发挥阻燃作用：

1. 气相阻燃机理

在阻燃效应中，通过消除聚合物燃烧过程中能促进链式分解的自由基，在气相中生成气体阻碍燃烧反应，通常认为是气相阻燃机理，如图 10-3 所示。气相阻燃机理主要包括：①阻燃剂分解后能捕获燃烧生成的自由基，或者促进自由基结合，中断燃烧链式分解；②阻燃剂分解产生或者与聚合物反应生成大量的惰性气体或蒸气，降低氧气密度，或者覆盖在燃烧物表面，隔绝与氧气接触，从而阻碍燃烧。

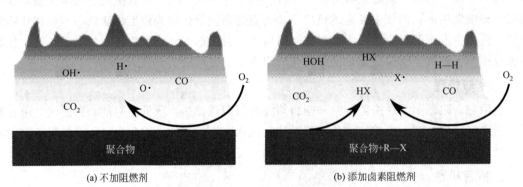

(a) 不加阻燃剂   (b) 添加卤素阻燃剂

图 10-3　卤素阻燃剂的气相阻燃机理

溴系阻燃剂属于典型的气相阻燃机理。聚合物燃烧时存在着以下链式分解反应：

$$RH \longrightarrow R· + H· （链引发）$$
$$HO· + CO \Longrightarrow CO_2 + H· （链增长，高度放热反应）$$
$$H· + O_2 \Longrightarrow HO· + O· （链支化）$$

具有高度反应性的 HO· 自由基在燃烧过程中起关键作用，降低或消除 HO· 自由基即能阻碍燃烧的链式分解。溴系阻燃剂燃烧时分解：

$$MBr \longrightarrow M· + Br· \qquad 或者 MHBr \longrightarrow M· + HBr$$

生成的 Br· 和 HBr 即可捕获 H· 和 HO· 自由基，反应生成的 Br· 活性不大，HBr 为一种难燃气体，密度比空气大，可覆盖在材料的表面，达到稀释氧气的目的，从而起到阻燃作用。

$$Br \cdot + H \cdot \longrightarrow HBr$$

$$HBr + HO \cdot \longrightarrow H_2O + Br \cdot$$

如果有三氧化二锑协同阻燃，三氧化二锑在燃烧时更有效地捕捉燃烧时产生的自由基，进一步反应生成 $SbBr_3$，$SbBr_3$ 是比 HBr 更难燃的气体，阻燃效果十分突出。

$$Sb_2O_3 + 6HX \Longrightarrow 2SbX_3 + 3H_2O$$

$$SbX_3 + H \cdot \Longrightarrow SbX_2 + HX$$

$$SbX_2 + H \cdot \Longrightarrow SbX + HX$$

$$SbX + H \cdot \Longrightarrow Sb + HX$$

$$Sb + O \cdot \Longrightarrow SbO \cdot$$

$$SbO \cdot + H \cdot \Longrightarrow SbOH$$

$$SbOH + H \cdot \Longrightarrow SbO \cdot + H_2$$

2. 凝聚相阻燃机理

在固相中延缓或者阻止聚合物热分解的阻燃作用属于凝聚相阻燃机理。如图 10-4 所示，主要通过以下几种途径实现在固相中阻燃：①阻燃剂通过热分解吸热，生成水或蒸汽，使阻燃材料升温速率降低或者终止；②阻燃剂含有比热容较大的无机填料，通过蓄热或导热降低材料温度；③阻燃剂促进阻燃材料表面炭化，或者生成致密的氧化物膜，起到隔热、隔绝氧气的作用，并达到抑烟的效果。

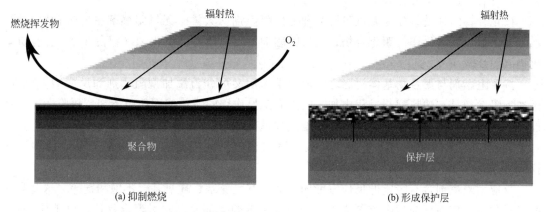

图 10-4 凝聚相阻燃的抑制燃烧和挥发的保护层的形成过程

3. 中断热交换阻燃机理

通过将聚合物燃烧产生的部分热量带走，使材料温度低于热分解温度，不能维持产生可燃性气体而阻止燃烧，属于中断热交换阻燃机理。如燃烧时易产生滴落的聚碳酸酯，滴落时可将大部分热量带走，减少剩余材料自身热量，降低剩余材料燃烧概率，可能终止燃烧。但易熔融滴落的高聚物滴落部分易引燃其他物质，导致二次燃烧，反而加剧火灾程度。

四、塑料的消烟机理

塑料在燃烧时产生的烟雾，往往是火灾对人类造成危害的主要原因。因烟雾能见度低，影响人类转移；烟雾含有有毒气体，会造成人类窒息和昏迷。因此，对于有人类存在的火灾，消烟比阻燃更为重要，因为人类的生命比财产更需要保护。

烟雾主要由两部分组成：①可见部分为固体悬浮物，其中黑烟为炭黑，粒径为 $0.03\sim$ $0.05\mu m$；白烟为悬浮在空气中的微小粒子。②不可见部分为气体，如 HCl、CO_2、CO、HCN 及甲烷等，其中 HCl、CO 及 HCN 为有毒气体或剧毒气体。

所有的塑料燃烧均能产生 CO，而含氮元素的塑料燃烧则能产生更加剧毒的 HCN。

塑料消烟的基本原理为加入无机消烟剂，改变塑料的降解方式，抑制炭微粒的形成，使之形成焦炭，并吸收有毒气体。

PVC 树脂的消烟通常包括促进炭粒氧化成 CO、CO_2 气体及增加燃烧残渣中炭的含量两种途径：其一是使烟尘微粒氧化成为气体 CO 和 CO_2，如二茂铁及其衍生物就属这类消烟剂；其二是抑制 PVC 热分解产生苯及其衍生物，从而促进残余炭的形成，如过渡金属氧化物就属这类消烟剂。许多金属氧化物、金属氢化物、硼酸盐等无机消烟剂都显示出良好的抑烟效果。

第三节　塑料阻燃剂的分类及品种

一、阻燃剂的分类方法

在塑料工业中，阻燃剂的用量是仅次于填料、增塑剂的第三大助剂品种。阻燃剂的种类繁多，发展迅速，主要有如下几种分类方法。

按化合物的种类可分为无机阻燃剂和有机阻燃剂两大类。无机阻燃剂主要包括氧化锑、水合氧化铝、氢氧化镁、硼化合物；有机阻燃剂主要包括有机卤化物（约占 31%）、有机磷化物（约 22%）等。

按照阻燃剂与聚合物基体树脂之间的化学作用又可分为添加型阻燃剂和反应型阻燃剂。添加型阻燃剂是在塑料配制过程中加入的具有阻燃作用的液体或固体阻燃剂。该阻燃剂为惰性阻燃剂，不与聚合物发生反应，类似增塑或填充作用。其优点是使用方便，适应面广，但对塑料、橡胶及合成纤维性能影响较大。添加型阻燃剂主要包括磷酸酯、卤代烃和氧化锑等。

反应型阻燃剂含有特定的反应官能团，如羟基、氨基、环氧基、不饱和键等。这些官能团通过化学反应使反应型阻燃剂成为聚合物分子链的一部分。它对聚合物使用性能影响小，阻燃性持久。反应型阻燃剂主要包括卤代醚醇和含磷多元醇、乙烯基衍生物、含环氧基化合物等。

可用于阻燃的元素很多，最常用的为 N、P、B、Sb、Cl、Br、Al、Mg、Fe、Zn 的有机或无机化合物。因此阻燃剂按其化学组成不同可分为卤系、磷系、氮系、金属氧化物、金属氢氧化物、金属硼化物、金属卤化物、膨胀系及有机硅系等。

目前，阻燃剂正向低卤或无卤、低烟或无烟、低毒或无毒、复合化、无尘化（母料、胶囊）、超细化及高分子化方向发展。

二、卤系阻燃剂

卤系（主要为溴系）阻燃剂是目前世界上产量最大的有机阻燃剂之一，主要包括氯系和溴系两大类，其中溴系阻燃剂的效果优于氯系，两者都是气相阻燃剂。就阻燃效率来说，脂肪族卤化物好于脂环族卤化物，脂环族卤化物好于芳香族卤化物。但脂肪族卤化物、脂环族卤化物热稳定性差，加工温度不能超过 205℃，只能用于加工温度较低的塑料中；芳香族卤化物热稳定性好，加工温度达 315℃，可广泛用于工程塑料中。

阻燃原理：①在燃烧时，卤系阻燃剂于 200～300℃分解放出 HX，能捕捉造成降解的高能自由基 H·和 HO·，延缓或终止反应。②HX 为一种难燃气体，密度比空气大，可覆盖在材料表面，降低其可燃性气体的浓度，抑制材料的燃烧。

不同品种 HX 阻燃能力不同，主要受到 HX 化学键能和分子量的影响。阻燃效果次序为 HI＞HBr＞HCl＞HF，碘化氢虽阻燃效果好但稳定性极差，氟化氢几乎无阻燃作用，两者不能用于阻燃剂。卤化物中溴化氢效果最好，其次为氯化氢；因此溴化物最常用于阻燃剂，氯化物次之。

卤系阻燃剂一般不单独使用，往往与 Sb_2O_3 一起使用，两者有协同作用。在燃烧时可生成 SbX_3，更有效地捕捉燃烧时产生的自由基，阻燃效果十分突出。并且，Sb_2O_3 在阻燃过程中的生成物覆盖在可燃物表面，起到隔离作用。因此有机卤/Sb_2O_3 阻燃体系是目前阻燃效果最好的体系。

三氧化二锑的粒度越细，阻燃效果越好，加入量越小。因三氧化二锑的价格太高，近年来开发了三氧化二锑的替代品，如硼酸锌、氧化锌、氧化铁、氧化锡、锡酸锌、羟基锡酸锌以及硼酸锌＋15％三氧化二铁、硼酸锌＋30％氧化锌、硼酸锌＋22％氧化锑等。胶体五氧化二锑是五氧化二锑的水合物，虽阻燃性不及三氧化二锑，但不影响制品的透明性能和制品的色泽，对复合材料的冲击强度影响小。

但因卤系阻燃剂与三氧化二锑并用，燃烧时产生大量的烟雾，有毒且具有腐蚀性的卤化氢气体，不仅妨碍救援工作，而且会腐蚀仪器和设备，产生二次灾害，目前卤系阻燃剂的用量有逐渐减少的趋势。卤系阻燃剂燃烧时产生有毒（二噁英）的烟雾，对环境污染严重，一直受到绿色环保组织的非难，以至于在有些国家受到限制，被明令禁止使用。近几年，英国、挪威、澳大利亚等国已颁布法令，限制使用此类阻燃剂。但在美国、日本、中国仍允许使用，虽目前提倡无卤阻燃体系，但寻找替代品还有一定的难度，目前还不能完全取消。

氯系阻燃剂目前应用的主要品种为氯化石蜡。氯化石蜡是石蜡烃的氯化衍生物，具有低挥发性、阻燃、电绝缘性良好、价廉等优点，可用作阻燃剂和聚氯乙烯辅助增塑剂。但氯化石蜡有一定的毒性，应少用或不用。

溴系阻燃剂为目前世界上应用量最大的有机阻燃剂，主要产品有：十溴二苯醚、四溴双酚 A、四溴二季戊四醇、六溴环十二烷、溴代聚苯乙烯、聚二溴苯乙烯、聚二溴苯醚、四溴双酚 A 碳酸酯低聚物、聚五溴苯基丙烯酸酯等。在实际应用中主要以前两种最常用，十溴二（联）苯醚主要用于低温加工条件，用量最大；而四溴双酚 A 主要用于高温加工条件。烷基有机溴化物的阻燃效率较高，但热稳定性差，不能承受高温加工温度；芳香基溴则正好相反；同时含烷基和芳香基的溴化物兼具上述两类溴化物特性。

溴系阻燃剂的分解温度在 200～300℃范围内，与树脂的加工温度相匹配，能在加工温度下于气相与固相同时起阻燃作用，是阻燃效果最好的阻燃剂品种，代表性的品种主要如下：

1. 多溴二苯类

目前工业生产的三种多溴二苯醚，即十溴二苯醚（DBDPO）、八溴二苯醚（OBDPO）和五溴二苯醚（PBDPO），分子量分别为 959.2、801.4、564.7，均为添加型阻燃剂。十溴二苯醚为白色或淡黄色粉末，熔点为 304～309℃，是目前使用最广泛、产量最大的溴系阻燃剂，它具有极好的热稳定性和极高的溴含量（83.3%），且价格适中。PBDPO 与三氧化二锑并用阻燃效果更佳，但其缺点是耐候性差，并使树脂发黄，用于高抗冲击聚苯乙烯中的添加量为 12%～15%。八溴二苯醚（OBDPO，Br 含量 79.8%）也有良好的热稳定性，可熔融加工。五溴二苯醚是一种黏稠状液体，可与很多热固性及热塑性树脂混溶，但由于溴含量较低，效果没有前两种好。

多溴二苯醚阻燃的高分子材料的燃烧及裂解产物中含有有毒的多溴代二苯并二噁烷（PBDD）及多溴代二苯并呋喃（PBDF）。1994 年 9 月，美国环境保护局评价证明了这些物质对人和动物是致毒物质。

十溴二苯基乙烷：分子式为 $C_{14}H_4Br_{10}$，分子量为 971.27，是添加型阻燃剂，具有含溴量（82%）高、热稳定性好、抗紫外线能力强、毒性低等特点。该产品具有极优异的热稳定性和极高的溴含量，几乎不溶于所有溶剂，广泛用于苯乙烯类高聚物、工程热塑性塑料、电线电缆包覆料和绝缘料、弹性体以及热固性塑料等，是十溴二苯醚理想的代替品。

2. 四溴双酚 A（TBBPA）

TBBPA 是双酚 A 的溴化衍生物，为灰白色粉末，分子式为 $C_{15}H_{12}Br_4O_2$，含溴量为 58.8%（质量分数），分子量为 543.85，熔点为 180～184℃，沸点为 316℃（分解）。四溴双酚 A 是产量和消耗量最大的含溴阻燃剂，广泛用作反应型阻燃剂以制造溴代环氧树脂、含溴酚醛树脂和含溴聚碳酸酯等阻燃树脂及作为中间体合成其他复杂的阻燃剂，也可作为添加型阻燃剂用于环氧树脂、酚醛树脂、HIPS、ABS、不饱和树脂和聚氨酯等材料的阻燃。

与其他含溴阻燃剂相比，四溴双酚 A 燃烧时不产生致癌物质，没有毒性问题的困扰。而且与 ABS 共混后，物料同等加工条件下熔体流动速率更高，制品有更好的表面粗糙度。四溴双酚 A 与 ABS 有良好的相容性，制品表面不会出现"喷霜"现象。四溴双酚 A 阻燃效果好，具有较高的性价比。

四溴双酚 A 与三氧化二锑有良好的协同作用，另外它还用于阻燃涂料及覆铜板。

3. 溴代高聚物及低聚物类

溴代聚苯乙烯（BPS），分子量有两种，高分子量为 170000（重均分子量），低分子量为 1000～12000（重均分子量），Br 含量为 60%～68%，为添加型阻燃剂。BPS 可用于 PS、PBT、PET、PA 等工程塑料的阻燃，也可用于阻燃聚烯烃。高分子量 BPS 与被阻燃的高聚物相容性较差，低分子量 BPS 与高聚物的相容性较好，可改善基材的物理和力学性能，故适用范围更广。

四溴双酚 A 环氧树脂低聚物，四溴双酚 A 环氧树脂低聚物有两种类型，一种带有环氧端基称为 EP 型，另一种带有三溴苯氧端基称为 EC 型。低聚物的分子量为 700～50000 不等。低分子量产品在环氧树脂和酚醛树脂中起反应型阻燃剂的作用；中等分子量产品主要用于 PBT、ABS 和 HIPS 的阻燃；而较高分子量的产品适用于热塑性树脂，如 PBT 和热塑性合金（如 PC/ABS）等；更高分子量的产品则可用于聚酰胺，如 PA6 或 PA66。

（1）ABS 阻燃消烟配方

ABS	50	高胶粉	20
十溴二苯醚	16	Sb_2O_3	5
抗氧剂 1010	0.3	EBS	0.5

相关性能：UL-94 V-0 级，离火即熄；拉伸强度为 54～56MPa；冲击强度为 25～27kJ/m²。

（2）阻燃 ABS 配方

ABS	100	TBBPA	25
Sb₂O₃	5～7	CPE	5～7
热稳定剂	0.5～1.5	润滑剂	0.5～1.5
复合抗氧剂	0.3		

（3）阻燃玻璃纤维增强 PBT

	1 号	2 号
PBT	52.5	47.5
玻璃纤维	30	30
PBO	13	16
Sb₂O₃	4	6
其他	1.5	1.5
相关性能：	V-1 级	V-0 级

（4）阻燃 HIPS 配方

HIPS	70	SBS	8
Sb₂O₃	5	十溴二苯乙烷	16
抗氧剂 1010/168	0.3	EBS	0.5

相关性能：UL-94 V-0 级，离火即熄；拉伸强度为 45～48MPa；冲击强度为 8～9kJ/m²。

三、无卤阻燃剂

无卤阻燃剂的阻燃效果虽不如卤系阻燃剂好，但具有无毒、低烟、热稳定性好等优点，将逐步成为阻燃剂的主流产品。

1. 水合金属氧化物——氢氧化铝和氢氧化镁

目前获得应用的水合金属氧化物主要为 Mg(OH)₂ 和 Al(OH)₃（ATH）两种。水合金属氧化物不产生二次污染，热稳定性好，与其他阻燃剂协同效果好、无毒、无腐蚀、不挥发、无毒气产生、价格低、来源广泛，被誉为无公害阻燃剂，是集阻燃、抑烟、填充三大功能为一体的阻燃剂。

其共同阻燃原理：① 燃烧时分解，其中 Mg(OH)₂ 的分解温度为 340～490℃，Al(OH)₃ 的分解温度为 200～300℃；分解后发生脱水反应，吸收塑料表面的热量，其中 Mg(OH)₂ 的吸热量为 187cal/g（1cal=4.18J），Al(OH)₃ 的吸热量为 470cal/g，大量热量被吸收可降低燃烧材料表面温度。②脱水产生大量水蒸气，冲淡可燃气体浓度。③分解残余物 MgO 和 Al₂O₃ 为致密的氧化物，沉积于塑料表面，限制可燃气体的生成，起到隔热、隔绝氧气的作用，并达到了抑烟的效果。

Mg(OH)₂ 可促进塑料表面炭化，隔绝氧气与塑料接触，而 Al(OH)₃ 则无此作用。

由于 Mg(OH)₂ 的阻燃功能比 Al(OH)₃ 多一项，因此在相同添加量下，Mg(OH)₂ 的阻燃性明显好于 Al(OH)₃。但 Mg(OH)₂ 与塑料的相容性不如 Al(OH)₃ 好，因此 Mg(OH)₂ 虽阻燃性较 Al(OH)₃ 好，但不如 Al(OH)₃ 常用，一般常与 Al(OH)₃ 协同使用。

Al(OH)₃ 的分解温度低，在加工温度下即开始分解，会因分解脱水而引起制品发泡现象。为此美国开发耐热 290℃ 的 $Al(OH)_3$。$Mg(OH)_2$ 的耐酸性差，在酸中会急速溶解，也容易受乳酸影响而使制品表面留下指纹。改进方法为改善结晶粒径及凝集性能。

水合金属氧化物的阻燃能力不高，一般含量达到 60%（质量分数）时才有较好的阻燃效果。这会带来许多负面效应：燃烧产生滴落现象；影响材料的力学和电学性能，如使力学性能下降；与塑料的相容性不好；使加工流动性变差，难以加工。

对水合金属氧化物的力学、阻燃、加工改性的方法如下：

① 表面处理如涂覆和偶联，具体品种有硼酸酯、磷酸酯、钛酸酯、铝酸酯、硅烷、阴离子表面活性剂、硬脂酸、石蜡及稀土偶联剂等。处理后既可提高阻燃效果，又可改善其力学性能。如用羟基硅油处理 $Mg(OH)_2$，可明显改善其力学性能。如用 10 份羟基硅油处理 $HDPE/Mg(OH)_2 = 100/140$ 阻燃体系，可使其缺口冲击强度由 $1.4kJ/m^2$ 增加到 $30.6kJ/m^2$。或者加入相容剂，如加入树脂的 MAH、AA、A-151 接枝聚合物，相应阻燃材料比纯树脂的力学性能提高一倍。

② 粒度细化和特殊晶型，虽对阻燃性影响不大，但可降低对力学性能的影响。粒度一般控制在 $2\sim5\mu m$ 范围内最好，粒度太低则材料成本太高；纤维状（直径 $0.1\sim0.5\mu m$，长度 $10\sim50\mu m$）$Mg(OH)_2$，阻燃效果好。

③ 用 DCP 交联，提高阻燃材料的相容性和力学性能。

④ 加入阻燃增效剂，既能增加阻燃效果，降低阻燃剂用量，又可以抑制燃烧滴落现象。阻燃增效剂有硼化物（硼酸锌）、红磷或磷化物、有机硅化物、硬脂酸钡、膨胀石墨等。

⑤ 大量的 $Al(OH)_3$ 和少量的 $Mg(OH)_2$ 混合使用，具有协同增效作用。

水合金属氧化物用于树脂的阻燃配方公式如下：树脂＋大量 $Al(OH)_3$（处理）＋少量 $Mg(OH)_2$（处理）＋增效剂（红磷、膨胀石墨、有机硅等）

（1）红磷协同氢氧化物阻燃 HDPE

HDPE	55	EVA	10
$Al(OH)_3$	20	$Mg(OH)_2$	10
红磷	4	抗氧剂 1010/168	0.3
EBS	0.5		

相关性能：通过 UL-94 V-0 级。

（2）无卤阻燃 PP

PP	100	PP-g-MAH	10
$Al(OH)_3$	60	$Mg(OH)_2$	30
红磷	5	EBS	0.5
抗氧剂 1010/168	0.3		

相关性能：OI＝30%，通过 UL-94 V-0 级，冲击强度为 $4.2kJ/m^2$。

（3）硅油协效 $Mg(OH)_2$ 阻燃 PP

PP	100	$Mg(OH)_2$	140
羟甲基硅油	10	EBS	0.5
抗氧剂 1010/168	0.3		

相关性能：OI＝30%，通过 UL-94 V-0 级，冲击强度由未加硅油的 $1.4kJ/m^2$ 提高到 $3.6kJ/m^2$。

2. 磷系阻燃剂

磷系阻燃剂可同时在凝聚相和气相发挥阻燃作用，但主要是按凝聚相阻燃机理进行阻燃。

① 凝聚相阻燃机理。磷系阻燃剂在聚合物受热燃烧时，首先分解为磷酸，磷酸脱水生成偏磷酸，偏磷酸聚合生成聚偏磷酸。这些磷酸沸点较高，可形成黏稠状液态膜并对含氧聚合物的脱水成炭具有高效的催化作用，可促使聚合物表面形成石墨状焦炭层。黏稠状（多）磷酸液态膜和表面焦炭层的形成可发挥良好的阻燃效果。

焦炭层难燃、隔热、隔氧，可使传至材料表面的热量减少、热分解减缓。含氧聚合物的脱水为吸热反应，而且所产生的水蒸气能稀释氧气和可燃气体的浓度。（多）磷酸液膜覆盖于焦炭层表面，降低了焦炭层的透气性并可保护焦炭层不被继续氧化。

但脱水炭化过程必须依赖含氧基团。因此，对本身结构含氧的塑料阻燃效果好，而对于不含氧的 PE、PP 等塑料，单独使用效果不好，而加入其他含氧有机物则具有协同效果，也会有良好的阻燃效果。

② 气相阻燃机理。磷系阻燃剂热解形成的气态产物中含有 PO·自由基，能够捕获燃烧链式反应的 H· 和 HO· 等，从而抑制燃烧链式自由基反应。

因此，磷系阻燃剂可以通过吸热冷却、气相稀释、形成隔热层和终止自由基链反应等途径，达到对材料的阻燃效果。

（1）无机磷系阻燃剂　主要包括：红磷、磷酸铵盐、多磷酸盐及聚磷酸铵等。这类阻燃剂热稳定性高、不挥发、不产生腐蚀性气体、效果持久、发烟量低、毒性低、应用广泛。

磷系与氮系、卤系及金属氢氧化物等阻燃剂都有协同作用，可协同阻燃和消烟。无机磷系阻燃剂的耐水性差，与聚烯烃的相容性差，致使其力学性能下降，所以较少用于 PE 中。

红磷系为红色至紫红色粉末，红磷的阻燃效果比磷酸酯类的阻燃效果更好，是所有磷化物中阻燃效率最高的。如 7.5% 红磷填充 PA 的氧指数可达 35%，而加入 15% 磷酸酯阻燃剂的 PA 氧指数仅达 28%。

含磷无机阻燃剂因其热稳定性好、不挥发、不产生腐蚀性气体、效果持久、毒性低等优点而获得广泛的应用。但红磷与树脂的相容性差、易吸湿、颜色太深、着火温度低。红磷进行微囊化处理后，与树脂的相容性提高，吸湿性降低，防止红磷与氧及水接触生成磷化氢。微囊化处理为在红磷表面进行涂覆，可用涂覆材料有蜜胺甲醛树脂、三聚氰胺甲醛树脂及聚乙烯醇等。

聚磷酸铵（APP）为白色粉末，随聚合度增大吸水性降低。APP 在 250℃ 以上分解，释放出水和氨，并生成磷酸，阻燃机理为吸热降温和稀释可燃气体。APP 由于在分子内含有 P 和 N，具有很好的协同作用，阻燃效果好。它可单独使用也可以与其他阻燃剂配合使用，同时具有成本低廉、毒性低、使用安全、阻燃性能持久等特点，广泛应用于聚烯烃、PU 泡沫、酚醛、不饱和聚酯、环氧树脂等聚合物材料中。聚磷酸铵的聚合度是决定产品质量的关键，聚合度越高，阻燃防火效果越好，国内已经有聚合度超过 100 的产品，而国外 APP 的聚合度在 500 以上已是常见。

（2）有机磷系阻燃剂　有机磷系阻燃剂主要有磷酸酯、膦酸酯、氧化膦、磷杂环化合物、缩聚磷酸酯、有机磷酸盐等。有机磷系阻燃剂与树脂的相容性好，可保持树脂的透明性；缺点为热稳定性差、易水解、渗出性大等。

有机磷系阻燃剂根据使用方式的不同，可以分为反应型和添加型两类。反应型阻燃剂与聚合物发生反应而成为聚合物结构中的一部分。由于它固定在聚合物内部，不挥发，所以阻燃性持久。而添加型阻燃剂因为使用方便，始终占据主导的地位。

磷酸酯系阻燃剂是有机磷系阻燃剂中的主导产品，具有阻燃与增塑双重功能，也可称为阻燃型增塑剂。常用的含卤磷酸酯阻燃剂有磷酸三（α-氯乙基）酯（TCEP）、磷酸三（1,3-二氯-2-丙基）酯（TCPP）、磷酸三（2,3-二溴-1-丙基）酯（TDBPP）和磷酸三（2,2-二溴甲基-3-溴丙基）酯（TTBNP）等。无卤磷酸酯产品有磷酸三乙酯、磷酸三丁酯、磷酸三辛酯（TOP）、磷酸三苯酯（TPP）、磷酸三甲苯酯（TCP）和三异丙苯基磷酸酯（IPP）等。

膦酸酯系阻燃剂由于 C—P 键的存在，化学稳定性显著增强，具有较好的耐水性、耐溶剂性，阻燃性能持久。最具代表性的品种为甲基膦酸二甲酯（DMMP），它属于添加型阻燃剂。

用作阻燃剂的亚磷酸酯种类远不及磷酸酯多，大多数用作抗氧剂、稳定剂、防老剂等。作为反应型阻燃剂的亚磷酸酯主要有亚磷酸三甲酯、亚磷酸三乙酯、亚磷酸三异丙酯、亚磷酸三苯酯以及亚磷酸三苄酯。

有机磷杂环化合物主要有五元环、六元环及螺环类化合物。五元磷杂环阻燃剂品种较少，一般用于聚酯、PA 及聚烯烃的阻燃。六元磷杂环阻燃剂占据主导地位，主要有磷杂氧化膦、磷酸酯、笼状磷酸酯、膦酸酯和亚磷酸酯等，可用于聚酯、环氧树脂和聚氨酯等多种塑料的阻燃。磷螺环阻燃剂大多数由季戊四醇与磷化合物反应制得，分子中一般都含有大量的碳和两个磷原子，因此含磷量高、阻燃效果好，可作为膨胀型阻燃剂，在塑料中起到增塑、热稳定和阻燃的作用。另外，杂环磷阻燃剂中还有七元环和双环笼状磷酸酯类等。

新型含磷阻燃剂中间体 9,10-二氢-9-氧杂-10-磷杂菲-10-氧化物（DOPO），由于其结构中含有 P—H 键，对烯烃、环氧键和羰基极具活性，可反应生成许多衍生物。同时，DOPO 及其衍生物由于分子结构中含有联苯环和菲环结构，特别是侧磷基团以环状 O=P—O 键的方式引入，比一般的、未成环的有机磷酸酯热稳定性和化学稳定性高，阻燃性能更好。因此，DOPO 及其衍生物常可作为反应型和添加型阻燃剂，特别是作为反应型阻燃剂时，其相应阻燃物具有无卤、无烟、无毒、不迁移、阻燃性能持久等优点。DOPO 系列阻燃剂性能优异，正处于研发阶段，还没有大规模广泛应用。

有机磷阻燃剂以其品种繁多，阻燃性能优良，获得广泛应用。但它也有自身的缺陷，如有机磷阻燃剂具有挥发性大、发烟量大、毒性较大、吸湿性大、热稳定性较差等缺点。

有机磷阻燃配方实例

① POM 无卤阻燃配方

POM	62%	双磷酸季戊四醇蜜胺盐	30%
聚磷酸铵	10%	三聚氰胺	5%
抗氧剂 1010	0.3%	吸醛剂（双氰胺）	3%

相关性能：氧指数为 49%。

② 不饱和聚酯（UP）-红磷阻燃配方

不饱和聚酯（UP）	100	红磷胶囊	8
固化剂环烷酸钴	2	固化促进剂	0.5
Al(OH)$_3$	20	阻燃促进剂三聚氰胺	10
增强剂玻璃布	30		

相关性能：氧指数 32.5%，通过 UL-94 V-0 级，拉伸强度超过 250MPa，冲击强度为

$160kJ/m^2$。

3. 硼系阻燃剂

硼系阻燃剂是一类常用的无机阻燃剂，兼有阻燃和消烟功能，主要品种有硼酸锌、硼酸钡、偏硼酸铵、五硼酸铵、硼酸、硼砂、四硼酸钠（钾、铵）等。硼酸锌应用最普遍。

硼酸锌分子式为 $2ZnO \cdot 3B_2O_3 \cdot 7H_2O$ 或 $2ZnO \cdot 3B_2O_3 \cdot 3.5H_2O$，也称水合硼酸锌，简称 ZB，在 $290 \sim 450℃$ 开始释放出 13.5% 的结晶水，并吸收热量 503J/g。它具有抑烟、无毒、价廉等优点，能部分替代昂贵的三氧化二锑，但阻燃效果不如三氧化二锑。

硼酸锌在卤素化合物存在下，生成卤（氧）化硼、卤（氧）化锌，抑制和捕获游离的羟基，阻止燃烧连锁反应；同时生成硼酸酯盐，可促进成炭，还形成玻璃态无机膨胀涂层隔绝燃烧的表面空气，阻止火焰继续燃烧并发挥消烟灭弧作用；通过脱水吸热并稀释可燃气体。

硼酸锌最好与有机卤化物和三氧化二锑等其他阻燃剂协同使用。硼酸锌与氢氧化铝也有协同作用。当硼酸锌与卤系阻燃剂合用时，可同时在气相及凝聚相发挥作用。硼酸锌与含卤高聚物或卤系阻燃剂分解产生的卤化氢反应时，可按如下反应生成锌化合物和硼化合物。

$$2ZnO \cdot 3B_2O_3 + 12HCl \longrightarrow Zn(OH)Cl + ZnCl_2 + 3BCl_3 + 3HBO_2 + 4H_2O$$

硼酸锌的折射率与塑料相近，对制品透明性影响不大，不影响制品的电绝缘性，还可提高耐电弧性。硼酸锌可用作主阻燃剂，但阻燃效率低，用量大，且同 $Al(OH)_3$ 一样，热分解温度低，易使制品产生气泡。

（1）HIPS 阻燃消烟配方

HIPS	62	SBS	8
十溴二苯乙烷	16	Sb_2O_3	2
水合硼酸锌	6	EBS	0.5
抗氧剂 1010/168	0.3		

相关性能：UL-94 V-0 级，离火即熄，拉伸强度为 $44 \sim 46MPa$，冲击强度为 $5.5 \sim 6.2kJ/m^2$。该配方用 6% 的水合硼酸锌代替了 3% 的 Sb_2O_3，成本明显降低。

（2）ABS 阻燃消烟配方

ABS	70	高胶粉	5
十溴二苯乙烷	16	Sb_2O_3	2
水合硼酸锌	6	抗氧剂 1010/168	0.3
EBS	0.5		

相关性能：UL-94 V-0 级，离火即熄，拉伸强度为 $50 \sim 52MPa$，冲击强度为 $15 \sim 17kJ/m^2$。该配方用 6% 的水合硼酸锌代替了 3% 的 Sb_2O_3，成本明显降低。

4. 有机硅系阻燃剂

硅系阻燃剂除赋予基材优异的阻燃性之外，还能改善其他性能，如加工性能、力学性能和耐热性能。硅系阻燃剂高效、无毒、低烟、生态友好、发展迅速，在聚烯烃、聚酰胺、聚酯等塑料中获得应用，尤其在聚碳酸酯的阻燃材料中获得优异效果。

硅系阻燃剂既是一种新型无卤阻燃剂，也是一种成炭抑烟剂。硅系阻燃剂与基材加工后，硅系阻燃剂会在材料表面富集。燃烧时，表层的有机硅形成碳化硅焦化隔离层，隔绝空气与塑料接触，抑制有毒气体和烟雾的形成，达到阻燃、抑烟、低毒的功效。硅系阻燃剂包括硅油、硅树脂、硅橡胶及有机硅烷醇酰胺等。硅系阻燃剂一般不单独使用，通常与一种或多种协同剂如有机酸盐（如硬脂酸镁、聚磷酸铵）、氢氧化铝、季戊四醇等并用，协同剂可促进碳化硅焦化隔离层的形成。

国外应用的具体品种有美国 GE 的 SFR-100。它是一种呈透明黏稠状的聚硅氧烷聚合物，既能与树脂结合，又能与其他阻燃剂协同作用，起到较好的阻燃和抑烟作用。此产品已用于 PE、PP 中，只需低量即可满足阻燃要求，并能保持原有的物性。例如，SFR-100 配以 MgSt、聚磷酸铵、季戊四醇、Al(OH)₃ 等，添加量为 10％即可满足要求。如在 PP 中加入 SFR-100，不仅阻燃效果好，还可提高耐热温度，并改善常、低温冲击性能，光泽及色泽。其他还可用于 ABS、HIPS 等树脂中。

美国 DOW 的 DCRM 系列硅树脂微粉改性剂。DCRM 系列有 DCRM4-7105、DCRM4-7501、DCRM4-7081 等，在 PP 中加入 1％～8％时，即可达到阻燃、抑烟的效果。美国 GE 公司又开发出颗粒状的、高聚合度的 SFR-1000 系列有机硅阻燃剂，易与粒状树脂混合。

目前国内也在进行广泛研究，如晨光化工研究院批量生产与美国 SFR-1000 相近的硅系阻燃剂。

5. 氮系阻燃剂

氮系阻燃剂又称为三嗪系阻燃剂，是开发比较晚的一类无卤低烟类环保阻燃剂品种。它具有优异的热稳定性、耐候性、耐水性，无毒，集阻燃、抑烟、防滴于一体，与树脂的相容性好。其缺点为易吸潮，加入氮系阻燃剂的复合体系中加工性不好。

阻燃机理：在基体树脂燃烧时，氮系阻燃剂发生分解，吸收大量的燃烧热量，使燃烧体系降温；同时释放出 NH_3、N_2、NO、NO_2、CO_2、H_2O（气态）等不燃性气体，稀释燃烧环境中氧气的浓度。

单一的氮系阻燃剂对大部分树脂的阻燃效果一般，尤其对玻璃纤维增强塑料效果最差；但对纯 PA、PU、UP、EP 等树脂的阻燃性能优异，尤其对纯 PA 而言，氮系阻燃剂是最经济、效果最好的无卤阻燃剂品种。

氮系阻燃剂通常与其他阻燃剂协同作用。常用的复合方式有氮/磷复合（膨胀型阻燃剂）和氮/锑复合，其中氮/磷体系为最常用协同阻燃体系。氮系阻燃剂可用于 PA、PU、EP、UP、PO、PET、PS 及 PVC 等树脂中。

氮系阻燃剂的主要品种为三聚氰胺及其衍生物，具体品种有：三聚氰胺氰脲酸盐（代号 MC、MCA）、三聚氰胺磷酸盐（MPP）、三聚氰胺焦磷酸盐、三聚氰胺硼酸盐、三聚氰酸三缩水甘油胺（TGIC）等。

三聚氰胺氰脲酸盐（MCA）是目前用量最大的三聚氰胺及阻燃剂。其为白色粉末，分解温度为 440～450℃。MCA 广泛用于橡胶、尼龙、酚醛树脂、环氧树脂和聚烯烃树脂中。MCA 用于环氧树脂时，可将氧指数由 24％提升至 45％以上。PA6 中加入 8％～15％（质量分数）的 MCA 即可达到 UL-94 V-0 级，PA66 中加入 5％～10％（质量分数）即可达到 UL-94 V-0 级。

6. 石墨

可膨胀石墨由天然石墨经化学处理而成，是近年来出现的一种新型无卤阻燃剂。其阻燃机理为：在瞬间受到 200℃以上高温时，由于吸留在层型点阵中的化合物分解，石墨会沿着结构的轴线呈现出数百倍的膨胀，并在 1100℃时达到最大体积，体积最大可扩大 280 倍；利用这一特性，在火灾发生时通过体积瞬间扩大将火焰熄灭。膨胀层具有隔热、隔氧作用：一方面可以减少辐射到被阻燃基材的热量，降低表面温度，抑制或阻止基材的进一步降解或燃烧；另一方面可以减少热降解产生的可燃性产物与氧气在气相和固相中的扩散，抑制或阻止火焰的进一步传播。可膨胀石墨一般与红磷、聚磷酸铵、三聚氰胺磷酸盐协同加入。石墨烯是新开发的一类石墨类阻燃材料，其作用机理与可膨胀石墨类似，石墨烯还能改善聚合物的力学性能。

石墨烯协同阻燃 ABS 配方

ABS	69	SBS	10
聚磷酸铵	20	石墨烯	10
EBS	0.5	抗氧剂 1010/168	0.3

相关性能：UL-94 V-0 级，拉伸强度为 36MPa，冲击强度为 $7.2kJ/m^2$。

7. 抑烟剂

很多塑料，如 PVC、PS、PU 等在燃烧时都会产生大量的烟雾并含有有毒气体，有些阻燃塑料，特别是卤-锑体系阻燃塑料的发烟量更大。在 20 世纪 70 年代，人们就已经认识到烟是火灾中延误抢救人民生命财产，甚至危害生命的首要因素。因此，自 20 世纪 80 年代起，抑烟就已成为对阻燃材料的基本要求之一。

塑料消烟的基本原理为加入无机消烟剂，改变塑料的降解方式，抑制炭微粒的形成，使之形成焦炭，并吸收有毒气体。对于 PVC 来说，当 HCl 脱除后，多烯碳骨架的裂解阶段才有热和烟释放。金属化合物的加入都不同程度地起到了促进 HCl 脱除和抑制碳骨架裂解的双重作用。抑制碳骨架裂解会减少烃类挥发物的生成量，进而减少作为燃料不完全燃烧产物的烟的产量，从而起到阻燃和抑烟的双重作用。氢氧化铝受热脱水生成的 Al_2O_3 有较大表面积，能吸附烟核和烟颗粒，起到消烟作用。

消烟剂一般为无机金属类化合物，主要为金属盐、金属氧化物、金属氢氧化物等。金属盐和金属氧化物主要为 Mo、Fe、Zn 和 Cu 的化合物，金属氢氧化物主要为 $Mg(OH)_2$ 和 $Al(OH)_3$。

钼化物：抑烟机理为在凝聚相中通过交联促进成炭，发挥抑烟作用。常用种类为三氧化钼、八钼酸铵、磷钼酸钙、钼酸锌、钼酸镁、十三烷基钼酸铵等，最常用的是前两者。三氧化钼与八钼酸铵的抑烟效果相近，但后者可赋予制件很好的颜色稳定性。钼化物可与三氧化二锑、氧化铜、氧化铁、氧化镉等协同并用。含钼化合物是增塑 PVC 和含卤热固性聚酯以及 ABS 的有效消烟剂。

钼化物迄今被认为是最好的消烟剂，在 PVC 中添加 4% 的钼化物即可减少烟量 1/3。除三氢化钼和八钼酸铵之外，国外 Sherwin Williams 公司开发的 Kemgard 911A 是含少量锌的钼络合物，在 PVC 中加入 4% 可消烟 50%。Kemgard 425 是钼酸铵和锌的复合物，加入 2~6 份于 PVC、聚烯烃、聚酯中有很好的消烟阻燃作用。Climax Molyblemun 公司开发的 Moly FR 201 是 20% 钼酸铵和 80% 氢氧化铝的复合物，在卤化聚酯中有很好的消烟性。

由于钼化物价格昂贵，采用硼酸锌、二茂铁、氢氧化铝、硅的化合物与少量钼化物复配，是解决消烟问题较现实的途径，采用锡酸锌代替也有较好的效果。钼酸锌和钼酸钙是中毒效率低和阻燃性优良的消烟剂，锡酸锌（ZS）和含水锡酸锌（ZHS）不仅对 PVC 有明显的抑烟作用，而且对有卤阻燃剂有协同效应，可作为 Sb_2O_3 的替代品。ZS 对软质 PVC 的抑烟作用如表 10-4 所示。ZHS 的最高使用温度为 204℃，而 ZS 在 540℃ 下仍稳定。

表 10-4　ZS 对软质 PVC 的抑烟作用

ZS用量/%	0	2	5	12	15
最大烟密度(D_m)	663	420	319	217	215

铁化物：抑烟机理为在凝聚相中通过交联促进成炭，又可作为氧化催化剂，在气相中促进可燃气体转化为一氧化碳和二氧化碳。主要品种有二茂铁、1,1-二茂铁二羧酸、三氧化二铁、草酸铁钾、草酸亚铁等，与卤化物并用，主要用于抑烟。二茂铁是常用的消烟剂，最适用于 PVC，100 份 PVC 中加入量为 1.5 份或略多些。在 PVC 脱 HCl 的过程中二茂铁迅速地转化为 α-Fe_2O_3 存在于碳化层中，引起碳化层灼烧，催化氧化碳化层成为 CO 和 CO_2，从而减少了炭黑形成的数量。$FeCl_2$ 和 $FeCl_3$ 是 α-Fe_2O_3 生成的前身，也是有效的消烟剂，能改善 PVC 裂解过程，减少烟黑的生成。

铜化物：主要在固相中促进聚合物交联。主要品种有氧化铜、磷酸铜、氰化亚铜、硫氰酸亚铜、铜的酞菁络合物等。

盐类：硼酸盐类如硼酸锌，磷酸盐类如磷酸锌，草酸盐类如草酸铬及草酸铜等，硫酸盐类如硫酸锌等，锡酸盐类如锡酸锌等。

其他：氢氧化铝也有良好的消烟性能，因为它在固相中促进了炭化过程，取代烟灰形成。因此，其消烟作用大概和脱水吸热直接有关。氢氧化镁同样也有良好的消烟效果。

氧化锌、氧化镁及氧化铜与钼化物复合也有较好的消烟作用，如 MgO/ZnO、MoO_3/CuO、MoO_3/Sb_2O_3、MoO_3/ZnO、MgO/ZnO/MoO_3（1/1/1），其中以 MgO/ZnO 和 MgO/ZnO/MoO_3 阻燃及消烟效果好，总用量 3 份，成本低于 MoO_3/Sb_2O_3 阻燃体系。实践证明，三氧化二锑在燃烧过程中产生大量黑烟，三氧化二锑和硼酸锌 1:1 复合，发烟量可减少 25%。Emirostrand 公司开发的 EM-ISS 是三氧化二锑和卤化物的复合物，在 PVC 中可减少发烟 50%，America 公司的 BFR-2 是三氧化二锑和磷化物的复合物，在软质 PVC 中减少 50% 的发烟量；Har-shaw 公司开发的 HFR-131 是三氧化二锑和四氟硼酸铵的复合物，在聚烯烃和多种工程塑料中有明显的消烟效果。

四、复合阻燃剂

1. 卤、锑复合阻燃剂

由于卤系阻燃剂与锑类有良好的协同作用，两者的合成产品 SbX_3 具有优良阻燃性能。目前正开发的 $SbCl_3$ 和 $SbBr_3$ 可直接用于阻燃剂，与卤系阻燃剂和 Sb_2O_3 协同加入相比，直接使用的阻燃效果好得多。具体配方如下：

LDPE	85%	$SbBr_3$	14%
EBS	0.5%	抗氧剂 1010/168	0.3%
其他	0.2%		

相关性能：OI=30%。

$SbCl_3$ 和 $SbBr_3$ 属透明类阻燃剂，还可用于 PMMA 中。具体使用时，可先将其溶于二甲基酰胺、甲乙酮、丙酮、乙酸乙酯等溶剂中，配成 15%～20% 的溶液，再与 PMMA 混合。

2. 磷、卤复合阻燃剂

主要品种为 BPP（磷酸三-2,4-二溴苯基酯），其他还有含溴烷基的磷酸酯等。这类阻燃剂分子内有磷-卤协同作用，阻燃效果显著，同时可改善树脂的加工流动性，对复合材料的物理机械性能影响也比较小。

BPP 为白色固体粉末，分子量为 800，熔点为 110℃，理论含溴量为 60%，含磷量为 3.9%，能溶于芳烃、卤代烃、酯、酮等有机溶剂，广泛用于 PBT、PET、PC、PPO、ABS、PMMA 等工程塑料的阻燃。BPP 可省去卤素阻燃剂与 Sb$_2$O$_3$ 复配使用，明显改善复合材料的力学性能和加工性能。因为 BPP 熔点低，在树脂的加工温度下处于熔融状态，可提高其熔体流动指数；耐热温度高，在 310℃ 以上的高温下才开始分解，适合工程塑料的高温加工；对材料的透光率无影响，特别适合透明材料的阻燃改性，如 PC、PS 及 PMMA 等。

BPP 可用于 PBT 阻燃，具体见表 10-5。以 BPP 和 PBO（聚 2,6-二溴苯醚）对比为例，当 BPP 和 PBO 加入量均为 13 份时，1 号和 2 号配方分别达到 FV-0 和 FV-1；3 号配方中 PBO 含量加大到 16 份时，才可达到 FV-0 级。由此看来，磷/溴分子内的协同效果远好于分子外的协同效果。

表 10-5　BPP、PBO 阻燃 PBT 配方比较

配方及性能	1 号	2 号	3 号
含 30%GF 的 PBT/份	82.5	82.5	77.5
BPP/份	13	—	—
PBO/份	—	13	16
Sb$_2$O$_3$/份	4	4	6
其他	0.5	0.5	0.5
拉伸强度/MPa	135	107.8	106.8
弯曲强度/MPa	200	164	160.9
缺口冲击强度/(kJ/m^2)	10	9.2	8.9
无缺口冲击强度/(kJ/m^2)	48	42.4	38.4
垂直燃烧等级	FV-0	FV-1	FV-0

再如，以无机阻燃剂填充 PBT 为例。加入 12% 的 BPP 和 4% 的 Sb$_2$O$_3$，可使其氧指数达到 30%；如单独用 16% 的 BPP，不用 Sb$_2$O$_3$，可使其氧指数达到 31%，复合材料的透明度可达 87%。又如，以 BPP 阻燃 PC 为例。单独用 7% 的 BPP，可使其氧指数达到 39%。如用 7% 的 PBO 和 2.5% 的 Sb$_2$O$_3$ 配合使用，氧指数才可达到 36%，并且复合材料不透明。

此外，含溴烷基磷酸酯可单独用于 PP 阻燃。

3. 膨胀型阻燃剂（IFR）

IFR 是一种以氮、磷、碳为主要成分的无卤复合阻燃剂，其具有内协同作用。由于此类阻燃剂在受热时发泡膨胀，所以称为膨胀型阻燃剂。含有膨胀型阻燃剂的塑料在燃烧时塑料表面可生成炭质泡沫层，起到隔热、隔氧、抑烟、防滴等功效，具有优良的阻燃性能，又具有无卤、低烟、低毒、防熔滴和无腐蚀性气体的优点。

膨胀型阻燃剂一般由三部分组成：酸源（脱水剂）、碳源（成炭剂）、气源（发泡源）。常见的传统配方为酸源、碳源、气源以 3：1：1 的质量比复配。具体三组分如下：

酸源：一般为无机酸或无机酸化合物，可与树脂作用，促进碳化物的生成。具体品种有磷酸、硫酸、硼酸、磷酸铵盐、磷酸酯、磷酸盐及聚磷酸铵（APP）等，以聚磷酸铵最常用。

碳源：又称为成炭剂。主要为一些含碳量较高的多羟基化合物或碳水化合物，具体有树脂本身、淀粉、季戊四醇及它的二聚物和三聚物等。

气源：又称为发泡剂，可释放出惰性气体，为含氮类化合物如铵类和酰胺类，具体如尿素、三聚氰胺、双氰胺、聚磷酸铵、聚氨酯、聚脲树脂等。氮化合物除起发泡作用外，对碳化层的形成也有促进作用。

对于具体的膨胀型阻燃剂，上述三组分不一定都有，有时只需加入其中一种或两种。如聚酯类本身为碳水化合物，可充当成炭剂，体系内只需加入发泡剂和催化剂即可。

IFR 具体的阻燃过程为：在较低温度时，由酸源放出能酯化多元醇和可作为脱水剂的无机酸；在稍高于释放酸的温度下，无机酸与多元醇（碳源）进行酯化反应，体系中的胺可作为酯化反应的催化剂，使酯化反应加速进行；体系在酯化反应前或酯化反应过程中熔化；反应过程中产生的水蒸气和由气源产生的不燃气体使已处于熔融状态的体系膨胀发泡，同时多元醇和酯脱水炭化，形成无机物和碳残余物，使体系进一步膨胀发泡；反应接近完成时，体系胶化和固化，形成多孔泡沫炭层。

单组分 IFR 集碳源、酸源和气源于一体，具有更高的阻燃性。单组分 IFR 按分子结构不同，分为环状、笼状及非环非笼状三大类。环状的单组分 IFR 主要有季戊四醇系列和新戊二醇系列。季戊四醇双磷酸酯蜜胺盐（PDM）是季戊四醇系列的代表，具有良好的阻燃性能、热稳定性能和耐光老化性能。新戊二醇系列是以新戊二醇为成炭剂，新戊二醇磷酸酯酰氯（DOPC）为中间体，研发的一系列环状类"三位一体"IFR，如新戊二醇间苯二胺双磷酸、新戊二醇对苯二胺双磷酸酯（NBPAN）、新戊二醇磷酸酯蜜胺盐（NPM）等。笼状的单组分 IFR 则是以笼状结构的化合物 1-氧代-4-羟甲基-1-磷杂-2,6,7-三氧杂双环 [2,2,2] 辛烷（PEPA）为中间体合成的一系列笼状化合物。非环非笼状单组分 IFR 由于热稳定性差，难以承受一般聚合物的加工温度（约 200℃），所以研究得比较少。

膨胀阻燃 PP 配方

PP	59	聚磷酸铵	20
季戊四醇	4	三聚氰胺	6
POE	5	PP-g-MAH	5
抗氧剂 1010/168	0.3	硬脂酸锌	0.5

相关性能：氧指数为 31.2%，通过 UL-94 V-0 级，拉伸强度为 28MPa，冲击强度为 4.6kJ/m²。

膨胀型阻燃剂用硅烷偶联剂处理后，复合材料的力学性能和阻燃性能都有不同程度的提高。以 PP/膨胀型阻燃剂/硅烷偶联剂（70/30/5）配方为例，不同硅烷偶联剂的改性效果如表 10-6 所示。

表 10-6　硅烷偶联剂对阻燃 PP 改性效果的影响

硅烷偶联剂	冲击强度/(kJ/m²)	拉伸强度/MPa	自熄时间/s	点燃时间/s	燃烧现象
不加	3.47	28.55	30	30	不滴落
KH-550	3.68	30.33	8	30	不滴落
KH-560	4.31	31.30	5	30	不滴落

第四节　阻燃配方设计原则

一、阻燃剂选用的原则

（1）阻燃剂与树脂的相容性　尽可能选用与树脂相容性好的阻燃剂品种，以便发挥其阻燃性能。

（2）注意阻燃剂的加入对塑料制品原有性能的影响　阻燃剂的加入量比较大或加入无机阻燃剂时，对塑料制品的性能影响大。此外还需加入相容剂、交联剂和润滑剂对力学性能和分散性进行改善。尽量选择阻燃元素含量高的阻燃剂，可减少用量及对制品的性能的影响。

（3）最佳性价比　在满足制品性能要求的条件下，尽可能选用成本低的阻燃剂，以降低制品的价格。

（4）阻燃剂在树脂中的耐久性　阻燃剂的耐久性和相容性要好，防止其向制品外迁移太快，在使用周期内丧失阻燃功能。

（5）阻燃剂的热分解温度与树脂温度的匹配性　一方面，阻燃剂的热分解温度与树脂的加工温度要相互匹配，一般要求阻燃剂的分解温度要高于加工温度 20℃左右；另一方面，阻燃剂的热分解温度与树脂的热降解温度相匹配，一般要求阻燃剂的热分解温度比树脂本身热降解温度低 60℃左右。

（6）阻燃剂本身的属性

① 超细粒度。阻燃剂的粒度细化，除可提高其阻燃性能外，相同含量时，可大幅度提高其力学等性能。

以三氧化二锑为例，就阻燃性而言，在 ABS 中加入 1.5% 粒径为 $0.03\mu m$ 的胶体三氧化二锑与加入 3%～5% 粒径为 $45\mu m$ 三氧化二锑的阻燃效果相同。但就冲击性能而言，ABS 中加入的三氧化二锑粒径每减小 $1\mu m$，其复合制品的冲击强度就增加 1 倍以上。又以 $Al(OH)_3$ 为例，在 LDPE 中加入 80 份不同粒度的 $Al(OH)_3$，其阻燃效果如表 10-7 所示。

表 10-7　$Al(OH)_3$ 的粒度与阻燃性的关系

粒度	$50\mu m$	$5\mu m$	$<1\mu m$
氧指数/%	23	28	33

② 微胶囊化技术。将无机阻燃剂制成微粒，用有机物及无机物进行包覆，以提高与树脂的相容性能。

③ 表面偶联处理。在塑料阻燃配方中，尤其是对含有无机阻燃剂的配方，要对阻燃剂进行表面偶联处理，此外还需加入分散剂、增韧剂及增塑剂等，增加阻燃剂与树脂的相容性，以弥补因阻燃剂加入而降低的原有性能。

二、主辅阻燃剂的选择

一个阻燃配方往往选择几个阻燃剂协同加入，以达到优势互补的效果。按这些阻燃剂阻燃效果的不同，可划分为主、辅阻燃剂。主阻燃剂为一些阻燃效果好的品种，而辅助阻燃剂为一些阻燃效果不十分好、单独应用阻燃效果不高的品种。

1. 主阻燃剂

主要品种有阻燃树脂、有机卤系阻燃剂、有机磷系阻燃剂及金属氢氧化物等，具体加入量为：有机阻燃剂的加入量为 15％～25％左右；阻燃树脂的加入量为 20％～35％；金属氢氧化物的加入量为 50％～65％。

也可以按照阻燃元素的含量来设计配方。一般要达到 UL-94 V-0 级，Cl 的含量约 35％～45％，Br 的含量约 10％～15％，P 的含量约 2％～4％。如果协同加入，用量可适当减少。

2. 辅助阻燃剂

辅助阻燃剂可分为两类：一类为阻燃协效剂，具体品种为三氧化二锑、硼酸锌、无机磷、石墨、锡酸锌、有机硅及有机氮类；另一类为消烟剂，主要品种为钼化物、铜化物、铁化物及氧化锌等。辅助阻燃剂的加入量小，约 5％～10％。

三、阻燃剂的协同作用

1. 卤系阻燃剂的复合

卤系阻燃剂常与三氧化二锑复合。卤/锑复合的加入比例在 3/1 左右时，协同效果好。三氧化二锑单独加入不具有阻燃效果，只有与卤系阻燃剂一起加入才会有阻燃作用。其原因是两者复合可产生阻燃作用大的五氧化二锑、卤化锑和卤氧化锑。

硼酸锌部分替代三氧化二锑时，硼酸锌/溴系阻燃剂燃烧时生成溴化硼或溴化锌，溴化硼或溴化锌残存在塑料表面，在热熔状态下是一种致密的玻璃状熔融物，把可燃的塑料封闭起来，两者有协同作用，且效果明显。

氧化锌也能部分替代三氧化二锑，三氧化二锑/氧化锌复合比例为 2/1 时，有协同作用。

2. 磷系阻燃剂的复合

氮系阻燃剂的加入可促进磷系阻燃剂的炭化作用，两者的协同效应可见下式：

$$3.5\%P = 2\%P + 2.5\%N = 1.4\%P + 4\%N = 0.9\%P + 5\%N$$

磷系阻燃剂与氢氧化铝、氢氧化镁、含水硼酸锌等均有协效性，原因为含水化合物燃烧时结晶水脱出汽化，吸热降温，给含磷阻燃剂生成玻璃状多聚磷酸提供了有利条件。

3. 铝/镁氢氧化物复合

氢氧化铝和氢氧化镁协同加入，除发挥各自的阻燃作用（如分解吸热、生成水蒸气冲淡可燃气体、残渣沉积以隔绝氧气等三方面）外，氢氧化铝还可促进氢氧化镁的炭化作用，加速塑料表面成炭。两者的复合比例为 3/1～2/1。

有机硅可促进金属氢氧化物在塑料表面的炭化作用。

4. 阻燃剂/交联剂复合

交联可使复合体系形成轻度的网状结构，将无机填料及阻燃剂较稳定地束缚在树脂分子网中，阻滞其向表面迁移，更有效地发挥阻燃作用。另外，在燃烧时交联利于凝聚相产生结炭作用，从另一个角度提高阻燃性能。交联的阻燃制品还具有燃烧不滴落的性能。如 FMC 公司开发的 DATBP，是一种含多功能双键的溴阻燃交联剂。

四、阻燃剂的加合作用

（1）三氧化二锑/金属氧化物　三氧化二锑的价格较高，与其他金属氧化物搭配使用既可降低成本，又可调整体系的分解温度。常用的搭配有 Sb_2O_3/SiO_2 和 Sb_2O_3/ZnO 等。

（2）三氧化钼/金属氧化物 三氧化钼为优良的消烟剂，但价格太高，常同其他金属氧化物搭配使用。常用的有：MoO_3/ZnO、MoO_3/MgO、MoO_3/CuO_2 及 $MoO_3/ZnO/MgO$（1/1/1）等。

五、阻燃剂的对抗作用

① 卤系阻燃剂不与有机硅系一起加入，如果两者一起加入，氧指数下降 6%～7%。

② 红磷不与有机硅一起加入，一起加入时氧指数下降 20% 以上。

③ 溴系阻燃剂不与硬脂酸锌一起加入，否则降低阻燃效果。

④ 含溴系阻燃剂的配方中，不应加入碳酸钙和碳酸镁填料，两者与溴系阻燃剂有对抗作用。

六、塑料消烟配方设计

对于发烟量高的 PET、PS、PC、ABS、AS、PVC、PPO 等树脂，阻燃的同时还要消烟，有时烟比火更致命。

消烟剂的种类很多，但除三氧化钼可单独经常使用外，常用的消烟剂为镁、锌、钼、铜及铁等金属氧化物的复合物，以 MgO/ZnO 和 $MgO/ZnO/MoO_3$ 两种复合最常用。

除上述专用消烟剂外，许多按隔膜机理阻燃的阻燃剂兼有很好的消烟功能，具体如硼酸盐、锡酸盐、磷酸酯类、有机硅类、金属氢氧化物和氮化物类，尤其是膨胀型阻燃剂。在具体配方设计时，如配方中含有消烟功能强的阻燃剂，可不加或少加消烟剂。

消烟剂不单独加入，必须同阻燃剂协同加入，所以要注意它与阻燃剂的关系及加入比例。在与卤系阻燃剂协同加入时，具体比例为：卤系阻燃剂/硼酸锌（3～4 份）、卤系阻燃剂/氧化锌（4～8 份）、卤系阻燃剂/氧化铁（2～6 份）、卤系阻燃剂/二氧化锡（2～8 份）。

一定应引起注意的是，有些阻燃剂的加入，不仅不会消烟，还会增加复合材料的发烟量。如用卤化物、红磷等阻燃剂阻燃，塑料材料在燃烧时发烟量会更大，可达纯塑料的 3～4 倍。例如，纯 HIPS 的最大烟密度为 165，而用卤/锑体系阻燃时的最大烟密度为 454.3，用包覆红磷阻燃体系时的最大烟密度为 674。可见，红磷的发烟量比卤化物大，不能用于抑烟阻燃场合。

第五节　各种塑料阻燃配方设计

一、PE 阻燃配方设计

PE 类塑料的发烟量小，因此只需阻燃而不需消烟。

对有卤阻燃配方，以卤/锑体系最常用，卤系阻燃剂溴系和氯系都可用，如十溴二苯醚（DBDPO）、双（四溴邻苯二甲酸酰亚氨基）乙烷（BTBPIE）等。

对无卤阻燃配方，以氢氧化铝和氢氧化镁常用，因其与 PE 的相容性差，要进行表面处理，并尽可能与其他阻燃剂协同加入，以控制加入量。其他可用阻燃剂还有磷系（如红磷、聚磷酸铵等）、有机硅类及硼酸锌等。

（1）含卤高阻燃性配方

HDPE	70	EVA	10
十溴联苯醚	14	三氧化二锑	2
水合硼酸锌	4	抗氧剂 1010/168	0.3

相关性能：氧指数大于 42%，UL-94 V-0 级，拉伸强度为 22.3MPa，冲击强度为 7.6kJ/m²。

（2）无卤低烟难燃配方

HDPE	100	氢氧化铝	123~200
DCP	3~4	氢氧化镁	123~200
交联助剂	1~2	复合抗氧剂	2~3
润滑剂	1		

相关性能：氧指数为 30%~35%，拉伸强度为 10~12MPa。

（3）阻燃 UHMWPE 配方

UHMWPE	63.7%	聚磷酸铵	20%
三聚氰胺	12%	季戊四醇	3%
抗氧剂 1010/168	0.3%	润滑剂	1%

相关性能：OI=32.2%。

（4）阻燃 LDPE 配方

LDPE	44%	氢氧化铝	30%
硅橡胶	5%	氢氧化镁	20%
复合抗氧剂	0.3%		
其他	0.7%		

相关性能：OI = 34%，通过 UL-94 V-0 级，拉伸强度为 15.3MPa，冲击强度为 5.6kJ/m²。

（5）LDPE 透明薄膜配方

| LDPE | 90% | 二硫焦磷酸酯 | 10% |

相关性能：OI = 26%。

（6）无卤阻燃电缆料

	1#	2#
LLDPE （DFDA-7047）	70	70
EVA （VA 含量 18%）	30	30
Mg(OH)₂ （12μm）	70	120
红磷	5	0
DCP	0	0.3

相关性能：OI = 30%，通过 UL-94 V-0 级，拉伸强度为 10.2MPa，断裂伸长率为 459%。

二、PP 阻燃配方设计

PP 的阻燃性不好，但燃烧时发烟量小，因此只需阻燃而不需消烟。

对有卤阻燃配方，以卤/锑体系最常用。卤系阻燃剂常用品种为十溴联苯醚（DBDPO）、八溴联苯醚、四溴双酚 A（TBBPA）、六溴环十二烷（HBCD）、三（2,3-二溴丙基）异氰酸酯、聚丙烯酸五溴苄酯（PPBBA）等，以四溴双酚 A 最常用。

对无卤阻燃配方，兼有阻燃和抑烟双重功效。以氢氧化铝和氢氧化镁常用，需用铝钛酸酯进行表面处理，加入量大，对力学性能影响大，需加入增韧剂。

其他阻燃剂还有膨胀系、磷系、氮系，具体如磷酸三 [2,2-二（溴甲基)-3-溴丙基] 酯（TTBNP）、季戊四醇磷酸酯及聚磷酸铵等。

具体配方实例如下：

（1）含卤阻燃 PP 配方

PP	100	八溴醚	15
三氧化二锑	5	水合硼酸锌	4
抗氧剂 1010/168	0.3	润滑剂	0.5

相关性能：氧指数大于 38%。

（2）阻燃 PP 配方

PP	76%	Sb_2O_3	4%
EPDM	6%	TTBNP	12%
EBS	0.5%	抗氧剂 1010/168	0.3%
其他	1.2%		

相关性能：通过 UL-94 V-0 级，拉伸强度为 25.3MPa，冲击强度为 $8.2kJ/m^2$。

（3）阻燃增强改性 PP 配方

PP	60%	PP-g-MAH	5%
EPDM	5%	十溴联苯醚	15%
玻璃纤维	10%	Sb_2O_3	4%
EBS	0.5%	抗氧剂 1010/168	0.3%
其他	0.2%		

相关性能：通过 UL-94 V-0 级，拉伸强度为 42.3MPa，冲击强度为 $8.6kJ/m^2$。

（4）无卤阻燃 PP 配方

PP	50	EPDM	6
氢氧化镁	38	季戊四醇	5
润滑剂	0.5	抗氧剂 1010/168	0.3
其他	0.2		

相关性能：通过 UL-94 V-0 级，拉伸强度为 22.3MPa，冲击强度为 $6.6kJ/m^2$。

（5）无卤阻燃增韧 PP 配方

PP	100	EPDM	10
氢氧化铝/氢氧化镁	220	POE	10
DCP	0.1	EBS	0.5

相关性能：加入氢氧化铝时氧指数为 28.5%；加入氢氧化镁时氧指数为 29%。

（6）无机填料阻燃 PP 配方

PP	100	天然纤维水镁石	70
润滑剂	0.5	抗氧剂 1010/168	0.3

相关性能：阻燃、无烟、无熔滴现象。

（7）膨胀型阻燃 PP 配方

PP	69	聚磷酸铵	20
三聚氰胺	5	季戊四醇	5
硬脂酸钙	0.5	抗氧剂 1010/168	0.3

其他　　　　　　　　0.2

相关性能：通过 UL-94 V-0 级。

三、PS、AS 及 HIPS 阻燃、消烟配方设计

PS 类塑料容易燃烧，且发烟量大。因此，其阻燃配方既要阻燃又要消烟。

对于 PS 泡沫塑料，因加工温度较低，可用热稳定温度较低（200℃左右）但阻燃效率较高的阻燃品种。最常用六溴环十二烷，有时用五溴一氯环己烷及二溴乙基二溴环己烷等，单用卤化物即可，不必用阻燃协效剂三氧化二锑等。PS 泡沫塑料用阻燃剂的量比较少，一般 2% 即可。

对于普通 PS 制品，最常用的是卤/锑和无机阻燃体系，卤系用芳香族溴化物如八溴二苯醚、十溴二苯醚、四溴双酚 A、六溴环十二烷（HBCD）、1,2-双（五溴苯基）乙烷、聚丙烯酸五溴苄酯及双（三溴苯氧基）乙烷等。如要求阻燃剂对制品性能影响小，采用十溴二苯醚及 1,2-双（五溴苯基）乙烷；如要求制品冲击性好，用四溴双酚 A。无机类阻燃剂为金属氢氧化物，因其对制品冲击性能影响大，需加入增韧剂。

消烟剂为金属镁、锌、铜、钼等的氧化物等。

具体阻燃配方实例如下：

（1）HIPS 电器外壳阻燃配方

HIPS	63%	SBS	8%
DBDPE	18%	Sb_2O_3	4%
硼酸锌	6%	EBS	0.5%
抗氧剂 1010/168	0.3%	其他	0.2%

相关性能：氧指数为 28.8%，通过 UL-94 V-0 级，拉伸强度为 25.2MPa，冲击强度为 9.6kJ/m²。

（2）无烟阻燃 HIPS（一）

HIPS	65	PPO	35
磷酸酯	14	SBS	10
润滑剂	0.5	抗氧剂 1010/168	0.3

相关性能：最大烟密度为 130，小于纯 HIPS 的 165，通过 UL-94 V-0 级，拉伸强度为 28.2MPa，冲击强度为 13.2kJ/m²。

（3）低烟阻燃 HIPS

HIPS	100	DBDPO	12
三氧化二锑	4	氢氧化镁	40
硼酸锌	20	SEBS	14

相关性能：最大烟密度为 265，稍大于纯 HIPS 的 165，通过 UL-94 V-0 级，拉伸强度为 23.2MPa，冲击强度为 7.6kJ/m²。

（4）无烟阻燃 HIPS（二）

HIPS	49%	氢氧化铝	30%
氢氧化镁	10%	红磷	2%
氧化铜或氧化锌	3%	增韧剂 SEBS	5%
润滑剂	0.7%	抗氧剂 1010/168	0.3%

相关性能：OI=26.5%，通过 UL-94 V-0 级，拉伸强度为 21.2MPa，冲击强度为 6.2kJ/m²。

四、ABS 阻燃、消烟配方设计

同 PS 类一样，因 ABS 含有苯环而发烟量大，要求阻燃同时需要抑烟。

对卤/锑复合体系，为保证 ABS 原有的冲击强度、光泽性和透明度，常用胶体五氧化二锑为辅助阻燃剂。卤系可用八溴二苯醚（OBDPO）、四溴双酚 A（TBBPA）、双（四溴邻苯二甲酰亚氨基）乙烷（BTBPIE）以及十溴二苯醚（DBDPO）、溴化环氧树脂（BER）等。除卤/锑体系外，ABS 还常用磷酸酯类、PVC、CPE 及金属氢氧化物等为阻燃剂。

对 ABS/PC 合金，一般选用磷酸酯类阻燃剂；对 ABS/PVC 合金，PVC 本身即为优良的阻燃剂。消烟剂常用金属氧化物三氧化钼等。

阻燃 ABS 对制品的拉伸强度和弯曲强度影响小，但对冲击强度、热变形温度、流动性和光稳定性影响大，设计配方时要注意弥补。

(1) 含卤阻燃 ABS 配方

ABS	76.5%	十溴二苯醚	8%
三氧化二锑	5%	溴化环氧树脂（BER）	10%
抗氧剂 1076	0.3%	其他	0.2%

相关性能：OI＝31.3%，UL-94 V-0 级，拉伸强度为 30MPa，冲击强度为 11.6kJ/m^2。

(2) ABS/PVC 合金阻燃配方

ABS	48	PVC	40
有机锡稳定剂	3	三氧化二锑	4
EBS	0.5	抗氧剂 1076/168	0.3
硬脂酸正丁酯	0.5	增韧剂 ACR	3

相关性能：OI＝33.6%，UL-94 V-0 级，拉伸强度为 33.2MPa，冲击强度为 41.6kJ/m^2。

(3) ABS/PC 合金阻燃配方

PC	65%	ABS	20%
含卤磷酸酯（PB-460）	14%	其他	1%

相关性能：OI＝34.5%，UL-94 V-0 级，拉伸强度为 60.2MPa，冲击强度为 38.6kJ/m^2。

(4) 透明 ABS 阻燃配方

ABS（TE-10S）	70%	MBS	4%
BDP	5%	FR-245	20%
润滑剂	0.7%	复合抗氧剂	0.3%

注：FR-245 为三（三溴苯基）氰尿酸酯。

相关性能：氧指数为 30%，UL-94 V-0 级，透明性大于 50%。

(5) 溴化物/有机硅协同阻燃配方

ABS	79%	四溴双酚 A 双（2,3-二溴丙基）醚	14%
三氧化二锑	1.5%	有机硅（SFR-100）	4%
抗氧剂 1076/168	0.3%	润滑剂	1%
其他	0.2%		

相关性能：氧指数为 31.8%。

五、PVC 阻燃、消烟配方设计

硬质 PVC 的阻燃性好，氧指数可达 60%，不用阻燃改性。只有软质 PVC 因加入大量增塑剂而影响原有阻燃性，需要进行阻燃改性处理。因 PVC 发烟量大，对软质 PVC 制品阻燃同时需要抑烟，对硬质 PVC 制品不阻燃只抑烟。

PVC 同大多数阻燃剂的相容性好，因此对阻燃剂的选择范围广。PVC 用阻燃剂最好用阻燃类增塑剂，磷系增塑剂具有阻燃功能，阻燃效果好的有：磷酸三（二甲苯）酯、磷酸三甲苯酯、磷酸二苯异丙苯酯及磷酸二苯叔丁苯酯等。对于卤/锑阻燃体系，卤化物尽可能选氯化物如 CPE 等，三氧化二锑为优异的辅助阻燃剂，缺点为影响制品的透明性。如对消烟要求较高，还可选用金属氢氧化物阻燃剂。此外，有时也选红磷为阻燃剂。

抑烟剂有三氧化钼、八钼酸铵、硼酸锌、二茂铁、氧化镁、氧化锌及氧化铜等，加入量在 2%~3% 之间，可降低 30%~80% 的发烟量。增加无机阻燃剂如氢氧化铝、氢氧化镁、硼酸锌等的加入量可降低发烟量。

软质 PVC（SPVC）制品的阻燃配方实例如下：

（1）可耐温 105℃ 的阻燃软 PVC 电缆料配方

PVC（SG-2）	100	偏苯三酸三辛酯	45
三盐/二盐	5	氢氧化铝	10
三氧化二锑	6	硼酸锌	4
EBS	0.5	复合抗氧剂	0.3

相关性能：氧指数为 40%，烟量减少。

（2）磷酸酯复合阻燃 SPVC 配方

PVC	100	磷酸二苯异丁苯酯	100
硼酸锌	6	氢氧化铝	60
有机锡	2	硬脂酸钙	2
复合抗氧剂	0.3		

相关性能：OI=39%。

（3）PVC 消烟配方

PVC	100	DOP	20
环氧大豆油	3	稳定剂	3
硬脂酸钙	2	润滑剂	0.5
三氧化钼	3	抗氧剂 1010/168	0.3

相关性能：OI=41.5%，发烟量下降 25%。

六、PA 阻燃配方设计

PA 的阻燃主要以添加型阻燃剂为主，近年来开发出反应型阻燃剂。

由于 PA 的加工温度较高，所用阻燃剂的耐热性要好，热分解温度在 350℃ 以上。

1. 有卤阻燃体系

最常用的为卤-锑体系。在常用的卤-锑复合体系中，溴系阻燃剂耐热性好的有芳香族溴系，具体品种如十溴二苯醚（DBDPO）、溴化苯乙烯（BPS）、溴化环氧树脂（BER）、聚丙烯酸五溴苄酯（PPBBA）、聚二溴苯醚（PDBPO）、溴代三甲基苯基氢化茚（BTMPI）、双（四溴邻苯甲酰亚氨基）乙烷（BTBPIE）、1,2-双（2,4,6-三溴苯氧基）乙烷（BTPE）及得克隆（DCRP）等。价格以 DBDPO 和 BPS 低，但 DBDPO 易渗出且耐光性不好。对于白色 PA 制品，最好用 BPS 溴化物。卤化物的加入量为 10%～15%，锑化物加入量为 4%～6%。

为提高阻燃剂与树脂的相容性，近年来开发出顺丁烯二酸酐（MA）或甲基丙烯酸缩水甘油酯（GMA）接枝聚二溴苯乙烯（PDBS-MA 或 PDBS-GMA），与三氧化二锑并用，阻燃效果极佳。为防止燃烧时产生滴落现象，常加入 0.1%～1% 左右的聚四氟乙烯抗滴剂，也可将 PDBS-MA 中 MA 的含量加大到 0.4% 以上。

2. 无卤阻燃体系

（1）红磷体系　红磷对 PA 的阻燃效果很好，在纯 PA 中加入 5%～7% 的红磷、在玻璃纤维增强 PA 中加入 7%～9% 的红磷即可达到阻燃效果。但红磷阻燃制品为黑色，限制了其应用面。在 PA66 红磷阻燃体系中，加入少量氧化锌协效剂，阻燃效果好。

（2）氢氧化镁体系　因氢氧化铝的分解温度低，只能用氢氧化镁，制品为浅色。为降低氢氧化镁的用量，可加入硼酸锌、锡酸锌、三氧化二锑、有机硅等协效剂。

（3）膨胀阻燃体系　对于氮-磷复合体系，氮化物有三聚氰胺尿酸盐、蜜胺树脂及三聚氰胺等，磷有微囊化红磷及有机磷酸酯等。有红磷体系的缺点为颜色深。如 PA6 可用三聚氰酸蜜胺酯、硬脂酸、癸二酸、乙二胺等组成阻燃体系。

PA66 可用聚磷酸铵和纳米氟化云母。具体配方如下：

① 无卤阻燃 PA6 配方

PA6	73%	PDBS-MA	20%
三氧化二锑	7%	EBS	0.5%
抗氧剂 1010/168	0.3%		

相关性能：UL-94 V-0 级。

② 填充阻燃 PA66 配方

PA66	54.5%	BTMPI	14%
三氧化二锑	5.5%	氢氧化镁	25%
PTFE	0.2%	EBS	0.5%
抗氧剂 1010/168	0.3%		

相关性能：OI＝51%。

③ 蜜胺阻燃尼龙配方

PA66 或 PA6	90%	蜜胺树脂	10%

相关性能：UL-94 V-0 级，拉伸强度为 52.2MPa，冲击强度为 4.6kJ/m²。

④ 玻璃纤维增强阻燃 PA66 配方

PA66	61	玻璃纤维	20
胶囊红磷	8	PE-g-MAH	5
EVA	5	KH-550	0.2
EBS	0.5	抗氧剂 1010/168	0.3

相关性能：UL-94 V-0 级，拉伸强度为 132.2MPa，冲击强度为 12.6kJ/m²。

七、PC 阻燃配方设计

PC 的自身氧指数可达 25%（UL-94 V-2 级），在要求不高的场合可不进行阻燃处理。

在对阻燃性要求高的场合，需要阻燃处理，但阻燃剂的加入量也不高，一般控制在5%～15%范围内。

由于PC的加工温度在300℃左右，要选用热分解温度高于PC加工温度的阻燃剂。

值得注意的是，PC的卤-锑阻燃体系中，不用三氧化二锑作协效剂，因其是PC的解聚催化剂；在卤-锑体系中常用锑酸钠代替三氧化二锑，卤系用十溴二苯醚（DBDPO）、四溴双酚A（TBBPA）、四溴双酚A碳酸酯低聚物（BPC）、溴代苯乙烯（BPS）、聚二溴苯醚（PDBPO）、双（三溴苯氧基）乙烷（BTBPOE）、聚二溴苯乙烯（PDBS）及双（四溴邻苯二甲酰亚氨基）乙烷（BTBPIE）等。

PC常用卤代磷酸酯复合阻燃剂或卤-磷复合体系，常用的卤代磷酸酯有磷酸三（2,4二溴苯基）酯（TDBPPE、PB-460）。磷是含氧类聚合物的有效阻燃剂，所以TDBPPE特别适合于PC的阻燃。

另外，近来发现无机或有机的芳香族磺酸盐或酯是PC有效的阻燃剂，具体品种如2,4,5-三苯磺酸钠或钾，且加入量较低。芳香族磺酸盐或酯常和有机溴化低聚物、聚四氟乙烯共用，加入量为1%左右。

PC有时也选用膨胀型阻燃剂。

（1）PC/ABS阻燃配方

PC	70	ABS	30
MBS	4.5	十溴二苯乙烷	12.5
抗氧剂1076/168	0.3	三氧化二锑	5

相关性能：UL-94 V-0级，拉伸强度为55.2MPa，冲击强度为28.3kJ/m^2。

（2）卤素阻燃PC配方

PC	96.5%	TDBPPE	3%
特氟隆粉	0.3%	抗氧剂1010/168	0.2%

相关性能：OI=39%。

（3）玻璃纤维增强PC/PET合金阻燃配方

PC/PBT（1/1）	63%	玻璃纤维	15%
偶联剂	0.2%	SEBS-g-MAH	4%
MBS	5%	TDBPPE	12%
特氟隆粉	0.5%	抗氧剂1010/168	0.3%

相关性能：OI=33%。

（4）阻燃PC配方

PC	92	BPC	7
润滑剂	0.5	复合抗氧剂	0.3
其他	0.2%		

相关性能：OI=32.1%。

八、POM阻燃配方设计

POM是塑料中阻燃性最差的品种，氧指数只有14.9%，因此需加入30%以上的阻燃剂才能达到阻燃效果。

从理论上讲，POM可用溴系、氯系、磷系、硼系、钼系、氮系、磷-卤系、磷-氮系各类阻燃剂；但实际上溴系、硼系、磷-卤系等阻燃剂易引起POM加工分解，应尽可能少用。

磷酸酯系有磷酸三苯酯、磷酸三甲苯酯及磷酸三丁酯等。

POM 常用膨胀型阻燃体系阻燃，效果十分理想，具体配方实例如下：

POM	100	TPU	10
三聚氰胺	20	复合抗氧剂	0.3
聚磷酸铵（APP）＋季戊四醇双磷酸酯三聚氰胺盐		40	

相关性能：氧指数为 50%，通过 UL-94 V-0 级，拉伸强度为 25.2MPa，冲击强度为 8.3kJ/m²。

九、PET、PBT 阻燃配方设计

PET 和 PBT 除阻燃性不好外，发烟性又大，所以既要阻燃又要消烟。PET 和 PBT 对阻燃剂的要求为耐热性好，以适合高加工温度。

常用卤-锑阻燃体系，多用溴化物，具体品种有十溴二苯醚、溴化苯乙烯（BPS）、溴化环氧树脂（BER）、溴代碳酸酯的低聚物（BPC）、聚二溴苯乙烯（PDBS）、聚丙烯五溴苄基酯（PPBBA）等，其中，PPBBA 和 BPC 对材料的冲击、色泽、耐紫外线和热稳定性影响小。溴化物加入 10%～15%、三氧化二锑加入 3%～4%，即可使 30%GF 增强 PBT 的氧指数达到 29%。

无卤阻燃聚酯的配方则以磷系阻燃剂为主，还可加入无机阻燃剂如金属氢氧化物和硼酸盐等。阻燃性达到 V-0 级的 30%玻璃纤维增强 PBT 性能比较见表 10-8。

表 10-8　阻燃性达到 V-0 级的 30%玻璃纤维增强 PBT 性能比较

性能	溴化聚苯乙烯	溴化聚碳酸酯低聚物（BC-58）	溴化聚碳酸酯低聚物（BC-52）	溴化环氧树脂	十溴二苯醚
溴含量/%	7.4	8.4	8.6	7.4	9
拉伸强度/MPa	9.4	9.5	10	10	8.5
耐电弧/s	120	82	110	110	40
析出性	无	无	无	无	有
耐紫外线性	一般	好	好	好	差
白度	微黄	很白	很白	微黄	白

（1）卤素阻燃 PET 配方

PET（30% GF）	80	TDBPPE	20
润滑剂	0.5	复合抗氧剂	0.3

相关性能：OI＝36%。

（2）无卤阻燃 PBT 配方

PBT	69.2%	三聚氰胺氰尿酸盐（MCA）	15%
聚酯弹性体	5%	蜜胺磷酸盐（MP）	10%
特氟隆粉	0.5%	抗氧剂 1010/168	0.3%

相关性能：通过 UL-94 V-0 级，拉伸强度为 22.2MPa。

十、PMMA 阻燃配方设计

要保持 PMMA 的透明性，其阻燃剂需要选择阻燃单体或者易溶于有机溶剂的阻燃剂。可用阻燃剂品种如下：

卤化物-含卤丙烯酸酯及其共聚物、甲基丙烯酸-2,3-二溴丙基酯、溴代磷酸酯-2，3-二溴丙基磷酸酯、2,3-二溴丙基羟基磷酸酯等。

卤化锡系：可与 PMMA 形成络合物，达到阻燃目的。主要有 $SnCl_4$、$SnBr_4$、SnI_4 三种，单独使用效果不好，一般两种或三种并用，具体复合配方如下：PMMA＋5％$SnCl_4$＋5％SnI_4、PMMA＋5％$SnCl_4$＋5％$SnBr_4$、PMMA＋6％$SnCl_4$＋6％SnI_4、PMMA＋7％$SnCl_4$＋3％SnI_4、PMMA＋4％$SnBr_4$＋4％SnI_4 及 PMMA＋3％$SnCl_4$＋3％SnI_4＋2％$SnBr_4$ 等。

卤化锑系：主要有 $SbCl_3$ 和 $SbBr_3$ 两种，两者复合使用，具有透明性和优良的阻燃性。使用时先将两者溶于二甲基甲酰胺、甲乙酮、丙酮或乙酸丁酯等溶剂中，配成 5％～20％的溶液，再与 PMMA 混合。

（1）PMMA 浇注料阻燃配方

MMA	100	BPO	0.2
磷酸	12		

相关性能：通过 UL-94 V-0 级。

（2）透明 PMMA 颗粒料阻燃配方

PMMA	85％	$SbBr_3$	15％

相关性能：先将 $SbBr_3$ 配成丙酮溶液，然后与 PMMA 混合，待溶剂挥发后挤出造粒。所得产品通过 UL-94 V-0 级。

十一、PU 阻燃配方设计

PU 阻燃性不好，其软质泡沫塑料的氧指数仅为 17％～18％，而且在燃烧时，产生大量毒气。对于要求阻燃的 PU 制品，在选用原料时，尽可能选用阻燃多元醇单体。

PU 的阻燃剂可分为添加型和反应型两种，也可分为有卤阻燃和无卤阻燃两大类。

PU 的有卤阻燃配方一般为磷-卤复合，磷系发挥凝聚相作用，卤系发挥气相作用。磷-卤的具体复合组成为：0.5％P＋4％～5％Br 或 0.5％P＋8％～10％Cl。有时也采用卤-锑复合体系。具体有磷酸三（2-氯乙基）酯、磷酸三（1,3-二氯-2-丙基）酯、低聚（2-氯乙基）酯、十溴二苯醚、五溴二苯醚、三氧化二锑等。

无卤阻燃配方则采用磷系阻燃剂，如三聚氰胺磷酸盐、聚磷酸铵（APP）、蜜胺磷酸盐（MP）、红磷、硼酸锌等。

具体阻燃配方实例如下：

PU 弹性体	100	2-(2-氧代-4,5-苯并-1,3-二氧杂磷杂环戊基)-2-丙醇(BDOP)	10

相关性能：产品通过 UL-94 V-0 级。

十二、环氧树脂阻燃配方设计

环氧树脂的氧指数仅为 19.8，属易燃材料。环氧树脂的阻燃方法有如下几种：

1. 添加型阻燃剂

其特点为简单易行，阻燃效果好，可视具体需要任意调整。

常用的添加型阻燃剂有：卤化物、磷化物、三氧化二锑、氢氧化铝、铝酸钙和多磷酸铵等。除此之外，某些惰性填料也可用于阻燃，如三氧化二铝、石英粉及玻璃纤维等，但阻燃效果不如阻燃剂，可与阻燃剂协同加入。

(1) $Al(OH)_3$/红磷阻燃 EP 体系

	1#	2#	3#	4#
双酚 A 型环氧树脂	90	90	90	90
单环氧化合物	10	10	10	10
甲基四氢苯酐	80	80	80	80
苄基二甲胺	1	1	1	1
红磷	12	16	8	20
$Al(OH)_3$	90	60	120	30
硅石粉	60	90	30	120
硅烷偶联剂	1	1	1	1

(2) 全氯联苯/一氧化镍阻燃 EP 体系

双酚 A 型环氧树脂(环氧值0.2)	100	2-甲基咪唑	10
硅石粉(200目)	420	硬脂酸	5
全氯联苯	12	一氧化镍	8

(3) 十溴联苯醚/Sb_2O_3 阻燃 EP 体系

环氧树脂	100	十溴联苯醚	5
Sb_2O_3	3	润滑剂	适量

2. 反应型阻燃剂

其特点为不易迁移、渗出,具有优异和永久的阻燃性,良好的热稳定性、氧化稳定性和水解稳定性。

反应型阻燃的具体方法有:用含阻燃结构的单体制备环氧化树脂,加入阻燃性固化剂,加入活性阻燃稀释剂或添加反应型阻燃剂。

典型的如四溴双酚 A 及其环氧树脂。常用的阻燃固化剂有二氯代顺酐、二氯马来酸酐、氯菌酸酐、四溴苯二甲酸酐、四氯苯二甲酸酐、六氯次甲基四氢苯酐、四溴苯酐、四氯苯酐、80 酸酐、N-五氯苯基二胺、含有氨基的磷酸及磷酸的酰胺等。

以 80 酸酐为例,其阻燃配方如下:

E-44 环氧树脂	100	三氧化二锑	10
80 酸酐	78	2,4,6-三甲氨基甲基苯酚	0.5
硅微粉	适量		

加入活性阻燃稀释剂,具体品种有二溴甲酚缩水甘油醚、二溴苯基缩水甘油醚等,具体配方如下:

E-51 环氧树脂	80	二溴苯基缩水甘油醚	20
三氧化二锑	15	二亚乙基三胺	3

单独使用卤化物时,要达到阻燃效果,氯含量需在 26% 以上,溴含量需在 13% 以上;但卤化物与磷协同使用时,只用 1.5%~2% 的磷、6% 的卤系阻燃剂即可。卤化物与三氧化二锑并用,用硅烷处理过的红磷和 $Al(OH)_3$ 协同使用,可降低阻燃剂的用量。

━━━━━━ **思考题** ━━━━━━

1. 阻燃的基本机理有哪些?

2. 为什么含 Br 阻燃剂的阻燃效果好于含 Cl 阻燃剂?

3. 无机金属氢氧化物阻燃剂具有哪些优点和缺点？如何改进这些缺点？

4. 磷系阻燃剂如何产生阻燃作用？对相关的树脂有什么要求？

5. 硼酸锌水合物的作用机理是什么？

6. 膨胀型阻燃剂的作用机理是什么？

7. 哪些阻燃剂之间有对抗效应，不能并用？

第十一章

塑料交联、接枝改性配方设计

第一节　塑料交联配方设计

一、塑料交联原理及作用

1. 塑料交联的原理

　　塑料交联是指聚合物大分子链在某种外界因素影响下产生可反应的自由基或官能团，从而在大分子链之间形成新的化学键，使聚合物的线型结构形成不同程度网状结构（图11-1）。可引发交联的外界因素为不同形式的能量，如光能、热能及辐射能等。不同形式的交联需要的能源不同，辐射交联需要辐射能量，而化学交联则需要热能量。

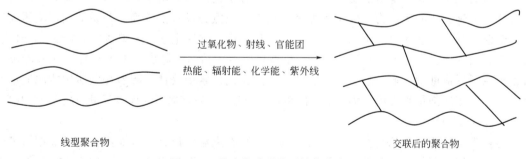

　　　　　　　　　过氧化物、射线、官能团
　　　　　　　━━━━━━━━━━━━━━→
　　　　　　　　热能、辐射能、化学能、紫外线

线型聚合物　　　　　　　　　　　　　　　交联后的聚合物

图 11-1　聚合物交联分子结构示意图

　　对于具体的交联反应过程，依不同的外界能量及交联方法不同，而采取不同的反应方式。如辐射交联、过氧化物交联及光交联等属于自由基链式反应，而硅烷交联及盐交联等则属于官能团之间的缩聚反应。

　　在自由基链式反应过程中，交联与降解均可发生。对于不同的聚合物，有的聚合物倾向于自动发生交联反应，如 PE、PP、PS、PVC、PVA 及 PAN 等；但有些聚合物则有自动发生降解反应的倾向，如聚四氟乙烯、聚异丁烯、PMMA、α-甲基苯乙烯低聚物（AMS）及聚偏二氯乙烯等。这就要求在实施自由基交联反应时需对有降解倾向的聚合物进行抑制，防止降解反应发生。

2. 塑料交联的作用

聚合物交联后，聚合物的大分子结构从线型结构变为网状体型结构，从而导致塑料原有性能的大幅度改变。交联后，除断裂伸长率有下降外，其刚性、韧性、拉伸强度、硬度、耐热性、耐油性、耐磨性、介电性、抗蠕变性等都有不同程度的提高，交联是一种几乎不损害塑料原有性能的近似"完美无缺"的改性方法。

如 PE 交联后拉伸强度明显增加，热变形温度可由 70℃升高到 90℃左右，击穿电压则高达 550kV，可用于超高压电缆材料。

如 PA66 辐射交联后，随着体系凝胶含量的增加，其拉伸强度、冲击强度及硬度呈抛物线上升。当辐射剂量在 100000Gy（1Gy=1J/kg）左右时，强度最大，此时拉伸强度比未交联 PA66 的拉伸强度增大 10%，冲击强度增加 20%～60% 左右，硬度增加 25% 左右。

废旧塑料因为使用后，其分子量下降，性能较差，如果不进行改性，基本失去使用价值。将废旧塑料进行适度交联改性，即可增加其分子量，从而提高其力学性能，进而可以变废为宝。如回收聚乙烯再生料交联后能够提高拉伸强度、模量、耐热性、尺寸稳定性等性能。

3. 衡量交联程度的指标

塑料交联程度的大小可用凝胶含量或凝胶率的大小来表征。凝胶量和凝胶率越大，其交联程度越高。凝胶含量为热塑性树脂在溶剂中不溶解部分的含量，这部分为形成网状体型结构部分。具体测定时，PE 用十氢化萘作溶剂，而 PVC 用四氢呋喃进行溶解。

二、塑料交联配方设计方法

目前已经开发并获得广泛应用的交联反应的方法有：辐射交联法、过氧化物交联法和硅烷交联法。此外还有光交联法、叠氮交联法及盐交联法等，但不如前三种方法普及。

1. 辐射交联法

辐射交联法是指在辐射能源作用下，引发大分子链产生自由基，从而发生交联反应的一种方法。这种方法的优点为一般不需加其他助剂；缺点为设备投资高，并易造成环境污染。

辐射交联的高能辐射源可以有很多种，常用的有：加速电子、X 射线、γ 射线、β 射线、快质子、快中子、慢中子、γ 粒子及原子反应堆混合射线（γ 射线＋中子）等。这些能源既可以从原子反应堆中获取，也可从加速器及放射性同位素中获得。辐射交联所用能源能量的大小一般用辐照剂量来表示。辐照剂量的单位为戈瑞（Gy），常用的辐照剂量一般在 $1 \times 10^4 \sim 2.5 \times 10^4 Gy$ 之间。

与化学交联相比，辐射交联不用交联剂，并可在室温下进行，因而可在制品成型后进行交联，并可保证塑料制品不发生变形；而二步法的硅烷交联虽也在制品成型后进行，但交联需升温，易导致制品变形。

塑料辐射交联反应为自由基链式反应，下面以 PE 为例，说明其具体反应过程。

整个辐射交联反应可分以下三步：

① 初级自由基及活泼氢原子的生成：

$$-CH_2-CH_2-CH_2- \xrightarrow{\text{辐射能}} -CH_2-\overset{\cdot}{C}H-CH_2- + H\cdot$$

② 活泼氢原子（H·）可继续攻击 PE，再生成自由基：

$$-CH_2-CH_2-CH_2- + H\cdot \longrightarrow -CH_2-\overset{\cdot}{C}H-CH_2- + H_2$$

③ 大分子链自由基之间反应形成交联键：

$$2-CH_2-CH-CH_2- \longrightarrow \begin{array}{c} -CH_2-CH-CH_2- \\ | \\ -CH_2-CH-CH_2- \end{array}$$

在辐射能的作用下，聚合物大分子链的交联反应和降解反应可同时发生。有的聚合物在辐射能作用下，以降解为主，而有的聚合物则以交联为主。到底发生交联还是降解主要取决于聚合物的结构，如聚合物大分子链上 C 原子周围有氢（H）原子存在，则以交联反应为主；反之，如果 C 原子周围无氢（H）原子存在，则以降解为主。

2. 过氧化物交联法

过氧化物交联法为用有机过氧化物加热分解产生的自由基引发大分子交联反应。此法成本低，比较常用。

塑料过氧化物交联是指过氧化物交联剂在一定温度下分解产生自由基，引发聚合物大分子之间发生化学反应，在大分子链之间形成化学键，从而形成网状体型结构的过程。

过氧化物交联与辐射交联不同之处有两点：一是其交联过程必须有交联剂，即过氧化物存在；二是交联反应必须在一定温度下进行。

以 PE 为例，其交联反应过程如下：

① 过氧化物［过氧化二异丙苯（DCP）］受热分解产生自由基：

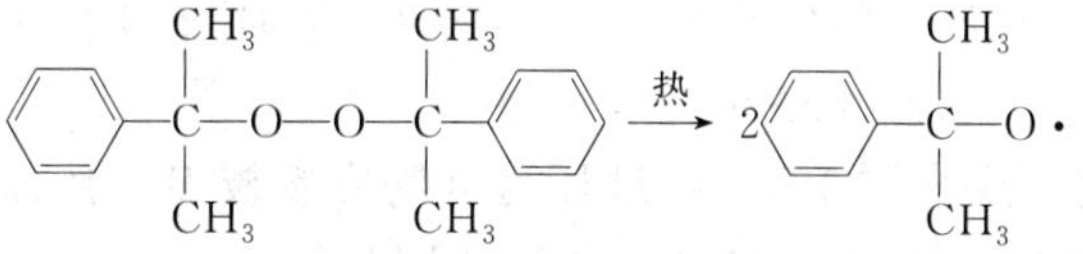

② 自由基进攻 PE 大分子链，夺取 PE 大分子链上的氢原子，生成 PE 大分子链自由基：

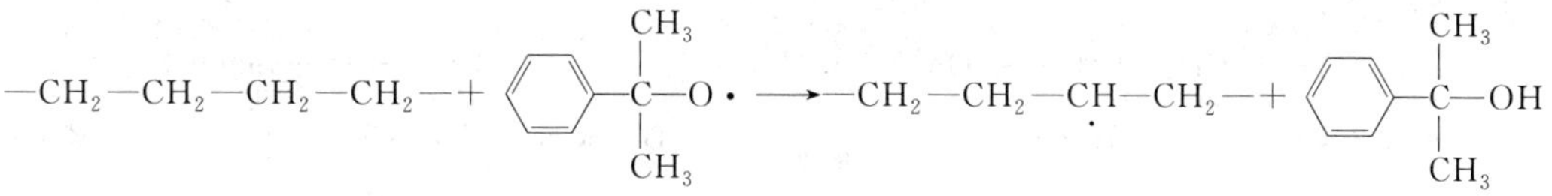

③ PE 分子链自由基具有高度反应活性，当两个 PE 分子链自由基相遇时，便相互结合，形成高分子链间的化学键而达到交联目的。

$$2-CH_2-CH_2-CH-CH_2- \longrightarrow \begin{array}{c} -CH_2-CH_2-CH-CH_2- \\ | \\ -CH_2-CH_2-CH-CH_2- \end{array}$$

上述反应为 PE 单纯过氧化物交联剂存在下的交联反应过程。含有助交联剂的交联反应过程与此不同，交联不是 PE 大分子链之间碳碳的直接键合，而是助交联剂之间的搭桥或键合。其具体反应过程为过氧化物先引发生成 PE 大分子链自由基，助交联剂与 PE 分子自由基接枝，接枝助交联剂的 PE 大分子链之间反应形成交联结构。助交联剂，可增大交联反应的比例，防止降解反应产生。

3. 硅烷交联法

硅烷交联法则为先在大分子链上接枝硅烷，然后以硅烷在大分子之间进行交联。此法工艺可控性好。

不同树脂的交联特性不同，对不同交联方法的适应性不同，如 PVC 多采用辐射交联，PP 多采用过氧化物交联。

塑料的硅烷交联技术是利用含有双键的乙烯基硅烷在引发剂的作用下与熔融的聚合物形

成硅烷接枝聚合物，然后该接枝聚合物在水的作用下，形成硅烷醇而缩合，最终形成网状的硅氧烷交联结构。硅烷交联法与辐射法及过氧化物法比较，具有设备简单、成本低、工艺简便等优点；而辐射法设备投资高，因有辐射源，劳动保护方面要求严格，并且易对环境造成危害。过氧化物法工艺难以控制，容易过早交联而影响加工。

塑料硅烷交联主要包括接枝和交联两个过程，下面以 PE 为例，介绍其具体反应过程：

① PE 变成可反应自由基 PE。过氧化物引发剂受热首先分解，生成活性自由基：

$$RO{-}OR \xrightarrow{\text{热}} 2RO\cdot$$

活性自由基进攻 PE 大分子，使 PE 变成可反应的自由基 PE：

$$-CH_2{-}CH_2{-}CH_2{-}CH_2{-}+RO\cdot \longrightarrow -CH_2{-}CH_2{-}\overset{\cdot}{CH}{-}CH_2{-}+ROH$$

② PE 接枝生成可交联的硅烷接枝 PE。此过程为可反应自由基 PE 与接枝剂硅烷反应，生成可交联接枝 PE：

$$-CH_2{-}CH_2{-}\underset{\cdot}{CH}{-}CH_2{-}+H_2C\!\!=\!\!\underset{\underset{\text{硅烷}}{|}}{\overset{\overset{Si(OR)_3}{|}}{CH}}\quad+-CH_2{-}CH_2{-}CH_2{-}CH_2{-}$$

$$\longrightarrow -CH_2{-}CH_2{-}\underset{\underset{\text{硅烷接枝 PE}}{|}}{\overset{\overset{CH_2{-}CH_2{-}Si(OR)_3}{|}}{CH}}{-}CH_2{-}\quad+-CH_2{-}CH_2{-}\overset{\cdot}{CH}{-}CH_2{-}$$

③ 硅烷接枝 PE 交联成交联 PE。此过程为可反应接枝 PE 上的硅烷在催化剂及水的作用下，发生水解缩聚反应，从而使 PE 分子交联成网状结构，具体过程可分为如下两步：

a. 接枝 PE 水解成硅醇：

$$-CH_2{-}CH_2{-}\overset{\overset{CH_2{-}CH_2{-}Si(OR)_3}{|}}{CH}{-}CH_2{-} \xrightarrow[\text{催化剂}]{H_2O} -CH_2{-}CH_2{-}\overset{\overset{CH_2{-}CH_2{-}\overset{\overset{OH}{|}}{Si}(OR)_2}{|}}{CH}{-}CH_2{-}\quad+ROH$$

b. 含硅醇 PE 交联形成 Si—O—Si 键：

$$\begin{array}{l}-CH_2{-}CH_2{-}CH{-}CH_2{-}\\ \qquad\qquad\quad CH_2{-}CH_2{-}Si(OR)_2\\ \qquad\qquad\qquad\qquad\qquad OH\\ +\\ \qquad\qquad\qquad\qquad\qquad OH\\ \qquad\qquad\quad CH_2{-}CH_2{-}Si(OR)_2\\ -CH_2{-}CH_2{-}CH{-}CH_2{-}\end{array} \xrightarrow{\text{催化剂}} \begin{array}{l}-CH_2{-}CH_2{-}CH{-}CH_2{-}\\ \qquad\qquad\quad CH_2{-}CH_2{-}Si(OR)_2\\ \qquad\qquad\qquad\qquad\qquad O\\ \qquad\qquad\quad CH_2{-}CH_2{-}Si(OR)_2\\ -CH_2{-}CH_2{-}CH{-}CH_2{-}\end{array}\quad+H_2O$$

三、塑料交联配方组成及实例

（一）塑料辐射交联配方设计

1. 辐射交联配方基本组成

虽然塑料辐射交联一般不需加入交联剂等助剂，但为了防止降解反应，增大交联反应的比例，有时需要加入增敏剂，也有时为促进交联反应速率而加入敏化剂。

① 增敏剂。增敏剂又称为助交联剂，它可增大交联反应的比例，防止降解反应产生，

从而使辐射交联的非链式反应变成链式反应。

增敏剂为多官能团单体，一般是一些含有丙烯酸酯结构的物质。常用的有：TEGDM（二甲基丙烯酸四甘醇酯）、TMPTM（三甲基丙烯酸三羟甲基丙酯）、TAIL（三烯丙基异氰脲酸酯）。通常 TMPTMA（三羟甲基丙烷三甲基丙烯酸酯）的交联效率优于 TMPTA（三羟基丙烯酸酯）、TAIC（三烯丙基异氰脲酸酯）等其他交联剂。

增敏剂的用量一般为 $0.5\%\sim10\%$。

② 敏化剂。敏化剂可加速辐射交联反应速率。其作用原理为进行能量传递，以最大限度地有效利用辐射能，从而降低辐射剂量，达到节能的目的。

敏化剂相当于催化剂，本身一般不参加反应，或参加反应但不成为交联网络的组成部分。

常用的敏化剂有：$SiCl_2$、CCl_4、NaF 及炭黑等。

在 PE 辐射交联中加入 $5\%\sim10\%$ 的 $SiCl_2$，可使辐射剂量降低 90% 左右。天然橡胶硫化时，加入 2% 的 CCl_4，可降低硫化剂用量 90% 左右。在聚丁二烯交联中，加入氯乙烯，可使辐射剂量下降 80%。在聚偏氟乙烯交联中，加入 $0.1\%\sim10\%NaF$，可大幅度降低辐射剂量。

③ 抗氧剂。对于 PE、PP 等聚烯烃类树脂，为防止交联反应时产生降解反应，需加入抗氧剂以阻止降解反应发生。

2. 辐射交联的配方实例

（1）LDPE 交联热收缩电缆料配方（未加增敏剂和敏化剂）

LDPE（MI＝2）	65%	EVA（VA 含量 18%）	25%
抗氧剂 1010	0.3%	加工助剂	1%～2%
着色剂	4%～8%		

相关性能：此配方辐射剂量为 $(5\sim15)\times10^4 Gy$。

（2）PVC 交联配方（只加敏化剂）

PVC	100	增塑剂	40
稳定剂	6	敏化剂	5～20

相关性能：此配方辐射剂量为 $(2\sim6)\times10^4 Gy$，凝胶率为 77.1%。

（3）HDPE/EVA 辐射交联配方

HDPE	70%	EVA（VA 含量 18%）	25%
敏化剂	4%	抗氧剂 1010	0.3%

相关性能：此配方辐射剂量为 $(5\sim10)\times10^4 Gy$。

3. 影响塑料辐射交联的因素

辐射交联不受温度、分子结构（芳香环例外）、辐射类型及分子量等影响，但受下列因素影响：

① 辐照剂量。辐射剂量一定范围内与交联度成正比关系。但交联的目的在于改性，而某些性能如拉伸强度、冲击强度及硬度等性能，随交联度呈抛物线变化。通常 $30\sim40kGy$ 的辐照可以保证获得足够的凝胶量。如对 PA66 的辐射交联，辐射剂量在 $10\times10^4 Gy$ 时最好。辐照剂量超过 $75kGy$ 时可能导致已交联的结构降解。因此实际应用中，辐射剂量要适当。

② 交联时间。开始随交联时间增长，交联度快速增长；达到一定时间后，增长缓慢直到不再增长。

③ 添加剂。增敏剂可以防止降解反应，增大交联反应比例。敏化剂不改变交联结构，但可加速交联。加大交联剂用量使凝胶含量上升，但要保证足够的相容性。

④ 反应氛围。空气中的氧气能猝灭自由基，抑制交联反应，辐照最好在氮气下进行。

⑤ 辐照温度。提高辐照温度可以使交联反应速率加快，同时降解程度增加，温度过高可能会使性能恶化。

（二）塑料过氧化物交联配方设计

1. 塑料过氧化物交联配方基本组分

（1）交联剂　交联剂一般为有机过氧化物，是交联中必不可缺的助剂。常用的品种主要有如下几种：

DCP：过氧化二异丙苯，分解温度为 120～125℃，常与 ZnO 并用，可用于 PE、EVA、PVC 及 UP 等。DCP 是最常用的交联剂，其分解温度为 120～125℃，交联反应的温度一般为 160～175℃。

BPO：过氧化苯甲酰，其分解温度较低，为 100～130℃，主要用作 PVC、聚丙烯腈的聚合引发剂，不饱和聚酯、丙烯酸酯的交联剂。

其他还有 2,5-二甲基-2,5-二（叔丁过氧基）己烷（DBPH，又称为双二五硫化剂）和叔丁基过氧化物（DTBP）等。

（2）助交联剂　助交联剂可提高交联度，降低降解概率，并可适当降低交联剂的用量。助交联剂为分子中含有硫、肟及—C＝C—类结构的单体或聚合物，具体品种有：①肟类，如对醌二肟和对二苯甲酰苯醌二肟；②甲基丙烯酸甲酯类；③烯丙基类，如邻苯二甲酸二烯丙酯和三烯丙基氰尿酸酯；④马来酰胺类。

2. 塑料过氧化物交联配方设计注意事项

① 采取交联剂与助交联剂并用效果好，其中交联剂的用量一般为 0.5 份左右，助交联剂的用量一般为 1～5 份。

② 交联剂的分解温度要与树脂的加工温度相适应。a. 低加工温度即树脂加工温度在 150℃左右时，选 DCP。b. 中加工温度即树脂加工温度高于 150℃时，选用二叔丁基过氧基二异丙苯等。c. 高加工温度一般选硅烷类交联剂，如叔丁过氧基三甲基硅烷等。

③ 注意其他助剂对交联剂的影响。如加入抗氧剂，可降低交联反应中降解反应的概率。

3. 过氧化物交联塑料配方实例

（1）LDPE 绝缘级交联电缆配方

LDPE	100	DCP	0.5
润滑剂	0.5	抗氧剂 DNP	0.3

注：DNP 为 N,N'-二 β-萘基对苯二胺。

相关性能：此配方可使 LDPE 电缆的耐压等级提高 6～8 倍。

（2）LDPE 耐高温配方

LDPE	100	DCP	1
抗氧剂 1010/168	0.3	DVB（助交联剂二乙烯基苯）	1.0

相关性能：此配方的凝胶率为 81.2%，可使 LDPE 的热变形温度由 60℃提高到 110℃。

（三）塑料硅烷交联配方设计

1. 塑料硅烷交联配方设计基本组成

硅烷交联用材料比辐射交联和过氧化物交联所用材料的种类多，主要包括：聚合物、接枝剂（硅烷）、引发剂（过氧化物）、催化剂及抗氧剂等。在具体配方设计时，要注意接枝剂与引发剂的比例关系，以乙烯基三乙氧基硅烷（A-151）/DCP 为例，两者最常用的比例为（2.5~3)/(0.1~0.2)。

① 聚合物。几乎所有聚合物都可以进行硅烷交联改性，但常用的有 LDPE、HDPE、LLDPE、PP、PVC、CPE、EPR、EDPM 及 EVA 等，其中以 PE 类为主。

② 接枝剂。接枝剂即硅烷，从理论上讲，凡是含有一个可接枝的乙烯基及一个可水解的烷氧基、酰氧化基、氨基及氯官能团组成的硅烷，都可用作接枝剂。但实际中最常用的接枝剂为硅烷偶联剂，如乙烯基三甲氧基硅烷 $[CH_2\!\!=\!\!CH\!-\!Si(OCH_3)_3$，A-171]、乙烯基三乙氧基硅烷 $[CH_2\!\!=\!\!CH\!-\!Si(OC_2H_5)_3$，A-151] 等。其中乙烯基三甲氧基硅烷的水解速率大于乙烯基三乙氧基硅烷，因此，乙烯基三甲氧基硅烷最常用。

接枝剂的用量一般为 0.5~4 份，最常用的用量为 2~3 份。

③ 引发剂。引发剂也称为接枝引发剂，为有机过氧化物类。最常用的引发剂为过氧化二异丙苯（DCP），用量为 0.05~0.5 份左右。

④ 催化剂。催化剂的作用为促进接枝硅烷聚合物的水解反应和缩聚反应。这两步反应虽然可自发进行，但反应速率慢，因此需加入可溶于聚合物的交联催化剂。

催化剂一般为有机锡衍生物，其中最常用的为二月桂酸二正丁基锡（DBTDL），用量一般为 0.02~0.3 份左右。

⑤ 抗氧剂。抗氧剂的作用为防止在交联过程中聚合物发生氧化降解反应（与交联为可逆反应），保证聚合物在交联过程中的稳定性及产品的使用寿命。

视交联工艺不同，抗氧剂可以在接枝反应之前或之后加入。

常用的抗氧剂有：抗氧剂 1010、抗氧剂 264、抗氧剂 300 等。抗氧剂的用量一般为 0.05~1 份左右。

2. 塑料硅烷交联工艺

硅烷的具体交联工艺可分为四种，即一步法工艺、二步法工艺、共聚工艺及密闭混合机工艺，其中一步法工艺及二步法工艺最常用。

（1）一步法工艺 在该工艺中，所有配料如聚合物、硅烷、过氧化物及催化剂直接加到特制的高剪切挤出机中（$L/D=30/1$），用挤出机可一步生产出交联产品。具体反应过程中，在挤出机前半部分发生接枝反应，在挤出机后半部分已接枝聚合物进行挤压成型。

一步法工艺的优点是交联工艺简单，成本低。由于接枝聚合物不用储存，因而避免了水交联的危险。缺点为接枝与成型一次完成，难度大。但可减少污染，适于生产耐压高的电缆。

（2）二步法工艺 在该工艺中，交联分为两步。第一步为接枝，用过氧化物作引发剂，将乙烯基硅烷接枝到聚合物主链上，需在高剪切复合挤出机或捏合机中进行。除电缆外，一般不加抗氧剂。接枝聚合物可以制成颗粒在干燥的环境中储存。第二步为成型，将催化剂母料与接枝聚合物颗粒进行无水混合挤出成最终产品。此法可在普通挤出机内进行，只要 L/D 达到 20/1 以上即可，压缩比为（3∶1)~(2∶1)，成型温度及挤出速率与第一步相同。交联为最终成型产品在水浴或蒸汽室中升温进行，温度通常为 60~90℃，已成型产品经交联后即为最终产品。

最近又开发了改进的二步法交联工艺，其具体工艺如下：第一步，在高速混合器中在高速搅拌下（500~3000r/min）使聚合物升温，达到聚合物软化温度以下，加入溶有引发剂、抗氧剂、催化剂及硅烷的溶液，体系保持在聚合物软化点以下继续搅拌，使上述混合溶液中的添加剂渗入聚合物中。第二步为接枝和成型，在同一挤出机中进行，挤出机的 L/D 为 25/1 即可。在升温熔融过程中，发生交联的同时成型塑料制品。

二步法交联的优点在于生产易于控制，设备成本低，产品质量高，交联度可达 70% 以上。缺点为工艺复杂，流水线太长。但改进二步法工艺第一步不需要进行挤出，也没有进行接枝，只是发生了类似的增塑过程，可部分改善原二步法的缺点，但存在溶剂回收问题。

（3）共聚工艺 共聚工艺则为乙烯基硅烷直接与聚合物单体（如乙烯单体）聚合，聚合后再进行挤出成型与交联。该法省去了接枝步骤，但只适合大批量生产，而且也存在存储的问题。

（4）密闭混合机工艺 密闭混合机工艺则与改进后的二步法工艺类似，只不过将高速搅拌机换成密炼机或者捏合机。

3. 影响塑料硅烷交联的因素

① 接枝剂浓度。在其他条件不变时，随接枝剂浓度增加，交联度（凝胶率）增大。以 LLDPE 共混交联为例，随接枝剂 A-151 用量增加，PE 的凝胶率上升；当 A-151 加入 2% 时，凝胶率可达 60% 以上；当硅烷浓度达到一定程度后，接枝反应达到饱和程度；超过次临界浓度后，凝胶率上升很小。

② 引发剂浓度。引发剂对硅烷交联的影响同接枝剂相似。开始随引发剂浓度增加，凝胶率迅速增大；达到临界浓度后，增加缓慢。

③ 交联温度。随温度升高，硅烷交联反应的凝胶率增大，但温度太高易引起挥发。

④ 抗氧剂浓度。抗氧剂在接枝前加入，会影响接枝效果。

⑤ 催化剂浓度。同接枝剂相似，交联度随催化剂浓度增加而增大；但达到一定值后，增加不明显。

（四）塑料其他交联配方设计

除上述介绍的辐射交联、过氧化物交联及硅烷交联三种交联改性方法外，还有其他交联改性方法，如盐交联和光交联改性，但不及上述三种常用。

1. 塑料盐交联配方设计

塑料盐交联又称为离子交联。它类似于硅烷交联，即首先在大分子链上接枝可反应官能团，如—COOH 或—SO$_3$H，经 Zn(OH)$_2$ 中和处理后，在大分子链之间形成离子盐桥，如—COO・Zn^{2+}O・OC—或—SO$_3$・Zn^{2+}O$_3$・S—，将大分子链连接起来形成交联结构。

盐交联与其他交联不同，盐桥在高温下是可以断裂的，在低温下又可以发生交联，因此盐交联产物在高温下可具有热塑性，在常温下具有热固性；而不像其他交联产物只具有热固性。这样可以解决交联中废塑料和使用中废交联塑料的回收问题，是一类很有发展前途的交联方法。

2. 塑料光交联配方设计

塑料光交联为以光敏剂为引发剂，在紫外线等的作用下引发大分子链产生自由基，从而形成交联大分子的过程。

常用的光敏剂有一次引发类二苯甲酮（C$_6$H$_5$—CO—C$_6$H$_5$）、二次引发类苯欧姆醚 [C$_6$H$_5$—CO—CH(OR)—C$_6$H$_5$] 两种。引发光源一般用紫外线或激光等，近年来还开发有 X 光引发交联。

光交联技术多用于涂料和胶黏剂。

四、各类塑料交联配方设计实例

(一) PP 交联配方设计

由于聚丙烯是一种部分结晶聚合物，软化点与熔点非常接近，超过熔点后熔体强度迅速下降，导致在加热成型时器壁厚度不均匀，发泡时泡孔塌陷等问题。为了改善 PP 的加工性能及使用性能，尤其改进聚丙烯的发泡工艺，常对聚丙烯进行交联。聚丙烯因含有叔碳原子，容易发生降解，因此交联时需要加入抗氧剂和交联助剂。

1. 过氧化物交联

PP 过氧化物交联的配方公式：树脂＋助交联剂＋过氧化物＋抗氧剂。

交联剂可以为 DCP 和 DTBP 等，并且必须加入抗氧剂和助交联剂（一般为丙烯酸酯类单体）才能完成交联反应，否则会发生降解。具体配方如下：

PP	95	MMA	4.4
DCP	0.1	抗氧剂 1010	0.3

交联后 PP 的性能变化：常温缺口冲击强度由 $3.5kJ/m^2$ 增至 $6.5kJ/m^2$；拉伸强度由 32MPa 增至 43MPa。

弹性体/PP 交联阻燃改性配方

PP	85	EPDM	15
DCP	0.2	MMA	0.5
氢氧化镁	150	抗氧剂 1010	0.5

相关性能：拉伸强度为 28MPa，冲击强度为 $4.2kJ/m^2$，阻燃性能为 UL-94 V-0 级。

2. 硅烷交联

硅烷接枝聚丙烯一般采用过氧化物作引发剂，有机锡为水解催化剂，常用的为 DCP、BPO 和二月桂酸二丁基锡（DBTL），还需要加入抗氧剂和助交联剂。聚丙烯硅烷交联的凝胶率与硅烷单体种类和用量、引发剂种类和用量、助交联剂的种类与用量以及接枝温度有关。研究表明，3-异丁烯酰丙基三甲氧基硅烷（VMMS）与乙烯基三乙氧基硅烷（VTES）和乙烯基三甲氧基硅烷（VTMS）相比，VMMS 接枝聚丙烯的凝胶含量明显比 VTES 接枝的和 VTMS 接枝的高，而且在接枝过程中聚丙烯的降解明显比使用后两者要少。过氧化二苯甲酰（BPO）与 DCP 相比，由 BPO 作引发剂得到的产物的凝胶含量比 DCP 要高，其原因是 DCP 引起聚丙烯在接枝过程中严重降解，其浓度越大降解越严重，而 BPO 引起的降解比较小。典型配方如下：

PP	90	MMA	4.0
DCP	0.1	VMMS	5
DBTL	0.4	抗氧剂 1010	0.3

相关性能：交联后，拉伸强度提高 50%，冲击强度提高 1.6 倍，热变形温度提高 10.3℃。

3. 辐射交联

辐射交联虽开发比较早，但因辐射源较难制备，交联工艺难以控制，PP 辐射交联引起的降解十分严重，目前应用较少。

在具体设计辐射交联配方时，按如下原则选用配方组分：

树脂的选用：不同的 PP 树脂的交联程度不同，共聚 PP 比均聚 PP 的交联度高；以敏化剂加入 1%、辐照剂量为 1kGy 为例，共聚 PP1340 的凝胶含量为 8%，而均聚 PP（T36F）的凝胶含量仅为 6.5%。

敏化剂的选用：在相同的辐射剂量下，单官能团单体敏化剂不及多官能团单体。敏化剂多为多官能团烯酸酯类单体，其交联效率为三官能团＞二官能团＞单官能团。具体品种如季戊四醇三丙烯酸酯（PETA）和二乙二醇二甲基丙烯酸酯（SR231，美国 Sartmer）等，用量为 1%～3%。通过对整个产物的分析，发现三丙烯酸酯类（如季戊四醇三丙烯酸酯，PE-TA）是最好的多功能单体。一般来说，随辐射剂量和单体浓度增加接枝率提高，达到一个峰值后趋于平缓。单体浓度过大时，则反应初期可能发生均聚，导致接枝率不高，当 PETA 含量为 3% 左右时，得到的产物的黏度比纯聚丙烯的高。

增塑剂的选用：在 PP 辐照体系内加入少量（一般为 1%）EVA 作为增塑剂，可增大交联 PP 的流动性；另外，还可降低 PP 在交联反应中的降解程度，提高熔体强度。

抗氧剂的选用：加入 0.5%～1% 左右的酚类抗氧剂，可抑制辐射降解反应，并明显增大 PP 的熔体强度。

PP 辐射的相关工艺条件：辐照剂量以 1kGy 左右为宜，用 ^{60}Co-γ 射线辐照。辐照前热处理，处理条件为 165℃ 下加热 30min，在 −10℃ 环境中淬冷。处理的目的是使 PP 的无定形区增大，降低其结晶度，有利于交联反应。辐照后热处理，温度为 100℃，时间为 1h。处理的目的在于增大 PP 的熔体强度、减小熔体流动速率。

PP 辐射交联基本配方

| PP（共聚 1340） | 100 | PETA（敏化剂） | 1 |
| 抗氧剂 1010/168 | 0.3 | EVA 蜡（增塑剂） | 1 |

由于辐射交联所用的设备复杂昂贵，有效交联厚度受到电子线穿透能力的限制，照射时的残余电荷因产生气体而发泡，因此，辐射交联的应用场合受到限制。

4. 离子交联（盐交联）

首先将 PP 通过马来酸酐等接枝后功能化，然后与金属或过渡金属氧化物反应形成交联网络。接枝引发剂可用 DCP，其用量在 0.83% 左右时，交联度最大。

PP 盐交联配方

PP	100	DCP	0.2
MAH	1.5	抗氧剂 1010	0.3
ZnO	5	EBS	0.5

（二）PE 交联配方设计

交联聚乙烯制品称为 PEX，与普通聚乙烯制品相比，尺寸稳定性好，具有优异的抗应力开裂性能、良好的柔韧性、很强的记忆效应、优异的低温缺口冲击强度（−50℃ 以下）、优异的耐热老化性能、宽泛的使用温度（−40～100℃）、优良的耐压性（0.6～2MPa）、优异的化学性能和耐腐蚀性能、良好的卫生性，使用寿命可达 50 年。交联后的聚乙烯常用于发泡塑料、电线电缆和热水管以及其他力学性能要求较高的领域。

与聚丙烯相比，聚乙烯因含有较少的叔碳原子，交联过程中发生降解反应较少，交联相对较容易。

采用辐射交联技术能耗较高，易对环境造成污染。目前硅烷交联虽然是国内加工交联聚乙烯管材应用最广泛的方法，但由于生产助剂昂贵、交联时间长、速度慢等特点，一定程度上限制了应用。使用超高压交联工艺生产 PEX 管材，生产设备和生产工艺简单、容易控制，且生产出的管材质量比较均一，特别是成本较低，适合于大量推广使用。

超高压交联工艺是利用锻造原理，先将分子量为 50 万左右的 HDPE 树脂粉料与过氧化物高速混合，再加入往复式柱塞挤出机中，对物料施加 200~500MPa 的超高压，将物料压入温度维持在 240~260℃的加长口模中。在超高压及高温作用下，过氧化物均匀扩散到树脂中并分解交联，直接成型。

1. PE 过氧化物交联配方设计

树脂宜选用低熔体流动指数的塑料。

PE 过氧化物交联的配方公式：树脂＋过氧化物＋抗氧剂。

（1）交联 LDPE 护套电缆料配方

LDPE（MI＝1.5g/10min）	100	DCP	2
炭黑	2.6	抗氧剂 1010	0.2
HSt	0.2	DLTP	0.1

（2）交联 HDPE 电缆料配方

HDPE	80	EVA（VA 含量 30％）	20
DCP	1	抗氧剂 1010	0.3

2. 硅烷交联配方设计

硅烷交联 PE 常用于电线电缆，具体配方设计如下。

① 树脂。所有树脂都可采用，但不同树脂品种的交联效果不同。采用茂金属聚乙烯交联的凝胶率可达到 65％，采用双峰聚烯烃、聚乙烯与弹性体共混物都会获得高凝胶率的交联材料。

② 引发剂。为有机过氧化物，以 DCP 最常用，用量为 0.05~0.5 份。

③ 接枝单体。凡含有一个可接枝的乙烯基和一个可水解的烷氧基、酰氧基、氨基或氯官能团的硅烷都可用于聚乙烯的接枝反应。但最常用的为乙烯基三甲氧基硅烷，用量为 0.5~4 份。

④ 水解催化剂。在水的作用下，聚乙烯接枝的硅氧烷发生水解，然后硅醇缩合，发生交联，但速率太慢，因此需加入可溶于聚合物的催化剂。可用的催化剂很多，如有机金属化合物、无机酸及脂肪酸等，以有机锡的效果最好，具体品种为二月桂酸二丁基锡，用量为 0.02~0.3 份左右。有机锡类只有在 80~100℃时才会有较好的交联效果，在室温时效果不好。室温催化效果好的催化剂为磺酸取代苯或萘（取代基含 4~20 个碳原子）等。

⑤ 抗预交联添加剂。抗预交联添加剂控制接枝聚乙烯在加工、运输和储存过程中不预先交联，以免影响加工。其作用为保证在水解前不交联，在水解后快速交联。对抗预交联添加剂的性能要求为：具有良好的吸水性，与水的反应比硅烷接枝聚乙烯与水的反应速率快；不影响聚乙烯的接枝、交联反应；与聚乙烯有良好的相容性。具体品种有二烃基氧化锡和羧酸及羧酸盐混合物等，用量为 0.4~0.6 份。

LDPE 具体硅烷交联配方如下：

	1#	2#
LDPE	100	100
A-151	2.5~3	2.5~3

DCP	0.1	0.1~0.2	
二月桂酸二丁基锡	0.25	0.05	
抗氧剂 1010	0.1	—	

相关性能：此二配方产品的水交联温度为 80～85℃，交联时间为 8～12h。

3. 辐射交联配方设计

PE 辐射交联材料常用于热伸缩套管行业。PE 的辐射交联可以不加入敏化剂，但必须加入抗氧剂以防止降解反应。炭黑等添加剂可以在 PE 交联中起敏化作用，可使 PE 的交联剂量降低一半。具体辐射交联配方实例如下：

（1）辐射交联聚乙烯膜配方

LDPE（111A）	50	LLDPE（DFDA-7042）	50
光稳定剂 6911	0.3	抗氧剂 B215	0.3

相关性能：辐射剂量为 300kGy，耐热温度从 120℃增大到 215℃，拉伸强度为 15MPa，断裂伸长率为 400%。

（2）辐射交联电缆料配方

LDPE	100	炭黑	2.5
包覆红磷	8	抗氧剂 1010	0.3

（三）PVC 交联配方设计

PVC 交联后可显著改善高温下的尺寸稳定性、耐热性和耐溶剂性，同时可提高耐环境应力开裂性和永久变形性。

PVC 的交联可分为化学交联和辐射交联两类。

化学交联使用易产生自由基的化学物质作为交联剂。可用于 PVC 交联的化合物很多，目前已开发的交联剂有硅烷偶联剂类（氨基硅烷类和巯基硅烷类）、过氧化物类、脂肪族多胺类（三亚乙基四胺和四亚乙基五胺）、双马来酰胺酸类、三嗪类［2-正丁氨基-2,6-二巯基均三嗪（DB）］等，在 MgO 和 ZnO 存在下用硫代四甲基秋兰姆（TMTD）、硫黄和 NA-22 等。

辐射交联一般需加入增敏剂和敏化剂，其他加工助剂不变。

1. 硅烷交联配方设计

硅烷交联的优点是不易造成 PVC 的降解，有利于 PVC 的稳定加工；但其水解交联的过程较慢，要想得到高交联度的制品，需要较长的时间。

PVC 的硅烷交联过程一般用二步法：在加工温度下，硅烷与 PVC 树脂熔融接枝；加工成制品后，接枝物在水中交联。

PVC 硅烷配方成分的选择：

交联剂：选用氨基硅烷类和巯基硅烷类，取代 PVC 大分子链上的 Cl 原子，引入可水解的硅烷基团，经水解反应制成交联 PVC。具体交联剂品种有 γ-巯基丙基三甲氧基硅烷（MTMS）、5-巯基丙基三乙氧基硅烷（MTES）、γ-氨基丙基三乙氧基硅烷（ATES）、γ-双氨基丙基三甲氧基硅烷（ATMS）等，用量一般在 8 份左右。另外，巯基硅烷的钠盐不仅是有效的交联剂，而且有利于稳定性。

引发剂：引发接枝反应，常用过氧化物类如 DCP，加入 0.2 份以下。

催化剂：有机锡类如二月桂酸二丁基锡，用量为 0.1 份左右。

为增大硅烷交联的凝胶含量，可进行二次熔融加工。例如硅烷含量为 5 份的 PVC 交联配方，第一次加工凝胶含量为 21%，第二次加工的凝胶含量为 52%，提高一倍多。

PVC硅烷交联基础配方如下：

PVC（K=707）	100	硅烷（3-乙烯基三甲氧基硅烷和-5乙烯基三乙氧基硅烷）	1.5～8
DCP	0.1	二月桂酸二丁基锡	0.05
Ca/Zn热稳定剂	5	润滑剂	1

2.过氧化物交联配方设计

因PVC的热稳定性不好，而且过氧化物交联易引起加工热分解，所以，PVC的过氧化物交联应用不如PO类广泛，在工业上应用得比较少。

交联剂为有机过氧化物，常用的为过氧化二异丙苯（DCP）。

为防止在过氧化物交联反应的同时，PVC产生大量的热分解副反应，配方中需要加入稳定剂和助交联剂。助交联剂为带有1个或2个以上双键的化合物，可迅速与PVC自由基发生接枝反应；这种反应比PVC断裂要快得多，从而使PVC自由基稳定下来，达到提高交联的目的。助交联剂常用丙烯酸酯类，具体如三甲基丙烯酸三羟甲基丙酯（TMPTMA）。

3.PVC各类交联配方设计实例

（1）化学交联PVC配方

PVC	100	DCP	0.1～0.5
DOP	10～50	TMPTMA	5～8
稳定剂	5～10		

（2）辐射交联PVC软质薄膜配方

PVC	100	TAIC	2～6
稳定剂	4.5	CPE	10
增塑剂	30		

（3）辐射交联PVC硬质改性异型材配方

PVC	100	润滑剂	2.5
CaCO$_3$	40	CPE	7
稳定剂	6	TAIC	5

相关性能：抗弯强度为63.9MPa，抗压强度为55.4MPa，缺口冲击强度为15.2kJ/m^2，无缺口冲击强度为119.5kJ/m^2。

（4）PVC硅烷交联配方

PVC（SG-2）	100	DOP	50
稳定剂	3	二月桂酸二丁基锡	0.1
硅烷	8	钛白粉	1.5
碳酸钙	5	润滑剂	0.5

相关性能：凝胶含量为10.3%。

第二节　塑料接枝配方设计

塑料接枝为在高分子链上用自由基聚合反应引入极性或功能性侧基。塑料经接枝改性后具有极高的极性，主要用于相容剂和两亲性高分子材料。

塑料接枝的方法可分为本体接枝改性和表面接枝改性两种，其中以本体接枝改性常用。

表面接枝改性仅对高分子材料表面进行改性而材料内部基本不发生变化；本体接枝改性为将单体引入材料内部，整体性能发生变化。接枝改性有熔融法、溶液法、悬浮法和固相法等，其中熔融法最常用。

一、塑料接枝配方基本组成

塑料的接枝配方主要由树脂、接枝单体、引发剂及抗氧剂组成。

1. 树脂

树脂为接枝的主体，常用的有 PP、HDPE、LDPE、LLDPE、EVA、PS、POE 及 EP-DM 等。

2. 接枝单体

接枝物为单体，一般为酸性或碱性有机化合物，具体有马来酸酐（MAH）及其衍生物、丙烯酸（AA）及其衍生物、甲基丙烯酸（MMA）、不饱和脂肪酸、亚甲基丁二酸、甲基丙烯酸缩水甘油酯（GMA）、油酸（OA）、乙酸乙烯酯（VAC）、丙烯酸丁酯（BA）、丙烯酸乙酯（EA）、丙烯酰胺（AM）、乙烯基硅烷及不饱含硅烷等。一般接枝单体的链越长，接枝效率越低。

最常用的接枝单体为马来酸酐，它具有反应性极高的双键，反应活性高，且在加工条件下不易自聚合。另外，马来酸酐分子经水解可得到含羧基的活性聚合物，容易与含有羟基、氨基、环氧基等的物质进行反应，生成一系列新型功能化聚合物。但是由于 MAH 毒性大，易分解而限制了其应用。有研究采用极性相对较小的马来酸酯类代替 MAH，因为它与非极性 PE 有较好的相容性，有利于提高接枝率。除此之外，马来酸盐及其离聚体等都可以代替马来酸酐作接枝单体。单体的用量一般在 3%～5%，最高用量可达 20%。

马来酸酐接枝相容剂通过引入强极性反应性基团，使材料具有高的极性和反应性，是一种高分子界面偶联剂、相容剂、分散促进剂。主要用于无卤阻燃、填充、玻璃纤维增强、增韧、金属粘接、合金相容等，能明显提高复合材料的相容性和填料的分散性，从而改善复合材料机械强度。

例如 EPDM-g-GMA 作为相容剂提高 PP 与 PET 共混物的相容性。EPDM-g-GMA 使典型不相容的 PP 和 PET 的分散的平均粒径减小，粒径分布变窄，两相相容性提高。反应性 EPDM-g-GMA 起到了反应增韧、增容的协同效应。PP/PET/EPDM-g-GMA＝90/40/5，拉伸强度为 16MPa，断裂伸长率达 14%，弹性模量大幅提高，缺口冲击强度达到 $6.6kJ/m^2$，几乎提高了 3 倍。

3. 引发剂

引发剂一般应选择半衰期与树脂聚合时间同数量级或相当的引发剂，而且引发剂的分解温度应与加工温度相匹配。

具体常用的引发剂有过氧化苯甲酰（BPO）、过氧化二异丙苯（DCP）和 2,3-二甲基-2,3-二苯基丁烷（DMDPB）等，用量为 1% 左右。DMDPB 为新型引发剂，与 BPO 和 DCP 比较，虽其引发效率不高，但其优点为分解温度高，生成的自由基较为稳定，降低了聚合物的交联反应，使接枝物在加工中不出现凝胶或凝胶含量低。

近年来开始研究复合引发剂的应用，如 DCP/BPO＝1∶1 并用时，接枝率增加 1 倍。例如用 DCP 和 BPO 双重引发十一酸接枝 PP，接枝效果好。

4. 抗氧剂

抗氧剂可防止在接枝反应的同时发生降解反应，主要加在 PP 和 ABS 等易降解树脂中，具体有抗氧剂 1010 等，用量为 0.5% 左右。

此外，在接枝时加入第二乙烯基单体，可以减少降解，提高接枝效率。例如，用 MAH 或 GMA 接枝 PP 时，加入第二单体苯乙烯，可有效控制 PP 的降解，提高 MAH 或 GMA 的接枝效果。

在 PP 复合接枝反应中，当 PP∶MAH∶St∶DCP＝100∶1∶1∶0.3 时，接枝率最大。

在 EVA 复合接枝反应中，当 EVA∶MAH∶St∶DCP＝100∶4∶4∶0.4 时，接枝率最大。

二、塑料接枝方法

接枝改性实施方法多样，常用的有：链转移接枝、化学接枝（溶液法、悬浮法、熔融法、固相法）、辐射法及光引发法等。其中化学接枝法用途最广，效果较好。

1. 溶液接枝

溶液法是接枝方法中应用最早的一种。PP 溶液接枝法所采用的溶剂通常为甲苯、二甲苯或苯等有机物。该方法反应温度较低（100～140℃），副反应少，产物纯度高，PP 降解程度低，接枝率相对较高。

但是，此方法所用的溶剂量大，需要蒸馏分离，产物也必须从溶剂中分离并进行干燥。过程麻烦且溶剂往往有毒，故操作费用高，环境污染严重，已经逐渐被淘汰。但对于实验室研究，由于其简便易行（在普通玻璃仪器中即可实现），仍有一定应用价值。

2. 熔融接枝

熔融法是指聚烯烃在熔融状态下（180～230℃）与接枝单体和各助剂在一定条件下加入挤出机、密炼机或开炼机中进行熔融反应。熔融法具有反应时间短、接枝效率高、设备简单、可连续化生产等特点，加之不需要溶剂，工序简单，易实现 PP 接枝改性的工业化，是目前应用最为广泛的一种接枝改性方法。

但是由于反应高温使副反应（交联或降解）严重，PP 严重降解，接枝率也较低，对材料性能有严重的负面影响，且对于挥发性的单体适用性不佳。另外，残余的未反应单体对产物会产生不良影响。

3. 悬浮接枝

悬浮法接枝 PP 是在不使用或只使用少量有机溶剂的条件下，将 PP 粉末、薄膜或纤维与接枝单体一起在水相中引发反应。

该法不但继承了溶液法反应温度低、工艺及设备简单、PP 降解程度低、反应易控制等优点，而且产物后处理简单，也相对环保。悬浮溶胀接枝法避免了固相接枝过程中较高反应温度下存在的 PP 降解、产品发黄、接枝物粘连等问题。

4. 固相接枝

固相法是 20 世纪 90 年代新兴的一种制备改性聚烯烃的方法。它是 PP 粉末直接与适量的单体、引发剂以及其他适当的助剂接触反应。反应温度一般控制在聚烯烃软化点以下（100～130℃），常压反应。

与其他接枝方法相比，固相接枝法有许多显著优点：反应时间短，成本低，PP 降解少，接枝效率高，接枝率高，不使用溶剂或使用少量有机溶剂作为表面活性剂，溶剂被 PP 表面吸收，后处理简单，结合了溶液法和熔融法的优点，克服了二者的缺点，高效节能，有着良好的发展前景。

5. 辐射接枝

辐射接枝是指用高能射线照射聚合物产生自由基，然后自由基与接枝单体反应生成共聚物。与传统高分子化学接枝共聚合方法相比主要具有以下特点：①能够完成一般高分子化学合成法难以进行的接枝聚合反应；②γ 射线可被物质非选择性吸收，应用广泛；③辐射接枝操作简单易行；④可以得到清洁、安全的接枝共聚物。

6. 其他方法

利用超临界 CO_2 流体技术进行聚合物改性是近年来发展起来的一种新方法。超临界 CO_2 流体（临界温度 31.1℃，临界压力 7.38MPa）能够溶解大多数小分子有机物和少数含 F、Si 的高分子，对绝大多数聚合物不溶解，但能不同程度地溶胀。利用这一性质，可将单体和反应物渗入聚合物，然后对高聚物进行改性。并且此法具有不破坏聚合物外观、操作和分离简单的明显优点。

三、各类塑料接枝配方设计实例

1. PP 接枝配方

选用不同引发剂对 PP 接枝的影响很大，主要选用 BPO 为引发剂。以过氧化苯甲酰（BPO）为引发剂，PP 只有少量降解，且随浓度增加变化很少；以过氧化二异丙苯（DCP）为引发剂比 BPO 得到的接枝产物接枝率更高，但熔融指数随之增加明显，用量应控制在 0.2%～0.4%的范围内，否则 PP 会发生严重降解。研究表明，加入 N,N-二甲基甲酰胺（DMF）能够抑制 PP 的降解，同时 PP 的接枝率也会有所上升。这是因为 DMF 作为给电子基团，可以进攻激发态的 MAH+，抑制大分子自由基的 β 断裂，同时也减少了 MAH 的均聚反应，从而使 PP 的降解程度降低。另外，有研究表明，丙烯酸铵（AM）作引发剂时，接枝效率较好，特别是和 DCP 复合使用，可在得到较高接枝率的同时，抑制 PP 的降解和交联。

接枝单体常用 MAH，用量为 1%～5%左右。

聚丙烯熔融挤出接枝马来酸酐的研究表明，聚丙烯树脂、马来酸酐单体和引发剂用量的质量比为 100：4：0.3 时接枝效果较好，接枝率为 0.84%。最佳反应温度为 195～200℃。

（1）PP 接枝 MAH 配方

PP	96.8	DCP	0.2
MAH	2.5	抗氧剂 1010	0.3
硬脂酸	0.5		

（2）PP 接枝 GMA 配方

PP	95%	引发剂 DCP	0.3%
引发剂 AM	0.1%	抑制剂 DMF	0.6%
单体 GMA	3%	其他	1%

2. PE 接枝配方

由于聚乙烯是部分结晶的非极性聚合物，表面能很低，其印刷性差，与其他极性高分子、无机填料或金属的相容性较差，不易同它们进行复合或粘接，限制了其用途的拓展。通过接枝改性，在分子链上引入功能基团使其极性化，可以改善其性能上的不足，同时增加新的性能。PE 接枝的常用方法有四种，各种方法对比见表 11-1。

表 11-1　四种 PE 接枝方法的比较

项目	溶液接枝	固相接枝	熔融接枝	辐射接枝
原料状态	粉末，颗粒	薄膜，薄片	粉末，颗粒	粉末，颗粒
引发剂类型	过氧化物	过氧化物	过氧化物	无
接枝单体	MAH、AA 等	MAH、GMA、AA、St	GMA、St 等	St、GMA 等
溶剂用量	多	少	无	无
反应温度/℃	100～140	100～120	190～220	室温
反应时间	长	较长	短	较短
副反应程度	很小	小	较大	较大
生产方式	间歇	间歇	连续	间歇
生产成本	较高	低	低	高
后处理脱单体	易	较难	难	较难

（1）LDPE 熔融接枝配方

LDPE	100	DCP	0.1～0.3
马来酸酐等	1.5～2.5	环氧大豆油	2～4

加工条件：双螺杆挤出料筒温度 135℃、155℃、175℃、185℃；机头温度 150℃。

（2）LDPE 熔融接枝丙烯酸配方

LDPE	100	过氧化二异丙苯（DCP）	0.04～0.2
丙酮	少量	丙烯酸（AA）	0.2～0.6

加工条件：在单螺杆挤出机上可以进行 LDPE 和 AA 的熔融接枝，挤出温度为 180～220℃。

（3）LLDPE 接枝 MAH 配方

LLPDE	100	二甲基亚砜	0.36
DCP	0.1	抗氧剂 1010	0.3
MAH	0.8	液体石蜡	适量

加工条件：用双螺杆挤出机造粒料筒温度 140℃、180℃、200℃、200℃、200℃；螺杆转速 120r/min；喂料螺杆转速 30r/min。

相关性能：以 0.4% 接枝率为例，与铝 180° 剥离强度为 39N/mm。

（4）DMDPB 引发 LLDPE 接枝配方

LLDPE	100	DMDPB	0.36
MAH	0.8	抗氧剂 1010	0.3

相关性能：接枝率为 0.36%；熔体流动指数为 1.63g/10min。

3. PS 类接枝配方

PS 接枝后可改善其脆性，克服黏附性差、与极性树脂和无机填料相容性不好等缺点，PS 与不同单体接枝的性能见表 11-2。

表 11-2　PS 与不同单体接枝的性能

接枝单体品种	附着力/级	剪切强度/MPa	冲击强度/(J/m)	透明性
马来酸酐(MAH)	3	1.13	30	透明
丙烯酸(AA)	4	2.06	20	半透
乙酸乙烯酯(VAC)	4	2.61	20	半透
丙烯酸丁酯(BA)	3	2.41	30	乳白
丙烯酸乙酯(EA)	4	2.30	20	乳白
未接枝	8	0.77	≤10	透明

采用两种或两种以上单体共接枝，比用单一单体接枝的接枝率高，而且透明性、附着力、冲击强度等都比单一单体接枝高，复合单体接枝 PS 的具体性能见表 11-3。

表 11-3　复合单体接枝 PS 的接枝率和性能变化

接枝单体	接枝率/%	接枝效率/%	附着力/级	冲击强度/(J/m)	透明性
VAC+MAH	5.2	62.4	2	30	透明
BA+MAH	3.7	39.1	2	30	半透明
AA+MAH	4.1	49.7	3	30	透明

（1）聚苯乙烯溶液接枝改性配方

PS	95%	MAH	3%
BPO	1%	其他	1%

工艺：接枝温度为 90℃；先将 PS 溶解配制成溶液，与接枝单体一起加入反应容器中，充入惰性气体，升至预定反应温度 90℃，分次加入引发剂，恒温反应 3～4h。

相关性能：接枝率为 0.94%，接枝效率为 93.9%。

（2）ABS 接枝马来酸酐配方

ABS	100	抗氧剂 1010	0.3
MAH	1	液体助剂	2mL
DCP	0.2		

ABS-g-MAH 常用作 ABS 与其他聚合物（如尼龙、聚碳酸酯）共混合金的相容剂，如用 ABS-g-MAH 增容 ABS/PC 合金共混物，可提高合金的缺口冲击强度达 1.5～2.5 倍。

（3）马来酸酐接枝 SBS 配方

SBS	100	HSt	0.4
MAH	20	ZnSt	0.5
PS	15	抗氧剂 1010	0.8

上述配方制得的 SBS-g-MAH 与非极性塑料和极性塑料均具有很好的相容性。主要用于聚苯乙烯类塑料的相容剂。

（4）POE 接枝 MAH 配方

POE（8150）　　　100　　　　　MAH（化学纯）　　1
DCP（化学纯）　　0.15

马来酸酐接枝 POE 可以成为增进极性材料与非极性材料粘接性和相容性的桥梁，常用作极性树脂 PC、ABS、PET、PBT 等及其合金材料的相容剂与增韧剂。

思考题

1. 交联剂对塑料性能有何影响？
2. 塑料交联方法有哪几种？
3. 为什么在交联配方设计中需要加入抗氧剂？
4. 用什么方法来衡量塑料的交联效果？
5. 塑料接枝的方法有哪几种？
6. 接枝对塑料性能有什么影响？
7. 接枝配方的基本组成是什么？

第十二章
塑料电性能配方设计

塑料因其优良的绝缘性，在电气和电子工业领域得到了广泛的应用。然而，由于其体积电阻较大，在生产和应用中，也极易产生静电积累，从而给工农业生产和日常生活带来危害。

由于静电作用，塑料制品会吸附空气中的灰尘和其他杂质，影响制品美观；塑料薄膜制造过程中发生黏附而影响生产和应用。另外，静电还会导致精密仪器失真、电子元件报废、办公室用机器中的 IC 误动作或存储器破坏等。更有甚者，静电会引起火灾、爆炸、电击等事故。因此，如何减少和消除塑料及其制品的静电危害，已成为某些应用领域亟须解决的课题。

依体积电阻率不同，可将材料分为：小于或等于 $10^5 \Omega \cdot cm$ 的，一般作为可导性材料；体积电阻率在 $10^{14} \Omega \cdot cm$ 以上的，一般作为绝缘材料；体积电阻率在 $10^5 \sim 10^9 \Omega \cdot cm$ 的材料能充分地逸散静电荷，而一般体积电阻率在 $10^9 \sim 10^{14} \Omega \cdot cm$ 的，可视为抗静电材料。对不同应用的塑料制品，其体积电阻率的要求见表 12-1。

表 12-1　不同塑料制品的对体积电阻率的要求

体积电阻率/$\Omega \cdot cm$	带电现象	应用目的	具体制品
>10^{13}	静电	绝缘制品	电缆
$10^{12} \sim 10^{13}$	带电	防止静态下静电危害	防尘制品
$10^{10} \sim 10^{12}$	带电迅速衰减	防止静态下静电危害	薄膜
$10^8 \sim 10^9$	不带电	防止静电蓄积	电子元件、包装膜
$10^7 \sim 10^8$	不带电	导电性	电子产品生产夹具
<10^0	不带电	电磁屏蔽	电器外壳

本章根据材料导电性能要求的高低，分三节内容介绍抗静电剂和导电填料，以及这些助剂在配方中的应用。

第一节　塑料用抗静电剂概述

一、静电的产生及危害

任何两种物质进行摩擦时，就会摩擦起电。由摩擦产生的静电量和电位大小取决于材料的性质、接触面积、压力和摩擦速率等因素。

对塑料而言，由于其体积电阻率高，一般在 $10^9 \sim 10^{20} \Omega \cdot cm$ 之间，难以将产生的电荷及时泄逸。常用塑料的体积电阻率见表 12-2。

表 12-2　常用塑料的体积电阻率

塑料	PE	PP	PS	F$_4$
体积电阻率/$\Omega \cdot cm$	$10^{16} \sim 10^{20}$	$10^{16} \sim 10^{20}$	$10^{17} \sim 10^{19}$	$10^{15} \sim 10^{19}$
塑料	ABS	PC	PVC	PMMA
体积电阻率/$\Omega \cdot cm$	4.8×10^{16}	2.1×10^{16}	$10^{14} \sim 10^{16}$	$10^{14} \sim 10^{15}$
塑料	PU	PA	PET	PBT
体积电阻率/$\Omega \cdot cm$	$10^{13} \sim 10^{15}$	$10^{13} \sim 10^{14}$	$10^{12} \sim 10^{14}$	$10^{12} \sim 10^{14}$
塑料	EP	PF	PVA	—
体积电阻率/$\Omega \cdot cm$	$10^8 \sim 10^{14}$	$10^9 \sim 10^{12}$	$10^7 \sim 10^9$	—

大多数高分子材料都具有绝缘性，所以当它们产生静电后就不易消失，这样，静电就容易产生下列问题。

1. 由于静电的吸力和斥力作用而产生的问题

例如，在塑料薄膜加工时，由于产生静电吸力，使得薄膜粘在机械上，不易脱离，影响生产。又如，塑料制品由于静电吸力的关系，使它们吸尘而失去透明性；电影胶片生产过程中由于静电而影响电影的清晰度和唱片的音质。

2. 触电

在一般情况下，静电不至于对人身造成直接的伤害，但也会发生触电现象。因为很少的静电荷就可以产生极高的静电压。一般产生触电的静电压为 8000V。冬季接触门把手和金属水龙头，能明显感到静电电击。

3. 放电

静电放电自身的能量虽然很小，但危害却不少。当产生的静电压大于 500V 时，则能发生火花放电，如果这时环境中有易燃物质存在的话，则往往会导致重大的火灾和爆炸事故，如一些矿井爆炸起火事故，就是因塑料制品产生静电火花所致。静电放电还会导致精密仪器失真和电子元件报废等。

静电的产生，不仅给人们生活带来诸多不适，而且对工业生产的危害极大，因此必须注意克服。

二、高分子材料抗静电的方法

一般而言，其体积电阻率在 $10^{12} \Omega \cdot cm$ 以下时，即达到抗静电的要求。以 PP 制品为例，其体积电阻率达到 $10^9 \sim 10^{11} \Omega \cdot cm$ 时，灰尘与 PP 的附着力就较低，比较容易清理干净。

对塑料材料而言，防止静电产生最有效的办法是改变其导电性能，降低体积电阻率，将产生的静电及时导入大地。

塑料抗静电的方法有添加导电填料、添加抗静电剂、共混本征导电高分子材料和涂覆导电涂层。

1. 添加导电填料法

该方法简单方便,所使用的无机导电填料主要是碳系填料和金属类填料。

① 碳系填料主要包括炭黑、石墨、碳纤维、碳纳米管和石墨烯等。该类填料的最大缺点是本身为黑色,其制品颜色深、可调性差。但其电性能稳定而使用广泛。

② 金属类填料主要包括金属粉末(Ag、Cu、Al、Ni 等)、金属纤维(铜纤维、铝纤维、不锈钢纤维及合金纤维等)和金属氧化物(SnO、CuO、氧化锌晶须 ZnOw 等)。采用金属粉末填充时,存在添加量大、易发生热氧化和催化基体老化等缺点,对基体的力学性能也产生较大的影响,产品性能不稳定。采用金属纤维填充时,可以降低填充量,但是金属纤维在加工时易折断,也容易发生氧化,同时价格也较高。

2. 添加抗静电剂法

添加型抗静电剂可分为有机小分子抗静电剂和永久性抗静电剂(主要是亲水性高聚物)两大类。有机小分子抗静电剂是一类具有表面活性剂特征结构的有机物质,可分为阳离子型、阴离子型、非离子型和两性离子型四大类。

根据添加方式不同,抗静电剂可分为外涂型和内加型两类。其中外涂型抗静电剂是通过刷涂、喷涂或浸涂等方法涂覆于制品表面,见效快,适用广,但易因摩擦或洗涤而脱失,因此只能提供短期的抗静电效果。而内加型抗静电剂耐摩擦、耐洗涤、效果持久,性能更加优异。

3. 共混本征导电高分子材料

本征导电高分子材料主要包括聚苯胺、聚乙炔、聚吡咯、聚对亚苯、聚噻吩、聚喹啉、聚对苯硫醚等共轭高分子。这些高分子由于结构中含有共轭双键,电子可以在分子链上自由运动,载流子迁移率很大,因而具有高电导率。但这些聚合物分子刚性大、难溶难熔、成型困难、易氧化且稳定性差,无法直接单独应用,一般只是作为导电填料,制成抗静电复合材料。

4. 涂覆导电涂层

该方法是将导电填料和基体材料一起配制成抗静电涂料,涂覆于高分子材料制品表面的一种改性方法。导电涂层可用作油田、化工、交通、航空等行业某些管道、贮罐及金属构件的防腐抗静电涂料。采用涂层法的优点是抗静电效果好,改性成本低;缺点是涂层与基体树脂粘接牢固度不高,易发生脱层,因而效果难以持久。

上述方法中,以添加抗静电剂最常用。

三、抗静电剂的作用机理

1. 外用涂覆型抗静电剂的作用机理

外用抗静电剂一般以水、醇或其他有机溶剂作为溶剂或分散剂。当用抗静电剂溶液浸渍高聚物材料时,抗静电剂的亲油部分牢固地附着在材料表面,而亲水部分则从空气中吸收水分,从而在材料表面形成薄薄的导电层,起到消除静电的作用。

由于一般外用抗静电剂的效果不能持久,在使用和储存过程中抗静电性能会逐渐降低和消失,应设法采用单体分子中带有乙烯基等反应性基团的高分子抗静电剂和高分子表面活性剂。通常可将其以单体或预聚物形式涂布在塑料和纤维表面,再加以热处理,使之聚合而形成附着层，加强其抗静电效果的持久性。

2. 内用表面活性剂型抗静电剂的作用机理

内用抗静电剂在塑料混炼时加入，或直接添加于液体涂料中起作用。内用抗静电剂在树脂中的分布是不均匀的，抗静电剂在树脂表面形成一层稠密的排列，其亲水的极性基向着空气一侧成为导电层，表面浓度高于内部。但在加工、使用中，由于外界的作用可以使树脂表面的抗静电剂分子缺损，抗静电性能随之下降；潜伏在树脂内部的抗静电剂会不断渗出到表面层，向表面迁移，补充缺损的抗静电剂分子导电层。

抗静电剂的迁移性与树脂的相容性有密切关系：如果抗静电剂与树脂的相容性不好，迁移速度大，就容易大量地渗析到表面，既影响制品的外观，也难以维持持久的抗静电效果；与树脂的相容性太好，则不容易渗析到表面，那么，因洗涤或磨损等原因造成的抗静电剂丧失就很难及时得到补充，也难以及时恢复抗静电性能。

由于以上两种类型抗静电剂是通过吸收环境水分，降低材料表面电阻率达到抗静电目的的，所以对环境湿度的依赖性较大。显然，环境湿度越高，抗静电剂分子的吸水性就越强，抗静电性能就越显著。

3. 高分子永久型抗静电剂的作用机理

高分子永久型抗静电剂属亲水性聚合物。高分子永久型抗静电剂在特殊相容剂的作用下，经较低的剪切力拉伸后，在基体高分子表面呈微细的层状或筋状分布，构成导电性表层，而中心部分接近球状分布，这种"芯壳"结构中的亲水性聚合物的层状分散状态能有效降低共混物的表面电阻。因为高分子永久型抗静电剂是以降低材料内部电阻或体积电阻率来达到抗静电效果的，不完全依赖表面吸水，所以受环境的湿度影响比较小。

四、塑料用抗静电剂的特点

塑料用抗静电剂多为内用型或称混炼型。它们与塑料有适当的互溶性，既要有一定的量渗出到表面，同时又要渗出到一定程度便会自行停止；此外，当因水洗使活性剂从表面被洗掉后，还能有一定量的活性剂再从树脂内部渗出到塑料表面。

理想的内用型抗静电剂须满足下列基本要求：①耐热性好，能经受树脂加工过程的高温；②与树脂相容性好，不发生渗出现象；③不损害树脂的性能；④混炼容易；⑤能与其他助剂并用；⑥用于薄膜、薄板时不发生黏着现象；⑦不刺激皮肤，无毒；⑧价廉。

外用型或称表面涂覆型抗静电剂是将塑料表面浸入含抗静电剂的水溶液中，或浸入用适当溶剂制成的溶液中，或者将溶液喷在塑料表面上，或者把溶液涂在塑料表面上，使活性剂在塑料表面形成极薄的涂膜。

特种树脂或成型制品等如果不适于用混炼型的抗静电剂，一般采用表面涂覆型的抗静电剂。

近年来，还出现了一些新型高分子抗静电剂，用于塑料表面，具有不易逸散、耐磨和耐洗涤等特点，称为"永久性"外部抗静电剂。

五、影响塑料内用型抗静电剂效果的因素

1. 抗静电剂与塑料要有适度的相容性

抗静电剂与塑料极性之间应保持适当平衡。极性相近者相容；极性差别大的混合困难，

还影响塑料表面质量及加工性。相容性太好,则不能产生迁移作用;反之会喷霜起雾。

2. 聚合物的玻璃化温度与结晶度

在玻璃化温度(T_g)以下,高聚物分子呈冻结状态,在此温度以上分子呈微布朗运动状态,加入其中的抗静电剂,借助于分子的链段运动向表面迁移,如在玻璃化温度较低的塑料(如聚乙烯、聚丙烯、软质聚氯乙烯)中,抗静电剂容易向表面迁移。

玻璃化温度高的聚合物(如 PS、ABS 树脂、硬质 PVC、PC、PET 等),室温时抗静电剂在这些树脂中的渗出性不好。在成型加工时,抗静电剂析出被模具吸附,又从模具表面向制品表面转移,在制品表面形成一个抗静电剂层。那些与树脂相容性不好的抗静电剂,在热加工时尤其会以这种方式转移到制品表面。玻璃化温度较高的聚合物表面的抗静电剂,一旦被水洗而丧失抗静电性,一般需要进行热处理,加热到玻璃化温度以上,使聚合物分子运动加剧,促进抗静电剂向表面迁移,才能恢复其抗静电效果。

内用型抗静电剂存在于高聚物的非结晶部分,借助于分子的链段运动向表面迁移。因高聚物的结晶状态不同,抗静电剂的迁移速率也不一样。

3. 抗静电剂的表面浓度

抗静电剂在塑料制品的表面分布,必须达到一定浓度才能显示抗静电效果,该浓度称为临界浓度。各种抗静电剂的临界浓度依其本身组成和使用情况而异。一般来说,只有当抗静电剂分子在表面有 10 层以上时,才会由于亲水基的取向性而产生优良的抗静电效果。

4. 与其他助剂之间的关系

某些增塑剂、润滑剂、稳定剂、颜料、填充剂、阻燃剂等会影响抗静电效果。当稳定剂是金属皂类阴离子,抗静电剂是阳离子时,两者可能相互抵消;与润滑剂并用(特别是与外部润滑剂作用),由于润滑剂优先于抗静电剂迁移到制品表面,所形成的润滑剂表面膜层影响抗静电剂的析出。

无机填料对抗静电剂的吸附性,尤其是含卤阻燃剂与抗静电剂复合,可能出现对抗作用等,在进行助剂复配时均应注意。

5. 环境湿度

以表面活性剂为主体的抗静电剂,抗静电性与环境中空气湿度密切相关。吸湿后抗静电剂能产生离子结构,塑料表面的导电性可大大增加。所以,抗静电剂与具有吸湿性的、能在水中电离的无机盐、有机盐、醇类等合用,往往能促进抗静电效果的发挥。

相对湿度(RH)与抗静电剂作用效果有密切关系,以非离子型的乙氧基化烷基胺为例,在相对湿度为 15% 和 50% 时,表面电阻可相差 10~1000 倍。

6. 其他因素

对塑料表面进行适当处理,如使表面部分氧化,可产生某种极性基团,它与抗静电剂相互作用往往有叠加效果,使抗静电效应得到充分发挥。

抗静电制品的加工方法不同时,抗静电剂的分散状态与迁移速率不同,效果也不同。对于不同的树脂,要想达到同样的抗静电效果,加入抗静电剂的量不同。

防静电制品的防静电性能是否符合要求,应根据其产品特点和使用情况而定。

常用的测试方法有测定表面电阻率和体积电阻率、测定试样的摩擦起电情况、测定试样的静电半衰期等。

六、塑料用抗静电剂的发展趋势

近年来双亲水高分子型永久抗静电剂的开发进展较快，用各种亲水性聚合物作为抗静电剂，由此开发所谓聚合物合金型永久抗静电树脂。高分子型抗静电剂可分为聚醚型和离子型两类，聚醚型包括聚环氧乙烷、聚醚酯酰胺、PEG、PEEA 和丙烯酸甲酯等；离子型包括季铵盐基甲基丙烯酸酯共聚物等。高分子型抗静电剂具有抗静电效果持续期长，发挥抗静电作用快，对空气相对湿度依赖小等优点。目前仅国内的聚烯烃包装材料行业每年就约消耗抗静电剂 1200t 以上，尤其是用于包装过程的彩色印刷、复杂的自动化包装、食品医药特殊包装等方面薄膜所配套的抗静电剂需求缺口最大。

第二节　塑料用抗静电剂的种类及配方设计

一、塑料用抗静电剂的种类

抗静电剂的品种很多，按使用方式抗静电剂又可分为外部涂覆型与内部混炼型两大类；按抗静电剂与材料的结合方式可分为反应型和混入型两大类；按抗静电剂的用途可分为塑料加工用、纤维加工用、涂料用和油品用抗静电剂等；按抗静电剂的化学组成不同，一般可分为表面活性剂型、高分子永久型和复合型三大类。

1. 按使用方式分类

按抗静电剂的使用方式不同，一般可分为外部涂覆型和内部混炼型两大类。

（1）外部涂覆型抗静电剂　外部涂覆型抗静电剂是把抗静电剂以一定浓度溶于适当的溶剂中，通过浸渍、喷涂等方法附着于塑料制品表面，干燥脱除溶剂后的抗静电剂在塑料制品表面形成导电分子层。外部涂覆型抗静电剂多为离子型表面活性剂，以阳离子型应用效果最好，其次为两性型、阴离子型和非离子型。该方法工艺简单，操作方便，抗静电剂用量少，且不受树脂类型、制品形状的限制，也不影响制品的成型和加工性能；但会因摩擦、溶剂或水的侵蚀而逐步减少，因此难以维持长久的抗静电效果。

（2）内部混炼型抗静电剂　内部混炼型抗静电剂在树脂加工过程中（或在单体聚合过程中）以一定比例添加到树脂内部，借助聚合物分子的链段运动而向表面迁移，吸收空气中的水分而形成导电层。当塑料制品表面的抗静电剂因摩擦、洗涤等原因而缺失时，内部的抗静电剂分子继续向外部迁移补充，从而具有较持久的抗静电效果。此类抗静电剂耐久性好，添加量少，但对树脂的种类、加工温度等条件要求高。加工温度太高，会使抗静电剂分解，添加量过大会影响塑料制品的物理性能。

2. 按化学组成分类

按抗静电剂的化学组成不同，一般可分为表面活性剂型、高分子永久型和复合型三大类。

其中表面活性剂类抗静电剂中既有极性基团又有非极性基团。常用的极性基团有羧酸、磺酸、硫酸、磷酸的阴离子，胺盐、季铵盐的阳离子，以及—OH、—O—等。常用的非极性基团有烷基、烷芳基等。

（1）表面活性剂型抗静电剂　表面活性剂作为抗静电剂使用时，要在材料表面形成抗静电剂分子层。其分子的亲油性基团植于树脂内部，亲水性基团则在空气一侧取向排列。前者使抗静电剂和塑料保持一定的相容性，后者吸附空气中的水分子在材料表面形成一层均匀分布的导电溶液，或自身离子化传导表面电荷达到抗静电效果。表面活性剂型抗静电剂根据分子中的亲水基团能否电离以及离子化特征可分为阳离子型、阴离子型、两性型和非离子型。

① 阳离子型抗静电剂。阳离子型抗静电剂分子的活性部分是表面活性剂的阳离子部分，其亲油基大多是长链烷基，亲水基通常含氮原子，也可含硫磷等原子。这类抗静电剂主要包括各种胺盐、季铵盐、烷基氨基酸盐、咪唑啉盐、季鏻盐及季锍盐等，其中以季铵盐应用最多，它与树脂有较强的附着力，抗静电性能优良。但有些季铵盐化合物热稳定性差，容易发生热分解，并且与某些着色剂和荧光增白剂反应，因此常用于表面涂覆，用于合成纤维作纺丝油剂，并作聚酯、聚氯乙烯、聚乙烯醇薄膜及塑料制品等的抗静电剂，作为内部混炼型抗静电剂使用受到限制。阳离子型抗静电剂主要用于 PVC、PS 等极性树脂中，其抗静电效果远远好于非离子型抗静电剂。由于具有一定的毒性和刺激性，不宜用于食品包装材料。

除了季铵盐外，阳离子型抗静电剂还有脂肪胺和胺盐及其衍生物，常用作合成纤维油剂的静电清除剂、录音材料的抗静电剂，常见的有伯胺、仲胺和叔胺盐。

咪唑啉类抗静电剂是带有一个长链烷基的咪唑啉化合物，抗静电效果好，适用于作塑料和唱片加工用的内用型抗静电剂。

阳离子型抗静电剂的主要品种、性能和应用见表 12-3。

表 12-3　阳离子型抗静电剂的主要品种、性能和应用

商品名称	主要组成物	主要特性	适用树脂
抗静电剂 SN	硬脂酰胺丙基二甲基-β-羟乙基铵硝酸盐	一般为含量为 50%～60% 的异丙醇-水溶液，呈淡黄色或琥珀色，180℃以上开始轻微分解，250℃剧烈分解	广泛用作塑料的内、外抗静电剂，用量为 0.5%～2%
抗静电剂 LS	（3-月桂酰胺丙基）三甲基铵硫酸甲酯盐	白色结晶粉末，开始分解温度为 235℃	用作内加型抗静电剂时加入量为 0.5%～2%
抗静电剂 TM	三羟乙基甲基铵硫酸甲酯盐	外观为淡黄色黏稠油状液体，易溶于水，使用时，最好先配成母料再用	聚丙烯腈、PET、PBT 及 PA 等合成纤维的优良抗静电剂，用量为 0.5%～2%
抗静电剂 SP	硬脂酰胺丙基二甲基-β-羟乙基铵二氢磷酸盐	一般为含量为 35% 的异丙醇-水溶液，淡黄色透明液体，溶于水、丙酮、醇类和其他低分子极性溶剂	用于内部添加时，一般用量为 0.5%～1.5%。用于外部喷涂时，一般用量为 1%～10%
抗静电剂 SH-105	复合型阳离子抗静电剂	外观为淡黄色黏稠状透明液体，分解温度 264℃	外用时，可直接加入 50～60℃水中，制成浓度 3% 水溶液，加入适量消泡剂效果更佳。内用时，添加量 5%～7%
抗静电剂 609	N,N'-双（2-羟基乙基）-N-（3′-十二烷氧基-2′-羟基丙基）甲铵硫酸甲酯盐	一般为含量为 50% 的异丙醇-水溶液，淡黄色液体，抗静电效能高，热稳定性好，着色性小	外用和内用均可，一般用量为 0.5%～2%
ASA-156	二乙醇脂肪胺的季铵盐化合物	淡黄色液体，可作为外涂型和内加型抗静电剂	一般用量为 0.1%～0.6%

② 阴离子型抗静电剂。这类抗静电剂包括烷基磺酸盐、硫酸盐、磷酸衍生物、高级脂肪酸盐、羧酸盐及聚合型阴离子抗静电剂等，分子的活性部分是阴离子部分。阴离子型抗静电剂耐热性和抗静电效果好，但影响制品的透明度。一般阴离子型抗静电剂与塑料的相容性差，较少使用。硫酸酯及其盐通常用作合成纤维油剂的静电消除剂，磷酸酯和磷酸酯盐用于合成纤维和塑料，静电消除效果很好。在塑料工业中，除了某些烷基磷酸酯、烷基硫酸酯及其胺盐用作外部抗静电剂外，一般较少作内部抗静电剂使用。

阴离子型抗静电剂的主要品种有抗静电剂 NP（壬基酚聚氧乙烯醚）、抗静电剂 ABPS（壬基苯氧基丙烷磺酸钠）、抗静电剂 DPE（对壬基二苯醚磺酸钾）、抗静电剂 P（烷基磷酸酯二乙醇胺盐）等。

③ 两性型抗静电剂。两性型抗静电剂主要是指在分子结构中同时含有阴离子亲水基和阳离子亲水基的一类抗静电剂。此类抗静电剂毒性低，受空气湿度影响较小，与阳离子型、阴离子型、非离子型抗静电剂有良好的配伍性，与高分子材料有良好的相容性，抗静电效果好，是一类性能优良的内部抗静电剂。具有两性型离子的化合物很多，但作为抗静电剂使用的主要有季铵羧酸内盐、咪唑啉盐和烷基氨基酸等。

常用的两性型抗静电剂品种有烷基三羧甲基季铵乙内盐、十二烷基二甲基季铵乙内盐、烷基（聚氧乙烯基）季铵乙内盐、月桂基甜菜碱、2-烷基-3-羟乙基-3-乙酸盐基咪唑季铵碱等。两性季铵盐主要是含有聚醚结构（如聚氧乙烯结构）的季铵盐，两性咪唑啉的抗静电性优良，与多种树脂相容性良好，是聚丙烯、聚乙烯等优良的内用抗静电剂。若将其钠盐与二价金属，如钡、钙等的无机盐反应，可增加与聚合物材料的相容性。据称相应的钙盐能经受聚丙烯纺丝时的苛刻条件，作为丙纶的内用抗静电剂性能优良，效果持久，实用性很强。两性型抗静电剂可用于 PP、PE 及 ABS 中。

④ 非离子型抗静电剂。非离子型抗静电剂由于低毒或无毒，是良好的内加型抗静电剂。与树脂相容性好，加工性和热稳定性好，因此可用于食品包装材料，但其抗静电效果一般比离子型差。非离子型抗静电剂的相容性和耐热性能良好，对制品的物性无不良影响，但用量相对较大。这类抗静电剂主要包括脂肪酸多元醇酯类、脂肪酸聚乙二醇酯类、羟乙基烷基胺、脂肪酰胺类等。此类化合物分子中，烷基链长以及极性基团的数量，对发挥最佳抗静电效果至关重要。

脂肪酸多元醇酯类抗静电剂主要包括甘油的脂肪酸单酯或双酯、山梨糖醇脂肪酸酯。其热稳定性良好，并赋予制品透明性，适于作 PE、PP、软质 PVC 的内部抗静电剂。山梨糖醇的脂肪酸酯还具有良好的防雾性。

脂肪酸聚乙二醇酯类抗静电剂。聚乙二醇具有吸湿性，是早期聚烯烃使用的内部抗静电剂，但其附着性差、易喷出，抗静电性能差。采用脂肪酸与聚乙二醇酯化，明显改善了与树脂的相容性。它是聚烯烃良好的内部抗静电剂，同时也是合成纤维油剂的重要组分，可赋予纤维良好的抗静电性和平滑性。该类化合物也可通过脂肪酸与环氧乙烷反应来合成。

脂肪醇或烷基酚聚氧乙烯醚类抗静电剂是采用脂肪醇或烷基酚与环氧乙烷的加合物聚醚，是重要的非离子型抗静电剂。它一般用于合成纤维油剂，能赋予制品良好的抗静电性、平滑性。作为内部抗静电剂有良好的热稳定性，适用于 PVC、PE、PP、PS 和 ABS 树脂等。

羟乙基脂肪胺类抗静电剂是长链烷基胺与环氧乙烷的加合物，其耐热性好，与树脂有适宜的相容性，是目前主要使用的羟乙基脂肪胺类抗静电剂。它可作为聚烯烃、薄膜、板材和模塑制品的抗静电剂，抗静电效果好。

烷醇酰胺及其酯类抗静电剂通过两种方法来合成：脂肪酰胺和环氧乙烷加合；脂肪酸与烷基醇胺酰胺化反应。该类产品特别适用于聚烯烃和聚苯乙烯。

烷基醚醇胺类抗静电剂合成方法为脂肪醇与环氧乙烷开环，形成羟基烷基醚，再与烷基醇胺缩合。该类化合物具有良好的热稳定性，是高密度聚乙烯和聚苯乙烯的高效抗静电剂。

（2）高分子永久型抗静电剂 表面活性剂型抗静电剂在使用过程中存在很多缺点，如抗静电效果缺乏永久性、析出使表面变差、加工时受热分解、对于温度和湿度依赖性大等。而高分子类抗静电剂抗静电效果持久，无诱导期，不易受擦拭、洗涤等条件影响。高分子永久型抗静电剂一般可分为亲水性高分子型抗静电剂、本征型导电高分子抗静电剂和复合型抗静电剂。

① 亲水性高分子型抗静电剂。含—COONa、—SO$_3$Na、—OCH$_2$CH$_3$、—PO［N(CH$_3$)$_2$］$_2$、—CONH$_2$、—SO$_3$H、—COOH、—N(CH$_3$)$_2$ 等官能团的乙烯基聚合物亲水性好，可以作为导电性结构单元构成共聚型 PAA。从已商品化和专利申请情况看，目前 PAA 大多以聚环氧乙烷（PEO）为导电结构单元，这可能与同普通聚合物相容性较好有关。

亲水性高分子型抗静电剂与基体树脂有较好的相容性，因而效果稳定、持久、性能好。目前已商品化的高分子永久型抗静电剂有聚醚型、季铵盐型、磺酸型、内铵盐型等，常用的主要有聚乙烯乙二醇甲基丙烯酸共聚体（PEGM）、聚氧化乙烯-环氧氯丙烷共聚物（PEO-ECH）、聚醚酯酰胺（PEEA）和聚醚酯亚酰胺（PEAI）等。此类抗静电剂价格较高，用量为 10%～15%。

通过含金属盐的脂肪酸聚乙二醇酯（PM）与 BHET 的共缩聚反应，制备了大分子主链上含有金属盐的聚醚酯抗静电剂（PEEM）。此种抗静电纤维在极端干燥（RH≤30%）条件下仍能具备优良的抗静电性能。

汽巴精化推出的永久性抗静电剂 Iragastat P 系列添加剂是基于聚醚-聚酰胺的共聚物，所有的添加剂均为粒状，可和塑料经过造粒或生产直接加入。当 Iragastat P 在聚合物中形成网络时制品才能达到最佳抗静电效能，通常要求添加 5%～15%。通过电子显微镜能观察到 Iragastat P22 在 PP 基体树脂中形成的渗滤网络结构，并测出其直径在 0.2～15μm。由于网络结构非常纤细，所以很少量的助剂就可形成导电网络结构。目前，市场上的永久抗静电剂主要用于 ABS、HIPS 和 PMMA。Iragastat P22 适用于 PP、HDPE、PS、PET、PBT 等塑料的注塑流延膜、纤维等加工，Iragastat P18 适用与加工温度低于 220℃的制品，如 LDPE。

② 本征型导电高分子抗静电剂。其共同的结构特征是分子内具有非常大的共轭 π 电子体系，具有跨键移动能力的 π 价电子成为这类高分子材料的唯一载流子。目前导电高分子理论及应用研究较多的有聚乙炔、聚噻吩、聚吡咯、聚苯胺等以及它们的衍生物。本征型高分子本身导电性能优异，但由于成本较高，难以规模化应用。

③ 复合型抗静电剂。复合型抗静电剂通常指两种或两种以上有机低分子抗静电剂以一定比例应用于塑料制品中。复合型抗静电剂是提高抗静电性及平衡其他特性的一个重要途径。目前工业一般应用的复合型抗静电剂主要有阴离子-非离子复配体系、阳离子-非离子复配体系、非离子-非离子复配体系。常用抗静电剂的主要种类见表 12-4。

表 12-4 抗静电剂的主要种类

种类	物质类别	主要成分	适用树脂
阳离子型	季铵盐	(亲油基)单烷基或二烷基卤素、硝酸、有机酸	PVC
阴离子型	磷酸盐	(亲油基)脂肪酸、聚氧化乙烯附加物、烷基、烷基苯	PS、PE、PP、PVC
非离子型	脂肪酸	(亲油基)单烷基、二烷基	ABS、PE、PP、PVC
	多元醇酯	(多元醇)丙三醇、聚甘油、聚氧化乙烯、山梨糖醇、多元醇	
	聚氧化乙烯附加物	(亲油基)烷基胺、烷基酰胺、聚氧化乙烯	
两性型	内铵盐	(阳离子基)胺、烷基酰胺、碳酸、磺酸	PS、ABS
高分子型	聚丙烯酸衍生物	(亲水基)聚氧化乙烯、碳酸、磺酸、季铵	PE、PP
	聚醚类	聚环氧乙烷(PEO)、聚醚酯酰胺(PEEA)、聚醚酰胺酰亚胺(PEAI)、PEOECH(氯丙醇)、PEG-(甲基)丙烯酸甲酯共聚物	PS、PP、ABS、MBS、AS、PVC、PMMA
	季铵盐	含季铵盐基丙烯酸共聚物、含季铵盐基马来酰亚胺共聚物、含季铵盐基甲基丙烯酰亚胺共聚物	PS、ABS、PVC、PMMA
	其他	聚苯乙烯磺酸钠、季铵羧酸内盐共聚物、电荷传递型高分子偶合物	ABS、PP、PE、PP、PE、PVC

二、塑料抗静电配方设计原则

在具体选用抗静电剂时,应遵循如下原则:

① 不同树脂选择不同的抗静电剂品种。一般极性树脂如 PVC、PS 等,选用离子型和亲水性高分子聚合物类抗静电材料;非极性树脂如 PE、PP 等,选用非离子型抗静电剂。加工温度高的树脂,应选用耐热性好的抗静电剂。

② 不同加工方法选择的抗静电剂品质品种不同,注塑成型的加入量大于挤出成型。

③ 一个配方中,往往选用几个不同品种协同加入,比单一加入效果好。

④ 在抗静电配方中,适当加入分散剂,可有效促进体积电阻率的下降。

⑤ 抗静电剂的添加量:对低分子类一般在 2% 以下,高分子型一般为 15% 左右。常用添加型抗静电剂的添加量如表 12-5 所示,根据抗静电剂品种、树脂品种和加工方法不同而不同。如对于结晶性树脂,抗静电剂的加入量大于非结晶树脂。对于玻璃化温度在室温以下的树脂,抗静电剂的加入量小;对于玻璃化温度高于室温的树脂,抗静电剂的加入量大。

⑥ 注意抗静电剂与其他助剂的关系:含氮类抗静电剂不适用于 PVC,因其碱性部分可促进 PVC 的降解,生成黑色产物。在 PVC 中使用磺化烷烃时,应合理选择热稳定剂品种,铅、钡、镉易与磺化烷烃反应变成红色或棕色。季铵盐类抗静电剂容易络合 PVC 中的金属类热稳定剂,影响其耐热老化性。镍类猝灭剂会阻滞抗静电剂的迁移,应加大抗静电剂的加入量。

⑦ 对于抗静电效果要求一般的制品,选用抗静电剂即可;对于抗静电效果要求高的制品,选用导电添加剂或导电树脂。

⑧ 对于无毒抗静电制品,要选用无毒抗静电剂。常用的无毒抗静电剂有烷基胺环氧乙烷加合物、烷基酚环氧乙烷加合物、硬脂酸聚乙二醇酯及山梨醇酐月桂酸环氧乙烷加合物。

表 12-5　几种常用添加型抗静电剂在不同树脂中的添加量

树脂	抗静电剂	添加量/%
LDPE、LLDPE	乙氧基烷基胺 脂肪酸酯	0.05～0.15 1.00～2.00
HDPE	乙氧基烷基胺 脂肪酸酯	0.10～0.20 1.00～2.00
PP	乙氧基烷基胺 脂肪酸酯	0.10～0.20 1.00～2.00
HPVC	烷基磺酸盐	0.50～2.00
SPVC	脂肪酸酯 烷基磺酸盐	0.50～2.00 0.50～1.50
PS	乙氧基烷基胺 烷基磺酸盐 脂肪酸酯	0.50～1.00 1.50～2.00 1.00～2.00
ABS	乙氧基烷基胺 烷基磺酸盐	0.50～1.00 1.00～2.00

⑨ 对于透明性树脂，要控制抗静电剂的加入量，否则影响其透明性。以 PMMA 为例，当抗静电剂 SN 的加入量超过 0.5%，即影响其透明性。

⑩ 抗静电剂的抗静电效果，只有在潮湿环境中才能发挥；在干燥环境中，其效果差或无效果，此时只好加入导电添加剂或导电树脂。

三、塑料抗静电配方举例

（1）抗静电 PVC 配方

PVC	100	DOP	50
CaSt	1.5	ZnSt	0.5
月桂醇	1.5	二月桂基二甲基氯化铵	0.5

相关性能：体积电阻率为 $5.9 \times 10^{10} \Omega \cdot cm$。

（2）透明抗静电 PVC 配方

PVC	100	MBS	14
CaSt	2.5	ZnSt	1
环氧大豆油	3	硬脂酸单甘油酯	1.4
润滑剂	0.5	十二烷基磺酸钠	0.08
复合抗氧剂	0.3	聚氧乙烯月桂酸基醚	1.0

相关性能：体积电阻率为 $2.4 \times 10^{12} \Omega \cdot cm$。

（3）PP 抗静电配方

PP	85	PP-g-MAH	5
导电炭黑	8	EBS	1
抗氧剂 1010	0.3		

相关性能：体积电阻率为 $1.5 \times 10^{9} \Omega \cdot cm$。

（4）HDPE 抗静电配方

HDPE	84	炭黑	10
EVA	5	EBS	0.5
抗氧剂 1010/168	0.3		

相关性能：体积电阻率为 $9.55 \times 10^8 \Omega \cdot cm$。

（5）LDPE 抗静电配方

| LDPE | 100 | 硬脂酸单甘油酯 | 1 |
| 抗氧剂 1010 | 0.5 | 其他 | 1 |

相关性能：体积电阻率为 $9.15 \times 10^{10} \Omega \cdot cm$。

（6）ABS 抗静电配方

| ABS | 100 | 有机硼抗静电剂 | 3 |
| 抗氧剂 1076 | 0.3 | 其他 | 1 |

相关性能：体积电阻率为 $3.16 \times 10^{12} \Omega \cdot cm$。

（7）PMMA 抗静电配方

| PMMA | 100 | 四丁基磷鎓丙基磺酸盐 | 4 |

相关性能：体积电阻率为 $1.58 \times 10^9 \Omega \cdot cm$。

（8）PET 抗静电配方

| PET | 100 | 十二烷基二苯基二磺酸钠 | 1 |
| 抗氧剂 1076/168 | 0.3 | 润滑剂 | 0.5 |

相关性能：体积电阻率为 $5 \times 10^9 \Omega \cdot cm$。

（9）PP 抗静电配方

| PP | 100 | 非离子型多元醇类 | 6 |
| 抗氧剂 1010/168 | 0.3 | EBS | 0.5 |

相关性能：体积电阻率为 $4.7 \times 10^{11} \Omega \cdot cm$；拉伸强度为 27.28MPa；冲击强度为 $4.9kJ/m^2$；洛氏硬度为 64.8。

第三节 塑料导电添加剂及配方设计

在电器中，因塑料壳体的电磁波屏蔽效果差，可能造成电器的误动，产生图像及声音障碍；在仪表工业中，电磁波会使仪器操作故障。提高塑料电磁屏蔽效果的办法为提高其导电性能。具体办法为添加导电添加剂或与导电性树脂共混。导电塑料的导电性能远高于抗静电塑料的导电性。

可用导电填料有：炭黑、碳纤维、金属粉末、金属纤维、金属氧化物及导电聚合物等。另外，导电聚合物有时也作为填料用于填充导电，但情况不多。

一、导电添加剂的种类

导电添加剂的种类、体积、电阻、形状、加入量及加工工艺不同，复合材料的导电效果不同，具体如表 12-6 所示。

表 12-6 不同导电材料的导电改性效果

导电材料	炭黑类	金属类	石墨类	碳纤维类
体积电阻率/$\Omega \cdot cm$	$10^0 \sim 10^8$	$10^{-3} \sim 10^0$	$10^2 \sim 10^4$	$10^4 \sim 10^8$

导电添加剂的主要品种有碳系、金属系及镀金属材料三类，具体见表12-7。

表 12-7　主要添加导电添加剂品种

添加剂类型		添加剂具体品种
碳系	炭黑	乙炔炭黑、超导炭黑
	碳纤维	PAN系、沥青系
	石墨	各种石墨
	碳纳米管	单壁碳纳米管、多壁碳纳米管
	石墨烯	
金属系	金属纤维	铝、镍、不锈钢、铜等，不锈钢常用
	金属粉末	金、银、铜、镍、银、镍合金、铝、锡等，镍和锡粉常用
	金属片	铝、锡等
	金属氧化物	掺杂锑的氧化锡、掺杂铝的氧化锌等
镀金属系		镀金属碳纤维、玻璃纤维、玻璃微珠、云母等

1. 碳系材料

包括炭黑、石墨、碳纤维和碳纳米管四类，缺点为添加量大、本身为黑色。其中炭黑价格低，性能稳定，对体积电阻率调解范围广，应用最广泛。碳纤维和碳纳米管的制品力学性能好，但其成本太高，仅用于航空、航天等高要求场合。

（1）炭黑　炭黑为半导体导电材料，它是烃原料经热裂解或分解而制成，粒径在$14\sim300nm$之间。高导电炭黑是一种空壳石墨结构，有断裂倾向，结构性（结构性指粒子之间聚结成链状的程度或形成网络结构的概率）高，易互相穿透延展成链状，本身体积电阻率为$10^{-1}\sim10^{3}\Omega\cdot cm$，呈弱碱性，吸油值（DBP）$>1.25mL/g$，比表面积$>500m^{2}/g$。

炭黑的优点为原料易得，导电性能持久稳定，可大幅度调整复合材料的电阻率，一般调整范围为$10^{0}\sim10^{8}\Omega\cdot cm$，是目前应用最广的一类导电添加剂。用其制成的导电复合材料，可作为导电材料和电磁波屏蔽导电材料。

炭黑的缺点为本身为黑色，复合材料的颜色只能为黑色。炭黑为硬质材料，随着添加量的增加，复合材料的拉伸强度和硬度相应增加，而冲击强度下降。

炭黑的品种有乙炔炭黑、导电炉黑、导电槽黑、耐磨炭黑及通用炭黑等，但适用于导电添加剂的只有乙炔炭黑和导电炉黑。乙炔炭黑的结构度高且完整，石墨化好，含氧、氢官能团和杂质少，因而最常用。导电炉黑的电导率是普通炭黑的$2\sim3$倍，目前还在不断开发，应用广阔。

PE电磁屏蔽用导电配方

LLDPE	89.2%	高导电炭黑	10%
EBS	0.5%	抗氧剂 1010/168	0.3%

相关性能：体积电阻率为$6.2\times10^{3}\Omega\cdot cm$。

（2）碳纤维　碳纤维是由有机纤维经炭化及石墨化处理而得到的微晶石墨材料，微观结构类似人造石墨，是乱层石墨结构，也是目前已大量生产的高性能纤维中具有最高的比强度和最高的比模量的纤维。它不仅具有导电性，而且综合性能良好，与其他导电填料相比，具有密度小、力学性能好、材料导电性能持久等优点。作为优异的增强体，高性能碳纤维的加入能大幅度提高材料的强度、模量、阻尼性能、减振性能、低热膨胀性能、导电导热性等，碳纤维增强复合材料（CFRP）是目前最先进的复合材料之一。

当碳纤维含量为 $0.5\%\sim1.0\%$ 时，材料的体积电阻率在 $10^8\Omega\cdot cm$ 左右，在碳纤维含量从 1% 增加到 4% 左右时，体积电阻率由 $10^8\Omega\cdot cm$ 左右迅速下降到 $10^2\Omega\cdot cm$ 左右。长径比越大，导电性能越好。但纤维越长，越不容易分散均匀，导致材料电导率的不均匀性。

碳纤维具有较高的强度和模量，导电性能优良，用它来代替炭黑或石墨添加到热塑性树脂（如 PA 和 PP 等）中制成的复合型导电塑料的综合性能优良，电阻率低，电磁屏蔽效果好。但由于其价格昂贵，目前碳纤维填充型导电塑料仅限于航空航天等高科技产品中。

（3）石墨　石墨的导电性不如炭黑好，但具有操作污染小等优点。虽用传统填充方法得到的复合导电塑料导电性不高，但石墨具有独特的层状结构，可利用纳米技术中的插层聚合法制备低添加量的层状高导电塑料。例如在树脂中加入 5% 石墨，通过插层剥离方法使其以超薄片形式分散，体积电阻率可达到 $0.5\sim100\Omega\cdot cm$。

天然石墨为鳞片石墨，用浓硫酸-浓硝酸混合液处理后再加热到 $800℃$ 可获得膨胀石墨，将膨胀石墨在 $800℃$ 高温膨化可制成膨化石墨。三种不同状态石墨的导电性顺序为：膨化石墨≫膨胀石墨＞天然鳞片石墨。三种石墨的临界添加值不同，膨化石墨为 20%，膨胀石墨为 45%，天然鳞片石墨为 55%。

LDPE 中，以石墨为导电填充材料的复合体系，需加入 LDPE-g-MAH 相容剂以提高体系的相容性。

（4）碳纳米管　碳纳米管由于长径比较大，力学性能和导电性能优良，采用较少的用量有望使高分子材料获得较好的导电性能。碳纳米管/聚合物复合材料性能的改善并不仅仅是由碳纳米管（CNTs）本身所贡献，还显著受到 CNTs 的分散程度和取向的影响，且随着其含量的增加而易团聚，进而影响性能。目前碳纳米管因为价格十分昂贵，存在分散的技术障碍，应用受到限制。

2. 金属系材料

不同金属材料的体积电阻率如表 12-8 所示。

表 12-8　不同金属材料的体积电阻率

导电材料种类	银	铜	铝	镍
体积电阻率/$10^{-6}\Omega\cdot cm$	1.59	1.70	2.80	6.84
导电材料种类	铁	石墨	不锈钢	炭黑
体积电阻率/$10^{-6}\Omega\cdot cm$	10	60	74	500

用金属系复合的导电塑料的体积电阻率可在 $10^{-3}\sim10^0\Omega\cdot cm$ 范围内变化，属于导电性最好的复合导电材料。金属系导电材料的具体品种如下：

（1）金属粉末　主要为银、铜、锡、铝、锌及锡/锌合金等粉末。优点为导电效果好；缺点为加入量太大，往往需要加入 50% 左右才能达到要求，这会影响制品的其他性能。金属粉末的导电性能与其粒度大小有关，粒度越小，导电性越好。例如，粒度分别为 $3\mu m$ 和 $15\mu m$ 的铜粉，在 LDPE 中加入 35% 时，其体积电阻率分别为 $10^1\Omega\cdot cm$ 和 $10^4\Omega\cdot cm$。

用银粉作导电填料具有突出的屏蔽效果，但银属于贵金属，仅在特殊场合下使用；铜的导电性能良好，价格适中，但铜的密度大，使用时铜粉易下沉，造成导电填料在基体中分散不好而影响屏蔽效果，而且铜易被氧化，影响导电性；镍粉不像铜粉那样容易被氧化，但镍的电导率较低。由于高填充量的粉末导电填料会使塑料力学性能大幅度下降，因此近年来使用纤维状填料制造导电塑料的研究较多。

金属片状粉末主要为铝片、黄铜片及镍片，其中以铝片最为常用。

Ni 粉填充 LDPE 导电配方

LDPE	49.2%	Ni 粉	50%
EBS	0.5%	抗氧剂 1010	0.3%

相关性能：体积电阻率为 $1.2 \times 10^2 \Omega \cdot cm$。

（2）金属纤维　与金属粉末相比，金属纤维有较大的长径比和接触面积，在相同填充量的情况下，易形成导电网络，其电导率也较高。常用的金属纤维主要有黄铜纤维、铝纤维、不锈钢丝及合金纤维等，其中以黄铜纤维使用最广。金属纤维的优点为导电性能好、加入量低；其缺点为加工时易折断、易被氧化、密度大及价格昂贵。

金属纤维的 L/D 越大，其导电效果越好。铜纤维导电效果十分好，例如，L/D 分别为 125∶1 和 250∶1 的两种铜纤维，在 HDPE 中分别加入 1.5%（体积分数）和 0.4%（体积分数），可达到 40dB 的屏蔽效果；再如 PVC 中加入 12%～25% 黄铜纤维，其体积电阻率为 $1 \times 10^{-3} \sim 3.2 \times 10^{-2} \Omega \cdot cm$；在 PP 中用量为 10% 时，其体积电阻率可达 $10^{-2} \Omega \cdot cm$。

不锈钢纤维的强度高，成型中长径比保持好，抗氧化性好，导电性虽不突出但持久，也比较常用。PP 中加入 6% 直径为 $7\mu m$ 的不锈钢纤维，屏蔽效能（SE）值可达到 40dB。在具体应用中，应用最多的为铜纤维，其次为铝和不锈钢纤维。

不锈钢纤维填充 PP 导电配方

PP	53%	不锈钢纤维	35%
滑石粉	10%	EBS	0.5%
抗氧剂 1010/168	0.3%	其他	1.2%

相关性能：表面电阻为 $10^4 \Omega$，不翘曲，耐磨。

在具体应用中，金属类导电材料应注意如下几个问题：

① 氧化性问题。在实际应用中，铜、铝和铁的粉末和纤维的表面都会受到氧化的影响，使其导电性迅速下降；而且其粒度越小，氧化越严重；只有在真空条件下保存或加工，才可保持其原有导电性；不锈钢材料抗氧化，但导电性不高；导电性好的金属中，金不易氧化，银次之，镍的氧化速度低，但这些金属的价格偏高；锡类材料的抗氧化性较好，导电性优良，并可在加工中塑化。概括起来，金属导电材料的氧化性大小顺序为：金＜银＜不锈钢＜锡＜镍＜铁＜铜＜铝。

在实际操作中，为防止黄铜氧化，可将其在卤素的非水溶液中处理后再添加。

② 断纤维问题。各类金属纤维在加工中都存在断纤的可能，常用金属的断纤程度大小顺序为：铝纤维＞铝片＞铜纤维≈不锈钢纤维。因此加工时，金属纤维最好从排气孔加料，直接加入熔融物料中，以降低摩擦和断纤率。另外，在纤维表面镀一层镍和铬，可降低断纤概率。

③ 几何形状问题。从导电性来看，纤维状最好，片状次之，粒状最次，但纤维状和片状的加工工艺要求高，所以粒状应用也比较广泛。为获得高的导电性能，粒状填料的粒度尽可能小，一般要在 $100\mu m$ 以下。

④ 磁化处理问题。金属类导电材料经过磁化处理后，可提高其导电效果。因为在外磁场的作用下，金属材料易沿磁力线分布，形成导电通路，导电性迅速提高。所以，在磁场作用下加工金属类导电复合材料，可获得高导电性材料。

⑤ 密度问题。金属的密度大，使复合制品的密度大幅度增加。

⑥ 熔点问题。如金属导电材料的熔点低于树脂熔点，通过调整加工条件，可使复合体系形成互穿网络，此体系可使导电性能和力学性能显著改善。比树脂熔点低的金属为锡、铅及其合金类，如锡锌合金在 PP 中加入 35%，可形成互穿网络复合体系，其体积电阻率仅为 0.3Ω·cm。比同类型的铝/PP 导电复合材料冲击强度高 3 倍，拉伸强度高 3 倍，导电性高 200 倍。

⑦ 界面分离问题。金属与塑料的线膨胀系数差别很大，界面相容性差，因此温度变化时，易出现界面分离现象，影响复合材料的性能。

（3）金属氧化物　主要品种有氧化锌、二氧化硅、氧化铅、氧化锡、二氧化钛及三氧化二钒等。其导电性不如纯金属，虽不存在加工氧化问题，但加入量大时影响力学性能。金属氧化物因电性能一般，主要用作抗静电添加剂。

氧化锌晶须具有独特的立体四针状结构和特有的半导体性能，具有添加量少、效果稳定持久、各向同性和颜色可调等优点，应用前景诱人。日本松下公司氧化锌晶须产品见表 12-9。

表 12-9　氧化锌晶须抗静电复合材料的性能

基础树脂	表面电阻率/Ω	体积电阻率/Ω·cm	基础树脂	表面电阻率/Ω	体积电阻率/Ω·cm
PP	$10^3 \sim 10^5$	—	PC	—	$10^{-1} \sim 10^2$
PS	$10^6 \sim 10^{11}$	—	PBT	$10^3 \sim 10^5$	—
ABS	—	$10^{-1} \sim 10^2$	PPS	$10^3 \sim 10^8$	—

在 PVC 中加入 5%氧化锌晶须，复合材料的体积电阻率在 10^{10}Ω·cm 以下。在 PP 中加入 10%~12%氧化锌晶须，复合材料的体积电阻率在 10^9Ω·cm 以下。但晶须的价格比较昂贵。

金属氧化物为半导体粉末，用其可制成压敏材料，低压时为绝缘体，当电压达到击穿电压时，转化为稳压导体，电压消失后又恢复原样。压敏材料用于另种导体之间，既作为绝缘材料，又能在静电产生高压时泄漏电荷，如爆破器材、导弹和火箭发射装置的部件。

3. 金属涂覆材料

将金属涂覆在无机物及金属氧化物上面即为金属涂覆材料。被涂覆材料主要有云母、GF、玻璃丝、氧化锡、玻璃微球（尺寸：实心 15~40μm，空心 30~400μm）及陶瓷微球等，可涂覆的金属有 Al、Zn、Ti、Cr、Co、Ni、Cu、Mo、Sn、Rh、Po、Ag、Ta、Pt、Au 等。常用的金属涂覆材料有镀镍云母、镀镍碳纤维、银包覆玻璃纤维、铜包覆石墨纤维、镀镍石墨纤维、镀锑的氧化锡（Sb/SnO₂，无色，可用于透明制品）、镀锑的氧化锡和二氧化钛等。金属涂覆材料的导电性好，如添加 30%银包覆的玻璃微球，表面电阻可达 10Ω；镍包覆云母，加入 50%时表面电阻可达 1Ω；镀金属镍的碳纤维导电性比碳纤维可增大 50~100 倍。

4. 导电聚合物

导电聚合物又称为结构型导电高分子材料，它是大分子链上含有共轭双键的结晶性聚合物。导电聚合物一般为不饱和聚合物，主要包括聚苯胺、聚乙炔、聚吡啶、聚对亚苯、聚噻吩、聚喹啉、聚对苯硫醚等共轭高分子（见表 12-10）。这些高分子由于结构中含有共轭双键，π 电子可以在分子链上自由运动，载流子迁移率很大，因而这类材料具有高电导率。从根本上讲，这类导电高分子材料本身就可以作为抗静电材料，但由于这类高分子一般分子刚性大、难溶难熔、成型困难、易被氧化且稳定性差，无法直接单独应用，因而一般只是作为导电填料，与其他高分子基体进行共混，制成抗静电复合材料。由于导电聚合物成本较高，因此一般不作为常用导电填料。常用导电聚合物见表 12-10。

表 12-10　常用导电聚合物

类　别	品　种	类　别	品　种
多烯共轭高分子	反式聚乙炔、顺式聚乙炔、聚乙二炔等	杂链高分子	聚苯胺、聚对苯硫醚等
芳香共轭高分子	苯基聚苯等	共聚型高分子	聚苯、聚乙烯基苯、聚二噻吩丁二烯等
杂环共轭高分子	聚吡咯、聚噻吩、聚喹啉等		

这类聚合物其纯树脂的导电性不是十分高，但进行掺杂处理后，导电性可大大提高。常用的掺杂材料有碘、五氟化砷、五氟化硼、三氯化铝等。掺杂的原理一般认为是掺杂材料吸附导电聚合物分子链上的电子，在分子链上形成一个带正电荷的"空穴"通道，使电流通行无阻。

二、导电添加剂的选用原则

（1）按导电添加剂的导电性大小选用　尽可能选择临界阈值小的导电材料，即选用导电性好，长径比大的导电材料。如在 PP 中加入 10%～15%（体积分数）金属纤维或 40%（体积分数）金属粉，都可达到 40dB 的屏蔽效果；但金属纤维的临界阈值远远小于金属粉末，是导电复合材料的首选。同是金属纤维，因尽可能选用长径比大的品种。

（2）按制品导电要求选用　复合材料的体积电阻率要求在 $100\Omega\cdot cm$ 以上，可用炭黑；体积电阻率要求在 $100\Omega\cdot cm$ 以下，应选用金属类；体积电阻率要求在 $10^{-2}\Omega\cdot cm$ 以下，应选用金和银类金属材料。

（3）按制品颜色选用　黑色制品可选用所有材料，浅色制品可选用银、铝、氧化锌及碳纤维等，透明制品目前尚无合适导电材料可选。

（4）按制品力学性能要求选用　力学性能要求高，可选具有增强作用的金属纤维类。

（5）按对树脂降解的影响选用　铜材料在 PP 和 PC 中加入，会催化降解反应，所以在 PP 和 PC 中应尽量少用。

（6）树脂对导电添加剂具有选择性　具体见表 12-11。

（7）导电材料的复合搭配　以 LDPE 为例，单独加入炭黑的渗滤阈值为 28%，与金属纤维协同加入的渗滤阈值为 20%，由此可见炭黑与金属纤维存在协同作用。

表 12-11　不同树脂与导电添加剂的关系

树脂	PA66	PC	PC/ABS	PP	PVC	PET	PS
导电剂	铝片、炭黑	铝片	铝片	铝片、炭黑	铝片	炭黑	铝片

三、基体材料的选用原则

同一种导电材料在不同的基体材料中的导电效果不同，其临界阈值也不同。这主要取决于基体树脂的本身性能，具体体现在如下几方面：

① 基体树脂的结晶度越高，导电性越好，临界阈值越低。这是因为导电添加剂优先分散在非晶区域内，结晶度越高的树脂，其非结晶区域越小，导电添加剂的分散浓度越高，导电性越好。从这一点上看，在不同树脂中，添加等量同一导电添加剂，其导电性大小顺序如下：PP＞PA＞HDPE＞LLDPE＞LDPE＞SPVC＞ABS＞PS＞PC。

② 基体树脂的交联度越高，越不利于导电添加剂的均匀分散，妨碍了炭黑粒子之间的接触，破坏了导电结构，从而导致体积电阻率升高。如银粉在 PF 树脂中的临界阈值高达 38%（体积分数），铁粉在 EP 树脂中的临界阈值高达 40%（体积分数），而铁粉在 PI 树脂中的临界阈值仅为 20%（体积分数）。

③ 基体树脂的极性越大，炭黑的临界阈值越高，意味着体系的导电性下降。因为炭黑表面含有很强的极性基团，如基体的极性也很强，会妨碍导电粒子的自身凝集，导致导电性差。PMMA、PS 极性要比 PP、HDPE、LDPE 大，与炭黑的极性接近，所以达到相同的导电效果需要更多的炭黑。EVA 也一样，随着 VA 含量的增大，极性增大，炭黑含量的临界阈值提高。

④ 基体树脂的表面张力越小，与导电添加剂的相容性越好，复合材料的导电性越高。

⑤ 基体树脂的黏度降低，复合材料的导电性变好。

其他如基体树脂的润湿性、流变性都对复合材料的导电性有所影响。

四、其他助剂的选用原则

（1）冲击类　随着炭黑等无机导电填料加入量的增大，复合材料的冲击强度迅速下降，为保证复合材料的力学性能，需加入冲击改性剂。依基体树脂的不同，选用相应的弹性体材料。

（2）加工类　无机导电填料也会相应导致共混物流动性下降，特别是填充量较大时。加入润滑剂如硬脂酸等，可改善其加工流动性。

（3）分散类　分散剂不仅可以提高填料的分散性，还可以改善材料的加工性能。硅烷类、钛酸酯类、胺类、表面活性剂等都是常用的分散剂。

（4）增效剂　加入少量细无机盐、无机氧化物、有机酸、多元醇等，可起到成核剂的作用，降低结晶尺寸，提高结晶度，从而提高其导电性能。

（5）弹性体　在导电配方中加入弹性材料，可提高其导电性，尤其是在结晶度低的树脂中，其提高幅度更明显。如在 LDPE 中加入 20%EVA，其导电性明显提高。常用的弹性体材料有乙烯-乙酸乙烯酯、聚硅氧烷、聚异戊二烯、氟橡胶及乙烯橡胶等。

五、塑料导电配方设计实例

（1）炭黑填充导电 PP

PP	75%	导电炭黑	15%
硅烷偶联剂	0.2%	POE	5%
POE-g-MAH	4%	EBS	0.5%
抗氧剂 1010/168	0.3%		

相关性能：此配方的体积电阻率为 $10^4 \sim 10^5 \Omega \cdot cm$。

（2）LDPE 弹性体增效导电配方　见表 12-12。

表 12-12　LDPE 弹性体增效导电配方

树脂	炭黑	弹性体	体积电阻率/$\Omega \cdot cm$
LDPE(80%)	乙炔黑(20%)	0	3×10^5
LDPE(60%)	乙炔黑(20%)	聚异丁烯 P-118(20%)	9×10^0
LDPE(60%)	乙炔黑(20%)	丁腈橡胶(20%)	2×10^0
LDPE(60%)	乙炔黑(20%)	EPDM(20%)	2×10^{-1}
LDPE(60%)	乙炔黑(20%)	氟橡胶(20%)	1.6×10^{-1}
HDPE(80%)	乙炔黑(20%)	0	2×10^3
HDPE(60%)	乙炔黑(20%)	氨基甲酸乙酯橡胶(20%)	4.9×10^{-1}
PP(80%)	乙炔黑(20%)		10^1

（3）碳纤维导电屏蔽聚合物配方

PA（PC）	84%	镀镍碳纤维	15%
抗氧剂 1076/168	0.3%	润滑剂	0.5%
其他	0.2%		

相关性能：电磁屏蔽可达到 44dB。

（4）云母导电屏蔽 PP 配方

PP	74%	镀镍率50%的云母片	25%
抗氧剂 1010/168	0.3%	润滑剂	0.7%

相关性能：电磁屏蔽可达 40dB。

（5）石墨纤维导电屏蔽 ABS 配方

ABS	59%	镀镍石墨纤维（厚 0.5μm）	40%
抗氧剂 1076/168	0.3%	润滑剂	0.7%

相关性能：电磁屏蔽可达 80dB。

（6）不同树脂黄铜纤维导电复合材料（日本种纺公司）配方　具体配方及其性能见表 12-13。

（7）不同树脂铁纤维导电复合材料（日本种纺公司）配方　具体配方及其性能见表 12-14。

表 12-13　不同树脂黄铜纤维导电复合材料配方及其性能

树脂	PA6	PA66	ABS
黄铜纤维(体积分数)	10%~15%	10%~15%	10%~15%
相对密度	1.84	1.84	1.78
拉伸强度/MPa	74	68	35
弯曲强度/MPa	113	177	55
断裂伸长率/%	4	4	2
缺口冲击强度/(J/m)	78	39	79
体积电阻率/$\Omega \cdot cm$	7×10^{-3}	5×10^{-2}	6×10^{-3}
热变形温度/℃	183	196	179

表 12-14　不同树脂铁纤维导电复合材料配方及其性能

树脂	PA6	PC	PP
铁纤维(体积分数)	20%～27%	20%～27%	20%～27%
相对密度	2.13	1.77	1.87
拉伸强度/MPa	69	28	64
弯曲强度/MPa	111	45	103
断裂伸长率/%	3	5	2
缺口冲击强度/(J/m)	80	80	50
体积电阻率/Ω·cm	$3×10^{-3}$	$4×10^{-2}$	$3×10^{0}$
热变形温度/℃	179	188	142

（8）碳纤维 HDPE 复合导电塑料配方

HDPE	69%	碳纤维	30%
EBS	0.7%	抗氧剂 1010/168	0.3%

相关性能：配方体积电阻率为 10^{2} Ω·cm。

（9）PP/膨化石墨复合导电材料配方

PP	94%	膨化石墨	5%
EBS	0.7%	抗氧剂 1010/168	0.3%

相关性能：配方体积电阻率为 $6.3×10^{4}$ Ω·cm。

思考题

1. 抗静电和导电的区别是什么？
2. 抗静电剂的作用机理是什么？
3. 不同种类的抗静电剂对环境湿度的敏感性有何差异？
4. 导电填料有哪几种？
5. 使用导电填料时，原来的塑料配方如何调整？
6. 哪些导电填料可制得非黑色制品？

附 录
缩略语

AA—丙烯酸（接枝单体）

ABS—丙烯腈-丁二烯-苯乙烯共聚物（树脂）

AC—偶氮二甲酰胺（发泡剂）

ACR—甲基丙烯酸甲酯共聚物（助剂）

ACR-201—甲基丙烯酸甲酯-丙烯酸酯共聚物（加工助剂）

ACR-LS—丙烯酸酯的共聚物（增韧剂）

AFRP—芳纶纤维增强塑料

Al-Ni-Fe（Al-Ni-Co-Fe）—铝镍钴类磁粉（磁性填料）

$Al(OH)_3$—氢氧化铝（阻燃剂）

AM—丙烯酰胺（接枝单体）

AM-101—2,2'-硫代双(4-叔辛基酚氧基)镍(光猝灭剂)

AMS—α-甲基苯乙烯低聚物（加工助剂）

APP—聚磷酸铵（阻燃剂）

AS—丙烯腈-苯乙烯共聚物（透明树脂）

AST-121—有机锑类热稳定剂（热稳定性）

AST-130—有机锑类热稳定剂（热稳定性）

AST-218—有机锑类热稳定剂（热稳定性）

ATBC—乙酰柠檬酸三丁酯（增塑剂）

ATES—γ-氨基丙基三乙氧基硅烷（交联剂）

ATMS—γ-双氨基丙基三甲氧基硅烷（交联剂）

ATH—氢氧化铝（阻燃剂）

A-0800—γ-氨基丙基三甲氧基硅烷

A-1160—γ-脲基丙基三乙氧基

A-143—γ-氯丙基三甲氧基硅烷（偶联剂）

A-150—乙烯基三氯硅烷（偶联剂）

A-151—乙烯基三乙氧基硅烷（偶联剂）

A-171—乙烯基三甲氧基硅烷（偶联剂）

A-172—乙烯基三（β-甲氧基乙氧基）硅烷（偶联剂）

A-186—β-(3,4-环氧环己基)乙基三甲氧基硅烷

A-174(KH-570)—γ-(甲基丙烯酰氧基)丙基三甲氧基硅烷（偶联剂）

A-187(KH-560)—γ-(2,3-环氧丙氧基)丙基三甲氧基硅烷（偶联剂）

A-1000(KH-550)—γ-氨丙基三乙氧基硅烷（偶联剂）

A-188—乙烯基三乙酰氧基硅烷（偶联剂）

BA—丙烯酸丁酯（接枝单体）

BAD—对,对'-异亚丙基双酚双水杨酸酯（光稳定剂）

Ba/Zn—钡/锌复合稳定剂

Ba/Cd/Zn—钡/镉/锌复合稳定剂

BaSt—硬脂酸钡（热稳定剂）

BDOP—2-(2-氧代-4,5-苯并-1,3,2-二氧杂磷杂环戊基)-2-丙醇（阻燃剂）

BER—溴化环氧树脂（阻燃剂）

BBP—邻苯二甲酸丁苄酯（增塑剂）

BF—硼纤维（增强材料）

BHT—双羟基甲基醚（吸氧剂）

BHT—2,6-二叔丁基对甲酚（阻聚剂）

BHT—抗氧剂264

BMC—整体模塑料（预制UP加工料）

BMI—双马来酰亚胺（交联剂）

BPP—磷酸三-2,4-二溴苯基酯（阻燃剂）

BPO—过氧化苯二甲酰（交联剂）

BPS—溴化聚苯乙烯（阻燃剂）

BR—顺丁橡胶（增韧剂）

BS—硬脂酸正丁酯（润滑剂）

BTBPIE—双（四溴邻苯甲酰亚氨基）乙烷（阻燃剂）

BTBPOE—双（三溴苯氧基）乙烷（阻燃剂）

BTMPI—溴代三甲基苯基氢化茚（阻燃剂）

BW-10LD—丁二酸与 4-羟基-2,2,6,6-四甲基-1-哌啶醇的聚合物（光稳定剂）

CA—1,1,3-三（2-甲基-4-羟基-5-叔丁基苯基）丁烷（抗氧剂）

$CaCO_3$—碳酸钙（填料）

Ca/Zn—钙/锌复合稳定剂

CaSt—硬脂酸钙（稳定剂、润滑剂）

CdSt—硬脂酸镉（稳定剂、润滑剂）

CF—碳纤维（增强材料）

CFRP—碳纤维增强塑料

Charpy 试验法—简支梁冲击试验法

CHP—过氧化氢异丙苯（引发剂）

COPA—三元共聚尼龙，PA6/PA66/PA1010 质量比例为 10/20/70 的共聚物（POM 增韧剂）

CNTs—碳纳米管（增强材料、导电填料）

CPE—氯化聚乙烯（树脂）

CPVC—氯化聚氯乙烯

CR（CIIR）—氯丁橡胶

CuO—氧化铜（阻燃剂）

C_6H_6—苯（可燃性气体）

DBDPO—十溴二（联）苯醚（阻燃剂）

DBP—邻苯二甲酸二丁酯（增塑剂）

DBS—癸二酸二丁酯（增塑剂）

DBTI（DBTDL）—二月桂酸二正丁基锡（稳定剂、催化剂）

DCP—过氧化二异丙苯（交联剂）

DBPH—2,5-二甲基-2,5-二（叔丁过氧基）己烷（交联剂）

DCRP—得克隆（阻燃剂）

DEDB—二甘醇二苯甲酸酯（增塑剂）

DHP—邻苯二甲酸二庚酯（增塑剂）

DHS—癸二酸二正己酯（增塑剂）

DIBP—邻苯二甲酸二异丁酯（增塑剂）

DIDP—邻苯二甲酸二异癸酯（增塑剂）

DIOP—邻苯二甲酸二异辛酯（增塑剂）

DL-411-A—铝酸酯偶联剂（偶联剂）

DL-411-AF—铝酸酯偶联剂（偶联剂）

DL-411-D—铝酸酯偶联剂（偶联剂）

DL-411-DF—铝酸酯偶联剂（偶联剂）

DL-411—铝酸酯偶联剂（偶联剂）

DL-411-B—铝酸酯偶联剂（偶联剂）

DL-411-C—铝酸酯偶联剂（偶联剂）

DL-451-A—铝酸酯偶联剂（偶联剂）

DLTP（DLTDP）—硫代二丙酸二月桂酸酯（抗氧剂）

DMDPB—2,3-二甲基-2,3-二苯基丁烷（交联剂）

DMF—N,N-二甲基甲酰胺（溶剂、交联抑制剂）

DMP—邻苯二甲酸二甲酯（增塑剂）

DMMP—甲基膦酸二甲酯（阻燃剂）

DNP—邻苯二甲酸二壬酯（增塑剂）

DNP—N,N'-二（β-萘基）对苯二胺（抗氧剂）

DNOP—邻苯二甲酸二正辛酯（增塑剂）

DOA—己二酸二辛酯（增塑剂）

DOP—邻苯二甲酸二辛酯（增塑剂）

DOPO—9,10-二氢-9-氧杂-10-磷杂菲-10-氧化物（阻燃剂中间体）

DOS—癸二酸二辛酯（增塑剂）

DOTP—对苯二甲酸二辛酯（增塑剂）

DOZ—壬二酸二辛酯（增塑剂）

DPGDB—二丙二醇二苯甲酸酯（增塑剂）

DPOP—磷酸二苯异辛酯（增塑剂）

DSTP（DSTDP）—硫代二丙酸十八酯（抗氧剂）

DTBP—叔丁基过氧化物（交联剂）

DVB—二乙烯基苯（助交联剂）

EA—丙烯酸乙酯（接枝单体）

EAA—乙烯-丙烯酸共聚物（相容剂）

EMA—乙烯-甲基丙烯酸酯共聚物（相容剂）

EBS—N,N'-亚乙基双硬脂酸酰胺（润滑剂、光亮剂）

EBO—亚乙基双油酸酰胺（润滑剂）

ED3—环氧脂肪酸辛酯（增塑剂）

EEA—乙烯-丙烯酸乙酯共聚物（树脂）

EGMA—乙二醇-二甲基丙烯酸甲酯共聚物（相容剂）

EPDM—三元乙丙橡胶（乙烯-丙烯-二烯烃三元共聚物）

EP—环氧树脂

EPR—乙丙橡胶（乙烯-丙烯二元共聚物）

EPS—可发性聚苯乙烯（树脂）

ESO—环氧大豆油（增塑剂）

EVA—乙烯-乙酸乙烯共聚物（树脂）

EVOH—乙烯/乙烯醇共聚物（树脂，具有阻隔性）

F_4—聚四氟乙烯（树脂）

FDA—美国食品和药物管理局

GF—玻璃纤维（增强材料）

GFRP—玻璃纤维增强塑料

GMA—甲基丙烯酸缩水甘油酯（接枝单体）

GW-944—受阻胺类（光稳定剂）

GW-3346—含三嗪受阻胺缩合物（光稳定剂）

GW-622（BW-10LD）—丁二酸与 4-羟基-2,2,6,6-四甲基-1-哌啶醇的聚合物（光稳定剂）

GW-744—4-苯甲酰氧基-2,2,6,6-四甲基哌啶（光稳定剂）

GW-540—亚磷酸三（1,2,2,6,6-五甲基哌啶）酯（光稳定剂）

GW-508（Tinuvin292）—双（1,2,2,6,6-五甲基-4-哌啶基）癸二酸酯（光稳定剂）

GW-608—N-三乙酸（2,2,6,6-四甲基-4-哌啶基）酯（光稳定剂）

GW-650—N-三乙酸（1,2,2,6,6-五甲基-4-哌啶基）酯（光稳定剂）

GW-770—双（2,2,6,6-四甲基哌啶基）癸二酸酯（光稳定剂）

光稳定剂 2002—双（3,5-二叔丁基-4-羟基苄基膦酸单乙酯）镍

光稳定剂 944—聚{[6-[(1,1,3,3,-四甲基丁基）氨基]-1,3,5-三嗪-2,4-二基][(2,2,6,6-四甲基哌啶基）亚氨基]-1,6-己烷二基[(2,2,6,6-四甲基哌啶基)-亚氨基]}（光稳定剂）

光稳定剂 622—聚［1-(2-羟乙基)-2,2,6,6-四甲基-4-羟基哌啶丁二酸酯］（光稳定剂）

HALS—受阻胺类光稳定剂

HBCD—六溴环十二烷（阻燃剂）

HDPE—高密度聚乙烯（树脂）

HIPP—高抗冲聚丙烯（树脂）

HIPS—高抗冲聚苯乙烯（树脂）

HPVC—硬质聚氯乙烯（树脂）

HPB—氢化聚丁烯（树脂）

HQ—对苯二酚（阻聚剂）

HSt(SA)—硬脂酸（润滑剂）

IBR(PIB)—聚异丁烯（树脂）

IFR—膨胀型阻燃剂

IIR—丁基橡胶

Izod 试验法—悬臂梁冲击强度试验

K 树脂—苯乙烯-丁二烯（75/25）共聚物

KH-550—γ-氨基丙基三乙基硅烷

KH-560—同 A-187

KH-570—同 A-174

KH-580—同 A-1891

KH-590—同 A-189

KR TTS—单烷氧型钛酸酯偶联剂

KR44—单烷氧型钛酸酯偶联剂

KR12—单烷氧型钛酸酯偶联剂

KR38S—单烷氧型钛酸酯偶联剂

KR138S—螯合型钛酸酯偶联剂

KR212—同 KR138S

KR238S—同 KR138S

KR41B—配位型钛酸酯偶联剂

KR55—同 KR41B

KR238M—季铵盐型钛酸酯偶联剂

KR262M—同 KR238M

LA-57—四（2,2,6,6-四甲基-4-哌啶基)-1,2,3,4-丁烷四羧酸酯（光稳定剂）

LCP—液晶聚合物

L/D—长径比

LDPE—低密度聚乙烯（树脂）

LFRT—长纤维增强热塑性塑料（改性塑料）

LGFPA—长纤维增强 PA（改性塑料）

LGFPP—长纤维增强聚丙烯

LiSt—硬脂酸锂（润滑剂）

LLDPE—线型低密度聚乙烯（树脂）

MAH—顺丁烯二酸酐（马来酸酐）（固化剂、接枝单体）

MBS—甲基丙烯酸甲酯-丁二烯-苯乙烯共聚物（透明增韧剂）

MF—三聚氰胺甲醛树脂（蜜胺树脂）

M-50—石油磺酸苯酯（增塑剂）

MgO—氧化镁（阻燃剂）

Mg(OH)$_2$—氢氧化镁（阻燃剂）

MCA—三聚氰胺氰脲酸盐（或代号 MC）（阻燃剂）

MPP—三聚氰胺磷酸盐（阻燃剂）

MMA-S—甲基丙烯酸甲酯-苯乙烯共聚物（树脂）

MMA—甲基丙烯酸甲酯（接枝单体）

mPE—茂金属聚乙烯（树脂）

MTES—5-巯基丙基三乙氧基硅烷（交联剂）

MTCA—大分子型钛酸酯类偶联剂

MTMS—γ-巯基丙基三甲氧基硅烷（交联剂）

NBR—丁腈橡胶

NBPAN—新戊二醇对苯二胺双磷酸酯（阻燃剂）

NPM—新戊二醇磷酸酯蜜胺盐（阻燃剂）

NDZ—烷氧焦磷酰氧基钛酸异丙酯（钛酸酯偶联剂）

NL-1—水杨酸苯酯（光稳定剂）

NMR—核磁共振法（试验方法）

NR—天然橡胶

OA—油酸（接枝单体）

OI—氧指数（或者 LOI）

OPE—氧化聚乙烯（润滑剂、分散剂）

OPS—水杨酸对辛基苯酯（光稳定剂）

PA—聚酰胺（树脂）

PA6—聚己内酰胺（树脂）

PA66—聚己二胺己二酸（树脂）

PA610—聚己二胺癸二酸（树脂）

PA1010—聚癸二胺癸二酸（树脂）

PAE—邻苯二甲酸酯类（增塑剂）

PAN—聚丙烯腈（树脂）

PB—聚丁烯（橡胶）

PBI—聚苯并咪唑（耐热树脂）

PBO—聚 2,6-二溴苯醚（阻燃剂）

PBQ—对苯醌（阻聚剂）

PbSt—硬脂酸铅（热稳定剂、润滑剂）

PBT—聚对苯二甲酸丁二醇酯（树脂）

PC—聚碳酸酯（树脂）

PCL—聚 ε-己内酯（生物降解树脂）

PDBPO—聚二溴苯醚（阻燃剂）

PDBS—聚二溴苯乙烯（阻燃剂）

PDMS—含硅高分子化合物

PE—聚乙烯（树脂）

PEO—聚氧化乙烯（树脂）

PEPA—1-氧代-4-羟甲基-1-磷杂-2,6,7-三氧杂双环
〔2,2,2〕辛烷（阻燃剂）

PET—聚对苯二甲酸乙二醇酯（树脂）

PETA—季戊四醇三丙烯酸酯（敏化剂）

PETS—季戊四醇硬脂酸酯（润滑剂）

PF—酚醛树脂

PI—聚酰亚胺（树脂）

抗氧剂 PKB-215（B-215）—抗氧剂 KY-7910 与抗氧
剂 168 的复合物

抗氧剂 PKB-900（B-900）—抗氧剂 KY-7920 与抗氧
剂 168 的复合物

PLA—聚乳酸（生物降解树脂）

PMMA—聚甲基丙烯酸甲酯（树脂）

PO—聚烯烃（树脂）

POM—聚甲醛（树脂）

PP—聚丙烯（树脂）

PPBBA—聚丙烯酸五溴苄酯（阻燃剂）

PPO—聚苯醚（树脂）

PPS—聚苯硫醚（树脂）

PS—聚苯乙烯（树脂）

PSF—聚砜（树脂）

PTFE—聚四氟乙烯

PTW—乙烯-丙烯酸正丁酯-缩水甘油酯共聚物（相
容剂）

PTZ—锆钛酸铅（压电添加剂）

PU（PUR）—聚氨酯（树脂）

PVA—聚乙烯醇（水溶性树脂）

PVC—聚氯乙烯（树脂）

PVDC—聚偏氯乙烯（阻隔树脂）

PX_3—三卤化磷（阻燃剂）

P83—粉末丁腈橡胶（增韧剂）

RIF—无机刚性增韧材料（改性塑料）

RMB—间苯二酚单苯甲酸酯（光稳定剂）

ROF—有机刚性增韧材料（改性塑料）

SAN—苯乙烯-丙烯腈共聚物

SAG—苯乙烯-丙烯腈-甲基丙烯酸缩水甘油酯共聚
物（相容剂）

SANS—小角中子散射法（试验方法）

SEM—扫描电子显微镜（试验仪器）

SBS—苯乙烯-丁二烯-苯乙烯嵌段共聚物

SEBS—苯乙烯-乙烯-丁二烯-苯乙烯嵌段共聚物

Sm-Fe-N—钐铁氮类磁粉

SBR—丁苯橡胶

SbX_3—三卤化锑（阻燃剂）

Sb_2O_3—三氧化二锑（阻燃剂）

SiO_2—二氧化硅（添加剂）

SMA—苯乙烯-顺丁烯二酸酐共聚物

SMC—片状模塑料（预制 UP 加工料）

$SnCl_4$—四氯化锡（阻燃剂）

$SnBr_4$—四溴化锡（阻燃剂）

SnI_4—四碘化锡（阻燃剂）

SPVC—软质聚氯乙烯（树脂）

SR231—二乙二醇二甲基丙烯酸酯（敏化剂）

TAF—改性 EBS（润滑剂，可改善玻璃纤维外露）

TAIL—三烯丙基异氰脲酸酯（增敏剂）

TBBPA—四溴双酚 A（阻燃剂）

TBC—柠檬酸三丁酯（增塑剂）

TBC—对叔丁基邻苯二酚（阻聚剂）

TBPO—过氧化-2-乙基己酸叔丁酯（引发剂）

TBS—水杨酸对叔丁基苯酯（光稳定剂）

TCEP—磷酸三（α-氯乙基）酯（阻燃剂）

TDBPPE（PB-460）—磷酸三（2,4-二溴苯基）酯

（阻燃剂）

TCP—磷酸三甲苯酯（阻燃剂）

TDBPP—磷酸三（2,3-二溴-1-丙基）酯（阻燃剂）

TCPP—磷酸三（1,3-二氯-2-丙基）酯（阻燃剂）

TGIC—三聚氰酸三缩水甘油胺（阻燃协效剂）

TEM—透射电子显微镜（试验仪器）

TAS-2A—EBS改性塑料润滑剂（润滑剂）

TiO_2—二氧化钛（着色剂、填料）

TLCP—热致液晶聚合物（树脂）

TMPTM—三甲基丙烯酸三羟甲基丙酯（增敏剂）

TEGDM—二甲基丙烯酸四甘醇酯（增敏剂）

TMPTMA—三羟甲基丙烷三甲基丙烯酸酯（增敏剂）

TMPTA—三羟基丙烯酸酯（增敏剂）

TAIC—三烯丙基异氰脲酸酯（增敏剂）

TNPP—亚磷酸三（壬基苯基酯）（抗氧剂）

TOP—磷酸三辛酯（增塑剂）

TOPM—均苯四酸四辛酯（增塑剂）

TOTM—偏苯三酸三辛酯（增塑剂）

TPE—热塑性弹性体（树脂）

TPP—磷酸三苯酯（增塑剂）

TPO—聚乙烯类弹性体（树脂）

TPU—聚氨酯热塑性弹性体（树脂）

TTS—钛酸酯偶联剂

TTBNP—磷酸三［2,2-二（溴甲基)-3-溴丙基］酯（膨胀型阻燃剂）

T-50—烷基磺酸苯酯（增塑剂）

UHMWPE—超高分子量聚乙烯（树脂）

UP—不饱和聚酯（树脂）

UV-9—2-羟基-4-甲氧基二苯甲酮（光稳定剂）

UV-P—2-(2-羟基-5-甲基苯基）苯并三唑（光稳定剂）

UV-327—2-(2′-羟基-3′,5′-二叔丁基苯基)-5-氯苯并三唑（光稳定剂）

UV-326—2-(2′-羟基-3′-叔丁基-5′-甲基苯基)-5-氯苯并三唑（光稳定剂）

UV-366—2-(2′-羟基-4′-苯甲酰氧基苯基)-5-氯-2H-苯并三唑（光稳定剂）

UV-1164—2-[4,6-双（2,4-二甲基苯基)-1,3,5-三嗪-2-基]-5-辛氧基酚（光稳定剂）

UV-1577—2-(4,6-二苯基-1,3,5-三嗪-2-基)-5-正己烷氧基苯酚（光稳定剂）

UV-BAD—4,4′-亚异丙基双（苯酚水杨酸酯）（光稳定剂）

UV-TBS—水杨酸对叔丁基苯酯（光稳定剂）

UV-531—2-羟基-4-辛氧基二苯甲酮（光稳定剂）

UV-120—3,5-二叔丁基-4-羟基苯甲酸-2,4-二叔丁基苯酯（光稳定剂）

UV-2908—3,5-二叔丁基-4-羟基苯甲酸正十六酯（光稳定剂）

UV-1084—2,2′-硫代双（对叔辛基苯酚）镍-正丁胺络合物（光猝灭剂）

VAC—乙酸乙烯酯（单体）

VLDPE—极低密度聚乙烯（树脂）

VMMS—3-异丁烯酰丙基三甲氧基硅烷（硅烷接枝剂）

VTES—乙烯基三乙氧基硅烷（硅烷接枝剂）

VTMS—乙烯基三甲氧基硅烷（硅烷接枝剂）

WPC—热塑性木塑复合材料（塑料）

ZB—硼酸锌

ZnSt—硬脂酸锌（热稳定剂、润滑剂）

ZnOw—氧化锌晶须（导电填料）

ZS—锡酸锌（阻燃剂）

ZHS—含水锡酸锌（阻燃剂）

参 考 文 献

[1] 王文广.塑料配方设计 [M].北京：化学工业出版社，2004.

[2] 齐贵亮.塑料改性实用技术 [M].北京：机械工业出版社，2015.

[3] 周祥兴.中国塑料制品配方大全 [M].北京：中国物资出版社，1999.

[4] 罗河胜.塑料改性与实用工艺 [M].广州：广东科技出版社，2007.

[5] 杨中文.塑料用树脂与助剂 [M].北京：印刷工业出版社，2009.

[6] 桑永.塑料材料与配方 [M].北京：化学工业出版社，2011.

[7] 天津轻工业学院编.塑料助剂 [M].北京：中国轻工业出版社，1997.

[8] 郑德，黄锐.稳定剂 [M].北京：国防工业出版社，2011.

[9] 欧育湘，李建军.阻燃剂——性能、制造及应用 [M].北京：化学工业出版社，2008.

[10] 郑德，李杰.塑料助剂与配方设计技术 [M].北京：化学工业出版社，2002.

[11] 李杰，郑德.塑料助剂与配方设计技术（第2版）[M].北京：化学工业出版社，2005.

[12] 于文杰，李杰，郑德.塑料助剂与配方设计技术（第3版）[M].北京：化学工业出版社，2010.

[13] 王兴为，王玮，刘琴.塑料助剂与配方设计技术（第4版）[M].北京：化学工业出版社，2017.

[14] 卢树人.稀土热稳定剂的应用与探讨 [J].原料与助剂，2004，4：49-53.

[15] 李先铭，张宁.PVC 硬脂酸轻稀土热稳定剂的复配与应用研究 [J].中国稀土学报，2015，33（3）：349-354.

[16] 蒋佩芬.六甲基磷酸三胺在聚氯乙烯塑料中的应用 [J].聚氯乙烯，1993（6）：25-29.

[17] 万聪，盛承祥.增塑剂 [M].北京：化学工业出版社，1989.

[18] 曾人泉.塑料加工助剂 [M].北京：中国物资出版社，1997.

[19] 钱伯章.我国塑料助剂发展现状 [J].塑料助剂，2003（6）：1-12.

[20] 杨士亮，杨宏伟，马玉红，李召良，郝敬团.塑料润滑剂的发展现状和应用 [J].广州化工，2013，41（2）：20-21.

[21] 郭恒杰，孙滨.润滑剂 TAF 在尼龙增强改性加工中的应用 [J].工程塑料应用，2011，39（2）：28-30.

[22] 周健，孙寅.TAS-2A 分散剂在塑料加工中的应用 [J].塑料工业，2006，34（11）：54-56.

[23] 王克智.新型功能塑料助剂 [M].北京：化学工业出版社，2003.

[24] 方海林.高分子材料加工助剂 [M].北京：化学工业出版社，2007.

[25] 杨林，张安强，王炼石，等.抗氧剂 GM 对 ABS 热氧稳定性能的影响 [J].合成材料老化与应用，2011，40（6）：6-9.

[26] 李杰，孙书适，夏飞.聚合型受阻胺光稳定剂 PDS 的合成与应用 [J].塑料助剂，2010（1）：35-38.

[27] 潘朝群，江涛，陈作义.抗氧剂 618 的合成及在聚合物加工中的应用 [J].化学工业与工程，2006，23（6）：502-506.

[28] 贺昌城，任世荣.我国硅灰石及其填充塑料的应用进展 [J].合成树脂及塑料，2003，20（2）：79-82.

[29] 王奇坤，孟凡瑞，郭涛，陈亚梅.塑料用炭黑的性能与应用 [J].塑料科技，1997，3：28-30.

[30] 贾明印，薛平.长玻纤增强热塑性塑料的成型技术及应用进展 [J].新材料产业，2011（6）：39-44.

[31] 刘学习，庄辉，程勇峰，等.长玻纤增强 PET 工程塑料的性能研究 [J].塑料工业，2006，34（12）：26-28.

[32] 段召华，陈弦.长玻纤增强复合材料的浸渍技术的发展研究 [J].塑料工业，2008，36：221-224.

[33] 费宁.应用于塑料制品的陶瓷纤维 [J].建材工业信息，1986，20：13.

[34] 王翔，郑玉婴，曹宁宁，等.马来酸酐刻蚀芳纶纤维/尼龙 6 复合材料的制备及性能 [J].复合材料学报，2016，33（8）：1638-1644.

[35] 王百亚，张阳，王斌.国产芳纶纤维复合材料用环氧树脂体系 [J].宇航材料工艺，2013，6：27-29，31.

[36] 王成忠，李鹏，矛运花，等.UHMWPE 纤维表面处理及其复合材料性能 [J].复合材料学报，2006，23（2）：30-35.

[37] 金永良.金属纤维的性能特点及其产品开发 [J].棉纺织技术，2003，31（5）：28-31.

[38] 张博明，李嘉，李煦.混杂纤维复合材料最优纤维混杂比例及其应用研究进展 [J].材料工程，2014，7：107-112.

[39] 郑宏奎，赵文聘，黄平，等.PA66 增韧料的配方研究 [J].塑料科技，2000（6）：17-19.

[40] 赵永红，张发饶.PA6 增韧研究进展 [J].塑料工业，2003，31（8）：1-3.

[41] 付东生，朱光明.PVC 的共混改性研究进展 [J].现代塑料加工应用，2003，15（1）：43-47.

[42] 黄卫东，王兰，孙慧.PVC 增韧改性剂及发展状况 [J].聚氯乙烯，2002（1）：43-44.

[43] 孟季茹，梁国正，赵磊，等.PP 增韧改性研究的最新进展 [J].塑料科技，2000（1）：41-49.

[44] 谈华平，费敬银.PP 的共混增韧 [J].塑料科技，2003 (3)：51-55.

[45] 惠雪梅，张炜，王晓洁.聚丙烯增韧改性研究进展 [J].化工新型材料，2003，31 (8)：6-10.

[46] 钱欣，程蓉.高抗冲 PP 材料的制备 [J].工程塑料应用，2002，30 (11)：11-13.

[47] 吴永刚，马懿，李敬泽，等.无机刚性粒子增韧 PP 的研究 [J].中国塑料，1999，13 (4)：29-33.

[48] 孟季茹，梁国正，秦华宇，等.刚性粒子增韧增强聚合物的研究概况 [J].塑料，2002，31 (2)：47-50.

[49] 贺小进，李伟，陈建军.氢化 SBS 国内外现状及发展趋势 [J].化工新型材料，2008，36 (9)：10-15.

[50] 任淑英，李鲜英.ACR 改性剂及其在 PVC 塑料加工中应用 [J].上海塑料，1998 (3)：28-30.

[51] Dan Lu, Lisong Dong, Zhiliu Feng. J Macromol Sci- Phys, 1998, B 37 (5)：699.

[52] 范宏，陈卓.聚丙烯酸酯复合弹性体微粒改性通用型环氧树脂研究 [J].中国胶粘剂，2000，9 (4)：5-7.

[53] 任淑英，胡春莲.ACR 抗冲改性剂的研究进展 [J].塑料科技，2001，6 (146)：46-50.

[54] 赵文聘，黄平，徐丽芳，等.富康轿车保险杠 PP 改性专用料研究 [G].北京：2000 年中国工程塑料加工应用技术研讨会论文集，2000，9：78-81.

[55] 赵文聘，杨健，刘革萍，等.高性能户外用聚丙烯家具料的研究 [J].塑料加工，2000 (4)：35-37.

[56] 刘晶，等.废橡胶粉与 POE 改性回收 PP 的研究 [J].塑料工业，2008，36 (11)：27-29.

[57] 李小梅，武德珍，吴立峰.PA6/POE/EAA 共混体系的相态与性能的研究 [J].中国塑料，2001，16 (8)：27-30.

[58] 王旭.聚合物基无机纳米粒子复合材料的研究 [D].成都：四川大学，2001.

[59] 黄锐，王旭，张玲，等.熔融共混法制备聚合物/纳米无机粒子复合材料 [J].中国塑料，2003，17 (4)：20-23.

[60] 郭云亮，张涑戎，李立平.偶联剂的种类和特点及应用 [J].橡胶工业，2003，50：692-696.

[61] 李玉英，李艺.铝酸酯偶联剂在几种非金属矿粉体中的表面改性应用研究 [J].广西轻工业，2008 (4)：13-14.

[62] 余锡宾，郑传芸，等.ACS 改性碳酸钙的应用研究 [J].中外技术情报，1992 (4)：29-30.

[63] 熊燕兵.从国内最新专利申请看 DOPO 的阻燃研究进展 [J].塑料助剂，2015，4：15-19.

[64] 马志领.不同硅烷偶联剂在 PP/膨胀型阻燃剂复合体系中的作用研究 [J].中国塑料，2008，22 (8)：85-89.

[65] 丁涛，田明，刘力，等.聚碳酸酯无卤阻燃剂进展 [J].现代化工，2004，24 (10)：10-14.

[66] 汪惠.阻燃 PBT 工程塑料的研制 [J].合成技术及应用，2003，18 (3)：37-40.

[67] 罗长宏，杨延钊，韩健，等.新型膨胀型阻燃剂的合成 [J].塑料助剂，2006 (2)：23-25.

[68] 童筱莉，邬润德，杨正龙.聚苯乙烯溶液接枝改性研究 [J].现代塑料加工应用，2002，14 (2)：13-15.

[69] 陶四平，李忠明，冯建民，等.聚烯烃接枝改性功能化的研究进展 [J].中国塑料，2002，16 (5)：1-5.

[70] 朱兆奇，刘慧，周怡.马来酸酐接枝 ABS 及其性能研究 [J].工程塑料应用，1996，24 (1)：4-7.

[71] 丁永红，承民联，何明阳，等.新型引发剂 DMDPB 在 LLDPE 熔融接枝 MAH 中的应用 [J].中国塑料，2001，15 (10)：71-74.

[72] 周立敏，吴彦，车广陆.熔融挤出接枝法制备粘接性能 LDPE [J].塑料科技，2001 (1)：25-27.

[73] 李乔钧.塑料配方手册 [M].南京：江苏科学技术出版社，2000.

[74] 丁永红，承民联，刘华国，等.LLDPE 熔融接枝 MAH 功能化研究 [J].塑料科技，2001 (6)：1-5.

[75] 万炜涛，于德梅.聚烯烃熔融接枝研究及应用 [J].化工新型材料，2003，31 (8)：11-14.

[76] 刘庆广，王利娜，龚方红.硅烷交联聚烯烃研究进展 [J].江苏工业学院学报，2006，18 (3)：56-60.

[77] 吕晖辉，刘念才.聚丙烯硅接枝水解交联 [J].塑料工业，1999，27 (3)：27-29.

[78] 钱翼清，韦亚兵，张仲华，等.聚乙烯固相接枝马来酸二丁酯 [J].南京化工大学学报，1997，19 (4)：6-11.

[79] 王益龙，张鸿金，赛锡高，等.反应性挤出聚乙烯接枝马来酸二丁酯的研究 [J].高分子材料科学与工程，1994 (3)：50-54.

[80] 刘西文，王重，侯绍宇.PP 熔融接枝 MAH 的研究 [J].广州化工，2010，38 (1)：85-87，115.

[81] 李敬泽，王均，吴永刚，等.高极性 PP 熔融接枝物的制备及应用 [J].现代塑料加工应用，2000，11 (6)：6-9.

[82] 王爱平，宋永明，王清文，等.利用挤出技术制备马来酸酐接枝聚丙烯 [J].东北林业大学学报，2006，34 (6)：87-89.

[83] 刘亚庆.POE 与马来酸酐的反应挤出接枝 [J].工程塑料应用，2001，29 (10)：17-19.

[84] 谢长琼，李忠明，黄锐，等.炭黑填充复合导电高分子材料研究和应用 [J].中国塑料，2002，16 (7)：7-10.

[85] 陆玉本，吴兆权，贾向明，等.炭黑填充型导电树脂的应用研究进展 [J].塑料，2002，31 (3)：45-47.

[86] 杜仕国，施东梅，杜辉.金属填充聚合物屏蔽 EMI 包装材料 [J].包装工程，2000，21 (4)：19-21.

[87]　周安宁，程君，李建伟.提高导电高分子材料导电性的方法 [J].中国塑料，2002，16（7）：17-19.

[88]　杨永芳，刘敏江.导电高分子材料进展 [J].塑料科技，2002（4）：58-60.

[89]　贾向明，李光宪，陆玉本，等.本征导电复合高分子材料的研究与进展 [J].塑料科技，2003（2）：43-46.

[90]　周建萍，丘克强，傅万里.抗静电高分子复合材料研究进展 [J].工程塑料应用，2003，31（10）：60-62.

[91]　赵幸，王立新.复合型导电塑料的发展 [J].塑料科技，2002（2）：47-49.

[92]　刘伟，王向东.不同抗静电剂对 PP 抗静电性能和力学性能的影响 [J].中国塑料，2010，24（4）：39.

[93]　于杰，王继辉，王钧.碳纤维/树脂基复合材料导电性能研究 [J].武汉理工大学学报，2005，27（5）：24-26.